北大社“十三五”职业教育规划教材

高职高专土建专业“互联网+”创新规划教材

全新修订

第三版

市政工程计量与计价

主　编◎郭良娟

副主编◎易　操　王云江

参　编◎洪　巨　于江红

周剑宏　李守敏

内容简介

本书依据市政工程造价员的岗位标准和职业能力需求，采用最新标准、规范、定额及工程计价的最新通知与规定进行编写。本书首先介绍了工程造价的概念、建筑安装工程费用的组成、工程定额的概念及分类等基本知识，然后分别按定额计价模式、清单计价模式阐述了通用工程、道路工程、排水管网工程、桥涵工程等市政专业工程的工程量计算规则、计算方法以及工程造价的计算，并辅以大量例题，例题由简到难、由小到大，各专业工程均结合工程实例设置了综合案例，示例了工程量计算及工程造价计算的步骤与过程，便于学生理解和掌握相关知识，并提高实际工程计量与计价的动手能力。

本书可作为高职高专院校市政工程技术、工程造价管理等专业的教材，也可供从事市政工程计量与计价工作的相关专业人员学习参考之用。

图书在版编目(CIP)数据

市政工程计量与计价/郭良娟主编. —3版. —北京：北京大学出版社，2017.2
（高职高专土建专业“互联网+”创新规划教材）
ISBN 978-7-301-27983-0

Ⅰ. ①市… Ⅱ. ①郭… Ⅲ. ①市政工程—工程造价—高等职业教育—教材 Ⅳ. ①TU723.3

中国版本图书馆 CIP 数据核字（2017）第 012935 号

书　　名	市政工程计量与计价（第三版） SHIZHENG GONGCHENG JILIANG YU JIJIA
著作责任者	郭良娟　主编
策划编辑	杨星璐
责任编辑	刘　翯
数字编辑	孟　雅
标准书号	ISBN 978-7-301-27983-0
出版发行	北京大学出版社
地　　址	北京市海淀区成府路 205 号　100871
网　　址	http://www.pup.cn　新浪微博：@北京大学出版社
电子信箱	pup_6@163.com
电　　话	邮购部 010-62752015　发行部 010-62750672　编辑部 010-62750667
印 刷 者	北京鑫海金澳胶印有限公司
经 销 者	新华书店
	787 毫米×1092 毫米　16 开本　26.75 印张　642 千字
	2008 年 9 月第 1 版　2012 年 8 月第 2 版　2017 年 2 月第 3 版
	2021 年 8 月修订　2022年12月第11次印刷（总第25次印刷）
定　　价	59.00 元

第三版

前言

本书以高技能型人才培养为理念，以市政工程造价员的岗位标准和职业能力需求为依据，内容循序渐进、层层展开：在介绍工程计量、计价基本知识的基础上，分别按定额计价模式、清单计价模式阐述通用工程、道路工程、排水管网工程、桥涵工程的计量与计价，并辅以大量的例题，例题由简到难、由小到大，各专业工程均结合工程实例设置了综合案例，以提高学生从事市政工程各专业工程计量与计价的职业能力；且定额计价模式、清单计价模式采用同一工程综合案例，以便于对比、比较，使学生理解与掌握两种计价模式的联系与区别。

本书在第一版、第二版的基础上，依据最新的标准、规范、通知及相关规定进行了修订和调整：依据建标[2013]44 号，调整了建筑安装工程费用项目的组成；依据国家营改增的相关规定、浙江省工程计量计价相关的通知与规定及《浙江省建设工程施工取费定额》(2010 版)调整了工程计价规则及相关费率；依据《建设工程工程量清单计价规范》(GB 50500—2013)、《市政工程工程量计算规范》（GB 50857—2013）调整了清单计量与计价的相关内容。另外，依据《浙江省市政工程预算定额》(2010 版)对市政工程预算定额应用的例题以及道路工程、排水管网工程、桥涵工程的综合案例进行了较大的修订与调整，使之更加适用于实际教学，也更加有利于学生理解和掌握。

本书由郭良娟(浙江建设职业技术学院)任主编，易操(湖北城市建设职业技术学院)、王云江(浙江建设职业技术学院)任副主编，洪巨(杭州腾越建筑工程有限公司)、于江红（杭州大江东投资开发有限公司）、周剑宏（杭州市政工程集团有限公司）、李守敏(温州永昌建设有限公司)参编。本书第一版由浙江建设职业技术学院王云江和郭良娟任主编，杨勇军、周土明、黄允洪参编，第二版由浙江建设职业技术学院郭良娟、王云江任主编，董辉、易操、张斌任副主编，陈峰、洪巨、敬伯文参编，在此一并表示感谢。

针对本书内容，建议安排 96～128 学时教学，其中安排 32～48 学时用于实训，开展市政道路工程、排水管网工程、桥涵工程等专业工程的计量与计价实训，并安排计价软件的应用操作实训，以提高学生顶岗实习、工作的职业能力。

由于编者水平有限，书中难免有不足之处，恳请读者、同行批评指正。

编　者

2016 年 8 月

第二版前言

本书根据市政工程技术专业的教育标准、培养方案及该课程教学的基本要求编写，在第一版的基础上，依据《建设工程工程量清单计价规范》(GB 50500—2008)、《浙江省市政工程预算定额》(2010 版)、《浙江省建设工程施工取费定额》(2010 版)等最新规范、定额进行修订编写。

与第一版相比，本书主要调整的内容如下。

第 1 章：建设工程费用的组成项目。

第 2 章：建设工程费用的计算程序、各项费用的费率。

第 4 章：各节的定额说明、计算规则、计算例题均按 2010 版定额进行了修订。

第 5 章：工程量清单以及工程量清单计价的表格格式。

第 6～9 章：土石方、道路、排水、桥涵工程实例的定额计价、清单计价均按 2010 版定额、2008 版清单进行调整。

本书的特点一是条理清晰、循序渐进、重点突出。本书先介绍工程造价、工程计量与计价、工程预算与定额的基础理论知识；再介绍预算定额的应用、工程量清单及工程量清单计价的系统知识；进而介绍市政工程常见的土石方工程、道路工程、排水工程、桥涵工程的计量与计价；最后是计价软件的应用。

本书的特点二是理论与实践相结合，注重实用性和学生专业技能的培养。书中各章均有大量的计算例题，在土石方工程、道路工程、排水工程、市政桥涵护岸工程各章中均列举了完整的实例(包括施工图)，而且完整地演示了定额计量与计价、工程量清单计量与计价的过程和具体方法，便于学生对两种计价方式进行对比学习，也更利于学生实际动手能力的培养。为了方便教学，每章之前都明确了学习要点，每章之后都有思考题与习题。

本书由郭良娟(浙江建设职业技术学院)和王云江(浙江建设职业技术学院)任主编，董辉(杭州科技职业学院)、易操(湖北城市建设职业技术学院)、张斌(淄博职业学院)任副主编，陈峰(温州永昌建设有限公司)、洪巨(杭州腾越建筑工程有限公司)和敬伯文(温州金牛市政建设有限公司)参编。本书第一版由浙江建设职业技术学院王云江和郭良娟任主编，杨勇军、周土明和黄允洪参编，在此一并表示感谢。

本书建议安排 66～96 学时，各章建议课时分配见下表：

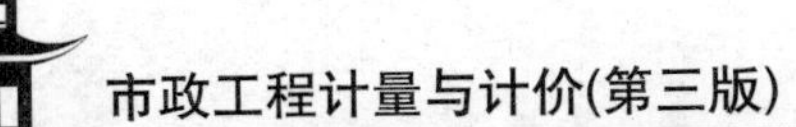

章　节	建议课时
第 1 章　市政工程造价的基本知识	4～6 学时
第 2 章　工程计量与计价的基本知识	4～8 学时
第 3 章　市政工程定额与预算	2～4 学时
第 4 章　市政工程预算定额应用	20～28 学时
第 5 章　工程量清单与清单计价	4 学时
第 6 章　土石方工程计量与计价	6～8 学时
第 7 章　道路工程计量与计价	4～8 学时
第 8 章　排水工程计量与计价	8～12 学时
第 9 章　市政桥涵护岸工程计量与计价	8～12 学时
第 10 章　市政工程计价软件应用简介	6 学时（上机实训）

由于编者水平有限，加之编写时间仓促，书中疏漏之处在所难免，敬请读者批评指正。

编　者

2012 年 5 月

第一版前言

《市政工程计量与计价》是21世纪全国高职高专土建系列技能型规划教材之一。本书是根据市政工程技术专业的教育标准、培养方案及该门课程教学的基本要求，并结合中华人民共和国建设部颁发的《建设工程工程量清单计价规范》以及《浙江省市政预算定额》(2003版)编写的。

本教材的特点一是：条理清晰、循序渐进、重点突出。本书先介绍工程造价、工程计量与计价、工程预算与定额的基础理论知识；再介绍预算定额的应用、工程量清单及工程量清单计价的系统知识；进而介绍市政工程常见的土石方工程、道路工程、排水工程、桥涵工程的计量与计价；最后是计价软件的应用。

本教材的特点二是：理论与实践相结合，注重实用性、注重学生专业技能的培养。在教材各章中均有大量的计算例题，在土石方工程、道路工程、排水工程、桥涵工程各章中均列举了完整的实例(包括施工图)，而且完整地演示了定额计量与计价、工程量清单计量与计价的过程和具体方法，便于学生对两种计价方式进行对比学习，也更利于学生实际动手能力的培养。为了方便教学，每章之前都明确了学习要点、每章之后都有思考题与习题。

本书由浙江建设职业技术学院王云江、郭良娟主编，参加编写人员有杨勇军、周土明、黄允洪。第1章、第2章、第5章、第6章、第10章及第7章、第8章、第9章的部分内容由郭良娟编写，第3章、第4章及第7章、第8章、第9章的部分内容由王云江编写，黄允洪参与编写第7章、杨勇军参与编写第8章、周土明参与编写第9章。

《市政工程计量与计价》建议课时为64～80学时，各章建议课时分配见下表：

章　节	建议课时
第1章	4～6学时
第2章	4～6学时
第3章	2～4学时
第4章	20～22学时
第5章	4学时

续表

章　节	建议课时
第 6 章	6～8 学时
第 7 章	4～6 学时
第 8 章	8～10 学时
第 9 章	8～10 学时
第 10 章	4 学时

由于作者水平有限，加之编写时间仓促，书中疏漏之处在所难免，敬请读者批评指正。

编　者

2008 年 1 月

第一篇　市政工程计量与计价基础知识

第二篇　市政工程定额计价模式下的计量与计价

第三篇　市政工程清单计价模式下的计量与计价

市政工程计量与计价基础知识

第1章 工程造价的基本知识

本章学习要点

1．工程造价的概念与含义。

2．建筑安装工程费用的构成及各项费用的概念。

3．工程造价与建设项目组成、建设程序的关系。

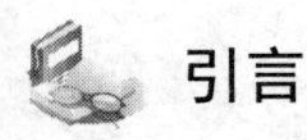

引言

工程项目建设的周期一般比较长，可以分为项目可行性研究与决策阶段、项目初步设计阶段、项目技术设计阶段、项目施工图设计阶段、项目招投标阶段、项目实施阶段、项目竣工验收阶段、项目试车(试运行)阶段、项目运行阶段。在每个阶段进行工程的投资管理活动，会产生相应的费用，这些费用是如何构成的呢？每个阶段预计和实际发生的费用相同吗？

1.1 工程造价的概念与含义

1.1.1 工程造价的概念

工程造价的直接意义就是工程的建造价格，是工程项目按照确定的建设项目、建设规模、建设标准、功能要求、使用要求等全部建成后经验收合格并交付使用所需的全部费用。

1.1.2 工程造价的含义

工程造价有两种含义。

1. 第一种含义

工程造价是指建设一项工程预期或实际开支的全部固定资产的投资费用。

这一含义是从投资者——业主的角度来定义的。投资者选定一个投资项目，为了获得预期的效益，需通过项目评估、决策、设计招标、施工招标、监理招标、工程施工监督管理，直至竣工验收等一系列的投资管理活动，在投资管理活动中所支付的全部费用就形成了固定资产和无形资产。

工程造价的第一种含义即建设项目总投资中的固定资产投资。

知识链接

建设项目总投资包括固定资产投资和流动资产投资两部分，具体构成见表1-1。

表 1-1　建设项目总投资的构成

<table>
<tr><td rowspan="15">建设项目总投资</td><td rowspan="14">固定资产投资
(工程造价的第一种含义)</td><td rowspan="3">设备及工具、器具购置费用</td><td rowspan="2">设备购置费</td><td>设备原价</td></tr>
<tr><td>设备运杂费</td></tr>
<tr><td colspan="2">工具、器具及生产家具购置费</td></tr>
<tr><td rowspan="4">建筑安装工程费用
(工程造价的第二种含义)</td><td colspan="2">直接费</td></tr>
<tr><td colspan="2">间接费</td></tr>
<tr><td colspan="2">利润</td></tr>
<tr><td colspan="2">税金</td></tr>
<tr><td rowspan="3">工程建设其他费用</td><td colspan="2">土地使用费</td></tr>
<tr><td colspan="2">与项目建设有关的其他费用</td></tr>
<tr><td colspan="2">与未来企业生产经营有关的其他费用</td></tr>
<tr><td rowspan="2">预备费</td><td colspan="2">基本预备费</td></tr>
<tr><td colspan="2">涨价预备费</td></tr>
<tr><td colspan="3">建设期利息</td></tr>
<tr><td colspan="3">固定资产投资方向调节税</td></tr>
<tr><td colspan="4">流动资产投资</td></tr>
</table>

设备原价是指国产标准设备、国产非标准设备或进口设备的原价。国产标准设备、国产非标准设备其原价一般是指设备生产厂家的交货价，即出厂价；进口设备原价是指进口设备的抵岸价，是指抵达买方边境港口或边境车站且交完关税后的价格。

设备运杂费由运输与装卸费、包装费、设备供销部门的手续费、采购与仓库保管费组成。

工具、器具及生产家具购置费是指新建或扩建项目按初步设计规定，主要保证初期正常生产必须购置的没有达到固定资产标准的设备、仪器、工卡模具、器具、生产家具各备品备件的费用。

特别提示

工具、器具及生产家具一般价值不高，未达到固定资产标准；设备一般价值较高，已达到固定资产标准。

土地使用费包括土地征用及迁移补偿费、土地使用权出让金。

建设项目不同，与项目建设有关的其他费用也不尽相同，一般包括：建设单位管理费、勘察设计费、研究试验费、建设单位临时设施费、工程监理费、工程保险费、引进技术和进口设备其他费用、工程承包费。

与未来企业生产经营有关的其他费用主要包括：联合试运转费、生产准备费、办公和生活家具购置费。

基本预备费是指在初步设计及概算内难以预料的工程费用。

涨价预备费是建设项目在建设期间由于价格等变化引起工程造价变化的预测预留费用。

建设期贷款利息包括向国内银行和其他非银行金融机构贷款、出口信贷、外国政府贷款、国际商业银行以及在境内发行的债券等在建设期内应偿还的借款利息。

固定资产投资方向调节税是为了贯彻国家产业政策，控制投资规模，引导投资方向，调整投资结构，加强重点建设，促进国民经济持续、稳定、协调发展，对在我国境内进行固定资产投资的单位和个人征收的一项税费，简称投资方向调节税。自2000年1月1日起新发生的投资额，暂停征收固定资产投资方向调节税。

2. 第二种含义

工程造价是指为建设一项工程，预计或实际在土地市场、设备市场、技术劳务市场、承包市场等交易活动中所形成的建筑安装工程总价格。

这一含义以建设工程项目这种特定的商品作为交易对象，通过招投标或其他交易方式，在进行多次预估的基础上，最终由市场形成价格。

工程造价的第二种含义即建设项目总投资中的建筑安装工程费用。

1.2 建筑安装工程费用的构成

【参考图文】

根据《住房和城乡建设部、财政部关于印发〈建筑安装工程费用项目组成〉的通知》(建标[2013]44号)规定，建筑安装工程费用有两种划分方式：按费用构成要素划分、按工程造价形成顺序划分。

1.2.1 按费用构成要素组成划分

【参考图文】

建筑安装工程费用项目按费用构成要素划分为人工费、材料费、施工机具使用费、企业管理费、利润、规费和税金，如图1.1所示。

1. 人工费

人工费是指按工资总额构成规定，支付给从事建筑安装工程施工的生产工人和附属生产单位工人的各项费用。

人工费包括：

(1) 计时工资或计件工资：是指按计时工资标准和工作时间或对已做工作按计件单价支付给个人的劳动报酬。

(2) 奖金：是指对超额劳动和增收节支支付给个人的劳动报酬，如节约奖、劳动竞赛奖等。

(3) 津贴补贴：是指为了补偿职工特殊或额外的劳动消耗和因其他特殊原因支付给个人的津贴，以及为了保证职工工资水平不受物价影响支付给个人的物价补贴，如流动施工津贴、特殊地区施工津贴、高温(寒)作业临时津贴、高空津贴等。

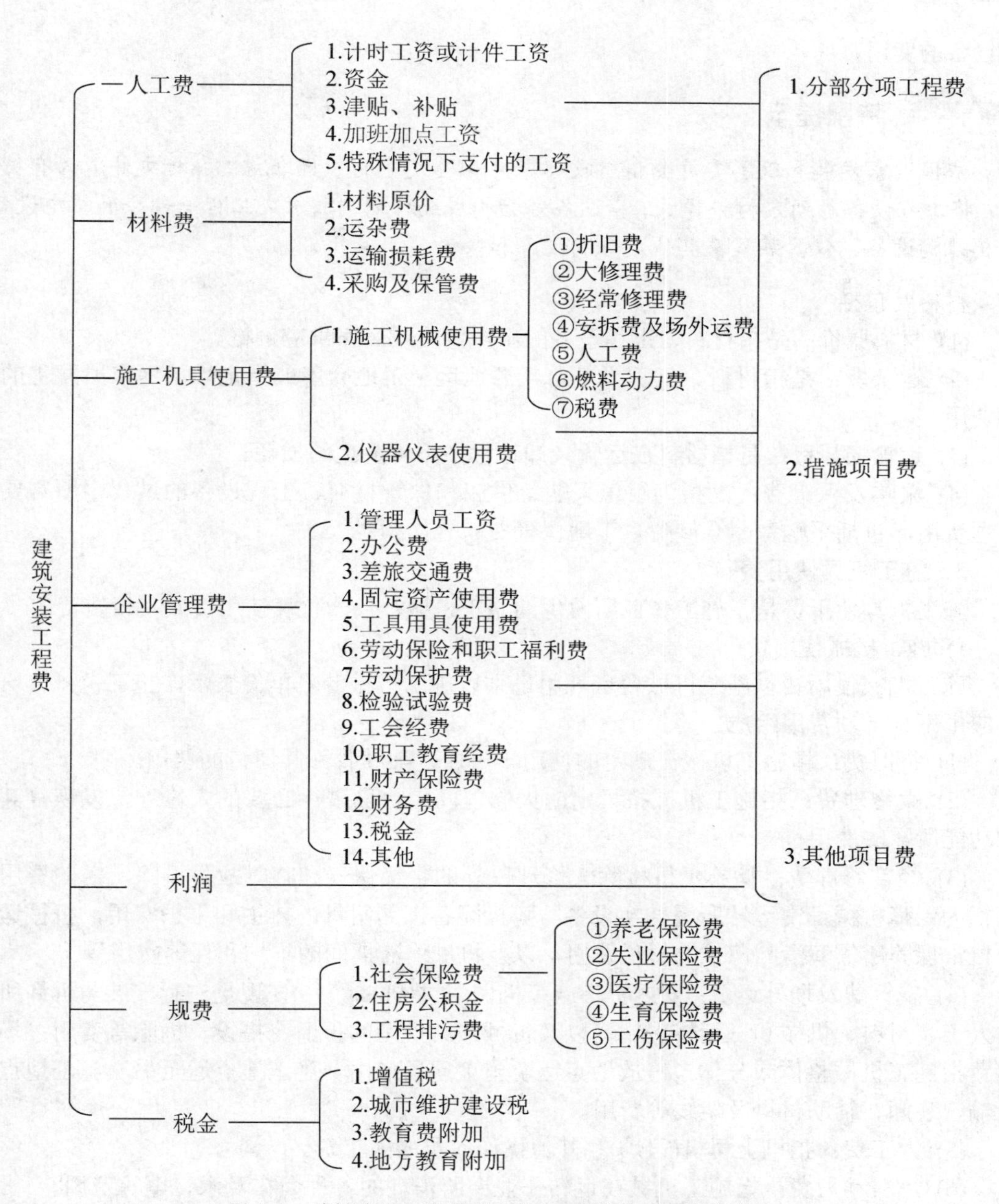

图 1.1　建筑安装工程费用项目组成(按构成要素划分)

(4) 加班加点工资：是指按规定支付的在法定节假日工作的加班工资和在法定日工作时间外延时工作的加点工资。

(5) 特殊情况下支付的工资：是指根据国家法律、法规和政策规定，因病、工伤、产假、计划生育假、婚丧假、事假、探亲假、定期休假、停工学习、执行国家或社会义务等原因按计时工资标准或计时工资标准的一定比例支付的工资。

2．材料费

材料费是指施工过程中耗费的原材料、辅助材料、构配件、零件、半成品或成品、工程设备的费用。

特别提示

依据国家发展和改革委员会、财政部等 9 部委发布的《标准施工招标文件》的有关规定，将工程设备费列入材料费；工程设备是指构成或计划构成永久工程一部分的机电设备、金属结构设备、仪器装置及其他类似的设备和装置。

材料费包括：

(1) 材料原价：是指材料、工程设备的出厂价格或商家供应价格。

(2) 运杂费：是指材料、工程设备自来源地运至工地仓库或指定堆放地点所发生的全部费用。

(3) 运输损耗费：是指材料在运输装卸过程中不可避免的损耗。

(4) 采购及保管费：是指为组织采购、供应和保管材料、工程设备的过程中所需要的各项费用，包括采购费、仓储费、工地保管费、仓储损耗。

3．施工机具使用费

施工机具使用费是指施工作业所发生的施工机械、仪器仪表使用费或其租赁费。

1) 施工机械使用费

施工机械使用费以施工机械台班耗用量乘以施工机械台班单价表示，施工机械台班单价应由下列 7 项费用组成。

(1) 折旧费：指施工机械在规定的使用年限内，陆续收回其原值的费用。

(2) 大修理费：指施工机械按规定的大修理间隔台班进行必要的大修理，以恢复其正常功能所需的费用。

(3) 经常修理费：指施工机械除大修理以外的各级保养和临时故障排除所需的费用。包括为保障机械正常运转所需替换设备与随机配备工具附具的摊销和维护费用，机械运转中日常保养所需润滑与擦拭的材料费用，以及机械停滞期间的维护和保养费用等。

(4) 安拆费及场外运费：安拆费指施工机械(大型机械除外)在现场进行安装与拆卸所需的人工、材料、机械和试运转费用，以及机械辅助设施的折旧、搭设、拆除等费用；场外运费指施工机械整体或分体自停放地点运至施工现场或由一施工地点运至另一施工地点的运输、装卸、辅助材料及架线等费用。

(5) 人工费：指机上司机(司炉)和其他操作人员的人工费。

(6) 燃料动力费：指施工机械在运转作业中所消耗的各种燃料及水、电等费用。

(7) 税费：指施工机械按照国家规定应缴纳的车船使用税、保险费及年检费等。

2) 仪器仪表使用费

仪器仪表使用费是指工程施工所需使用的仪器仪表的摊销及维修费用。

4．企业管理费

企业管理费是指建筑安装企业组织施工生产和经营管理所需的费用。

企业管理费包括：

(1) 管理人员工资：是指按规定支付给管理人员的计时工资、奖金、津贴补贴、加班加点工资及特殊情况下支付的工资等。

(2) 办公费：是指企业管理办公用的文具、纸张、账表、印刷、邮电、书报、办公软件、现场监控、会议、水电和集体取暖降温(包括现场临时宿舍取暖降温)等费用。

(3) 差旅交通费：是指职工因公出差、调动工作的差旅费、住勤补助费，市内交通费和误餐补助费，职工探亲路费，劳动力招募费，职工退休、退职一次性路费，工伤人员就医路费，工地转移费以及管理部门使用的交通工具的油料、燃料等费用。

(4) 固定资产使用费：是指管理和试验部门及附属生产单位使用的属于固定资产的房屋、设备、仪器等的折旧、大修、维修或租赁费。

(5) 工具用具使用费：是指企业施工生产和管理使用的不属于固定资产的工具、器具、家具、交通工具和检验、试验、测绘、消防用具等的购置、维修和摊销费。

(6) 劳动保险和职工福利费：是指由企业支付的职工退职金、按规定支付给离休干部的经费，集体福利费、夏季防暑降温、冬季取暖补贴、上下班交通补贴等。

(7) 劳动保护费：是企业按规定发放的劳动保护用品的支出，如工作服、手套、防暑降温饮料以及在有碍身体健康的环境中施工的保健费用等。

(8) 检验试验费：是指施工企业按照有关标准规定，对建筑以及材料、构件和建筑安装物进行一般鉴定、检查所发生的费用，包括自设试验室进行试验所耗用的材料等费用，不包括新结构、新材料的试验费，对构件做破坏性试验及其他特殊要求检验试验的费用和建设单位委托检测机构进行检测的费用，对此类检测发生的费用，由建设单位在工程建设其他费用中列支。但对施工企业提供的具有合格证明的材料进行检测不合格的，该检测费用由施工企业支付。

(9) 工会经费：是指企业按《中华人民共和国工会法》规定的全部职工工资总额比例计提的工会经费。

(10) 职工教育经费：是指按职工工资总额的规定比例计提，企业为职工进行专业技术和职业技能培训，专业技术人员继续教育、职工职业技能鉴定、职业资格认定以及根据需要对职工进行各类文化教育所发生的费用。

(11) 财产保险费：是指施工管理用财产、车辆等的保险费用。

(12) 财务费：是指企业为施工生产筹集资金或提供预付款担保、履约担保、职工工资支付担保等所发生的各种费用。

(13) 税金：是指企业按规定缴纳的房产税、车船使用税、土地使用税、印花税等。

(14) 其他：包括技术转让费、技术开发费、投标费、业务招待费、绿化费、广告费、公证费、法律顾问费、审计费、咨询费、保险费等。

5．利润

利润是指施工企业完成所承包工程获得的盈利。

6．规费

规费是指按国家法律、法规规定，由省级政府和省级有关权力部门规定必须缴纳或计取的费用。

规费包括：

1) 社会保险费

(1) 养老保险费：是指企业按照规定标准为职工缴纳的基本养老保险费。

(2) 失业保险费：是指企业按照规定标准为职工缴纳的失业保险费。

(3) 医疗保险费：是指企业按照规定标准为职工缴纳的基本医疗保险费。

(4) 生育保险费：是指企业按照规定标准为职工缴纳的生育保险费。

(5) 工伤保险费：是指企业按照规定标准为职工缴纳的工伤保险费。

2) 住房公积金

企业按规定标准为职工缴纳的住房公积金。

3) 工程排污费

按规定缴纳的施工现场工程排污费。

其他应列而未列入的规费，按实际发生计取。

7. 税金

税金是指国家税法规定的应计入建筑安装工程造价内的增值税、城市维护建设税、教育费附加以及地方教育附加。

1. 要注意企业管理费中的税金与建筑安装工程费用七大构成要素之一的税金的区别。

2. 浙江省增设税金项目：地方水利建设基金。

知识链接

财政部、国家税务总局于 2016 年 3 月 23 日发布财税[2016]36 号文——《财政部、国家税务总局关于全面推开营业税改征增值税的通知》，自 2016 年 5 月 1 日起，在全国范围内全面推开营业税改征增值税(以下称营改增)试点，建筑业、房地产业、金融业、生活服务业等全部营业税纳税人，纳入试点范围，由缴纳营业税改为缴纳增值税。

增值税的计税方法，包括一般计税方法和简易计税方法。一般纳税人以清包工方式提供的建筑服务，可以选择适用简易计税方法计税；一般纳税人为甲供工程提供的建筑服务，可以选择适用的简易计税方法计税；一般纳税人为建筑工程老项目提供的建筑服务，可以选择适用的简易计税方法计税。建筑工程老项目，是指：①《建筑工程施工许可证》注明的合同开工日期在 2016 年 4 月 30 日前的建筑工程项目；②未取得《建筑工程施工许可证》的，建筑工程承包合同注明的开工日期在 2016 年 4 月 30 日前的建筑工程项目。

【参考图文】

浙江省住房和城乡建设厅发布了建建发[2016]144 号文件，自 2016 年 4 月 18 日执行，采用一般计税方法的建设工程，按照“价税分离”的原则，实施营改增后建设工程计价规则进行了调整；采用简易计税方法要求的工程项目，可按原合同约定或营改增前的计价依据执行，并执行财税部门的有关规定。

采用一般计税方法的建设工程，计价规则调整如下。

工程造价由税前工程造价、增值税销项税额、地方水利建设基金构成。其中，税前工程造价是由人工费、材料费、施工机械使用费、管理费、利润和规费等各费用项目组成，各费用项目均不包含增值税进项税额。

营改增后有关要素价格的调整。

(1) 材料价格：包括材料供应价、运杂费、采购保管费等，其中材料供应价、运杂费、采购保管费均按增值税下不含进项税额的价格或费用确定。

(2) 施工机械台班单价：包括台班折旧费、大修理费、经常修理费、安拆费及场外运费、机上人工费、燃料动力费和其他费用等，其中台班折旧费、大修理费、经常修理费及燃料动力费等均按增值税下不含进项税额的价格或费用确定。

(3) 企业管理费及施工组织措施费：均按增值税下不含进项税额的价格或费用确定，企业管理费的组成内容增加城市维护建设税、教育费附加以及地方教育附加。

(4) 税金：税金由增值税销项税额和地方水利建设基金构成。

1.2.2 按工程造价形成顺序划分

建筑安装工程费用按工程造价形成顺序划分为分部分项工程费、措施项目费、其他项目费、规费和税金，分部分项工程费、措施项目费、其他项目费包含人工费、材料费、施工机具使用费、企业管理费和利润，如图 1.2 所示。

【参考图文】

1．分部分项工程费

分部分项工程费是指各专业工程的分部分项工程应予列支的各项费用。

(1) 专业工程：是指按现行国家计量规范划分的房屋建筑与装饰工程、仿古建筑工程、通用安装工程、市政工程、园林绿化工程、矿山工程、构筑物工程、城市轨道交通工程、爆破工程等各类工程。

(2) 分部分项工程：指按现行国家计量规范对各专业工程划分的项目。如房屋建筑与装饰工程划分的土石方工程、地基处理与桩基工程、砌筑工程、钢筋及钢筋混凝土工程等。

各类专业工程的分部分项工程划分见现行国家或行业计量规范。

2．措施项目费

措施项目费是指为完成建设工程施工，发生于该工程施工前和施工过程中的技术、生活、安全、环境保护等方面的费用。

措施项目费包括：

(1) 安全文明施工费，包括：

① 环境保护费：是指施工现场为达到环保部门要求所需要的各项费用。

② 文明施工费：是指施工现场文明施工所需要的各项费用。

③ 安全施工费：是指施工现场安全施工所需要的各项费用。

④ 临时设施费：是指施工企业为进行建设工程施工所必须搭设的生活和生产用的临时建筑物、构筑物和其他临时设施费用。包括临时设施的搭设、维修、拆除、清理费或摊销费等。

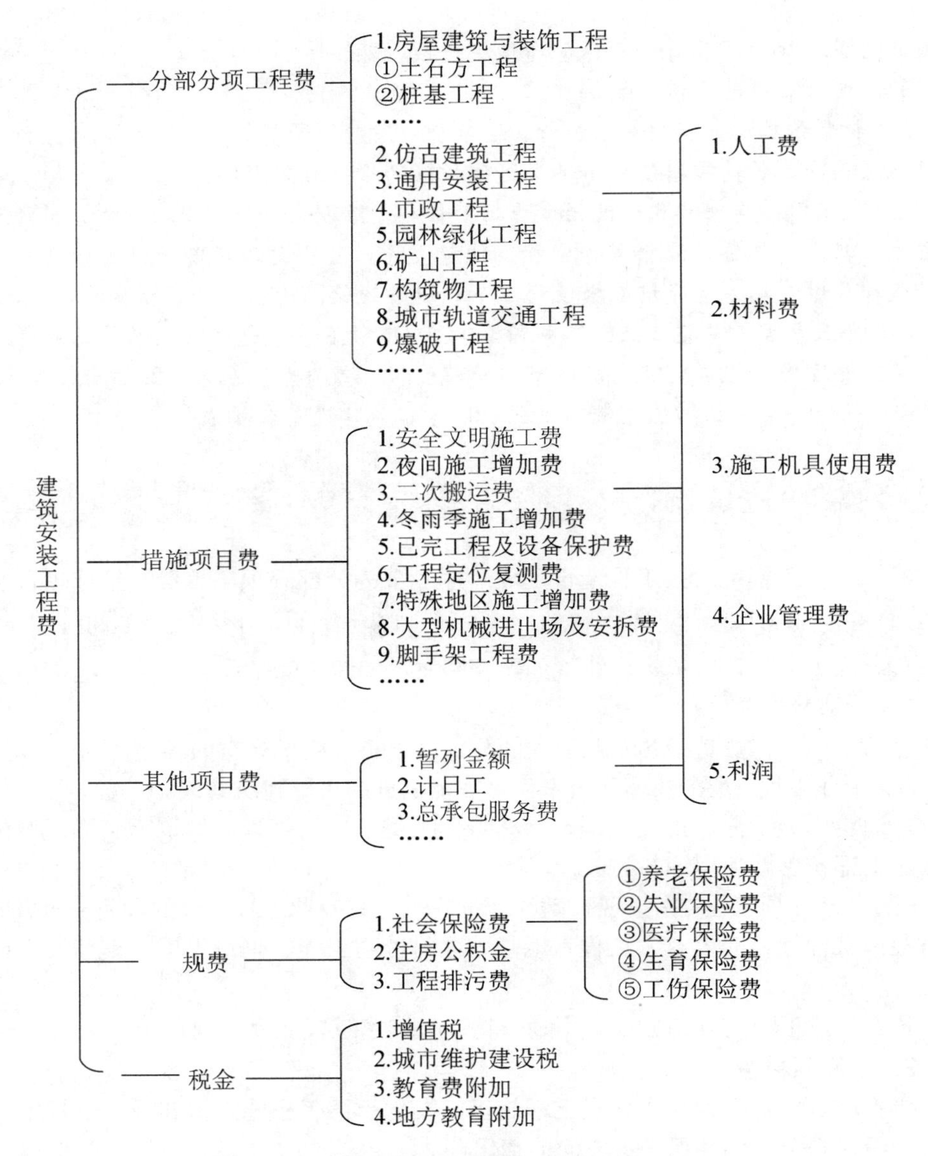

图 1.2　建筑安装工程费用组成(按造价形成划分)

知识链接

根据浙江省住房和城乡建设厅、浙江省发展和改革委员会、浙江省财政厅于 2015 年 12 月 21 日发布的建建发[2015]517 号文件规定，调整了安全文明施工费费用组成及费率标准，自 2016 年 2 月 1 日起执行。

【参考图文】

在《浙江省建设工程施工费用定额》(2010 版)中安全文明施工费(以下简称“基本费”)的基础上增加施工扬尘污染防治增加费、创安全文明施工标准化工地增加费(以下简称“创标化工地增加费”)，基本费、施工扬尘污染防治增加费和创标化工地增加费三项费用合并为安全文明施工费。

(2) 夜间施工增加费：是指因夜间施工所发生的夜班补助费、夜间施工降效、夜间施工照明设备摊销及照明用电等费用。

(3) 二次搬运费：是指因施工场地条件限制而发生的材料、构配件、半成品等一次运输不能到达堆放地点，必须进行二次或多次搬运所发生的费用。

(4) 冬雨季施工增加费：是指在冬季或雨季施工需增加的临时设施、防滑、排除雨雪，人工及施工机械效率降低等费用。

(5) 已完工程及设备保护费：是指竣工验收前，对已完工程及设备采取的必要保护措施所发生的费用。

(6) 工程定位复测费：是指工程施工过程中进行全部施工测量放线和复测工作的费用。

(7) 特殊地区施工增加费：是指工程在沙漠或其边缘地区、高海拔、高寒、原始森林等特殊地区施工增加的费用。

知识链接

【参考图文】

浙江省建设工程造价管理总站于 2013 年 12 月 16 日颁发了浙建站计[2013]64 号文件，规定在施工组织措施费项目中增加工程定位复测费项目和特殊地区增加费项目；将施工组织措施费中的检验试验费按“费用项目组成”的内容和要求并入企业管理费，施工组织措施费中不再计算检验试验费；并相应调整了企业管理费的费率，于 2014 年 1 月 1 日起施行。

(8) 大型机械设备进出场及安拆费：是指机械整体或分体自停放场地运至施工现场或由一个施工地点运至另一个施工地点，所发生的机械进出场运输及转移费用，以及机械在施工现场进行安装、拆卸所需的人工费、材料费、机械费、试运转费和安装所需的辅助设施的费用。

(9) 脚手架工程费：是指施工需要的各种脚手架搭、拆、运输费用以及脚手架购置费的摊销(或租赁)费用。

其他措施项目及其包含的内容详见各类专业工程的现行国家或行业计量规范。

知识链接

根据浙江省建设工程造价管理总站编制、于 2013 年 11 月发布的《浙江省建设工程工程量清单计价指引》(市政工程)，除上述措施项目外，还包括以下技术措施项目：混凝土模板与支架费，围堰、便道、便桥、洞内临时设施，施工排水、降水，地下管线交叉处理，施工监测、监控等；还包括以下组织措施项目：行车、行人干扰增加费，地上、地下设施、建筑物的临时保护设施费。

3．其他项目费

(1) 暂列金额：是指建设单位在工程量清单中暂定并包括在工程合同价款中的一笔款项。用于施工合同签订时尚未确定或者不可预见的所需材料、工程设备、服务

的采购，施工中可能发生的工程变更、合同约定调整因素出现时的工程价款调整以及发生的索赔、现场签证确认等的费用。

(2) 计日工：是指在施工过程中，施工企业完成建设单位提出的施工图纸以外的零星项目或工作所需的费用。

(3) 总承包服务费：是指总承包人为配合、协调建设单位进行的专业工程发包，对建设单位自行采购的材料、工程设备等进行保管以及施工现场管理、竣工资料汇总整理等服务所需的费用。

4．规费

与1.2.1节按费用构成要素组成划分相同。

知识链接

浙江省建设工程造价管理总站于2013年12月16日颁发了浙建站计[2013]64号文件，根据《建筑安装工程费用组成》(建标[2013]44号)的要求，将“意外伤害保险费”从“规费”调整为“企业管理费”，调整后的意外伤害保险费暂不并入“企业管理费”内，在建设工程费用计算程序表中的规费之后单独列项，于2014年1月1日起施行。

5．税金

与1.2.1节按费用构成要素组成划分相同。

特别提示

在两种划分方式下，建筑安装工程费用组成的费用项目名称不同，但在本质上，建筑安装工程费用的构成是相同的。

1.3 建设项目组成、工程造价与建设程序

1.3.1 建设项目的组成

工程建设项目按建设管理和合理确定工程造价的需要，可划分为建设项目、单项工程、单位工程、分部工程、分项工程5个组成的层次。

1．建设项目

建设项目是指在一个总体设计范围内，经济上实行统一核算，行政上实行统一管理的建设单位，一般应以一个企业(或联合企业)、事业单位或大型综合独立工程作为一个建设项目。

例如城市的一个污水厂、一座立交桥、一条道路等，均为一个建设项目。

2．单项工程

单项工程是建设项目的组成部分，是指具有独立的设计文件、建成后可以独立发挥生成能力和使用效益的工程。

例如一个污水厂的细格栅、曝气池、初沉池、二沉池、消化池等均是一个单项工程。

一个建设项目可能是一个单项工程，也可能包括若干个单项工程。

3．单位工程

单位工程是单项工程的组成部分，是指具有独立的设计文件、可以独立组织施工，但建成后一般不能独立发挥生成能力和使用效益的工程。

通常根据能否独立施工、独立核算的要求，将一个单项工程划分为若干个单位工程。

例如污水厂的曝气池是一个单项工程，曝气池的土建工程、设备安装工程则为其所包含的单位工程。

4．分部工程

分部工程是单位工程的组成部分，是指在一个单位工程中，按工程部位及使用的材料、工种进一步划分的工程。

例如污水厂曝气池的钻孔灌注桩基础、现浇混凝土(主体)结构是曝气池土建工程这个单位工程所包含的分部工程。

5．分项工程

分项工程是分部工程的组成部分，是指在一个分部工程中，按照不同的施工方法、不同材料的不同规格等进一步划分确定的工程。分项工程是最小的一个层次，是施工图预算中最基本的计算单位。

例如现浇污水厂曝气池的底板模板、底板钢筋、底板混凝土浇筑等是曝气池混凝土(主体)结构这个分部工程所包含的分项工程。

特别提示

一个建设项目通常由一个或若干个单项工程组成；一个单项工程通常由若干个单位工程组成；一个单位工程通常由若干个分部工程组成；一个分部工程通常由若干个分项工程组成。

1.3.2 工程造价与建设项目的组成

相应于建设项目组成的层次划分，工程造价的组成也可分为 5 个层次：建设项目总造价、单项工程造价、单位工程造价、分部工程造价、分项工程造价。

工程造价的计算过程：分部分项工程单价→单位工程造价→单项工程造价→建设项目总造价。

特别提示

市政工程计量与计价是由局部到整体的一个计算过程，即分项工程→分部工程→单位

工程→单项工程→建设项目的分解、组合计算的过程。

合理划分建设项目的组成，尤其是分部分项工程的划分是进行工程计量与计价的一项很重要的工作。

1.3.3 工程建设基本程序

工程建设基本程序一般划分为以下几个阶段：项目建议书和可行性研究阶段，初步设计阶段，技术设计阶段，施工图设计阶段，招投标阶段，实施阶段，竣工验收阶段，项目交付使用阶段。

1.3.4 工程造价与建设程序

工程建设周期长、规模大，工程建设程序划分为若干个阶段，相应地需要在工程建设的不同阶段多次进行工程造价的计算。

各个建设阶段与对应的工程造价见表 1-2。

表 1-2 各个建设阶段与对应的工程造价

建设阶段	项目建议书、可行性研究阶段	初步设计阶段	技术设计阶段	施工图设计阶段	招投标阶段	实施阶段	竣工验收阶段	交付使用阶段
工程造价	投资估算	概算造价	修正概算造价	预算造价	合同价	施工预算	结算价	决算价

1．投资估算

投资估算是指在项目建议书和可行性研究阶段，由建设单位或受其委托的咨询机构编制，依据项目建议、投资估算指标及类似工程的有关资料，预先测算和确定的建设项目的投资额，又称估算造价。

投资估算是决策、筹资和控制造价的主要依据。

2．概算造价

概算造价是指在初步设计或扩大初步设计阶段，由设计单位编制，依据初步设计图纸和说明、概算指标或概算定额、各项费用取费标准、类似工程预(决)算文件等预先测算和限定的工程造价。

概算造价又称设计概算，它是设计文件的组成部分，根据编制的先后顺序和范围大小可以分为：单位工程概算、单项工程概算、建设项目总概算。

概算造价受投资估算(估算造价)的控制，同时概算造价比投资估算造价的准确性有所提高。

3．修正概算造价

修正概算造价是指在采用三阶段设计的技术设计阶段，由设计单位编制，依据技术设计的要求，通过编制修正概算文件预先测算和限定的工程造价。

修正概算造价又称修正设计概算，它是对初步设计阶段的概算造价的修正和调整，比概算造价准确，但受概算造价控制。

4. 预算造价

预算造价是指在施工图设计阶段，由建设单位或设计单位、受其委托的咨询单位编制，依据施工图、预算定额或估价表、费用定额，以及地区人工、材料、机械、设备的价格等预先测算和限定的工程造价。

预算造价又称施工图预算，它受设计概算或修正设计概算的控制，但比设计概算或修正设计概算更详尽和准确。

5. 合同价

合同价是指在工程招投标阶段，由投标单位依据招标单位提供的图纸、招标文件、预算定额或企业定额、费用定额，以及地区人工、材料、机械、设备的价格等编制投标报价，再通过评标、定标，确定中标单位后在工程承包合同中确定的工程造价。

合同价是承发包双方根据市场行情共同议定和认可的成交价格，它不等同于工程的实际造价。建设工程合同有多种类型，不同类型的合同其合同价的内涵也有所不同。

6. 施工预算

施工预算是指在实施阶段，在工程施工前，由施工单位编制，依据施工图及标准图集、施工定额(或借用预算定额)、施工组织设计(或施工方案)、施工及验收规范等编制的单位工程或分部分项工程施工所需的人工、材料、机械台班的数量和费用。

施工预算施工单位内部的经济管理文件，是施工单位进行施工准备、编制施工进度计划、编制资源供应计划、加强内部经济核算的依据。

7. 结算价

(竣工)结算价是指在竣工验收阶段，由施工单位编制，依据合同调价范围、调价方法等相关规定，对实际发生的工程量增减、设备和材料的价差等进行调整后计算和确定，并由建设单位或受其委托的咨询单位核对，最终确定的工程造价。

结算价是该结算工程的实际造价。

知识链接

工程结算是指施工企业依据承包合同和已完工程量，按照规定的程序向建设单位收取工程价款的一项经济活动。如果工程建设周期长、耗用资金数量大，则需要对工程价款进行中间结算(进度款结算)、年终结算和竣工结算。

8. 决算价

决算价是指在竣验收、交付使用后，由建设单位编制，建设项目从筹建到竣工验收、交付使用全过程实际支付的全部建设费用。

决算价又称竣工决算，是整个建设项目的最终价格。

1.4 建设工程造价的特点

建设工程造价具有以下几个特点。

1. 大额性

能够发挥投资效益的任何一项工程，不仅实物形体庞大，而且工程造价高昂。一般工程造价也需上百万、上千万元，特大工程造价可达上百亿、上千亿元人民币。

2. 个别性

任何一项工程都有特定的用途、功能、规模，因而工程内容和实物形态都具有个别性，从而决定了工程造价的个别性。同时，由于每项工程所处地区、地段不同，使得工程造价的个别性更为突出。

3. 动态性

工程建设周期较长，在此期间会出现许多影响工程造价的因素，如设计变更、设备及材料价格的变动、利率及汇率的变化等，使得工程造价在建设期内处于不确定状态。

4. 层次性

建设项目的组成具有层次性，与此对应，工程造价也具有层次性。它包括分项工程造价、分部工程造价、单位工程造价、单项工程造价、建设项目总造价。

5. 兼容性

工程造价的兼容性首先表现在它具有两种含义，其次表现在工程造价构成因素的广泛性。此外，盈利的构成也较为复杂，资金成本较大。

思考题与习题

1. 什么是工程造价？
2. 按费用构成要素组成划分，建筑安装工程费用由哪几部分组成？
3. 按工程造价形成顺序划分，建筑安装工程费用由哪几部分组成？
4. 人工费包括哪几部分费用？
5. 材料费包括了施工过程中耗费的工程设备的费用，这里的工程设备的概念是什么？
6. 施工机具使用费中包含的人工费，包括哪些人工的费用？
7. 新结构、新材料的试验费包含在企业管理费中吗？
8. 什么是规费？它包括哪些内容？
9. 企业管理费中的税金与建筑安装工程费用组成按构成要素划分的七大部分之一的税金如何区别？

10. 措施项目费包括哪些费用？

11. 安全文明施工费包括哪些费用？

12. 其他项目费包括哪些费用？

13. 什么是暂列金额？

14. 什么是计日工？

15. 建设项目的组成分哪几个层次？

16. 建设项目的建设程序分哪几个阶段，各个阶段相应的工程造价分别称为什么？

17. 增值税的计税方法有哪两种？哪些建设项目可以选择适用简易计税法计税？

18. 采用简易计税法计税与采用一般计税法计税，工程造价组成中材料单价有何不同？施工机械台班单价有何不同？企业管理费的组成有何不同？税金有何不同？

第2章 工程量计算与计价的基本知识

本章学习要点

1．工程量的概念、作用；工程量的计算依据、计算顺序；工程计量的影响因素及注意事项。

2．工程计价的概念、依据；工程计价的模式与方法；工程费用计算程序；施工取费计算规则；工程类别的划分及各项费率的确定。

引言

某市区要建设城市高架路，一期工程长2.5km。根据施工图，按正常的施工组织设计、正常的施工工期并结合市场价格计算出预算定额分部分项工程费为5 000万元(其中人工费+机械费为1 200万元)，按定额计价模式的工料单价法计算程序计算该工程造价。

思考：(1) 各项施工组织措施费如何计算？企业管理费、利润、规费、税金如何计算？各项费用计算的依据是什么？

(2) 预算定额分部分项工程费为5 000万元又是如何计算得到的？

(3) 清单计价模式下采用什么计价方法？

(4) 综合单价法计算程序与工料单价法计算程序有什么不同？

2.1 工程量计算的基本知识

2.1.1 工程量的概念

工程量是以物理计量单位或自然计量单位表示的建筑工程各个分项工程或结构构件的数量。

物理计量单位是指以物体的某种物理属性来作为计量单位。如道路面层以m^2为计量单位；砖砌检查井砌筑以m^3为计量单位。自然计量单位是指以物体本身的自然组成为计量单位来表示工程项目的数量。如井字架以座为计量单位。

工程量计算是指建筑工程以工程图纸、施工组织设计或施工方案及相关的技术、经济文件为依据，按照相关工程的计算规则等规定，进行工程数量的计算活动，简称工程计量。

2.1.2 工程量的作用

(1) 工程量是确定工程造价的基础。准确计算工程量，才能准确计算出分部分项工程费，进而按照费用计算程序计算、确定工程造价。

(2) 工程量是施工单位进行生产经营管理的重要依据。各项工程量是施工单位编制施工组织设计、合理安排施工进度，组织现场劳动力、材料、机械等资源供应计划，进行经济核算的重要依据。

(3) 工程量是建设单位管理工程建设的重要依据。工程量也是建设单位编制建设计划、筹集资金、进行工程价款的结算与拨付等的重要依据。

2.1.3 工程量的计算依据

(1) 现行的工程量计算规范、定额、政策规定等。

(2) 施工图纸及设计说明、相关图集、设计变更文件资料等。

(3) 施工组织设计或施工方案、专项方案等。

(4) 其他有关的技术、经济文件，如工程施工合同、招标文件等。

2.1.4 工程量的计算顺序

1．按施工顺序依次计算

结合工程图纸，按照工程施工顺序逐项计算工程量。如某道路、排水工程，可以按照总体施工顺序依次计算以下各分项工程的工程量：沟槽开挖、管道垫层、管道基础、管道铺设、检查井垫层、检查井底板、检查井砌筑、检查井抹灰、井室盖板预制安装、井圈预制安装、管道闭水试验、沟槽回填、道路路床整形碾压、道路基层、道路面层、平侧石安砌、人行道板铺设等。

2．根据图纸，按一定的顺序依次计算

根据图纸，可以按顺时针方向计算：从图纸的左上角开始，按顺时针方向依次计算；也可以按从左到右或者从上到下的顺序依次计算。

2.1.5 工程计量的影响因素与注意事项

1．工程计量的影响因素

在进行工程计量以前，应先确定以下工程计量因素。

1) 计量对象

在不同的建设阶段，有不同的计量对象，对应有不同的计量方法，所以确定计量对象是工程计量的前提。

在项目决策阶段编制投资估算时，工程计量的对象取得较大，可能是单项工程或单位工程，甚至是整个建设项目，这时得到的工程造价也就较粗略。

在初步设计阶段编制设计概算时，工程计量的对象可以取单位工程或扩大的分部分项工程。

在施工图设计阶段编制施工图预算时，以分项工程为计量的基本对象，这时取得的工程造价也就较为准确。

2) 计量单位

工程计量时采用的计量单位不同，则计算结果也不同，所以工程计量前应明确计量单位。

按定额计算规则计算时，工程量计算单位必须与定额的计量单位相一致，市政工程预算定额中大多数采用扩大定额的方法计算，即采用 $100m^3$、$1\,000m^3$、$100m^2$、10t 等计量单位。如“挖掘机挖沟槽土方”定额的计量单位为“$1\,000m^3$”，而“人工挖沟槽土方”定额的计量单位为“$100m^3$”。

按清单计算规则计算时，工程量计算单位必须与清单工程量计算规范的规定相一致，清单工程量计算规范中通常采用基本计量单位，即采用 m^3、m^2、t 等计量单位。如“挖沟槽土方”清单项目的计量单位为“m^3”。

3) 施工方案

在工程计量时，对于施工图样相同的工程，往往会因为施工方案的不同而导致实际完成工程量的不同，所以工程计量前应确定施工方案。

如同一段管道沟槽开挖，采用放坡开挖的施工方案和采用加设支撑的施工方案，所计算的沟槽挖方工程量完全不同。

4) 计价方式

在工程计量时，对于施工图样相同的工程，采用定额的计价模式和清单的计价模式，可能工程量的计算规则会不同，相应地会有不同的计算结果，所以在计量前也必须确定计价方式。

如“管道铺设”按定额的计算规则需扣除附属构筑物、管件及阀门所占长度，而按清单的计算规则则不需要扣除附属构筑物、管件及阀门所占长度。

2．工程计量的注意事项

(1) 要依据对应的工程量计算规则进行计算，包括项目名称、计量单位、计量方法的一致性。

(2) 熟悉设计图纸和设计说明，计算时以图纸标注尺寸为依据，不得任意加大或缩小尺寸。

(3) 注意计算中的整体性和相关性。如在市政工程计量中，要注意处理道路工程、排水工程的相互关系，避免道路工程、排水工程在计算土石方工程量时的漏算或重复计算。

(4) 注意计算列式的规范性和完整性，最好采用统一格式的工程量计算纸，并写明计算部位、项目、特征等，以便核对。

(5) 注意计算过程中的顺序性，为了避免工程量计算过程中发生漏算、重复等现象，计算时可按一定的顺序进行。

(6) 注意结合工程实际，工程计量前应了解工程的现场情况、拟用的施工方案、施工方法等，从而使工程量更切合实际。

(7) 注意计算结果的自检和他检。工程量计算后，计算者可采用指标检查、对比检查等方法进行自检，也可请经验丰富的造价工程师进行他检。

特别提示

工程数量有效位数规定如下。

(1) 以吨为单位，应保留小数点后 3 位数字，第 4 位四舍五入。

(2) 以米、平方米、立方米为单位，应保留小数点后 2 位数字，第 3 位四舍五入。

(3) 以个、项、块等为单位，应取整数。

2.2 工程计价的基本知识

2.2.1 工程计价的概念

工程计价是指在定额计价模式下或在工程量清单计价模式下，按照规定的费用计算程序，根据相应的定额，结合人工、材料、机械市场价格，经计算预测或确定工程造价的活动。

计价模式不同，工程造价的费用计算程序、采用的计价方法不同；现行有两种计价模式，即定额计价模式和清单计价模式，对应有两种计价方法、两种费用计算程序。

建设项目所处的阶段不同，工程计价的具体内容、计价方法、计价的要求也不同。如在项目招投标阶段和项目实施阶段，建设工程工程量清单计价涵盖了从招投标到工程竣工结算的全过程，包括以下计价内容：工程量清单招标控制价、工程量清单投标报价、工程合同价款约定、工程计量与价款支付、工程价款调整、合同价款中期支付、工程竣工结算与支付、合同解除的价款结算与支付等。

2.2.2 市政工程计价的依据

1.《建设工程工程量清单计价规范》(GB 50500—2013)

中华人民共和国住房和城乡建设部、中华人民共和国国家质量监督检验检疫总局联合于2012年12月25日发布“第1567号”公告，于2013年7月1日起正式在全国统一贯彻实施《建设工程工程量清单计价规范》(GB 50500—2013)，原国家标准《建设工程工程量清单计价规范》(GB 50500—2008)同时废止。

《建设工程工程量清单计价规范》(GB 50500—2013)包括正文、附录两大部分，两者具有同等效力。

正文共16章，包括总则、术语、一般规定、工程量清单编制、招标控制价、投标报价、合同价款约定、工程计量、合同价款调整、合同价款期中支付、竣工结算及支付、合同解除的价款结算与支付、合同价款争议的解决、工程造价鉴定、工程计价资料与档案、工程计价表格。

附录包括附录A物价变化合同价款调整方法，附录B工程计价文件封面，附录C工程计价文件扉页，附录D工程计价总说明，附录E工程计价汇总表，附录F分部分项工程和措施项目计价表，附录G其他项目计价表，附录H规费、税金项目计价表，附录J工程计量申请(核准)表，附录K合同价款支付申请(核准)表，附录L主要材料设备一览表。

2.《市政工程工程量计算规范》(GB 50857—2013)

《市政工程工程量计算规范》(GB 50857—2013)，于2013年7月1日起正式在全国统一贯彻实施。

《市政工程工程量计算规范》(GB 50857—2013)包括包括正文、附录两大部分，两者具有同等效力。

正文共 4 章，包括总则、术语、工程计量、工程量清单编制等内容。附录中包含项目编码、项目名称、项目特征、计量单位、工程量计算规则和工程内容，具体包括：附录 A 土石方工程、附录 B 道路工程、附录 C 桥涵工程、附录 D 隧道工程、附录 E 管网工程、附录 F 水处理工程、附录 G 生活垃圾处理工程、附录 H 路灯工程、附录 J 钢筋工程、附录 K 拆除工程、附录 L 措施项目。

特别提示

【参考图文】

按浙江省建建发[2013]273 号文件通知，浙江省于 2014 年 1 月 1 日起在全省范围内贯彻实施《建设工程工程量清单计价规范》(GB 50500—2013)、《市政工程工程量计算规范》(GB 50857—2013)。

3.《浙江省建筑工程计价依据》(2010 版)

《浙江省建筑工程计价依据》(2010 版)经浙江省住房和城乡建设厅、浙江省发展和改革委员会、浙江省财政厅共同发布的建建发［2010］224 号文件，自 2011 年 1 月 1 日起施行。

《浙江省建筑工程计价依据》(2010 版)包括：《浙江省建设工程计价规则》(2010 版)、《浙江省建筑工程预算定额》(2010 版)、《浙江省安装工程预算定额》(2010 版)、《浙江省市政工程预算定额》(2010 版)、《浙江省园林绿化及仿古建筑工程预算定额》(2010 版)、《浙江省建设工程施工费用定额》(2010 版)、《浙江省施工机械台班费用定额》(2010 版)、《浙江省建筑安装材料基期价格》(2010 版)。

1) 《浙江省建设工程计价规则》(2010 版)

《浙江省建设工程计价规则》(2010 版)共设十章：第一章总则，第二章术语，第三章工程造价组成及计价方法，第四章设计概算，第五章工程量清单编制与计价，第六章招标控制价、投标价与成本价，第七章合同价格与工程结算，第八章工程计价纠纷处理，第九章附件及标准格式，第十章附则。

2) 《浙江省市政工程预算定额》(2010 版)

《浙江省市政工程预算定额》(2010 版)是在《浙江省市政工程预算定额》(2003 版)的基础上，依据国家、浙江省有关现行产品标准、设计规范和施工验收规范、质量评定标准、安全技术操作规程，并结合浙江省实际情况进行编制的。

《浙江省市政工程预算定额》(2010 版)共八册，包括：第一册《通用项目》、第二册《道路工程》、第三册《桥涵工程》、第四册《隧道工程》、第五册《给水工程》、第六册《排水工程》、第七册《燃气与集中供热工程》、第八册《路灯工程》。

3) 《浙江省建设工程施工费用定额》(2010 版)

《浙江省建设工程施工费用定额》(2010 版)以《浙江省建设工程施工费用定额》(2003 版)为基础编制，它以指令性与指导性结合、政策指导与市场调节互补为编制原则，既适用于工程量清单计价模式，也适用于定额计价模式。

《浙江省建设工程施工费用定额》(2010 版)由五部分内容组成，包括：总说明、

建设工程施工费用计算规则、建设工程施工费用取费费率、工程类别划分、附录。

4) 《浙江省施工机械台班费用定额》(2010版)

《浙江省施工机械台班费用定额》(2010版)包括三部分内容：施工机械台班单价、施工机械台班基础数据、附录。

【参考图文】

4.《浙江省建设工程工程量清单计价指引》(市政工程)

浙江省建设工程造价管理总站于2013年11月印发了《浙江省建设工程工程量清单计价指引》，列出了清单项目与现行计价依据定额子目的对应关系，供建设各方主体在工程计价活动中参考使用。

5. 其他

【参考图文】

建筑市场信息价格，如工程造价管理机构定期发布的人工、材料、施工机械台班市场价格信息也是确定工程造价的依据。

企业(行业)自行编制的经验性计价依据，如企业定额等也是确定工程造价(投标报价)的依据。

国家相关部门及各省、自治区相关部门发布的有关工程计量与计价的相关通知、文件等也是确定工程造价的依据。

2.2.3 工程计价的模式与方法

建设工程计价模式分为定额计价模式、工程量清单计价模式两种。定额计价模式采用工料单价法，工程量清单计价模式采用综合单价法。

特别提示

全部使用国有资金或以国有资金为主的建设工程发承包，必须采用工程量清单计价。

1. 工料单价法

工料单价(直接工程费单价)是指完成一个规定计量单位的分部分项工程项目或技术措施工程项目所需的人工费、材料费、施工机具使用费。

工料单价法是指分部分项工程项目及施工技术措施工程项目的单价按工料单价(直接工程费单价)计算，施工组织措施项目费、企业管理费、利润、规费、税金、暂列金额及总承包服务费等其他项目费用、风险费用按规定程序单独列项计算的一种计价方法。

$$\text{项目单价}=\text{工料单价} \tag{2-1}$$

$$\text{工料单价}=1\text{个规定计量单位的人工费}+\text{材料费}+\text{施工机具使用费} \tag{2-2}$$

$$\text{项目合价}=\text{工料单价}\times\text{项目工程数量} \tag{2-3}$$

$$\text{工程造价}=\sum\text{项目合价}+\text{取费基数}\times(\text{施工组织措施费率}+\text{企业管理费率}+\text{利润率})+\text{规费}+\text{其他项目费}+\text{风险费用}+\text{税金} \tag{2-4}$$

2．综合单价法

综合单价是指一个规定计量单位的分部分项工程量清单项目或技术措施清单项目除规费、税金以外的全部费用，包括人工费、材料费、施工机具使用费、企业管理费、利润及一定的风险费用。

特别提示

上述综合单价不包括规费、税金等不可竞争的费用，并不是真正意义上的全包括的综合单价，而是一种狭义上的综合单价。

国际上所谓的综合单价一般是指全包括的综合单价，包括规费、税金。

综合单价法是指分部分项工程量清单项目及施工技术措施清单项目单价按综合单价计算，施工组织措施项目费、规费、税金、暂列金额及总承包服务费等其他项目费用按规定程序单独列项计算的一种计价方法。

$$项目单价=综合单价 \tag{2-5}$$

$$综合单价=1个规定计量单位的人工费+材料费+施工机具使用费+取费基数\times(企业管理费率+利润率)+风险费用 \tag{2-6}$$

$$项目合价=综合单价\times项目工程数量 \tag{2-7}$$

$$工程造价=\sum项目合价+取费基数\times施工组织措施费率+规费+其他项目费+税金 \tag{2-8}$$

3．工程量清单计价模式与定额计价模式的区别与联系

1) 两者的区别

(1) 适用范围不同。

全部采用国有投资资金或以国有投资资金为主的建设工程项目必须实行工程量清单计价。除此以外的工程，可以采用工程量清单计价模式，也可以采用定额计价模式。

(2) 采用的计价方法不同。

工程量清单计价模式采用综合单价法计价，定额计价模式采用工料单价法计价。

(3) 项目划分不同。

工程量清单计价模式下的项目基本以一个“综合实体”考虑，一般一个项目包括多项工程内容。定额计价模式下的项目一般一个项目只包括一项工程内容。

如“混凝土管道铺设”工程量清单项目包括管道垫层、基础、管座、接口、管道铺设、闭水试验等多项工程内容，而“混凝土管道铺设”定额项目只包括管道铺设这一项工程内容。

(4) 工程量计算规则的依据不同。

工程量清单计价模式下工程量计算规则的依据是《市政工程工程量计算规范》(GB 50857—2013)，为全国统一的计算规则。

定额计价模式下工程量计算规则的依据是预算定额，由一个地区(省、自治区、直辖市)制定，在本区域内统一。如《浙江省市政工程预算定额》(2010版)在浙江省范围内统一。

【参考图文】

(5) 采用的消耗量标准不同。

工程量清单计价模式下，投标人计价时可以采用自己的企业定额，其消耗量标准体现的是投标人个体的水平，是动态的。

定额计价模式下，投标人计价时采用统一的消耗量定额，其消耗量标准反映的是社会平均水平，是静态的。

(6) 风险分担不同。

工程量清单计价模式下，工程量清单由招标人提供，由招标人承担工程量计算的风险，投标人承担报价(单价和费率)的风险。

定额计价模式下，工程量由各投标人自行计算，故工程量计算风险和报价风险均由投标人承担。

2) 两者的联系

为了与国际接轨，我国于2003年开始推行工程量清单计价模式。由于大部分施工企业还没有建立和拥有自己的企业定额体系，因而，建设行政主管部门发布的定额，尤其是当地的消耗量定额(预算定额)，仍然是企业投标报价的主要依据。

另外，工程量清单项目一般包括多项工作内容，计价时，首先需将清单项目分解成若干个组合工作内容，再按其对应的定额项目计算规则计算其工程量并套用定额子目。也就是说，工程量清单计价活动中，存在部分定额计价的成分。

2.2.4 工程费用的计算程序

定额计价模式采用工料单价法，工程量清单计价模式采用综合单价法，相应有两种工程费用计算程序。

(1) 工料单价法计算程序，见表2-1。

表2-1 工料单价法

<table>
<tr><th>序号</th><th>费 用 项 目</th><th>计 算 方 法</th></tr>
<tr><td>一</td><td>预算定额分部分项工程费</td><td>∑(项目工程量×工料单价)</td></tr>
<tr><td></td><td>1．人工费+机械费</td><td>∑(定额人工费+定额机械费)</td></tr>
<tr><td>二</td><td>施工组织措施费</td><td>各项合计</td></tr>
<tr><td rowspan="10">其中</td><td>2．安全文明施工费</td><td rowspan="9">1×费率</td></tr>
<tr><td>3．工程定位复测费</td></tr>
<tr><td>4．特殊地区施工增加费</td></tr>
<tr><td>5．冬雨季施工增加费</td></tr>
<tr><td>6．夜间施工增加费</td></tr>
<tr><td>7．已完工程及设备保护费</td></tr>
<tr><td>8．二次搬运费</td></tr>
<tr><td>9．行车、行人干扰增加费</td></tr>
<tr><td>10．提前竣工增加费</td></tr>
<tr><td>11．其他施工组织措施费</td><td>按相关规定计算</td></tr>
</table>

续表

序号	费用项目	计算方法
三	企业管理费	1×费率
四	利润	
五	规费	12+13+14
	12．排污费、社保费、公积金	1×费率
	13．农民工工伤保险费	按各地有关规定计算
	14．危险作业意外伤害保险费	
六	总承包服务费	(15+16)或(15+17)
	15．总承包管理和协调费	分包项目工程造价×费率
	16．总承包管理、协调和服务费	
	17．甲供材料、设备管理服务费	(甲供材料费、设备费)×费率
七	风险费	(一+二+三+四+五+六)×费率
八	暂列金额	(一+二+三+四+五+六+七)×费率
九	税金	(一+二+三+四+五+六+七+八)×税率
十	建设工程造价	一+二+三+四+五+六+七+八+九

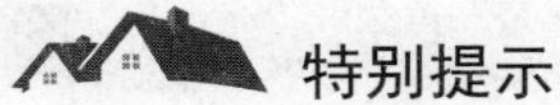

特别提示

(1) 表中预算定额分部分项工程费包括了分部分项工程项目、施工技术措施工程项目的直接工程费(包括人工费、材料费、施工机具使用费)，均按“工程量×工料单价”的方法计算。

(2) 施工组织措施费中：安全文明施工费必须计取；其他各项组织措施费根据工程实际情况计取。如工程现场场地宽敞，材料无须二次搬运，就无须计取二次搬运费。

(3) 农民工工伤保险费、危险作业意外伤害保险费按各地的规定进行计算。

(2) 综合单价法费用计算程序，见表2-2。

表2-2 综合单价法

序号	费用项目		计算方法
一	工程量清单分部分项工程费		∑(分部分项工程量×综合单价)
	1．人工费+机械费		∑分部分项(人工费+机械费)
二	措施项目费		(一)+(二)
	(一) 施工技术措施项目费		∑(技术措施项目工程量×综合单价)
	其中	2．人工费+机械费	∑技术措施项目(人工费+机械费)
	(二) 施工组织措施项目清单费		各项合计
	其中	3．安全文明施工费	(1+2)×费率
		4．工程定位复测费	
		5．特殊地区施工增加费	

续表

序号	费用项目		计算方法
	其中	6．冬雨季施工增加费	
		7．夜间施工增加费	
		8．已完工程及设备保护费	
		9．二次搬运费	
		10．行车、行人干扰增加费	
		11．提前竣工增加费	按相关规定计算
		12．其他施工组织措施费	
三	其他项目费		按工程量清单计价要求计算
四	规费		13+14+15
	13．排污费、社保费、公积金		(1+2)×费率
	14．农民工工伤保险费		按各地有关规定计算
	15．危险作业意外伤害保险费		
五	税金		(一+二+三+四)×费率
六	建设工程造价		一+二+三+四+五

2.2.5 施工取费的计算规则

(1) 以“人工费+机械费”为取费基数。“人工费+机械费”是指分部分项工程项目及施工技术措施工程项目的人工费和机械费之和。

① 人工费不包括机上人工，大型机械设备进出场及安拆费不能直接作为机械费计算，但其中的人工费及机械费可作为取费基数。

② 编制招标控制价时，应以预算定额的人工费及机械费作为计算费用的基数。

③ 编制投标报价时，其人工、机械台班消耗量可根据企业定额确定，人工单价、机械台班单价可按当时当地的市场价格确定，以此计算的人工费和机械费作为取费基数。

(2) 施工措施项目应根据《浙江省建设工程施工费用定额》(2010 版)、措施项目清单，结合工程实际确定。

① 施工技术措施项目可根据相关的工程量计算规则，结合工程的实际情况，根据施工方案计算确定其工程量及费用。

② 施工组织措施费按施工费用计算程序以取费基数乘以组织措施费费率计算，其中安全文明施工费为必须计算的措施费项目，其他组织措施费项目可根据工程量清单、结合工程实际情况列项，工程实际不发生的项目不应计取费用。

③ 在编制投标报价时，安全文明施工费不得低于《浙江省建设工程施工费用定额》(2010 版)的下限费率报价；在编制招标控制价时，安全文明施工费按费率的中值计算。

④ 提前竣工增加费以工期缩短的比例计取，计取缩短工期增加费的工程不应同时计取夜间施工增加费。

(3) 企业管理费费率是根据不同的工程类别确定的。通常市政工程划分为一类、二类、三类工程。

(4) 编制招标控制价时，施工组织措施费、企业管理费及利润，应按费率的中值或弹性区间费率的中值计取。

编制施工图预算时，施工组织措施费、企业管理费及利润，可按费率的中值或弹性区间费率的中值计取。

(5) 暂列金额一般可按税前造价的 5%计算。工程结算时，暂列金额应予以取消，另按工程实际发生项目增加费用。

(6) 发包人仅要求对分包的专业工程进行总承包管理和协调时，总承包单位可按分包的专业工程造价的 1%～2%向发包方计取总承包服务费；发包人要求总承包单位对分包的专业工程进行总承包管理和协调，并同时要求提供配合服务时，总承包单位可按分包的专业工程造价的 1%～4%向发包方计取总承包服务费；对甲供材料、设备进行管理和服务时，可按甲供材料、设备价值的 0.2%～1%计取费用。

(7) 规费、税金应按《浙江省建设工程施工费用定额》(2010 版)规定的费率计取，不得作为竞争性费用。

2.2.6 费率取值

1. 市政工程施工组织措施费费率

营改增前的市政工程以及营改增后采用简易计税法的市政工程，施工组织措施费费率取值见表 2-3。

表 2-3 市政工程施工组织措施费费率

定额编号	项目名称		计算基数	费率/%		
				下限	中值	上限
C1-1	安全文明施工费（含扬尘污染防治增加费）					
C1-11	其中	非市区工程	人工费+机械费	9.92	10.82	11.72
C1-12		市区一般工程		11.54	12.61	13.69
C1-1-1	创标化工地增加费					
C1-1-11	其中	非市区工程	人工费+机械费	1.76	2.07	2.48
C1-1-12		市区一般工程		2.07	2.44	2.93
C1-2	夜间施工增加费		人工费+机械费	0.01	0.03	0.06
C1-3	提前竣工增加费					
C1-31	其中	缩短工期 10%以内		0.01	0.83	1.65
C1-32		缩短工期 20%以内	人工费+机械费	1.65	2.04	2.44
C1-33		缩短工期 30%以内		2.44	2.83	3.23
C1-4	二次搬运费			0.57	0.71	0.82
C1-5	已完工程及设备保护费			0.02	0.04	0.06
C1-6	工程定位复测费		人工费+机械费	0.03	0.04	0.05
C1-7	冬季、雨季施工增加费			0.10	0.19	0.29
C1-8	行车、行人干扰增加费			2.00	2.50	3.00
C1-9	优质工程增加费		优质工程增加费前造价	1.00	2.00	3.00
	特殊地区增加费		人工费+机械费	按实际发生计算		

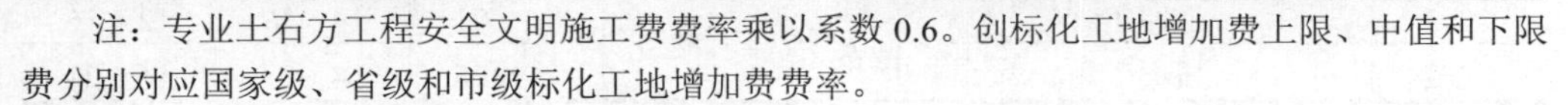
注：专业土石方工程安全文明施工费费率乘以系数 0.6。创标化工地增加费上限、中值和下限费分别对应国家级、省级和市级标化工地增加费费率。

【参考图文】

知识链接

(1) 根据浙江省住房和城乡建设厅、浙江省发展和改革委员会、浙江省财政厅于2015年12月21日颁发的建建发[2015]517号文件规定，调整了安全文明施工费费用组成及费率标准，自2016年2月1日起执行。在此之前已招标或已签署施工合同的工程仍按原合同约定条款执行。如合同约定可调整的，2016年2月1日后发生的工程量可据此文件调整。

【参考图文】

(2) 浙江省建设工程造价管理总站于2013年12月16日颁发的浙建站计[2013]64号文件，规定在施工组织措施费项目中增加工程定位复测费项目和特殊地区增加费项目，相应费率见表2-3；将施工组织措施费中的检验试验费按“费用项目组成”的内容和要求并入企业管理费，施工组织措施费中不再计算检验试验费；并相应调整了企业管理费的费率，于2014年1月1日起施行。

营改增后采用一般计税法的市政工程，施工组织措施费中：安全文明施工费、创标化工地增加费的费率与简易计税法的费率不同，取值见表2-4；其他各项施工组织措施费的费率同表2-3。

表2-4 市政工程施工组织措施费费率(一般计税法)

定额编号	项目名称		计算基数	费率/%		
				下限	中值	上限
C1-1	安全文明施工费(含扬尘污染防治增加费)					
C1-11	其中	非市区工程	人工费+机械费	9.17	10.19	11.21
C1-12		市区一般工程		10.68	11.88	13.08
C1-1-1	创标化工地增加费					
C1-1-11	其中	非市区工程	人工费+机械费	1.66	1.95	2.34
C1-1-12		市区一般工程		1.95	2.30	2.76

知识链接

【参考图文】

浙江省建设工程造价管理总站于2016年4月18日发布浙建站定[2016]23号文件，对营改增后浙江省建设工程施工取费费率予以调整。

2. 市政工程企业管理费费率

营改增前的市政工程以及营改增后采用简易计税法的市政工程，企业管理费费率取值见表2-5。

表2-5 市政工程企业管理费费率(简易计税法)

定额编号	项目名称	计算基数	费率/%		
			一类	二类	三类
C2-1	道路工程	人工费+机械费	16～21	14～19	12～16
C2-2	桥梁工程		21～28	18～24	16～21

续表

定额编号	项目名称	计算基数	费率/%		
			一类	二类	三类
C2-3	隧道工程	人工费+机械费	10～13	8～11	6～9
C2-4	河道护岸工程		—	13～17	11～15
C2-5	给水、燃气及单独排水工程		14～18	12～16	10～14
C2-6	专业土石方工程		—	3～4	2～3
C2-7	路灯及交通设施工程	人工费+机械费	27～36	22～30	18～25

知识链接

根据浙江省建设工程造价管理总站于2013年12月16日颁发的浙建站计[2013]64号文件，“企业管理费”按相应专业费率乘以系数1.30，于2014年1月1日起施行。

营改增后采用一般计税法的市政工程，企业管理费增加城市维护建设税、教育费附加和地方教育附加等内容，套用时不再区分工程所在地，按统一费率执行，见表2-6。

表2-6 市政工程企业管理费费率(一般计税法)

定额编号	项目名称	计算基数	费率/%		
			一类	二类	三类
C2-1	道路工程	人工费+机械费	22.63～29.71	19.81～26.88	16.98～22.63
C2-2	桥梁工程		29.71～39.61	25.46～33.95	22.63～29.71
C2-3	隧道工程		14.15～18.39	11.32～15.56	8.49～12.73
C2-4	河道护岸工程		—	18.39～24.05	15.56～21.22
C2-5	给水、燃气及单独排水工程		19.81～25.46	16.98～22.63	14.15～19.81
C2-6	专业土石方工程		—	4.24～5.66	2.83～4.24
C2-7	路灯及交通设施工程	人工费+机械费	—	31.12～42.44	25.46～35.37

3．市政工程利润费率

营改增前的市政工程以及营改增后采用简易计税法与采用一般计税法的市政工程，利润费率相同，取值见表2-7。

表2-7 市政工程利润费率

定额编号	项目名称	计算基数	费率/%
C3-1	道路工程	人工费+机械费	9～15
C3-2	桥梁工程		8～14
C3-3	隧道工程		4～8
C3-4	河道护岸工程		6～12
C3-5	给水、燃气及单独排水工程		8～13
C3-6	专业土石方工程		1～4
C3-7	路灯及交通设施工程		13～20

4. 市政工程规费费率

营改增前的市政工程以及营改增后采用简易计税法与采用一般计税法的市政工程，规费费率相同，取值见表2-8。

表2-8 市政工程规费费率

定额编号	项目名称	计算基数	费率/%
C4-1	道路、桥梁、河道护岸、给排水及燃气工程	人工费+机械费	7.30
C4-2	隧道工程		4.05
C4-3	专业土石方工程		1.05
C4-4	路灯及交通设施工程		11.96

知识链接

【参考图文】

根据浙江省建设工程造价管理总站于2013年12月16日颁发的浙建站计[2013]64号文件，根据“费用项目组成”的要求，将“意外伤害保险费”从“规费”调整为“企业管理费”，调整后的意外伤害保险费暂不并入“企业管理费”内，在建设工程费用计算程序表中的规费之后单独列项。

5. 市政工程税金费率

营改增前的市政工程，税金费率取值见表2-9。

表2-9 市政工程税金费率(营改增前)

定额编号	项目名称	计算基数	费率/%		
			市区	城(镇)	其他
D4	税金	直接费+间接费+规费	3.577	3.513	3.384
D4-1	税费	直接费+间接费+规费	3.477	3.413	3.284
D4-2	水利建设资金	直接费+间接费+规费	0.100	0.100	0.100

营改增后采用简易计税法的市政工程，税金费率取值见表2-10。

表2-10 市政工程税金费率(简易计税法)

定额编号	项目名称	计算基数	费率%		
			市区	城(镇)	其他
S2	税金	直接工程费＋措施费＋企业管理费＋利润＋规费	3.43%	3.37%	3.25%
S2-1	增值税征收率		3.00%	3.00%	3.00%
S2-2	城市维护建设税		0.21%	0.15%	0.03%
S2-3	教育费附加及地方教育附加		0.15%	0.15%	0.15%
S2-4	地方水利建设基金		0.07%	0.07%	0.07%

注：简易计税方法下的直接工程费、措施费、企业管理费、利润和规费的各项费用中，均包含增值税进项税额。

知识链接

浙江省建设工程造价管理总站于2016年5月12日发布浙建站定[2016]35号文件，对营改增后浙江省建设工程税金费率予以调整。

【参考图文】

营改增后采用一般计税法的市政工程，税金费率取值见表2-11。

表2-11　市政工程税金费率(一般计税法)

定额编号	项目名称	计算基数	费率/%
S1	税金	税前工程造价	11.07
S1-1	增值税(销项税额)		11.00
S1-2	地方水利建设基金		0.07

2.2.7 工程类别划分

1．市政工程类别划分

市政工程类别划分见表2-12。

表2-12　市政工程类别划分

类别 工程	一　类	二　类	三　类
道路工程	城市高速干道	1．城市主干道、次干道 2．10 000m² 以上广场、5 000m² 以上停车场 3．带400m标准跑道的运动场	1．支路、街道、居民(厂)区道路 2．单独的人行道工程、广场及路面维修 3. 10 000m² 以下广场、5 000m² 以下停车场 4．运动场、跑道、操场
桥涵工程	1．层数3层以上的立交桥 2．单孔最大跨径40m以上的桥梁 3．拉索桥 4．箱涵顶进	1．3层以下立交桥、人行地道 2．单孔最大跨径20m以上的桥梁 3．高架路	1．单孔最大跨径20m以下的桥梁 2．涵洞 3．人行天桥
隧道工程	1．水底隧道 2．垂直顶升隧道 3．截面宽度9m以上	截面宽度6m以上	截面宽度6m以下
河道排洪及护岸工程	—	单独排洪工程	单独护岸护坡及土堤

续表

类别 工程	一　类	二　类	三　类
给排水工程	1. 日生产能力 200 000t 以上的自来水厂 2. 日处理能力 200 000t 以上的污水处理厂 3. 日处理能力 100 000t 以上的单独排水泵站 4. 直径 1 200mm 以上的给水管道 5. 直径 1 800mm 以上的排水管道	1. 日生产能力 80 000t 以上的自来水厂 2. 日处理能力 100 000t 以上的污水处理厂 3. 日处理能力 50 000t 以上的单独排水泵站 4. 直径 600mm 以上的给水管道 5. 直径 1 000mm 以上的排水管道 6. 给排水构筑物 7. 顶管、牵引管工程	1. 日生产能力 80 000t 以下的自来水厂 2. 日处理能力 100 000t 以下的污水处理厂 3. 日处理能力 50 000t 以下的单独排水泵站 4. 直径 600mm 以内的给水管道 5. 直径 1 000mm 以内的排水管道
燃气供热工程	管外径 900mm 以上的燃气供热管道	管外径 600mm 以上的燃气供热管道	管外径 600mm 以下的燃气供热管道
路灯及交通设施工程	—	路灯安装大于 30 根，且包含 20m 及以上的高灯杆安装大于 4 根的工程	二类工程以外的其他工程
土石方工程	—	深度 4m 以上的土石方开挖	深度 4m 以下的土石方开挖

2. 工程类别划分说明

1) 道路工程

按道路交通功能分类。

(1) 城市高速干道：城市道路设有中央分隔带，具有 4 条以上车道，全部或部分采用立体交叉与控制出入，供车辆高速行驶的道路。

(2) 城市主干道：在城市道路网中起骨架作用的道路。

(3) 城市次干道：城市道路网中的区域性干路，与主干道相连，构成完整的城市干路系统。

(4) 支路：城市道路网中的干路以外联系次干路或供区域内部使用的道路。

(5) 街道：在城市范围全部或大部分地段两侧建有各式建筑物，设有人行道和各种市政公用设施的道路。

(6) 居民(厂)区道路：以住宅(厂房)建筑为主体的区域内道路。

2) 桥涵工程

(1) 单独桥涵按桥涵分类，附属于道路工程的桥涵，按道路工程分类。

(2) 单独立交桥工程按立交桥层数进行分类；与高架路相连的立交桥，执行立交桥类别。

3) 隧道工程

按隧道类型及隧道内截面的净宽度进行分类。

4) 河道排洪及护岸工程

按单独排洪工程、单独护岸护坡及土堤工程分类。

(1) 单独排洪工程包括明渠、暗渠及截洪沟。

(2) 单独护岸护坡包括抛石、石笼、砌护底、护脚、台阶以及附属于本类别的土方工程等。

5) 给排水工程

按管径大小分类。

(1) 顶管工程包括挤压顶进。

(2) 在一个给水或排水工程中有两种及以上不同管径时，最大管径的管道长度超过管道总长的(不包括支管长度)10%时，按最大管径确定工程类别；最大管径的管道长度小于管道总长的 10%时，按次一级管径确定工程类别。

(3) 给排水管道包括附属于本类别的挖土和管道附属构筑物及设备安装。

6) 燃气供热工程

按燃气供热管道外径大小分类。

(1) 在一个燃气或供热管道工程中有两种及以上不同管外径时，最大管外径的管道长度超过管道总长(不包括支管长度)的 10%时，按最大管外径确定类别；最大管径的管道长度小于管道总长的 10%时，按次一级管径确定工程类别。

(2) 燃气供热管道包括管道挖土和管道附属构筑物。

特别提示

(1) 单因素确定原则：某专业工程有多种情况的，符合其中一种情况，即为该类别。

(2) 就高原则：多个专业工程一同发包时，以专业工程类别最高者作为该工程的类别。

(3) 单独排水工程按其类别执行给水费率；单独附属工程按相应主体工程的三类取费标准计取。单独学校跑道、操场按道路的类别及费率执行。

【例 2-1】 某市区单独排水工程，于 2016 年 3 月 17 日—3 月 21 日编制招标控制价。已知管道最大管径为 1 200mm，根据施工图纸，按正常的施工组织设计、正常的施工工期并结合市场价格计算出分部分项工程量清单项目费为 1 200 万元(其中人工费+机械费为 300 万元)，施工技术措施项目清单费为 250 万元(其中人工费+机械费为 80 万元)，其他项目清单费为 30 万元。试按综合单价法编制招标控制价。

【解】(1) 工程类别判别。

根据《浙江省建设工程施工费用定额》(2010 版)规定，本例工程类别为二类排水工程。

(2) 费率确定。

根据《浙江省建设工程施工费用定额》(2010 版)规定，编制招标控制价时，施工组织措施费、企业管理费及利润应按费率的中值或弹性区间费率的中值计取。

家民工工伤保险费费率按 0.114%计取，危险作业意外伤害保险费暂不考虑，创标化工地增加费不计。

(3) 按费用计算程序计算招标控制价，见表 2-13。

表 2-13　计算招标控制价

序号	费用项目	计算方法	金额/万元
一	工程量清单分部分项工程费	∑(分部分项工程量×综合单价)	1 200
	1．人工费+机械费	∑分部分项(人工费+机械费)	300
二	措施项目费	(一)+(二)	308.558
	(一) 施工技术措施项目清单费	∑(技术措施项目工程量×综合单价)	250
	2．人工费+机械费	∑技术措施项目(人工费+机械费)	80
	(二) 施工组织措施项目费	3+4+5+6+7+8+9	58.558
	3．安全文明施工费(基本费)	(300+80)×10.61%	40.318
	4．扬尘污染防治增加费	(300+80)×2.00%	7.600
	5．定位复测费	(300+80)×0.04%	0.152
	6．冬季、雨季施工增加费	(300+80)×0.19%	0.722
	7．夜间施工增加费	(300+80)×0.03%	0.114
	8．已完工程及设备保护费	(300+80)×0.04%	0.152
	9．行车、行人干扰增加费	(300+80)×2.50%	9.500
三	其他项目费	按工程量清单计价要求计算	30
四	规费	12+13+14	28.173 2
	12．工程排污费、社会保障费、住房公积金	(300+80)×7.30%	27.74
	13．农民工工伤保险费	(300+80)×0.114%	0.433 2
	14．危险作业意外伤害保险费	—	0
五	税金	(一+二+三+四)×3.577%	56.042 0
六	建设工程造价	一+二+三+四+五	1 622.773 2

【例 2-2】 某市区欲建设城市高架路，长 3.5km。于 2016 年 3 月 17 日—3 月 21 日编制投标报价。根据施工图纸，按正常的施工组织设计、正常的施工工期并结合市场价格计算出预算定额分部分项工程费为 7 500 万元(其中人工费+机械费为 2 100 万元)。该工程不允许分包，材料不需要二次搬运，暂列金额按税前造价的 5%计算，风险费用暂不考虑，施工组织措施费、企业管理费及利润按费率范围或弹性区间的下限计取，农民工工伤保险费费率按 0.114%计取，危险作业意外伤害保险费暂不考虑，创标化工地增加费不计，试按工料单价法编制投标报价。

【解】 (1) 工程类别判定。

根据《浙江省建设工程施工费用定额》(2010 版)规定，本例“城市高架路”工程类别为二类桥涵工程。

(2) 按费用计算程序计算招标控制价，见表 2-14。

表 2-14 计算施工图预算造价

序号	费用项目	计算方法	金额/万元
一	预算定额分部分项工程费	∑(分部分项项目工程量×工料单价)	7 500
	1．人工费+机械费	∑(定额人工费+定额机械费)	2 100
二	施工组织措施费	2+3+4+5+6+7+8	287.7
	2．安全文明施工费(基本费)	2 100× 9.54%	200.34
	3．扬尘污染防治增加费	2 100×2.00%	42
	4．定位复测费	2 100×0.03%	0.63
	5．冬季、雨季施工增加费	2 100×0.10%	2.1
	6．夜间施工增加费	2 100×0.01%	0.21
	7．已完工程及设备保护费	2 100× 0.02%	0.42
	8．行车、行人干扰增加费	2 100×2.00%	42
三	企业管理费	2 100×23.40%	491.4
四	利润	2 100× 8%	168
五	规费	11+12+13	155.694
	11．排污费、社保费、公积金	2 100×7.30%	153.3
	12．农民工工伤保险费	2 100×0.114%	2.394
	13．危险作业意外伤害保险费	—	0
六	总承包服务费	14+15+16	0
	14．总承包管理和协调费	—	0
	15．总承包管理、协调和服务费	—	0
	16．甲供材料、设备管理服务费	—	0
七	风险费	(一+二+三+四+五+六)×费率	0
八	暂列金额	(一+二+三+四+五+六+七)×5%	430.139 7
九	税金	(一+二+三+四+五+六+七+八)×3.577%	323.108 0
十	建设工程造价	一+二+三+四+五+六+七+八+九	9 356.041 7

思考题与习题

一、简答题

1．工程计价的依据主要有哪些？

2．市政工程计价模式有哪两种？分别采用什么计算方法？

3．什么是工料单价？什么是综合单价？其单价的组成内容有何区别？

4．定额计价模式与工程量清单计价模式有何区别？

5．某单独排水工程，管道总长为 1 020m，其中最大管径为 1 200mm，管长为 90m；次一级管径为 *D*1000，管长为 210m，试确定其工程类别。编制招标控制价时，施工组织措施费、企业管理费及利润应按费率的中值或弹性区间费率的中值计取，试确定其各项费用的费率是多少。

6. 营改增后，采用简易计税法与采用一般计税法比较，哪些费用项目的费率是相同的？哪些费用项目的费率是不同的？

7. 营改增前与营改增后比较，税金所包括的内容及税金的费率是否相同？

二、计算题

1. 某城市主干道工程，按正常的施工组织设计、正常的施工工期并结合市场价格计算出各部分费用见表2-15，试按综合单价法编制招标控制价，并将计算结果填入表2-15内。

表2-15 招标控制价(一)

序号	费用项目	计算方法	金额/万元
一	工程量清单分部分项工程费	∑(分部分项工程量×综合单价)	1 100
	1. 人工费+机械费	∑分部分项(人工费+机械费)	300
二	措施项目费		
	(一) 施工技术措施项目清单费	∑(技术措施项目工程量×综合单价)	250
	2. 人工费+机械费	∑技术措施项目(人工费+机械费)	80
	(二) 施工组织措施项目费	∑[(1+2)×施工组织措施费率]	
	3. 安全文明施工费(基本费)		
	4. 扬尘污染防治增加费		
	5. 定位复测费		
	6. 夜间施工增加费		
	7. 已完工程及设备保护费		
	8. 二次搬运费		
	9. 行车、行人干扰增加费		
三	其他项目费		50
四	规费		
	10. 排污费、社保费、公积金		
	11. 农民工工伤保险费		
	12. 危险作业意外伤害保险费	—	0
五	税金		
六	建设工程造价	一+二+三+四+五	

2. 某小区排水管道工程，最大管径为1 000mm，按正常的施工组织设计、正常的施工工期并结合市场价格计算出各部分费用见表2-16，该工程不允许分包，材料需要二次搬运，暂列金额按税前造价的4%计算，风险费用暂不考虑，试按工料单价法编制投标报价，并将计算结果填入表2-16内。

表2-16 招标控制价(二)

序号	费用项目	计算方法	金额/万元
一	预算定额分部分项工程费	∑(分部分项项目工程量×工料单价)	960
	1. 人工费+机械费	∑(定额人工费+定额机械费)	300

续表

序号	费用项目	计算方法	金额/万元
二	施工组织措施费	∑(1×施工组织措施费率)	
	2．安全文明施工费(基本费)		
	3．扬尘污染防治增加费		
	4．工程定位复测费		
	5．冬季、雨季施工增加费		
	6．夜间施工增加费		
	7．已完工程及设备保护费		
	8．二次搬运费		
	9．行车、行人干扰增加费		
	10．提前竣工增加费		
三	企业管理费		
四	利润		
五	规费		
	11．排污费、社保费、公积金		
	12．农民工工伤保险费		
	13．危险作业意外伤害保险费	—	0
六	总承包服务费		
	14．总承包管理和协调费		
	15．总承包管理、协调和服务费		
	16．甲供材料、设备管理服务费		
七	风险费		
八	暂列金额		
九	税金		
十	建设工程造价	一+二+三+四+五+六+七+八+九	

第3章 建设工程定额

本章学习要点

1. 建设工程定额的概念、分类、特点、作用。
2. 施工定额的概念、组成和内容、作用。
3. 预算定额的概念、组成和内容、编制、应用。
4. 概算定额的概念、组成和内容、编制、作用。
5. 企业定额的概念、作用、编制。

引言

经过第2章的学习，我们可知该章引例中“某市区高架路工程的分部分项工程费为5 000万元”是依据预算定额计算得到的，那么什么是定额？什么是预算定额？还有其他定额吗？怎样使用定额？

3.1 建设工程定额概述

3.1.1 定额的概念

定额：“定”就是规定，“额”就是数额或额度。定额就是规定的数额或额度，是在生产经营活动中，根据一定时期的生产力发展水平和产品的质量要求，为完成一定数量的合格产品所需消耗的人力、物力和财力的数量标准。

一般来讲，生产力发展水平高，则生产效率高，生产过程中的消耗就少，定额所规定的人力、物力和财力等资源消耗量应相应降低，称为定额水平高；反之，生产力发展水平低，则生产效率低，生产过程中的消耗就多，定额所规定的人力、物力和财力等资源消耗量应相应提高，称为定额水平低。

3.1.2 市政工程定额的概念

市政工程定额是指在市政工程项目建设中，在一定的施工组织和施工技术条件下，将科学的方法和实践经验相结合，完成质量合格的单位工程产品所必须消耗的人工、材料、机械和资金的数量标准。

市政工程定额是在一定社会生产力发展水平下，完成市政工程中的某项合格产品与各种生产要素(人工、材料和机械和资金)消耗之间的数量关系，反映了在一定的社会生产力发展水平下市政工程的施工管理和技术水平。

3.1.3 建设工程定额的分类

建设工程定额的种类很多，如图 3.1 所示。一般按定额反映的生产因素、定额的编制程序和用途、定额制定单位和执行范围，可分为以下类型。

1. 按定额反映的生产因素分类

按定额反映的生产因素可分为劳动消耗定额、材料消耗定额与机械消耗定额。

1) 劳动消耗定额

劳动消耗定额简称劳动定额，也称人工定额，是指在正常施工条件下，某工种、某一等级工人以社会平均熟练程度和劳动强度为完成单位合格工程产品所必须消耗的劳动时间的数量标准，或在单位工作时间内完成合格产品的数量标准。

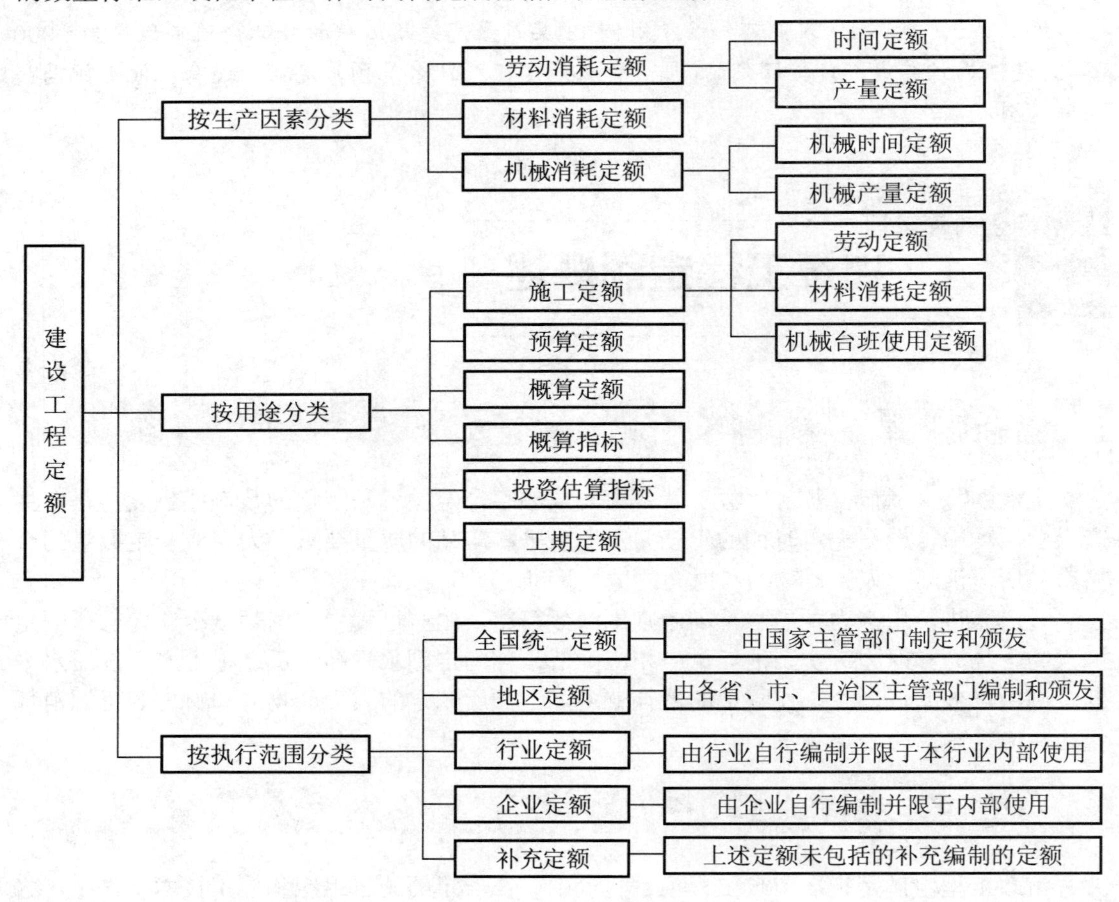

图 3.1　建设工程定额分类

劳动消耗定额按其表现形式不同，可分为时间定额和产量定额两种，两者互为倒数。

2) 材料消耗定额

材料消耗定额简称材料定额，是指在正常施工条件和合理使用材料的条件下，完成单位合格工程产品所必须消耗的材料的数量标准。

材料是工程建设中使用一定品种、规格的原材料、成品、半成品、构(配)件、燃料以及水、电等资源的统称。

3) 机械消耗定额

机械消耗定额简称机械定额，是指在正常施工条件和合理的劳动组织下，使用某种施工机械完成单位合格工程产品所必须消耗的机械台班的数量标准，或在单位时间内机械完成合格工程产品的数量标准。

机械消耗定额按其表现形式不同，可分为机械时间定额和机械产量定额两种，两者互为倒数。

由于我国习惯上以一台机械一个工作班(台班，按一台机械工作 8 小时计)为机械消耗的计量单位，机械消耗定额又称为机械台班消耗定额。

2．按编制程序和用途分类

按编制程序和用途可分为施工定额、预算定额、概算定额、概算指标、投资估算指标、工期定额。

1) 施工定额

施工定额以同一性质的施工过程或工序为测定对象，在正常的施工条件下，完成单位合格工程产品而产生的人工、材料、机械台班消耗的数量标准。

施工定额是施工企业为组织生产和加强管理而在企业内部使用的一种定额，属于企业生产定额性质。

施工定额由劳动定额、材料消耗定额和机械台班使用定额 3 个部分组成，主要直接用于工程的施工管理，可用于编制施工组织设计、施工预算、施工作业计划、签发施工任务单、限额领料、结算计件工资等施工管理活动中。

施工定额的项目划分最细，是工程建设定额中的基础性定额，也是编制预算定额的基础。

2) 预算定额

预算定额是以建设工程的分项工程为测定对象，确定完成规定计量单位的分项工程所消耗的人工、材料、机械台班的数量标准。

预算定额是一种计价性定额，在编制施工图预算阶段，用于计算工程造价、计算工程所需的人工、材料、机械台班的需要量，同时可作为编制施工组织设计、工程财务计划的参考。

预算定额是以施工定额为基础综合扩大编制的，同时也是编制概算定额的基础。

3) 概算定额

概算定额是以扩大的分项工程为对象，确定完成规定计量单位的扩大分项工程所消耗的人工、材料、机械台班的数量标准。

概算定额也是一种计价性定额，在扩大初步设计或技术设计阶段，用于编制(修正)设计概算，并作为确定建设项目投资额的依据。

概算定额目划分的粗细与扩大初步设计的深度相适应，一般是在预算定额的基础上综合扩大而成的，同时可作为编制概算指标、投资估算指标的依据。

 **特别提示**

概算定额是介于预算定额与概算指标之间的定额。

4) 概算指标

概算指标是以整个建(构)筑物为对象，以一定数量面积(或长度)为计量单位，而规定人工、主要材料、机械的耗用量及其费用标准。

概算指标也是一种计价性定额，在初步设计阶段，用于编制工程初步设计概算。

概算指标的设定与初步设计的深度相适应，是在概算定额和预算定额的基础上编制的，比概算定额更加综合扩大。

5) 投资估算指标

投资估算指标往往以独立的单项工程或完整的工程项目为计算对象，编制内容是所有项目费用之和。

投资估算指标也是一种计价性定额，用于项目建议书和可行性研究阶段编制投资估算、计算工程投资需要量，并作为进行项目可行性分析、项目评估和决策、设计方案的技术经济分析等的依据。

投资估算指标比概算指标更为综合扩大，更为概略，其概略程度与可行性研究阶段相适应。投资估算指标编制基础离不开预算定额、概算定额，是在历史实际工程的概预算、结算资料的基础上，通过技术分析和统计分析编制而成的。

6) 工期定额

工期定额是指在一定生产技术和自然条件下，完成某个单项工程平均需用的编制天数，包括建设工期定额、施工工期定额两个层次。

建设工期是指建设项目或独立的单项工程在建设过程中耗用的时间总量，一般以月数或天数表示。建设工期是从开工建设开始到全部建成投产或交付使用所经历的时间，不包括由于决策失误而停(缓)建所延误的时间。

施工工期是指单项工程或单位工程从开工到完工所经历的时间。

施工工期是建设工期中的一部分。

工期定额是评价工程建设速度、编制施工进度计划及施工计划、签订承包合同的依据。

知识链接

工程建设的不同阶段，均需编制相应阶段的工程造价，采用或依据不同的定额，参见表 3-1。

表 3-1 工程建设阶段与工程造价、依据定额的关系表

建设阶段	项目建议书、可行性研究阶段	初步设计阶段	技术设计阶段	施工图设计阶段	招投标阶段	实施阶段	竣工验收阶段	交付使用阶段
工程造价	投资估算	初步设计概算	(修正)设计概算	施工图预算		施工预算	工程结算	竣工决算
依据的定额	投资估算指标	概算指标	概算定额	预算定额	预算定额	施工定额	预算定额	预算定额

3．按定额编制单位和执行范围分类

按定额编制单位和执行范围可分为全国统一定额、地区定额、行业定额、企业定额和补充定额。

1) 全国统一定额

全国统一定额是由根据建设行政主管部门组织，综合全国工程建设中的技术和施工组织管理水平情况进行编制、批准、发布的，在全国范围内使用的定额。

2) 地区定额

地区定额是各省、自治区、直辖市建设行政主管部门在国家建设行政主管部门统一指

导下，考虑地区工程建设特点，对国家定额进行调整、补充编制并批准、发布，只在规定的地区范围内使用的定额。

3) 行业定额

行业定额是由行业行政主管部门组织，在国家建设行政主管部门统一指导下，依据各行业专业工程特点、标准和规范、施工企业生产水平、管理情况等进行编制、批准、发布的，一般只在本行业和相同专业性质的范围内使用的定额。

4) 企业定额

企业定额是施工企业根据本企业的人员素质、机械设备程度、企业管理水平，参照国家、行业或地方定额自行编制的，只限于本企业内部使用的定额。

企业定额是反映企业素质高低的一个重要标志，其定额水平一般应高于国家现行定额水平，才能满足生产技术发展、企业管理和市场竞争的需要。

5) 补充定额

补充定额是随着设计、施工技术的发展，现行定额不能满足需要的情况下，为了补充缺陷而编制的定额。一般由施工企业提供测定资料，与建设单位或设计单位协商议定，并同时报主管部门备查，只能在限定范围内使用。

补充定额往往成为修订正式统一定额的基础资料。

3.1.4 建设工程定额的特点

1. 科学性

定额的科学性首先表现在用科学的态度制定定额，尊重客观实际，力求定额水平合理；其次表现在制定定额的技术方法上，利用现代科学管理的成就，形成一套系统的、完善的，在实践中行之有效的方法；再次表现在定额制定和贯彻的一体化，制定是为了提高贯彻的依据，贯彻是为了实现管理的目标，也是对定额的信息反馈。

2. 系统性

建设工程定额是相对独立的系统，是由多种定额结合而成的有机的整体。它的结构复杂，有鲜明的层次。

工程建设是庞大的实体系统，工程建设定额是为这个实体系统服务的，因而工程建设本身的多种类、多层次就决定了以它为服务对象的工程建设定额的多种类、多层次。

3. 统一性

为了使国民经济按照既定的目标发展，需要借助于标准、定额、参数等，对工程建设进行规划、组织、调节、控制。而这些标准、定额、参数必须在一定范围内是一种统一的尺度，才能利用它对项目的决策、设计方案、投标报价、成本控制等进行比选和评价。

4. 权威性

工程建设定额具有很大的权威性，在一些情况下具有经济法规性质。定额的权威性反映了统一的意志和要求，也反映了定额的信誉和对其的信赖度。

工程建设定额权威性的客观基础是定额的科学性，只有科学的定额才具有权威性。

5. 稳定性和时效性

任何一种定额都只能反映一定时期的技术发展和管理水平，因而在一段时间内表现出

稳定的状态。稳定的时间一般在 5～10 年。保持定额的稳定性是维护定额的权威性所必需的，也是有效地贯彻定额所必要的。

当工程技术和管理水平向前发展了，定额就会与已经发展了的生产力水平不相适应，就需要重新编制或修订，所以定额又具有时效性。

3.1.5 建设工程定额的作用

建设工程定额是专门为工程建设而制定的定额，反映了工程建设和各种资源消耗之间的客观规律，它的主要作用如下。

(1) 它是工程建设的依据。

建设工程具有建设周期长、投入大的特点，需要对工程建设中的资金、资源消耗进行预测、计划、调配和控制。而建设工程定额中提供的各类资金、资源消耗的数量标准，为此提供了科学的依据。

(2) 它是企业实行科学管理的依据。

建设工程定额中的施工定额所提供的人工、材料、机械台班消耗的标准可以作为企业编制施工进度计划、施工作业计划、下达施工任务、合理组织调配资源及进行成本核算的依据，同时定额为企业开展考核评比、开展劳动竞赛、实行计件工资和超额奖励树立了标准尺度。

(3) 它是节约社会劳动和优化资源配置的重要手段。

企业利用建设工程定额加强管理，把社会劳动的消耗控制在合理的尺度内，可以节约社会劳动，并促进项目投资者合理和有效地利用和分配社会劳动、合理配置生产要素、优化资源配置。

3.2 施 工 定 额

3.2.1 施工定额的概念

施工定额是直接用于工程施工管理的一种定额，是施工企业管理工作的基础。它是以同一性质的施工过程或工序为测定对象，在正常施工条件下完成一定计量单位的施工过程或工序所需消耗的人工、材料和机械台班的数量标准。

3.2.2 施工定额的组成内容

施工定额由劳动定额、材料消耗定额和机械台班使用定额 3 部分所组成。

1．劳动定额

劳动定额也称人工定额。它是施工定额的主要组成部分。人工以“工日”为计量单位，每“工日”是指一个工人工作一个工作日时间(按8小时计)。

劳动定额由于表现形式不同，可分为时间定额和产量定额两种。

(1) 时间定额：某种专业、某种技术等级工人班组或个人在合理的劳动组织与合理使用材料的条件下完成单位合格产品所必须消耗的工作时间。

定额中的工作时间包括有效工作时间(准备与结束时间，基本生产时间和辅助生产时间)、工人必需的休息时间和不可避免的中断时间。

时间定额的计量单位按完成单位产品所消耗的工日表示，如工日/m^3、工日/t等。其计算方法如下：

$$单位产品时间定额(工日)=\frac{完成一定数量合格产品所消耗的作业时间(工日)}{完成合格产品的数量} \tag{3-1}$$

(2) 产量定额：在合理的劳动组织与合理使用材料的条件下，某工程技术等级的工人班组或个人在单位工日中应完成的合格产品数量。

产量定额的计量单位按单位时间内生产的产品数量表示，如m^3/工日、t/工日等。其计算方法如下：

$$单位时间产量定额=\frac{完成合格产品的数量}{完成一定数量的产品所需消耗的作业时间(工日)} \tag{3-2}$$

时间定额与产量定额互为倒数，即

$$时间定额=\frac{1}{产量定额} \tag{3-3}$$

或

$$产量定额=\frac{1}{时间定额} \tag{3-4}$$

或

$$时间定额\times产量定额=1 \tag{3-5}$$

【例3-1】 砖石工程砌1m^3砖墙，规定需要0.524工日，每工日应砌筑砖墙1.91m^3。试确定其时间定额、产量定额。

【解】 $时间定额=\frac{1}{1.91}\approx0.524(工日/m^3)$

$产量定额=\frac{1}{0.524}\approx1.91(m^3/工日)$

2. 材料消耗定额

材料消耗定额是指在节约与合理使用材料的条件下，生产单位合格产品所必须消耗一定规格的材料、(半)成品、构(配)件的数量标准。

它包括材料净用量和材料损耗量两部分，即

$$材料消耗量=材料净用量+材料损耗量 \tag{3-6}$$

材料净用量是指直接用到工程上，构成工程实体的材料用量。材料损耗量是指在施工过程中不可避免的损耗量，包括：施工操作损耗量、场内运输损耗量、加工制作损耗量和现场堆放损耗量。

材料损耗量与材料净用量之比(百分数)称之为材料损耗率，即

$$材料损耗率=\frac{材料损耗量}{材料净用量}\times100\% \tag{3-7}$$

或

$$材料损耗量=材料净用量\times材料损耗率 \tag{3-8}$$

材料的损耗率是通过观测和统计得到的，通常由国家有关部门确定。材料消耗量也可以表示为：

$$材料消耗量=材料净用量\times\left(1+材料损耗率\right) \tag{3-9}$$

例如，浇筑混凝土构件时，由于所需混凝土材料在搅拌、运输过程中不可避免的损耗，以及振捣后变得密实，每立方米混凝土产品往往需要消耗 1.02m^3 混凝土拌和材料。

建设工程中的材料可以分为两种类型：一次性使用材料、周转性使用材料。一次性使用材料直接构成工程实体，如水泥、碎石、砂、钢筋等。周转性使用材料在施工中可多次使用，但不构成工程实体，如脚手架、模板、挡土板、井点管等。

3．机械台班使用定额

机械台班使用定额是完成单位合格产品所必须消耗的机械台班数量标准。它分为机械时间定额和机械产量定额。

1) 机械时间定额

机械时间定额就是生产质量合格的单位产品所必须消耗的某种机械工作时间。机械时间定额以某种机械一个工作日(8 小时)为一个台班进行计量。其计算方法为：

$$机械时间定额\left(台班\right)=\frac{1}{机械台班产量定额} \tag{3-10}$$

2) 机械产量定额

机械产量定额就是某种机械在一个台班时间内所应完成合格产品的数量。其计算方法为：

$$机械台班产量定额=\frac{1}{机械时间定额} \tag{3-11}$$

机械时间定额与机械产量定额互为倒数，即

$$机械时间定额=\frac{1}{机械产量定额} \tag{3-12}$$

或

$$机械产量定额=\frac{1}{机械时间定额} \tag{3-13}$$

或

$$机械时间定额\times机械产量定额=1 \tag{3-14}$$

【例 3-2】 机械运输及吊装工程分部定额中规定安装装配式钢筋混凝土柱(构件质量在 5t 以内)，每立方米采用履带吊为 0.058 台班，试确定机械时间定额、机械产量定额。

【解】 机械时间定额=0.058(台班/m^3)

机械产量定额=1/0.058 ≈ 17.24(m^3/台班)

3.2.3 施工定额的作用

(1) 施工定额是施工队向班组签发施工任务单和限额领料单的依据。

(2) 施工定额是施工企业编制施工组织设计和施工进度计划的依据。

(3) 施工定额是加强企业成本核算和成本管理的依据。

(4) 施工定额是贯彻经济责任制、实行按劳分配和内部承包责任制的依据。

(5) 施工定额是编制施工预算的主要依据。

(6) 施工定额是编制预算定额的依据。

3.3 预算定额

3.3.1 预算定额的概念

预算定额是确定一定计量单位的合格的分项工程或结构构件的人工、材料、机械台班消耗量的数量标准。

现行市政工程的预算定额，有全国统一使用的预算定额，如原建设部编制的《全国统一市政工程预算定额》，也有各省、市编制的地区预算定额，如《浙江省市政工程预算定额》(2010版)。

3.3.2 预算定额的作用

(1) 预算定额是编制施工图预算，确定和控制建设工程造价的基础。

(2) 预算定额是编制招标标底、投标报价的基础。

(3) 预算定额是工程结算的依据。

(4) 预算定额是施工企业进行经济活动分析的依据。

(5) 预算定额是编制施工组织设计、施工作业计划的依据。

(6) 预算定额是编制概算定额与概算指标的基础。

3.3.3 预算定额的编制

1. 预算定额的编制原则

1) 按社会平均水平确定的原则

预算定额应按照“在现有的社会正常的生产条件下，在社会平均的劳动熟练程度和劳动强度下，制造某种使用价值所需要的劳动时间”来确定定额水平。

预算定额的平均水平是指在正常的施工条件、合理的施工组织和工艺条件、平均劳动熟练程度和劳动强度下，完成单位分项工程基本构造所需要的劳动时间、材料消耗量、机械台班消耗量。

知识链接

预算定额的水平是以大多数的施工企业的施工定额水平为基础的，但不是简单套用施

工定额的水平；预算定额中包含了更多的可变因素，需要保留合理的幅度差，如人工幅度差、机械幅度差等。

预算定额是社会平均水平，施工定额是平均先进水平。

2) 简明适用的原则

在编制预算定额时，对于主要的、常用的、价值大的项目，分项工程划分宜细，相应的定额步距要小一些；对于次要的、不常用的、价值小的项目，分项工程的划分可以放粗一些，定额步距也可以适当大一些。

此外，预算定额项目要齐全，要注意补充采用新技术、新结构、新材料而出现的新的定额项目，并应合理确定预算定额计量单位，简化工程量的计算，尽可能避免同一种材料用不同的计量单位。

3) 坚持统一性和差别性相结合的原则

统一性是指计价定额的制定规划和组织实施由国务院建设行政主管部门归口，并负责全国统一定额制定和修订，颁发有关工程造价管理的规章制度、办法。

差别性是指在统一性的基础上，各部门和省、自治区、直辖市主管部门可以在自己的管辖范围内，根据本部门和本地区的具体情况，制定部门和地区性定额，制定补充性制度和管理办法，以适应我国地区间和部门间发展不平衡、差异大的实际情况。

2．预算定额的编制依据

(1) 现行的劳动消耗定额、材料消耗定额和机械消耗定额，以及施工定额。

(2) 现行的设计规范、施工及验收规范、质量评定标准和安全操作规程。

(3) 具有代表性的典型工程施工图及现行的标准图。

(4) 新技术、新结构、新材料和先进的施工方法等。

(5) 有关科学试验，技术测定的统计、经验资料。

(6) 现行的预算定额、材料预算价格及有关文件规定等。

3．预算定额的编制步骤

预算定额的编制大致可以分为准备工作、收集资料、定额编制、定额审核、定额报批和整理资料 5 个阶段。

1) 准备工作阶段

(1) 拟定编制方案。

(2) 根据专业需要划分编制小组和综合组。

2) 收集资料阶段

(1) 普遍收集资料。在已确定的编制范围内，采用表格化收集定额编制基础资料，以统计资料为主，注明所需的资料内容、填表要求和时间范围。

(2) 召开专题座谈会。邀请建设单位、设计单位、施工单位及其他相关单位的专业人员召开座谈会，就以往定额中存在的问题提出意见和建议，以便在新定额编制时加以改进。

(3) 收集现行规范、规定和相关政策法规资料。

(4) 收集定额管理部门积累的资料，包括定额解释、补充定额资料、新技术在工程实践中的应用资料等。

(5) 专项查定及实验资料，主要是混凝土、砂浆试验试配资料，还应收集一定数量的现场实际配合比资料。

3) 定额编制阶段

(1) 确定编制细则，包括统一编制表格及编制方法，统一计算口径、计量单位和小数点位数等要求。

(2) 确定定额的项目划分和工程量计算规则。

(3) 定额人工、材料、机械台班耗用量的计算、复核和测算。

4) 定额审核阶段

(1) 审核定稿。审稿主要内容：文字表达确切通顺、简明易懂；定额数字正确无误；章节、项目之间无矛盾。

(2) 预算定额水平测算。测算方法如下。

① 按工程类别比重测算：在定额执行范围内，选择有代表性的各类工程，分别以新旧定额对比测算，并按测算的年限以工程所占比例加权，以考察宏观影响程度。

② 单项工程比较测算法：以典型工程分别以新旧定额对比测算，以考察定额水平的升降及其原因。

5) 定额报批和整理资料阶段

(1) 征求意见：定额初稿编制完成后，需要征求各方面的意见、组织讨论、反馈意见。

(2) 修改、整理、报批：修改、整理后，形成报批稿。

(3) 撰写编制说明。

(4) 立档、成卷。

4．预算定额的编制方法

1) 确定预算定额的计量单位

预算定额的计量单位是根据分部分项工程和结构构件的形体特征及其变化确定的。一般按如下方法确定。

(1) 结构构件的长、宽、高(厚)都变化时，可按体积以 m^3 为计量单位，如土方、混凝土构件等。

(2) 结构构件的厚(高)度有一定规格，长度、宽度不定时，可按面积以 m^2 为计量单位，如道路路面、人行道板等。

(3) 结构构件的横断面有一定形状和大小，长度不定时，可按长度以“延长米”为计量单位，如管道、桥梁栏杆等。

(4) 结构构件构造比较复杂，可以个、台、座、套为计量单位。

(5) 工程量主要取决于设备或材料的质量，可以吨为计量单位。

预算定额中人工按工日计算，机械按台班计算，材料按自然计算单位确定。

特别提示

为了减少小数位数、提高预算定额的准确性，通常采取扩大单位的办法，即预算定额通常采用 1 000m^3、100m^3、100m^2、10m、10t 等计量单位。

2) 按典型设计图纸和资料计算工程量

通过计算典型设计图纸所包含的施工过程的工程量，有可能利用施工定额的人工、机械、材料消耗量指标确定预算定额所包含的各工序的消耗量。

3) 确定预算定额各分项工程人工、材料、机械台班消耗量指标

(1) 人工工日消耗量的确定。

预算定额的人工工日消耗量有两种确定方法：一是以劳动定额为基础确定，由分项工程所综合的各个工序劳动定额包括的基本用工、其他用工两部分组成；二是遇劳动定额缺项时，采用现场工作日写实等测时方法确定和计算人工耗用量。

预算定额中的人工工日消耗量是指在正常施工条件下，完成定额单位分项工程所必须消耗的人工工日数量，由基本用工、其他用工两部分组成。

① 基本用工。

基本用工是指完成单位分项工程所必须消耗的技术工种用工。按综合取定的工程量和相应的劳动定额计算。

$$基本用工=\sum(综合取定的工程量\times施工劳动定额) \tag{3-15}$$

② 其他用工。

其他用工包括辅助用工、超运距用工、人工幅度差。

(a) 辅助用工，是指在技术工种劳动定额内不包括而在预算定额内又必须考虑的用工，如机械土方工程配合用工、材料加工用工、电焊点火用工等。

(b) 超运距用工，超运距是指预算定额所考虑的现场材料、半成品堆放地点到操作点的平均水平运距超过劳动定额中已包括的场内水平运距的部分。

$$超运距=预算定额取定运距-劳动定额已包括的运距 \tag{3-16}$$

特别提示

实际工程现场运距超过预算定额取定运距时，可另行计算现场二次搬运费。

(c) 人工幅度差，是指劳动定额中未包括而在正常施工情况下不可避免但又很难准确计量的用工和各种工时损失。它包括：各工种间的工序搭接及交叉作业相互配合或影响所发生的停歇用工；施工机械在单位工程之间转移及临时水电线路移动所造成的停工；质量检查和隐蔽工程验收工作的影响；场内班组操作地点的转移用工；工序交接时对前一工序不可避免的休整用工；施工中不可避免的其他零星用工。

$$人工幅度差=(基本用工+辅助用工+超运距用工)\times人工幅度差系数 \tag{3-17}$$

人工幅度差系数一般为10%～15%。

$$\begin{aligned}人工工日消耗量&=基本用工+辅助用工+超运距用工+人工幅度差\\&=(基本用工+辅助用工+超运距用工)\times(1+人工幅度差系数)\end{aligned} \tag{3-18}$$

(2) 材料消耗量的确定。

预算定额中的人工工日消耗量是指在正常施工条件下，完成定额单位分项工程所必须消耗的材料、成品、半成品、构(配)件及周转性材料的数量。

预算定额中材料按用途划分为以下4类。

① 主要材料：指直接构成工程实体的材料，其中也包括半成品、成品，如混凝土。

② 辅助材料：指直接构成工程实体，但用量较小的材料，如铁钉、铅丝等。

③ 周转材料：指多次使用，但不构成工程实体的材料，如脚手架、模板等。

④ 其他材料：指用量小、价值小的零星材料，如棉纱等。

预算定额的材料消耗量由材料的净用量和损耗量构成，预算定额材料消耗量的确定方法与施工定额中材料消耗量的确定方法一样。

(3) 机械台班消耗量的确定。

预算定额的机械台班损耗量是指在正常施工条件下，完成定额单位分项工程所必须消耗的某种型号施工机械的台班数量。一般按施工定额中的机械台班产量并考虑一定的机械幅度差进行计算。

$$\text{机械台班消耗量}=\text{施工定额机械耗用台班消耗量}\times(1+\text{机械幅度差系数}) \quad (3\text{-}19)$$

预算定额中的机械幅度差包括：施工技术原因引起的中断及合理的停歇时间；因供电供水故障及水电线路移动、检修而发生的中断及合理的停歇时间；因气候原因或机械本身故障引起的中断时间；施工机械在单位工程之间转移所造成的机械中断时间；各工种间的工序搭接及交叉作业相互配合或影响所发生的机械停歇时间；质量检查和隐蔽工程验收工作引起的机械中断时间；施工中不可避免的其他零星的施工机械中断或停歇时间。

4) 预算定额基价的确定

预算定额基价由人工费、材料费、机械费组成。

$$\text{定额基价}=\text{人工费}+\text{材料费}+\text{机械费}$$

$$\text{人工费}=\text{人工工日消耗量}\times\text{人工工日单价}$$

$$\text{材料费}=\sum(\text{材料消耗量}\times\text{材料单价})$$

$$\text{机械费}=\sum(\text{机械台班消耗量}\times\text{机械台班单价})$$

5) 编制定额项目表、拟定有关说明

定额项目表的一般格式是：横向排列各分项工程的项目名称，竖向排列分项工程的人工、材料、机械台班的消耗量。有的项目表下方还有附注，说明设计有特殊要求时，如何进行调整换算。

3.3.4 市政工程预算定额的组成及基本内容

1. 预算定额的组成

《浙江省市政工程预算定额》(2010 版)共计 8 册：第一册《通用项目》、第二册《道路工程》、第三册《桥涵工程》、第四册《隧道工程》、第五册《给水工程》、第六册《排水工程》、第七册《燃气与集中供热工程》、第八册《路灯工程》。

2. 预算定额的基本内容

预算定额一般由目录，总说明，册、章说明，定额项目表，分部分项工程表头说明，定额附录组成。

1) 目录

目录主要用于查找，将总说明、各类工程的分部分项定额顺序列出并注明页数。

2) 总说明

总说明综合说明了定额的编制原则、指导思想、编制依据、适用范围及定额的作用，定额中人工、材料、机械台班用量的编制方法，定额采用的材料规格指标与允许换算的原则，使用定额时必须遵守的规则，定额在编制时已经考虑和没有考虑的因素，以及有关规定、使用方法。

在使用定额前，应先了解并熟悉这部分内容。

3) 册、章说明

册、章说明是对各章、册各分部工程的重点说明，包括定额中允许换算的界限和增减系数的规定等。

4) 定额项目表及分部分项表头说明

定额项目表是预算定额最重要的部分，每个定额项目表列有分项工程的名称、类别、规格、定额的计量单位、定额编号、定额基价，以及人工、材料、机械台班等的消耗量指标。有些定额项目表下列有附注，说明设计与定额不符时如何调整，以及其他有关事项的说明。

分部分项表头说明列于定额项目表的上方，说明该分项工程所包含的主要工序和工作内容。

5) 定额附录

附录是定额的有机组成部分，包括机械台班预算价格表，各种砂浆、混凝土的配合比及各种材料名称规格表等，供编制预算与材料换算用。

预算定额的内容组成形式如图 3.2 所示。

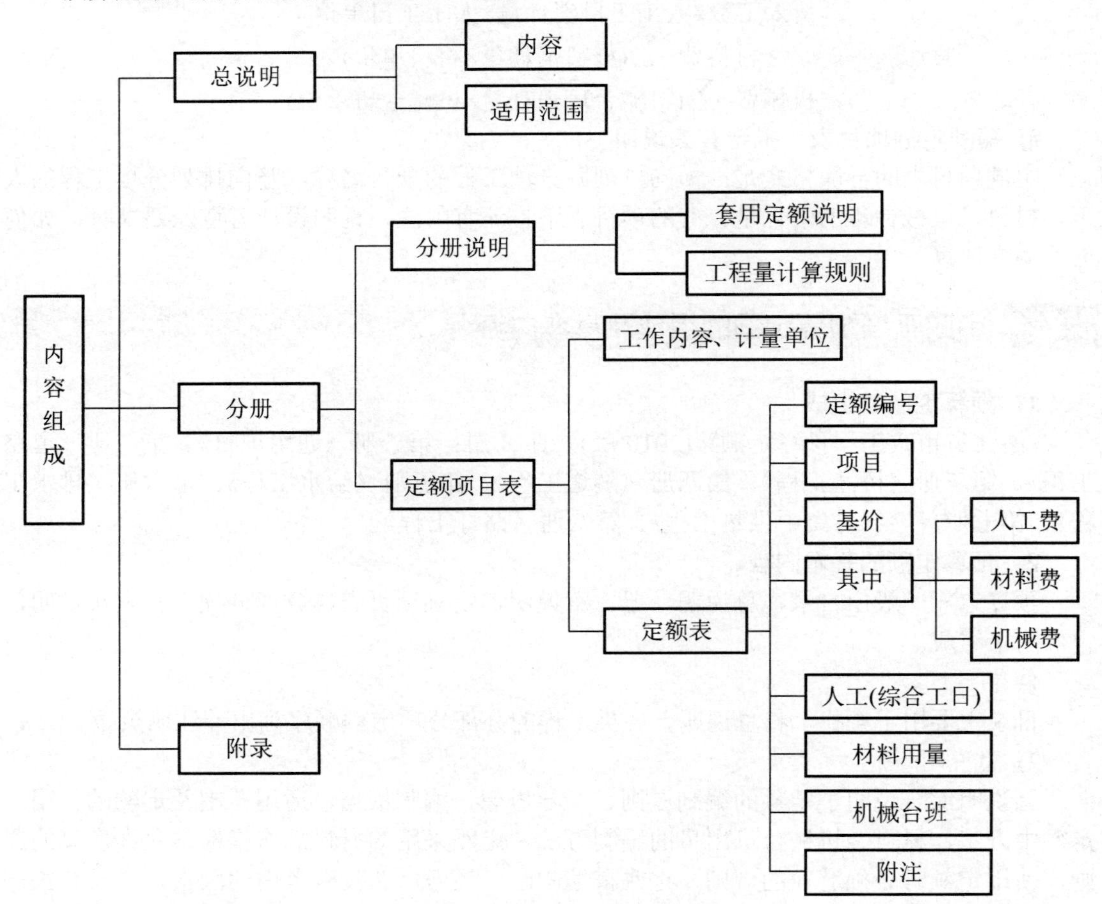

图 3.2　预算定额的内容组成

3.3.5 市政工程预算定额的应用

1．预算定额项目的划分

预算定额的项目根据工程种类、构造性质、施工方法划分不同的分部工程、分项工程。例如市政工程预算定额共分为土石方工程、道路工程、桥梁工程、排水工程等分部工程，道路工程由路基、基层、面层、平侧石、人行道等分项工程组成，沥青混凝土道路面层又分为粗粒式、中粒式、细粒式及不同厚度的子目等。

2．预算定额项目表

预算定额项目表列有：工作内容、计量单位、项目名称、定额编号、消耗量、定额基价及定额附注等内容。

1) 工作内容

工作内容是说明完成本节定额的主要施工过程。

2) 计量单位

每一分项工程都有一定的计量单位，预算定额的计量单位是根据分项工程的形体特征、变化规律或结构组合等情况选择确定的。一般来说，当产品的长、宽、高 3 个度量都发生变化时，采用 m^3 或 t 为计量单位；当两个度量不固定时，采用 m^3 为计量单位；当产品的截面大小基本固定时，则用 m 为计量单位，当产品采用上述 3 种计量单位都不适宜时，则分别采用个、座等自然计量单位。为了避免出现过多的小数位数，定额常采用扩大计量单位，如 $10m^3$、$100m^3$ 等。

3) 项目名称

项目名称是按构(配)件划分的，常用的和经济价值大的项目划分得细些，一般的项目划分得粗些。

4) 定额编号

定额编号是指定额的序号，其目的是便于检查使用定额时，项目套用是否正确合理，起减少差错、提高管理水平的作用。定额手册均用规定的编号方法——二符号编号。第一个号码表示属定额第几册，第二个号码表示该册中子目的序号。两个号码均用阿拉伯数字表示。

例如：人工挖土方三类土　　　　　　定额子目编号 1-2

　　　水泥混凝土路面塑料膜养护　　定额子目编号 2-207

5) 消耗量

消耗量是指完成每一分项产品所需耗用的人工、材料、机械台班消耗的标准。其中人工定额不分工种、等级，列合计工数。材料的消耗量定额列有原材料、成品、半成品的消耗量。机械定额有两种表现形式：单种机械和综合机械。单种机械的单价是一种机械的单价，综合机械的单价是几种机械的综合单价。定额中的次要材料和次要机械用其他材料费和其他机械费表示。

6) 定额基价

定额基价是指定额的基准价格，一般是省的代表性价格，实行全省统一基价，是地区调价和动态管理调价的基数。

$$定额基价=人工费+材料费+机械费 \tag{3-20}$$

$$人工费=人工综合工日\times人工单价 \tag{3-21}$$

$$材料费=\sum(材料消耗量\times材料单价) \tag{3-22}$$

$$机械费=\sum(机械台班消耗量\times机械台班单价) \tag{3-23}$$

7) 定额附注

定额附注是对某一分项定额的制定依据、使用方法及调整换算等所做的说明和规定。

特别提示

预算定额项目表下方的附注通常与定额的换算套用有关，故需特别注意。

例如，水泥混凝土路面(抗折强度 4.0MPa、厚 20cm)这个定额项目的预算定额表如下。

(1) 工作内容：放样、混凝土纵缝涂沥青油、拌和、浇筑、捣固、抹光或拉毛。

(2) 计量单位：100m^2。

(3) 项目名称：20cm 厚水泥混凝土路面(抗折强度 4.0MPa，现拌)。

(4) 定额编号：2-193。

(5) 基价：5 571 元。

(6) 消耗量：人工消耗量为 22.440 工日(二类人工)；材料消耗量包括抗拆混凝土、水及其他材料费，其中抗折混凝土的消耗量为 20.300m^3；机械消耗量包括混凝土搅拌机、平板式混凝土振捣器，插入式混凝土振捣器，水泥混凝土真空吸水机，其中混凝土搅拌机的消耗量为 0.743 台班。

特别提示

注意《浙江省市政工程预算定额》(2010 版)的定额项目表中小数点的有效位数。

(1) 人工、材料、机械的消耗量：小数点后保留 3 位小数。

(2) 人工费、材料费、机械费：小数点后保留 2 位小数。

(3) 定额基价：取整数。

3．预算定额的查阅

(1) 按分部→定额节→定额表→项目的顺序找到所需项目名称，并从上向下目视。

(2) 在定额表中找出所需人工、材料、机械名称，并自左向右目视。

(3) 两视线交点的数量，即为所查数值。

4．预算定额的应用

预算定额的应用主要包括预算定额的套用、换算和补充。

1) 预算定额的套用

套用预算定额包括直接使用定额中的人工、材料、机械台班用量，人工费、材料费、机械费及基价。

在套用预算定额时，应根据施工图或标准图及相关设计说明，选择预算定额项目；对每个分项工程的工作内容、技术特征、施工方法等进行核对，确定与之相对应的预算定额项目。

预算定额的套用方式主要有：直接套用、合并套用、换算套用。

(1) 直接套用。

当分项工程的设计内容与预算定额的项目工作内容完全一致时，可以直接套用定额。当分项工程的设计内容与预算定额的项目工作内容不一致时，如定额规定不允许换算和调整的，也应直接套用定额。

【例 3-3】 人工挖一、二类土方 1 000m^3，试确定套用的定额子目编号、基价、人工工日消耗量及所需人工工日的数量。

【解】 人工挖土方套用的定额子目编号为[1-1]，定额计量单位为 100m^3。

基价=371(元/100m^3)

人工工日消耗量=9.280(工日/100m^3)

工程数量=1 000/100=10(100m^3)

所需人工工日数量=10×9.280=92.8(工日)

(2) 合并套用。

当分项工程的设计内容与预算定额的两个及以上项目的总工作内容完全一致时，可以合并套用定额。

【例 3-4】 人工运土方，运距 40m，试确定套用的定额子目编号、基价及人工工日消耗量。

【解】 套用的定额子目编号：[1-28]+[1-29]

基价=533+115=648(元/100m^3)

人工工日消耗量=13.320+2.880=16.200(工日/100m^3)

(3) 换算套用。

当分项工程的设计内容与预算定额的项目工作内容不完全一致时，不能直接套用定额，而定额规定允许换算和调整时，可以按照预算定额规定的范围、内容、方法进行调整换算。

经过换算的定额项目，应在其定额子目编号后加注“换”或加注“H”，以示区别。

2) 预算定额的换算

预算定额的换算主要有：系数换算、强度换算、材料换算、厚度换算等。

(1) 系数换算。

此类换算是根据预算定额的说明(总说明、章说明等)、定额附注规定，对定额基价或其中的人工消耗量、材料消耗量、机械消耗量乘以规定的换算系数，从而得到新的定额基价。

$$\text{换算后的基价}=\text{原定额基价}+\sum\text{调整部分金额}\times(\text{调整系数}-1) \qquad (3\text{-}24)$$

【例 3-5】 人工挖沟槽土方，三类湿土，深 2m。试确定套用的定额子目、基价及人工工日消耗量。

【解】 根据《浙江省市政工程预算定额》(2010 版)第一册第一章土石方工程的章说明第三条：挖运湿土时，人工(消耗量)应乘以系数 1.18，定额套用时需进行换算。

人工挖沟槽湿土(三类土、挖深 2m 内)套用定额子目：[1-8]H

调整后的人工工日消耗量=33.920×1.18 ≈ 40.026(工日)

换算后的基价=40.026×40 ≈ 1 601(元/100m^3)

或换算后的基价=1 357+1 356.80×(1.18−1) ≈ 1 601(元/100m^3)

(2) 强度换算。

当预算定额项目中混凝土或砂浆的强度等级与施工图设计要求不同时，定额规定可以换算。

换算时，先查找两种不同强度等级的混凝土或砂浆的预算单价并计算出其价差，再查找定额中该分项工程的定额基价及混凝土或砂浆的定额消耗量，最后进行调整，计算出换算后的定额基价。

换算后的基价=原定额基价+(换入单价−换出单价)×混凝土或砂浆的定额消耗量(3-25)

【例 3-6】 某浆砌料石桥台，采用 M10 水泥砂浆砌筑，试确定套用的定额子目、基价。

【解】 定额子目：[3−156]H

定额中用 M7.5 水泥砂浆，而设计要求用 M10 水泥砂浆。

M7.5 水泥砂浆单价=168.17(元/m^3)，M10 水泥砂浆单价=174.77(元/m^3)

水泥砂浆的定额消耗量=0.920m^3

换算后基价=3 098+(174.77−168.17)×0.920 ≈ 3 105(元/10m^3)

【例 3-7】 某排水管道的钢筋混凝土平基，采用现浇现拌 C20(40)混凝土，试确定其套用的定额子目、基价。

【解】 定额子目：[6−276]H

定额中用现浇现拌 C15(40)混凝土，而设计要求用现浇现拌 C20(40)混凝土。

C15(40)混凝土单价=183.25(元/m^3)，C20(40)混凝土单价=192.94(元/m^3)

C15(40)混凝土的定额消耗量=10.150m^3

换算后基价=2 843+(192.94−183.25)×10.150 ≈ 2 942(元/100m^3)

(3) 材料换算。

当预算定额项目中材料规格、品种与施工图设计要求不同时，定额规定可以换算。

换算时，先查找两种不同规格、品种的材料单价并计算出其价差，再查找定额中该分项工程的定额基价及该材料的定额消耗量，最后进行调整、计算出换算后的定额基价。

换算后的基价=原定额基价+(换入单价−换出单价)×材料的定额消耗量　　(3-26)

【例 3-8】 某道路工程采用花岗岩人行道板，下铺 2cmM7.5 水泥砂浆卧底，花岗岩人行道板的单价为 66 元/m^2，试确定人行道板铺设套用的定额子目、基价。

【解】 定额子目：[2−215]H

定额中采用的人行道板单价为 20 元/m^2。

人行道板的定额消耗量=103.000m^2

换算后基价=3 346+(66−20)×103.000 ≈ 8 084(元/100m^2)

(4) 厚度换算。

当预算定额项目中的厚度与施工图设计要求不同时，可以依据预算定额的说明或附注进行调整换算，并计算出换算后的基价。

【例 3-9】 某道路工程采用 250mm×250mm×50mm 的预制人行道板，下铺 3cmM7.5 水泥砂浆卧底，试确定人行道板铺设套用的定额子目、基价。

【解】 定额子目：[2−215]H

定额中采用2cmM7.5水泥砂浆，设计采用3cmM7.5水泥砂浆。

根据《浙江省市政工程预算定额》(2010版)第二册第四章人行道及其他的章说明第三条：各类垫层厚度、配合比如与设计不同时，材料、搅拌机械应进行调整(按厚度比例)，人工不变，定额套用时需进行换算。

定额中水泥砂浆的消耗量=2.120m³

调整后水泥砂浆的消耗量$=2.120\times\frac{3}{2}=3.180(\text{m}^3)$

定额中灰浆搅拌机的消耗量=0.350台班

调整后灰浆搅拌机的消耗量$=0.350\times\frac{3}{2}=0.525$(台班)

换算后基价$=3\,346+(3.180-2.120)\times168.17+(0.525-0.350)\times58.57\approx3\,535$(元/100m²)

特别提示

当预算定额项目中的厚度与施工图设计要求不同时，也可以采用内插法进行换算套用，如道路底基层的设计厚度与定额不同时，可以采用内插法进行定额基价的调整换算。

当预算定额项目中的厚度与施工图设计要求不同时，也可以利用每增(减)子目进行定额基价的调整换算。

(5) 其他换算。

除了上述几种换算外，若施工方法与预算定额中分项工程的常规施工方法不一致时，需要进行调整换算。如《浙江省市政工程预算定额》(2010版)总说明第十一条规定：本定额中现浇混凝土项目分现拌混凝土、商品混凝土。商品混凝土定额已按结构部位取泵送或非泵送，如果实际施工方式与定额不同时，除混凝土单价换算外，人工、机械调整如下。①泵送商品混凝土调整为非泵送商品混凝土：定额人工乘以系数1.35，并增加相应普通混凝土子目中垂直运输机械的含量。②非泵送商品混凝土调整为泵送商品混凝土：定额人工乘以系数0.75，并扣除定额子目中垂直运输机械的含量。

【例3-10】 某桥梁承台，混凝土强度等级为C20，施工时采用非泵送商品混凝土，试确定套用的定额子目、基价。

【解】 定额子目：[3-216]H

定额中采用C20泵送商品混凝土，施工时采用C20非泵送商品混凝土。

C20泵送商品混凝土的单价=299元/m³，C20非泵送商品混凝土的单价=285元/m³。

C20泵送商品混凝土的定额消耗量=10.150m³。

定额的人工消耗量=2.650工日，定额人工乘以系数1.35。

相应普通混凝土子目为[3-215]，其中垂直运输机械为履带式电动起重机(5t)，其消耗量=0.550台班，台班单价为144.71元。

换算后基价$=3\,182+(285-299)\times10.150+113.95\times(1.35-1)+144.71\times0.550$

$=3\,251$(元/10m³)

3) 预算定额的补充

当分项工程的设计要求与定额条件完全不相符时，或者由于设计采用新结构、新材料及新工艺施工方法，在预算定额中没有这类项目，属于定额缺项时，可编制补充预算定额。

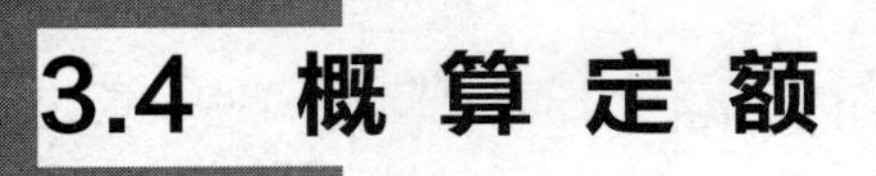

3.4 概算定额

3.4.1 概算定额的概念

【参考图文】

概算定额是在预算定额的基础上，确定完成合格的单位扩大分部分项工程或扩大结构构件所需消耗的人工、材料、机械台班的数量标准，概算定额又称为扩大结构定额。

3.4.2 概算定额与预算定额的区别与联系

(1) 概算定额是预算定额的综合与扩大。概算定额将预算定额中有一定联系的若干分项工程定额子目进行合并、扩大，综合为一个概算定额子目。

如“现浇钢筋混凝土柱”概算项目，除了包括柱的混凝土浇筑这个预算定额的分项工程内容外，还包括柱模板的制作、安装、拆除，钢筋的制作安装，以及抹灰、砂浆等预算定额的分项工程内容。

(2) 概算定额与预算定额在编排次序、内容形式、基本使用方法上是相近的。

两者都以建(构)筑物的结构部分和分部分项工程为单位表示的，内容也包括人工、材料、机械使用量三个基本部分。

3.4.3 概算定额的作用

(1) 概算定额是初步设计阶段编制设计概算、扩大初步设计阶段编制修正设计概算的主要依据。

(2) 概算定额是对设计项目进行技术经济分析比较的基础资料之一。

(3) 概算定额是建设工程项目编制主要材料计划的依据。

(4) 概算定额是编制概算指标的依据。

3.4.4 概算定额的编制原则

(1) 应贯彻社会平均水平的原则，应符合价值规律、反映现阶段的社会生产力平均水平。概算定额与预算定额水平之间应保留必要的幅度差，应留有5%的定额水平差，以使得设计概算能真正地起到控制施工图预算的作用。

(2) 应有一定的深度且简明适用。概算定额的项目划分应简明、齐全、便于计算，概算定额结构形式务必简化、准确、适用。

(3) 应保证其严密性、准确性。概算定额的内容和深度是以预算定额为基础的综合和扩大，在合并中不得遗漏或增减项目，以保证其严密性和准确性。

3.4.5 概算定额的编制步骤

概算定额的编制一般分3个阶段进行。

(1) 准备阶段。主要工作是确定编制机构和人员组成；进行调查研究，了解现行概算定额执行情况和存在的问题；明确编制的目的；制定编制方案；确定概算定额的项目。

(2) 编制初稿阶段。主要工作是根据已经确定的编制方案和概算定额的项目，收集和整理各种编制依据，对各种资料进行深入细致的测算和分析，确定人工、材料、机械台班的消耗量指标，编制概算定额初稿。

(3) 审查定稿阶段。主要工作是测算概算定额的水平，包括测算现编概算定额与原概算定额以及现行预算定额之间的定额水平差，概算定额水平与预算定额水平之间应有5%以内的幅度差。

测算的方法既要分项进行测算，又要以单位工程为对象进行测算。概算定额经测算比较后，可报送国家授权机关审批。

3.4.6 概算定额的组成内容

概算定额的内容基本上由文字说明、定额项目表和附录三部分组成。

(1) 文字说明。包括总说明和分部工程说明，总说明主要阐述概算定额的编制依据、使用范围、包括的内容和作用、应遵守的规则等；分部工程说明主要阐述分部工程包括的综合工作内容及分部工程的工程量计算规则等。

(2) 定额项目表。由若干分节定额组成，是概算定额的主要内容。各节定额由工程内容、定额表、附注说明组成。定额表中列有定额编号、计量单位、概算基价、人工、材料、机械台班的消耗量指标。

(3) 附录。包括各种附表，如土类分级表等。

3.5 企业定额

3.5.1 企业定额的概念

企业定额是指建筑安装企业根据本企业的技术水平和管理水平，自行编制确定的完成单位合格产品所必需的人工、材料、机械台班以及其他生产经营要素消耗的数量标准。

企业定额是建筑安装企业的生产力水平的反映，只限于本企业内部使用，是供企业内部进行经营管理、成本核算和投标报价的企业内部文件。

3.5.2 企业定额的作用

(1) 企业定额是施工企业进行工程投标，编制工程投标报价的依据。

(2) 企业定额是编制施工预算，加强企业成本管理的基础。

(3) 企业定额是企业计划管理和编制施工组织设计的依据。

(4) 企业定额是计算劳动报酬、实行按劳分配的依据，也是企业激励工人的条件。

(5) 企业定额是推广先进技术的必要手段。

(6) 企业定额是编制预算定额和补充单位估价表的基础。

3.5.3 企业定额编制原则

1. 平均先进原则

企业定额应以平均先进水平为基准编制企业定额。

平均先进水平是在正常的施工条件下，经过努力可以达到或超出的平均水平。平均先进性考虑了先进企业、先进生产者达到的水平，特别是实践证明行之有效的改革施工工艺、改革操作方法、合理配备劳动组织等方面所取得的技术成果，以及综合确定的平均先进数值。

2. 简明适用性原则

企业定额结构要合理，定额步距大小要适当，文字要通俗易懂，计算方法要简便，易于掌握运用，具有广泛的适应性，能在较大范围内满足各种需要。

3. 独立自主编制原则

企业应自主确定定额水平，自主划分定额项目，根据需要自主确定新增定额项目，同时要注意对国家、地区及有关部门编制的定额的继承性。

4. 动态管理原则

企业定额是一定时期内企业生产力水平的反映，在一段时间内是相对稳定的，但这种稳定有时效性，当其不再适应市场竞争时，就需要重新进行修订。

3.5.4 企业定额的编制步骤

1. 制订《企业定额编制计划书》

《企业定额编制计划书》一般包含以下内容。

1) 企业定额编制的目的

企业定额编制的目的一定要明确，因为编制目的决定了企业定额的适用性，同时也决定了企业定额的表现形式。例如，企业定额的编制如果是为了控制工耗和计算工人劳动报酬，应采取劳动定额的形式；如果是为了企业进行工程成本核算，以及为企业走向市场、参与投标报价提供依据，则应采用施工定额或定额估价表的形式。

2) 企业定额水平的确定原则

企业定额水平的确定，是企业定额能否实现编制目的的关键。如果定额水平过高，背离企业现有水平，使定额在实施过程中，企业内多数施工队、班组、工人通过努力仍然达不到定额水平，不仅不利于定额在本企业内推行，还会影响管理者和劳动者双方的积极性；如果定额水平过低，不但起不到鼓励先进和督促落后的作用，而且也不利于对项目成本进行核算和企业参与市场竞争。因此，在编制计划书时，必须合理确定定额水平。

3) 确定编制方法和定额形式

定额的编制方法很多，对不同形式的定额其编制方法也不相同。例如，劳动定额的编制方法有技术测定法、统计分析法、类比推算法、经验估算法等；材料消耗定额的编制方法有观察法、实验法、统计法等。因此，定额编制究竟采取哪种方法应根据具体情况而定。企业定额编制通常采用的方法有两种：定额测算法和方案测算法。

4) 成立企业定额编制机构

企业定额的编制工作是一个系统工程，需要一批高素质的专业人才在一个高效率的组织机构统一指挥下协调工作。因此，在定额编制工作开始时，必须设置一个专门的机构，配置一批专业人员。

5) 明确应搜集的数据和资料

定额在编制时需要搜集大量的基础数据和各种法律、法规、标准、规程、规范文件、规定等，这些资料都是定额编制的依据。所以，在编制计划书时，要制定一份按门类划分的资料明细表。在明细表中，除一些必须采用的法律、法规、标准、规程、规范资料外，应根据企业自身的特点，选择一些能够适合本企业使用的基础性数据资料。

6) 确定编制期限和进度计划

定额是有时效性的，所以应确定一个合理的编制期限和进度计划，既有利于编制工作的开展，又能保证编制工作的效率。

2．搜集资料，进行分析、测算和研究

搜集的资料应包括以下几个方面。

(1) 现行定额，包括基础定额和预算定额。

(2) 国家现行的法律、法规、经济政策和劳动制度等与工程建设有关的各种文件。

(3) 有关建筑安装工程的设计规范、施工及验收规范、工程质量检验评定标准和安全操作规程。

(4) 现行的全国通用建筑标准设计图集、安装工程标准安装图集、定型设计图纸、有代表性的设计图纸、地方建筑配件通用图集和地方结构构件通用图集，并根据上述资料计算工程量，作为编制定额的依据。

(5) 有关建筑安装工程的科学试验、技术测定和经济分析数据。

(6) 高新技术、新型结构、新研制的建筑材料和新的施工方法等。

(7) 现行人工工资标准和地方材料预算价格。

(8) 现行机械效率、寿命周期和价格，以及机械台班租赁价格行情。

(9) 本企业近几年各工程项目的财务报表、公司财务总报表，以及历年收集的各类经济数据。

(10) 本企业近几年各工程项目的施工组织设计、施工方案，以及工程结算资料。

(11) 本企业近几年发布的合理化建议和技术成果。

(12) 本企业目前拥有的机械设备状况和材料库存状况。

(13) 本企业目前工人技术素质、构成比例、家庭状况和收入水平。

资料收集后，要对上述资料进行分类整理、分析、对比、研究和综合测算，提取可供使用的各种技术数据。内容包括：企业整体水平与定额水平的差异，现行法律、法规以及规程、规范对定额的影响，新材料、新技术对定额水平的影响等。

3．拟定编制企业定额的工作方案与计划

(1) 根据编制目的，确定企业定额的内容及专业划分。

(2) 确定企业定额的册、章、节的划分和内容框架。

(3) 确定企业定额的结构形式及步距划分原则。

(4) 具体参编人员的工作内容、职责、要求。

4．企业定额初稿的编制

1) 确定企业定额的项目及其内容

企业定额项目及其内容的编制就是根据定额的编制目的及企业自身的特点，本着内容简明适用、形式结构合理、步距划分合理的原则，将一个单位工程按工程性质划分为若干个分部工程，如市政道路专业的路基处理、道路基层、道路面层、人行道及其他等。然后将分部工程划分为若干个分项工程，如道路基层分为石灰粉煤灰土基层、石灰粉煤灰碎石基层、粉煤灰三渣基层、水泥稳定碎石基层、塘渣底层、碎石底层等分项工程。最后，确定分项工程的步距，根据步距将分项工程进一步详细划分为具体项目。步距参数的设定一定要合理，既不宜过粗，也不宜过细。同时应对分项工程的工作内容进行简明扼要的说明。

2) 确定定额的计量单位

分项工程计量单位的确定一定要合理，应根据分项工程的特点，本着准确、贴切、方便计量的原则设置。

3) 确定企业定额指标

确定企业定额指标是企业定额编制的重点和难点。企业定额指标的编制，应根据企业采用的施工方法、新材料的替代以及机械设备的装备和管理模式，结合搜集整理的各类基础资料进行确定。确定企业定额指标包括确定人工消耗指标、确定材料消耗指标、确定机械台班消耗指标等。

4) 编制企业定额项目表

定额项目表是企业定额的主体部分，由表头和人工栏、材料栏、机械栏组成。表头部分表述各分项工程的结构形式、材料规格、施工做法等；人工栏是以工种表示的消耗工日数及合计；材料栏是按消耗的主要材料和辅助材料依主次顺序分列出的消耗量；机械栏是按机械种类和规格型号分列出的机械台班耗用量。

5) 企业定额的项目编排

定额项目表中，大部分是以分部工程为章，把单位工程中性质相近、材料大致相同的施工对象编排在一起。每章再根据工程内容、施工方法和使用的材料类别的不同，分成若干个节(即分项工程)。在每节中，根据施工要求、材料类别和机械设备型号的不同，细分成不同子目。

6) 企业定额相关项目说明的编制

企业定额相关的说明包括：前言、总说明、目录、分部(或分章)说明、工程量计算规则、分项工程工作内容等。

7) 企业定额估价表的编制

企业根据投标报价工作的需要，可以编制企业定额估价表。企业定额估价表是在人工、材料、机械台班 3 项消耗量的企业定额的基础上，用货币形式表达每个分项工程及其子目的定额单位估价计算表格。

企业定额估价表的人工、材料、机械台班单价是通过市场调查，结合国家有关法律文件及规定，按照企业自身的特点来确定的。

5. 评审、修改及组织实施企业定额

通过对比分析、专家论证等方法，对定额的水平、适用范围、结构及内容的合理性以及存在的缺陷进行综合评估，并根据评审结果对定额进行修正，最后定稿、刊发并组织实施。

思考题与习题

1. 什么是定额？
2. 按定额反映的生产因素，建设工程定额可以分为哪几种？
3. 按编制程序和用途，建设工程定额可以分为哪几种？
4. 什么是施工定额？什么是劳动定额？它的表现形式可以分为哪两种？
5. 什么是预算定额？预算定额与施工定额有什么区别？
6. 预算定额中的人工工日消耗量由哪两部分组成？什么是基本用工？其他用工包括什么？什么是人工幅度差？
7. 预算定额的材料消耗量包括哪两部分？预算定额中的材料分成哪 4 类？
8. 预算定额中的机械幅度差包括哪些内容？
9. 预算定额有哪些组成内容？
10. 预算定额表由哪几部分组成？
11. 根据《浙江省市政工程预算定额》(2010 版)，试确定[1-323]定额子目中人工的消耗量、轻型井点井管ϕ40、胶管ϕ50 的消耗量、污水泵ϕ100 的消耗量。
12. 定额项目表中的人工费是如何计算的？材料费是如何计算的？机械使用费是如何计算的？
13. 定额项目表中的基价是如何计算的？
14. 预算定额的套用有哪几种基本方式方法？
15. 什么是概算定额？概算定额与预算定额有什么区别？
16. 什么是企业定额？企业定额与预算定额有什么不同？

市政工程定额计价模式下的计量与计价

第4章《通用项目》预算定额应用

本章学习要点

1. 预算定额总说明。
2. 通用项目工程量计算规则、计算方法。
3. 通用项目定额的套用和换算。

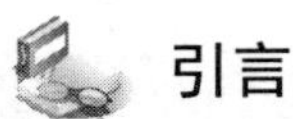

引言

某工程雨水管道平面图、管道基础图如下，管道采用钢筋混凝土管，基础采用钢筋混凝土条形基础。管道沟槽开挖采用挖掘机在沟槽边挖土，土质为三类土。计算这段管道沟槽开挖的总土方量，并确定套用的定额子目及其基价。在管道沟槽开挖土方计算时应注意什么？定额套用时要注意什么？

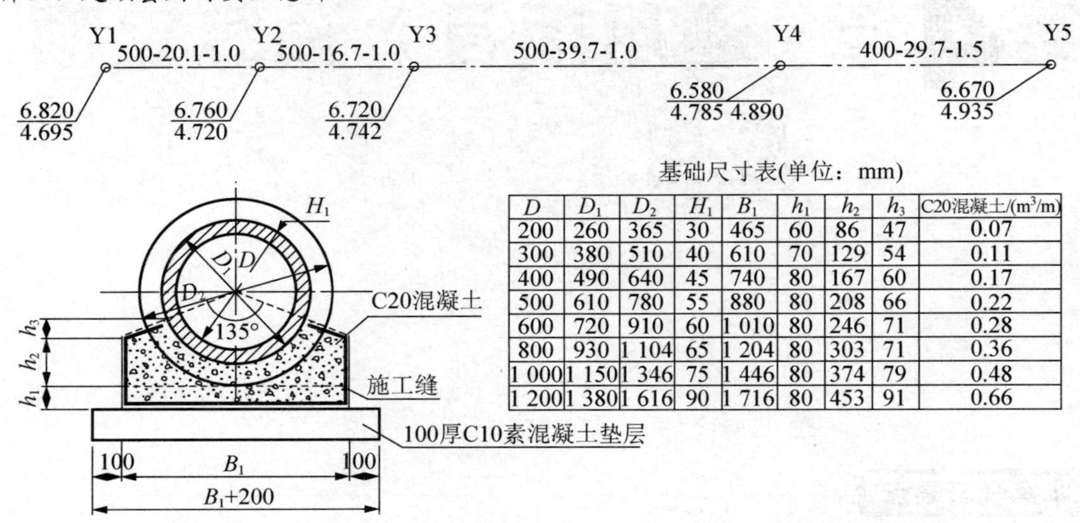

基础尺寸表(单位：mm)

D	D_1	D_2	H_1	B_1	h_1	h_2	h_3	C20混凝土/(m^3/m)
200	260	365	30	465	60	86	47	0.07
300	380	510	40	610	70	129	54	0.11
400	490	640	45	740	80	167	60	0.17
500	610	780	55	880	80	208	66	0.22
600	720	910	60	1 010	80	246	71	0.28
800	930	1 104	65	1 204	80	303	71	0.36
1 000	1 150	1 346	75	1 446	80	374	79	0.48
1 200	1 380	1 616	90	1 716	80	453	91	0.66

某工程雨水管道平面图、管道基础图

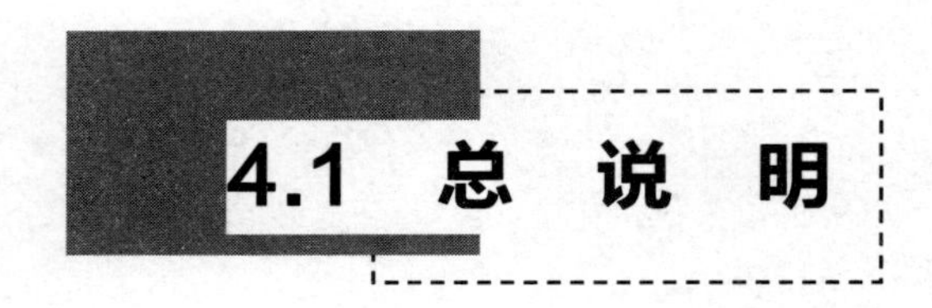

4.1 总说明

(1)《浙江省市政工程预算定额》(2010版)(以下简称本定额)共分8册，包括第一册《通用项目》、第二册《道路工程》、第三册《桥涵工程》、第四册《隧道工程》、第五册《给水工程》、第六册《排水工程》、第七册《燃气与集中供热工程》、第八册《路灯工程》。

(2) 全部使用国有资金或国有资金为主的工程建设项目，编制招标控制价应执行本定额。

(3) 本定额人工按用工的技术含量综合为一类人工、二类人工，其内容包括基本用工、超运距用工、人工幅度差和辅助用工。其中土石方工程人工为一类人工，单价为40元/工日；其余为二类人工，单价为43元/工日。

(4) 本定额中的材料消耗包括主要材料、辅助材料，材料消耗已计入相应的损耗，包括：现场运输损耗(从工地仓库、现场集中堆放点或现场加工点到操作地点或安装点的现场运输过程中的损耗)、施工操作损耗、施工现场堆放损耗。

本定额中的周转性材料已按规定的材料周转次数摊销计入定额。

用量少或价值小的材料合并为其他材料费，以其他材料费的形式表示。

本定额材料单价按《浙江省建筑安装材料基期价格》(2010版)取定。

(5) 本定额中的施工机械台班消耗量已包括机械幅度差内容。机械台班单价按《浙江省施工机械台班费用定额》(2010版)取定。

(6) 本定额中商品混凝土、商品沥青混凝土、厂拌三渣等均按成品价考虑，其单价除产品出厂价外，还包括了从厂家到施工现场的运输、装卸费用。采用泵送商品混凝土的，其单价已包括泵送的费用。

(7) 本定额中现浇混凝土项目分为现拌混凝土、商品混凝土。商品混凝土定额中已按结构部位取定泵送或非泵送，如果实际施工方式与定额所列方式不同时，除混凝土单价换算外，人工、机械调整如下。

① 泵送商品混凝土调整为非泵送商品混凝土：定额人工乘以系数1.35，并增加相应普通混凝土子目中垂直运输机械的含量。

② 非泵送商品混凝土调整为泵送商品混凝土：定额人工乘以系数0.75，并扣除定额子目中垂直运输机械的含量。

特别提示

泵送商品混凝土、非泵送商品混凝土的材料单价不同，在换算时应注意混凝土单价的换算。

【例4-1】 某污水厂工程，某一现浇钢筋混凝土池体的池壁牛腿现场浇筑，混凝土强度等级为C20，施工时采用泵送商品混凝土，确定套用的定额子目及基价。

【解】 套用的定额子目：[6-658]H

该子目中采用的C20非泵送商品混凝土单价为285元/m^3

C20泵送商品混凝土单价为299元/m^3

该子目中垂直运输机械(15t履带式起重机)的含量为0.499台班

换算后基价=3 423+(299−285)×10.150−0.499×515.34≈3 308(元/10m^3)

注：泵送商品混凝土调整为非泵送商品混凝土的例题详见第3章【例3-9】。

(8) 本定额中未列商品混凝土的子目，实际采用商品混凝土时，按相应的现拌混凝土定额执行，除混凝土单价换算外，人工、机械调整如下。

① 采用泵送商品混凝土的：定额人工乘以系数0.4，并扣除定额子目中混凝土搅拌机、水平及垂直运输机械台班含量。

② 采用非泵送商品混凝土的：定额人工乘以系数0.55，并扣除定额子目中混凝土搅拌机、水平运输机械台班含量。

【例4-2】 某排水管道工程，检查井井室盖板现场预制时采用非泵送的商品混凝土，混凝土强度等级为C20，确定套用的定额子目及基价。

【解】 套用的定额子目：[6-337]H

该子目中采用的C20(40)现浇现拌混凝土单价为192.94元/m^3

C20非泵送商品混凝土单价为285元/m^3

该子目中混凝土搅拌机(350L混凝土搅拌机)台班含量为0.589台班

该水平运输机械(机动翻斗车1t)台班含量为0.800台班

换算后基价=3 590+(285−192.94)×10.150−0.589×96.72−0.800×109.73

≈4 380(元/10m^3)

(9) 本定额中各类砌体所使用的砂浆均为普通现拌砂浆，若实际使用预拌(干混或湿拌)砂浆，按以下方法调整。

① 使用干混砂浆砌筑的，除将现拌砂浆数量同比例调整为干混砂浆外，另按相应定额中每立方米砌筑砂浆扣除 0.2 工日，灰浆搅拌机台班数量乘以系数 0.6。

② 使用湿拌砂浆砌筑的，除将现拌砂浆数量同比例调整为湿拌砂浆外，另按相应定额中每立方米砌筑砂浆扣除 0.45 工日，并扣除灰浆搅拌机台班数量。

【例 4-3】 某桥梁工程浆砌块石桥台，采用 M7.5 干混砂浆砌筑，确定套用的定额子目及基价。

【解】 套用的定额子目：[3-153]H

该子目中采用的 M7.5 水泥砂浆单价为 168.17 元/m^3

M7.5 干混砂浆单价为 405.45 元/m^3

该子目中灰浆搅拌机(200L 灰浆搅拌机)台班含量为 0.310 台班

换算后基价=2 266+(405.45−168.17)×3.670−3.670×0.2×43−0.310×(1−0.6)×58.57

≈3 098(元/10m^3)

(10) 本定额中混凝土及钢筋混凝土预制桩、小型预制构件等制作的工程量计算，应按施工图构件净用量另加 1.5%损耗率。

(11) 本定额中，钢模板(含钢支撑)的回库维修费已按其材料单价的 8%计入消耗量；钢模板(含钢支撑)、木模、脚手架的场外运费已按机械台班形式计入定额子目，不另外单独计算。

(12) 本定额中用括号“(　)”表示的消耗量均未计入基价。

(13) 本定额中注有“××以内”或“××以下”的均包括“××”本身；注有“××以外”或“××以上”的均不包括“××”本身。

4.2 通用项目

《通用项目》是浙江省市政工程预算定额(2010 版)的第一册，包含土石方工程，打拔工具桩，围堰工程，支撑工程，拆除工程，脚手架及其他工程，护坡、挡土墙，地下连续墙，地基加固、围护及监测，共 9 章；此外还包括附录。

4.2.1 土石方工程

【参考图文】

土石方工程定额包括人工挖土方，人工挖沟槽、基坑土方，人工清理土堤基础，人工挖土堤台阶，人工装、运土方，人工挖淤泥、流砂，人工平整场地、填土夯实、原土夯实，推土机推土，挖掘机挖土，装载机装松散土，装载机装运土方，自卸汽车运土，抓铲挖掘机挖淤泥、流砂，履带式挖掘机挖淤泥、流砂，机械平整场地、填土夯实、原土夯实，人工凿石，机械凿石，人工打眼爆破石方，机械打眼爆破石方，明挖石方运输，推土机推石渣，挖掘机挖石渣，自卸汽车运石渣等相应子目。

1．土壤及岩石分类

土壤及岩石按普式分类分为Ⅰ、Ⅱ、Ⅲ、Ⅳ、Ⅴ、Ⅵ、Ⅶ、Ⅷ、Ⅸ、Ⅹ、Ⅺ、Ⅻ、XIII、XIV、XV、XVI共16类。

其中Ⅰ、Ⅱ类对应本定额中“一、二类土”，Ⅲ类对应本定额中“三类土”，Ⅳ类对应本定额中“四类土”，从一类土到四类土，土壤的紧固系数越来越大。

其中Ⅴ类对应本定额中“松石”，Ⅵ、Ⅶ、Ⅷ类对应本定额中“次坚石”，Ⅸ、Ⅹ类对应本定额中“普坚石”，Ⅺ、Ⅻ、XIII、XIV、XV、XVI类对应本定额中“特坚石”。从松石到特坚石，岩石的紧固系数越来越大。

2．干湿土的划分及换算说明

(1) 干、湿土的划分首先以地质勘探资料为准，含水率≥25%为湿土；或以地下常水位为准，常水位以上为干土，以下为湿土。

(2) 挖运湿土时，人工和机械乘以系数1.18(机械运湿土除外)，干、湿土工程量分别计算。采用井点降水的土方应按干土计算。

特别提示

机械或人工挖湿土，套用定额时需换算；人工运湿土，套用定额时也需换算；机械运湿土时，套用定额不需要换算。采用井点降水时，由于是先把地下水位降到沟槽(基坑)底标高以下一定的安全距离后再开挖土方，所以采用井点降水的土方应按干土计算。

【例4-4】 人工挖沟槽三类湿土，挖深5m，确定套用的定额子目及基价。

【解】 套用的定额子目：[1-10]H

换算后的人工消耗量=50.800 0×1.18=59.944(工日)

换算后基价=59.944×40 ≈ 2 398(元/100m^3)

或　换算后的基价=2 032+2 032.00×(1.18−1) ≈ 2 398(元/100m^3)

3．土方的不同体积及换算

(1) (挖、运)土、石方体积均以天然密实体积(自然方)计算，回填土按碾压夯实后的体积(实方)计算。

(2) 土方体积换算见表4-1。

表4-1　土方体积换算表

单位：m^3

虚方体积	天然密实体积	碾压夯实后体积	松填体积
1.00	0.77	0.67	0.83
1.30	1.00	0.87	1.08
1.50	1.15	1.00	1.25
1.20	0.92	0.80	1.00

知识链接

虚方体积是指挖出以后或回填以前松散的土方体积。松填体积是指用于回填、未经夯实、自然堆放的土方体积。

【例 4-5】 某道路工程，挖土方量为 1 800 m³，填土方量为 500 m³，挖、填土考虑现场平衡，试计算其土方外运量。

【解】 挖、运土方体积均以自然方计算；填土方体积以实方计算

故需把本例中的填土方体积转换为自然方

查表 4-1 可知，实方：自然方=1：1.15

本例中填土所需自然方=500×1.15=575(m³)

则土方外运量=1 800−575=1 225(m³)

4．沟槽、基坑土石方、一般土石方、平整场地的划分

(1) 开挖底宽≤7m，且底长大于 3 倍底宽，按沟槽土石方计算。

(2) 开挖底长≤3 倍底宽，且底面积≤150m²，按基坑土石方计算。

(3) 厚度≤30cm 的就地挖、填土按平整场地计算。

(4) 超出上述范围的土石方，按一般土石方计算。

特别提示

常见的市政工程中，管道工程的土石方开挖通常按挖沟槽土石方计算；道路工程的土石方开挖通常按挖一般土石方或平整场地计算；桥梁工程的土石方开挖通常按挖基坑土石方计算。

5．沟槽土石方(挖、填)

1) 沟槽挖方

(1) 工程量计算规则及计算方法。

① 除有特殊工艺要求的管道节点开挖土石方工程量按实计算外，其他管道接口作业坑和沿线各种井室所需增加开挖的土方工程量，按沟槽全部土方量的2.5%计算。

根据上述工程量计算规则，管道沟槽挖方可按下式计算：

$$V_{挖}=S\times L\times(1+2.5\%) \tag{4-1}$$

式中 $V_{挖}$——沟槽挖方，m³；

S——某管段沟槽开挖平均断面面积，m²；

L——沟槽开挖长度，即管段的长度，m。

知识链接

如某管段的沟槽开挖断面示意图(图 4.1)所示，计算该管段沟槽开挖平均断面面积，需首先确定沟槽开挖的断面尺寸，包括：沟槽底宽(B+2b)、沟槽边坡(1：m)、管段的沟槽平均挖深 H。

【参考图文】

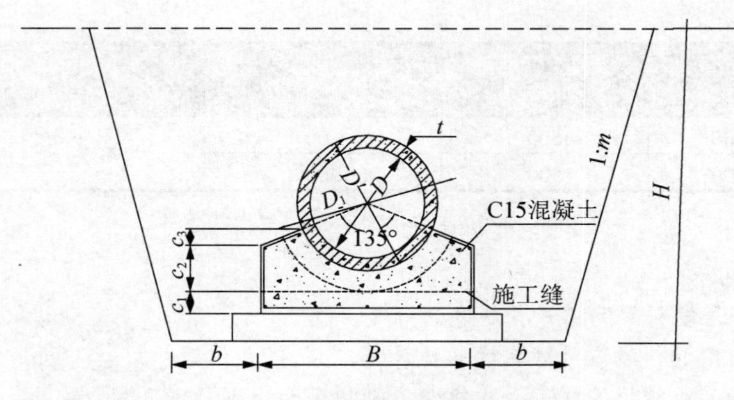

图 4.1　沟槽开挖断面示意图

图中，B 为管道结构宽，b 为管沟底部每侧工作面宽度。图示管道沟槽挖方可按下式计算：

$$V_{挖}=(B+2b+mH)\times H\times L\times(1+2.5\%) \tag{4-2}$$

有湿土时：

$$V_{湿}=(B+2b+mH_{湿})\times H_{湿}\times L\times(1+2.5\%) \tag{4-3}$$

$$V_{干}=V-V_{湿} \tag{4-4}$$

式中　$V_{湿}$——挖湿土的方量，m^3；

$V_{干}$——挖干土的方量，m^3；

$H_{湿}$——湿土的深度，m。

② 管道结构宽的确定。

根据管道基础结构图、结合施工方法按以下规则确定管道结构宽：

(a) 管道无管座时，管道结构宽按管道外径计算；

(b) 管道有管座时，管道结构宽按管道基础外缘(不包括各类垫层)计算；

(c) 构筑物结构宽按基础外缘计算；

(d) 如设挡土板，结构宽每侧加 100mm。

特别提示

管道采用钢筋混凝土条形基础时，基础基础外缘的宽度就是平基的宽度。

沟槽开挖如设挡土板，则管沟底部每侧增加 100mm。

【参考图文】

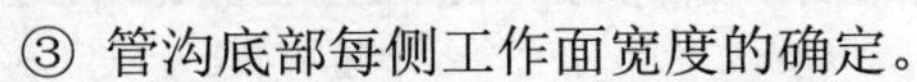

③ 管沟底部每侧工作面宽度的确定。

(a) 按施工组织设计确定的管沟底部每侧工作面宽度计算；

(b) 如施工组织设计未明确的，可按表 4-2 计算。

表 4-2　管沟底部每侧工作面宽度

单位：mm

管道结构宽	混凝土管道基础 90°	混凝土管道基础>90°	金属管道	构筑物	
				无防潮层	有防潮层
500 以内	400	400	300	400	600

续表

管道结构宽	混凝土管道基础 90°	混凝土管道基础>90°	金属管道	构筑物	
				无防潮层	有防潮层
1 000 以内	500	500	400	400	600
2 500 以内	600	500	400		

知识链接

UPVC、HDPE 等塑料管沟槽开挖底宽的确定。

(1) 设计中有规定的，按设计规定的底宽计算。

(2) 设计未明确的，根据沟槽有无支撑，分别按下面规则确定。

① 沟槽无支撑：沟槽底宽按管道结构宽每侧加 30cm 工作面计算。

② 沟槽有支撑：按表 4-3，根据管径、挖深确定沟槽底宽。

表 4-3　有支撑沟槽开挖底宽

单位：mm

深度/m \ 管径	*DN*150	*DN*225	*DN*300	*DN*400	*DN*500	*DN*600	*DN*800	*DN*1 000
≤3.00	800	900	1 000	1 100	1 200	1 300	1 500	1 700
≤4.00	—	1 100	1 200	1 300	1 400	1 500	1 700	1 900
>4.00	—	—	—	1 400	1 500	1 600	1 800	2 000

④ 沟槽边坡的确定。

(a) 按施工组织设计确定的沟槽边坡计算；

(b) 如施工组织设计未明确的，可按表 4-4 计算。

表 4-4　放坡系数

土壤类别	放坡起点深度超过/m	机械开挖			人工开挖
		在沟槽坑底作业	在沟槽坑边上作业	沿沟槽方向作业	
一、二类土	1.2	1∶0.33	1∶0.75	1∶0.33	1∶0.50
三类土	1.5	1∶0.25	1∶0.50	1∶0.25	1∶0.33
四类土	2.0	1∶0.10	1∶0.33	1∶0.10	1∶0.25

特别提示

如在同一断面内遇有数类土壤，其放坡系数可按各类土占全部深度的百分比加权计算。

【例 4-6】 某沟槽开挖断面如图 4.2 所示，试计算沟槽开挖的放坡系数。

【解】 放坡系数 $m=\frac{1.5}{2.3}\times 0.5+\frac{0.8}{2.3}\times 0.33 \approx 0.44$

沟槽开挖边坡为：1∶0.44

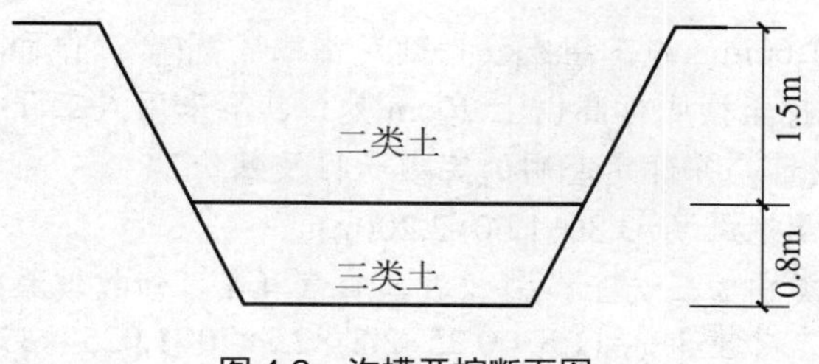

图4.2 沟槽开挖断面图

⑤ 管道十字或斜向交叉，沟槽挖土交接处产生的重复工程量不扣除。

管道走向相同，在施工过程中采用联合槽开挖时，沟槽挖土交接处产生的重复工程量应扣除，如图4.3所示。

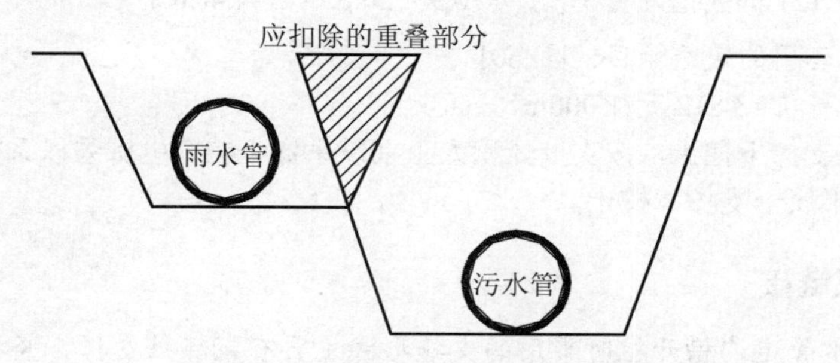

图4.3 联合槽开挖断面示意图

⑥修建机械上下坡的便道土方量并入土方工程量内。石方采用爆破开挖时，开挖坡面每侧允许超挖量：松、次坚石20cm，普、特坚石15cm。工作面宽度与石方超挖量不得重复计算，石方超挖仅计算坡面超挖，底部超挖不计。

特别提示

(1) 石方爆破开挖工作面宽度与石方超挖量不得重复计算。

(2) 石方爆破开挖底部超挖不计。

(3) 人工凿石不得计算超挖量。

(2) 定额套用及换算说明。

① 机械挖沟槽、基坑土方中如需人工辅助开挖(包括切边、修整底边)，机械挖土按实挖土方量计算，人工挖土土方量按实套用相应定额乘以系数1.25，挖土深度按沟槽、基坑总深确定，垂直深度不再折合水平运输距离。

知识链接

按照《给水排水管道工程施工及验收规范》(GB 50268—2008)的规定，管道在沟槽开挖时，严禁扰动槽底原状土。在采用挖掘机开挖沟槽时，为防止扰动槽底原状土，距离槽底20～30cm，用人工辅助开挖。

【例4-7】 某排水工程W1～W3管段沟槽放坡开挖，采用挖掘机挖土并装车开挖(沿沟槽方向作业)，人工辅助清底。土壤类别为三类干土；该管段原地面平均标高为3.80m，槽底平均标高为 1.60m，施工组织设计确定沟槽底宽(含工作面)为 1.8m，沟槽全长为70m，机械挖土挖至槽底标高以上 20cm 处，其下采用人工开挖。试分别计算机械挖土及人工挖土数量，并确定套用的定额子目及基价。

【解】 沟槽开挖深度=3.80−1.60=2.20(m)

土壤类别为三类土，需放坡，查表 4-4 可知放坡系数为 0.25。

土石方总量 $V_{总}=(1.8+0.25\times2.2)\times2.2\times70\times1.025\approx370.95(m^3)$

(1) 人工辅助开挖方量 $V_{人工}=(1.8+0.25\times0.2)\times0.2\times70\times1.025\approx26.55(m^3)$

套用的定额子目：[1-9]H

换算后基价=1 695×1.25 ≈ 2 119(元/100m^3)

(2) 机械挖方量 $V_{机械}=370.95-26.55\approx344.4(m^3)$

套用的定额子目：[1-60]

基价=3 812 元/1 000m^3

② 在支撑下挖土，按实挖体积人工乘以系数 1.43，机械乘以系数 1.20。先开挖后支撑的不属于支撑下挖土。

知识链接

【参考图文】

雨污水管道沟槽开挖时常用的支撑形式主要有钢板桩支撑、竖撑、横撑。钢板桩支撑施工时先将板桩打入沟槽底以下一定的入土深度，再进行沟槽开挖。竖撑、横撑施工时，先开挖部分土方，随挖随支，逐步设置支撑到沟槽底。

【例 4-8】 某管段采用挖掘机挖沟槽土方，土质为一、二类干土，不装车，沟槽采用钢板桩支撑，确定套用的定额子目及基价。

【解】 套用的定额子目：[1-56]H

换算后基价=2 124+192.00×(1.43−1)+1 931.64×(1.2−1)=2 593(元/1 000m^3)

③ 挖土机在垫板上作业，人工和机械乘以系数 1.25，搭拆垫板的人工、材料和铺机摊销费按每 1 000m^3 增加 230 元计算。

【例 4-9】 挖掘机在垫板上挖三类土、不装车，确定套用的定额子目及基价。

【解】 套用的定额子目：[1-57]H

换算后基价=2 458+192.00×(1.25−1)+2 265.54×(1.25−1)+230 ≈ 3 302(元/1 000m^3)

④ 人工挖沟槽、基坑土方，一侧弃土时，乘以系数 1.13。

【例 4-10】 人工挖沟槽，三类湿土，深 5m，一侧弃土，确定套用的定额子目及基价。

【解】 套用的定额子目：[1-10]H

换算后基价=2 032×1.18×1.13 ≈ 2 709(元/100m^3)

⑤ 人工挖沟槽或基坑内的淤泥、流砂，按“人工挖淤泥、流砂”套用定额，挖深超过 1.5m 时，超过部分工程量按垂直深度每 1m 折合成水平距离 7m 增加工日，深度按全高计算。

【例 4-11】 人工挖沟槽淤泥，挖深 4.3m，确定套用的定额子目及基价。

【解】(1) 挖深不超过1.5m的部分。套用的定额子目为[1-35]

基价=2 530(元/100m^3)

(2) 挖深超过1.5m的部分。

挖深4.3m折合成水平运距=4.3×7=30.1(m)

套用的定额子目：[1-35]+[1-36]+[1-37]

基价=2 530+994+481=4 005(元/100m^3)

⑥ 挖密实的钢渣，按挖四类土人工乘以系数2.50，机械乘以系数1.50。

⑦ 人工凿沟槽、基坑石方按“人工凿石”定额乘以系数1.4。

⑧ 挖掘机挖石方爆破后的石渣，定额中人工含量乘以系数2.0。

2) 沟槽回填方

(1) 工程量计算规则及计算方法。

管沟回填土应扣除各种管道、基础、垫层和构筑物(主要是沿线检查井)所占的体积。

沟槽回填工程量按下式计算：

$$V_{回填}=V_{挖}-V_{应扣} \tag{4-5}$$

式中 $V_{挖}$——管道沟槽的挖方量(包括沿线检查井)，m^3；

$V_{应扣}$——管道、基础、垫层与构筑物所占的体积之和，m^3。

(2) 定额套用及换算说明。

① 槽、坑一侧填土时，乘以系数1.13。

② 定额中所有填土(包括松填、夯填、碾压)均是按就近5m内取土考虑的，超过5m按以下办法计算：就地取余松土或堆积土回填者，除按填方定额执行外，另按运土方定额计算土方运输费用；外购土方者，应按实计算土方外购费用。

6. 基坑土石方(挖、填)

1) 基坑挖方

(1) 工程量计算规则及计算方法。

基坑挖方工程量按以下通用公式计算：

$$V_{挖}=(S_{上}+S_{下}+4S_{中})/6\times H \tag{4-6}$$

式中 $S_{上}$、$S_{下}$、$S_{中}$——基坑上顶面、下顶面、中截面的面积，m^2；

H——基坑挖深，m。

矩形基坑挖方工程量按以下通用公式计算：

$$(方形)V_{挖}=(B+2b+mH)\times(L+2b+mH)\times H+\frac{m^2H^3}{3} \tag{4-7}$$

$$(圆形)V_{挖}=\frac{\pi H}{3}\left[(R+b)^2+(R+b)\times(R+b+mH)+(R+b+mH)^2\right] \tag{4-8}$$

式中 $V_{挖}$——挖土体积，m^3；

B——结构宽，即基坑内构筑物的基础宽度，m；

L——结构长度，即基坑内构筑物的基础长度，m；

R——结构半径，即基坑内构筑物的基础半径，m；

m——放坡系数；

b——每侧工作面宽度，m(构筑物底部设有防潮层时，每侧工作面宽度取0.6m；不设防潮层时，每侧工作面宽度取 0.4m)；

H——基坑挖深，m。

(2) 定额套用及换算说明。

基坑挖方定额的套用方法与沟槽挖方基本相同。

2) 基坑回填方

(1) 工程量计算规则及计算方法。

基坑回填土应扣除基坑内构筑物、基础、垫层所占的体积。

基坑回填工程量的计算与沟槽回填土工程量的计算方法相同。

(2) 定额套用及换算说明。

基坑回填定额的套用方法与沟槽回填基本相同。

7．一般土石方(挖、填)

1) 工程量计算规则及计算方法

一般土石方工程挖方、填方工程量的计算通常采用横截面法或方格网法计算。

(1) 横截面法计算。

常见的市政道路工程路基横截面形式有填方路基、挖方路基、半填半挖路基和不填不挖路基，如图 4.4 所示。

根据路基横截面图(道路逐桩或施工横断面图)可以计算每个截面处的挖方/填方面积，取两邻截面挖方/填方面积的平均值乘以相邻截面之间的中心线长度，计算相邻两截面间的挖方/填方工程量，合计可得整条道路的挖方/填方工程量。

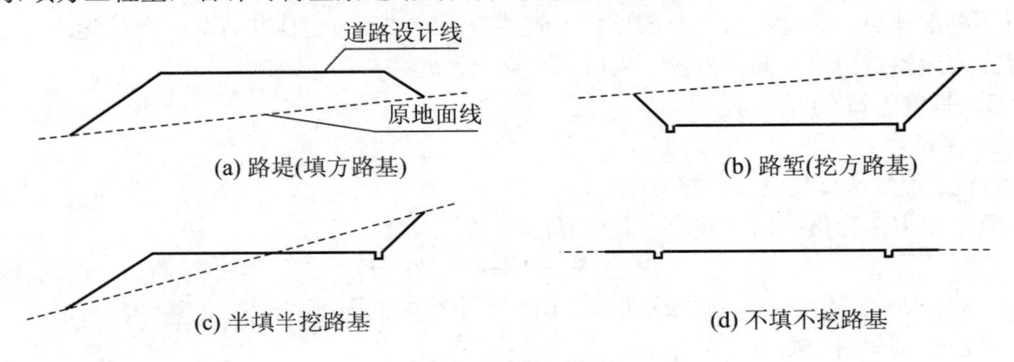

图 4.4　路基横截面形式

横截面法计算公式如下：

$$V=\frac{(F_1+F_2)}{2}\times L \tag{4-9}$$

式中　V——挖方量或填方量，m^3；

F_1、F_2——相邻两个横断面的挖方或填方面积，m^2；

L——相邻两横断面的距离，m。

知识链接

市政道路工程的挖方、填方通常为一般土石方工程，计算工程量时，可以依据道路工程施工图中的逐桩或施工横断面图或土方计算表进行。

【例 4-12】 某道路工程，土方计算表见表 4-5，计算 0+000～0+050 段填方量、挖方量。

表 4-5 土方量计算表

桩号	土方面积/m²		平均面积/m²		距离/m	土方量/m³	
	挖方	填方	挖方	填方		挖方	填方
0+000	11.5	3.2					
			13.15	1.60	50	657.5	80
0+050	14.8	0.0					
			11.50	3.05	40	460	122
0+090	8.2	6.1					
			10.80	3.05	45	486	137.25
0+135	13.4	0.0					
合计						1 603.5	339.25

【解】 $V_{挖}=\dfrac{(11.5+14.8)}{2}\times 50=657.5(\text{m}^3)$

$V_{填}=\dfrac{(3.2+0)}{2}\times 50=80(\text{m}^3)$

特别提示

在市政城市道路下，均铺设了排水管道，如原地面标高高于设计道路土路基标高时，如图 4.5 所示，挖方不能重复计算。

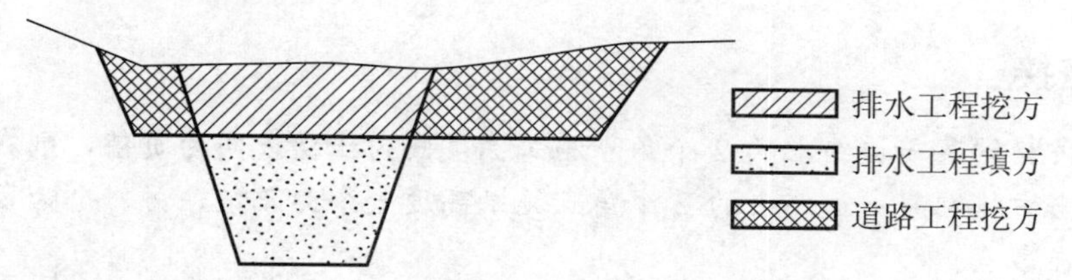

图 4.5 排水工程与道路工程挖、填方工程量示意图

(2) 方格网法计算。

大面积挖填方可采用方格网法计算，方格网法计算挖(填)方量的步骤如下。

① 根据场地大小，将场地划分为 10m×10m 或 20m×20m 的方格网。根据地形起伏情况或精度要求，可选择适当尺寸的方格网，有 5m×5m、10m×10m、20m×20m、50m×50m、100m×100m 的方格。方格越小，计算的准确性就越高。

将各方格网加以编号，可标注在方格网中间。将各角点加以编号，可标注在角点左下方。

② 确定每个方格网的 4 个角点的原地面标高、设计标高，计算出各个角点的施工高度。在方格网各角点右上方标注原地面标高、在方格网各角点右下方标注设计路基标高，

并计算方格网各角点的施工高度，将其标注在角点左上方。

$$施工高度\ h=原地面标高-设计路基(开挖线)标高 \tag{4-10}$$

施工高度为正数需挖方；施工高度为负数需填方。

③ 计算确定每个方格网各条边上零点的位置，并将同一方格网内的零点连接得到零线。零点即施工高度为零的点，即方格网边上不填不挖的点。零线将方格网划分为挖方区域、填方区域。

如图4.6所示，方格网边长为a，图中标示其中一条边的两个角点的施工高度为h_1、h_2(h_1、h_2一个为正值、一个为负值)，则该边上零点位置的计算公式如下：

$$x=\frac{|h_1|}{|h_1|+|h_2|}\times a \tag{4-11}$$

式中 x——角点至零点的距离，m；

h_1，h_2——相邻两角点的施工高度，m；

a——方格网的边长，m。

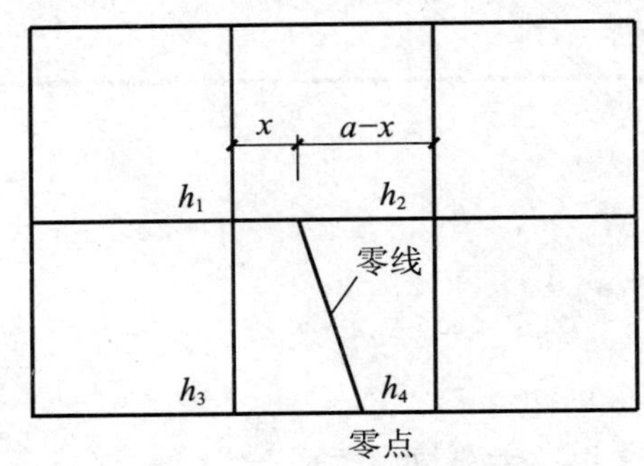

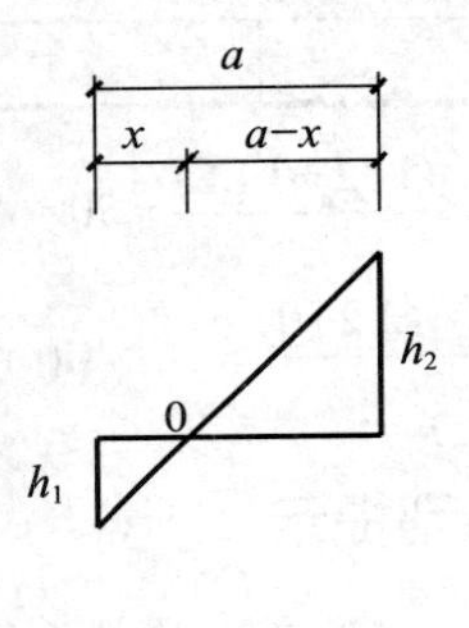

图4.6 零点位置计算示意图

知识链接

当某个方格网某一边线上的2个角点施工高度同为正值或同为负值，则在该边线上不存在零点；当方格网某一边线上的2个角点施工高度一个为正值、另一个为负值，则在该边线肯定存在零点。

方格网的4个角点施工高度可能存的不同情况，零线将方格网划分成挖方区域、填方区域存在以下不同的情况：①四点挖；②一点填、三点挖；③两点填、两点挖；④三点填、一点挖；⑤四点填。各种情况分别如图4.7(a)、(b)、(c)、(d)、(e)所示。

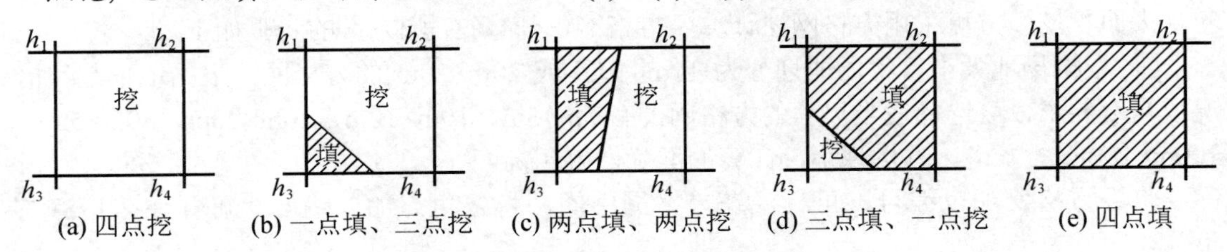

图4.7 方格网挖方、填方区域划分示意图

④ 计算各方格网挖方或填方的体积。

$$V=F\times H \tag{4-12}$$

式中 V——各方格网挖方或填方的体积，m^3；

F——各方格网挖方或填方区域的底面积，m^2；

H——各方格网挖方或填方区域的平均挖深或平均填高，m。

⑤ 合计各方格网挖方或填方的体积，可得到整个场地的挖方或填方工程量。

2) 定额套用及换算说明

(1) 人工挖(一般)土方，挖深超过 1.5m 应计算人工垂直运输土方的费用，超过部分工程量按垂直深度每 1m 折合成水平距离 7m 增加工日，深度按全高计算。

(2) 人工挖(一般)土方，砾石含量在 30%以上密实性土壤按四类土乘以系数 1.43。

【例 4-13】 某工程场地方格网如图 4.8 所示，方格网边长 20m，计算其挖、填土方的工程量。

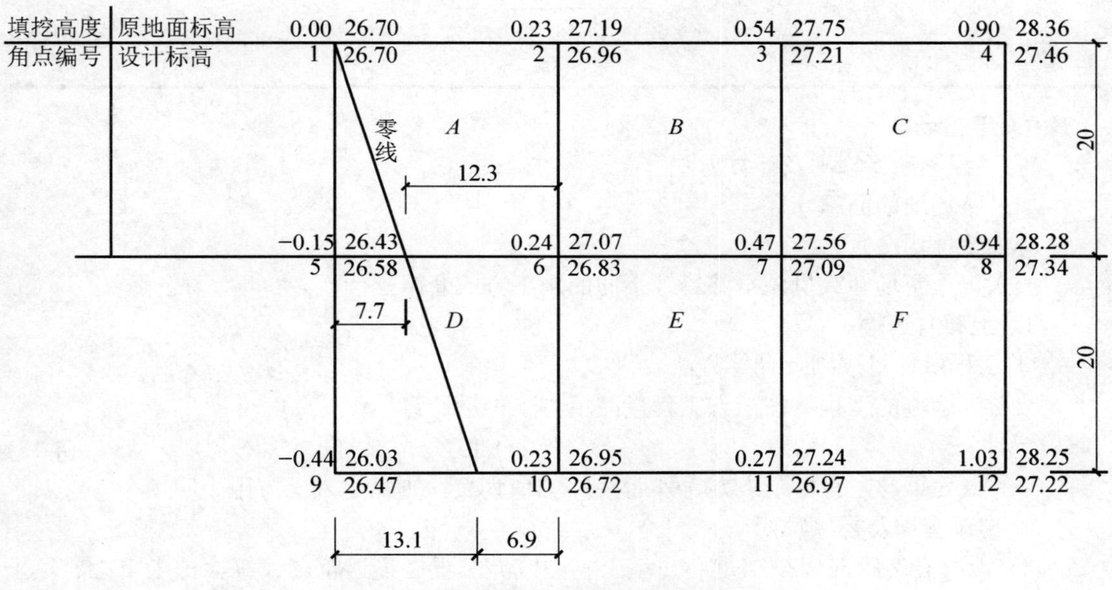

图 4.8 某工程方格网示意图(单位：m)

【解】 (1) 计算零点位置。

方格 A: h_1=−0.15m，h_2=0.24m，a=20m

代入式(4-11)得：$x=\dfrac{20\times 0.15}{0.15+0.24}=7.7(\mathrm{m})$

$$a-x=20-7.7=12.3(\mathrm{m})$$

方格 D: $x=\dfrac{20\times 0.44}{0.44+0.23}=13.1(\mathrm{m})$，$a-x=20-13.1=6.9(\mathrm{m})$

方格 B、C、E、F 的各边均无零点。

将各零点标示图上，并将零点连成线，如图 4.8 所示。

(2) 计算方格土方量(表 4-6)。

表 4-6　方格土方量计算

方格编号	底面图形及位置	挖方/m³	填方/m³
A	三角形(填) 梯形(挖)	$\frac{20+12.3}{2}\times 20\times\frac{0.23+0.24}{4}=37.95$	$\frac{0.15}{3}\times\frac{20\times 7.7}{2}=3.85$
B	正方形(挖)	$20^2\times\frac{(0.23+0.24+0.47+0.54)}{4}=148$	
C	正方形(挖)	$20^2\times\frac{(0.54+0.47+0.90+0.94)}{4}=285$	
D	梯形(挖、填)	$\frac{12.3+6.9}{2}\times 20\times\frac{0.23+0.24}{4}=22.56$	$\frac{7.7+13.1}{2}\times 20\times\frac{0.15+0.44}{4}=30.68$
E	正方形	$20^2\times\frac{(0.23+0.24+0.47+0.27)}{4}=121$	
F	正方形	$20^2\times\frac{(0.47+0.27+0.94+1.03)}{4}=271$	
	小　计	885.51	34.53

8. 平整场地

1) 工程量计算规则及计算方法

按平整场地的面积计算。

2) 定额套用

按人工平整场地或机械平整场地不同的施工方式套用定额。

9. 土石方运输

1) 工程量计算规则及计算方法

土石方运输的工程量按挖方工程量减填方工程量计算。

$$V_{运}=V_{挖}-V_{填}\times 1.15 \tag{4-13}$$

$V_{挖}$的值为正，则有多余土方需外运；$V_{挖}$的值为负，则需运入土方用于回填。

2) 定额套用及换算说明

(1) 土石方运距应以挖土重心与填土重心或弃土重心最近距离计算，挖土重心、填土重心、弃土重心按施工组织设计确定。如遇下列情况应增加运距：

① 人力及人力车运土、石方上坡坡度在 15%以上，推土机重车上坡坡度大于 5%，斜道运距按斜道长度乘以表 4-7 中对应的系数计算。

表 4-7　推土机、人力及人力车运土石方坡度系数表

项　　目	推土机				人力及人力车
坡度/%	5～10	15 以内	20 以内	25 以内	15 以上
系　　数	1.75	2	2.25	2.5	5

特别提示

按表 4-7 调整后的**斜道运距**用于确定套用的定额子目；斜道运土石方工程量按**斜道长**

度计算其方量(体积)。

【例 4-14】 推土机推土上坡，三类土，斜道长度为 20m，坡度为 12%，确定套用的定额子目及基价。

【解】 斜道运距=20×2=40(m)

套用的定额子目：[1−48]

基价=3 008 元/1 000 m^3

【例 4-15】 人力(双轮翻斗车)运湿土，斜道长 50m，坡度 20%，确定套用的定额子目及基价。

【解】 斜道运距=50×5=250(m)

套用的定额子目：[1−30]H+[1−31]H×4

换算后基价=461.20×1.18+91.20×1.18×4 ≈ 975(元/100m^3)

② 采用人力垂直运输土、石方，垂直深度每米折合水平运距 7m 计算。

【例 4-16】 人力垂直运输土方深度 3m，另加水平距离 5m，试计算其运距。

【解】 人力运土运距=3×7+5=26(m)

(2) 自卸汽车运土、运石渣的运距与定额不一致时，可按每增 1km 定额子目进行调整换算。

【例 4-17】 某道路工程需土方外运，运距是 6km，采用 12t 自卸汽车运输。试确定自卸汽车运土的定额子目及基价。

【解】 套用的定额子目：[1−68]+[1−69]×5

换算后基价=5 269+1 264×5=11 589(元/1 000m^3)

(3) 人工装土汽车运土时，汽车运土 1km 以内定额中自卸汽车含量乘以系数 1.10。

【例 4-18】 某道路工程需土方外运，运距是 6km，用人工将土方装到 12t 自卸汽车上外运，试确定自卸汽车运土的定额子目及基价。

【解】 套用的定额子目：[1−68]H+[1−69]×5

换算后基价=5 269+7.760×(1.10−1)×644.78+1 264×5=12 089(元/1 000m^3)

(4) 推土机推土的平均土层厚度小于 30cm 时，其推土机台班乘以系数 1.25。

10．其他

(1) 人工挖土堤台阶工程量，按挖前的堤坡斜面积计算，运土应另行计算。

(2) 夯实土堤按设计断面计算。清理土堤基础按设计规定以水平投影面积计算，清理厚度为 30cm 内，废土运距按 30m 计算。

(3) 人工夯实土堤执行人工填土夯实平地子目；机械夯实土堤执行机械填土夯实平地子目。

(4) 本章定额不包括现场障碍物清理，障碍物清理费用另行计算。弃土、石方的场地占用费按当地有关规定处理。

4.2.2 打拔工具桩

打拔工具桩定额包括竖、拆打拔桩架，陆上卷扬机打拔圆木桩，陆上卷扬机打拔槽形

钢板桩，陆上挖掘机打圆木桩，陆上挖掘机打槽形钢板桩，水上卷扬机打拔圆木桩，水上卷扬机打拔槽形钢板桩，水上柴油打桩机打圆木桩，水上柴油打桩机打槽形钢板桩等相应子目。

特别提示

要注意工具桩与基础桩的区别。

1．工程量计算规则

(1) 圆木桩：按设计桩长 L(检尺长)和圆木桩小头直径 D(检尺径)查《木材、立木材积速算表》，计算圆木桩体积。

(2) 钢板桩：按设计桩长×钢板桩理论质量(t/m)×钢板桩根数，计算钢板桩质量。

(3) 凡打断、打弯的桩，均需拔除重打，但不重复计算工程量。

(4) 竖、拆打拔桩架次数，按施工组织设计规定计算。如无规定时，按打桩的进行方向：双排桩每100延长米、单排桩每200延长米计算一次，不足一次者均各计算一次。

2．定额套用及换算说明

(1) 打拔桩工程土质类别划分为甲级土、乙级土、丙级土。定额仅列甲、乙两级土的打拔工具桩项目，如遇丙级土时，按乙级土的人工及机械乘以系数1.43。

(2) 定额中所指的水上作业是以距岸线1.5m以外或者水深在2m以上的打拔桩。距岸线1.5m以内时，水深在1m以内者，按陆上作业考虑；如水深在1m以上2m以内者，其工程量则按水、陆各50%计算。

知识链接

岸线是施工期间最高水位时，水面与河岸的相交线。

(3) 打拔工具桩均以直桩为准，如遇打斜桩(包括俯打和仰打)，按相应定额人工、机械乘以系数1.35。

【例4-19】 水上柴油打桩机打圆木桩(斜桩)；乙级土，桩长5m，确定定额子目、基价。

【解】 套用定额子目：[1-172]H

换算后的基价=3 896+(1 158.12+1 135.82)×(1.35−1)≈4 699(元/10m^3)

【例4-20】 水上卷扬机拔圆木桩(斜桩)，桩长6m，丙级土，确定定额子目、基价。

【解】 套用定额子目：[1-158]H

换算后的基价=1 461+(888.38+572.18)×(1.35×1.43−1)≈2 820(元/10m^3)

(4) 简易打桩架、简易拔桩架均按木制考虑，并包括卷扬机。

(5) 圆木桩按疏打计算；钢制桩按密打计算；如钢板桩需疏打时，按相应定额人工乘以系数1.05。

【例4-21】 水上卷扬机疏打槽形钢板桩(斜桩)，桩长9m，乙级土，确定定额子目、基价。

【解】 套用定额子目：[1-162]H

换算后的基价=2 381+535.35×(1.35×1.05−1)+765.50×(1.35−1)≈2 872(元/10m^3)

(6) 打拔桩架 90° 调面及超运距移动已综合考虑。

(7) 水上打拔工具桩按两艘驳船捆扎成船台作业，驳船捆扎和拆除费用按第三册《桥涵工程》的相应定额执行。

(8) 导桩及导桩夹木的制作、安装、拆除，已包括在相应定额中。

(9) 拔桩后如需桩孔回填的，应按实际回填材料及其数量进行计算。

(10) 本册定额中，圆木和槽钢为摊销材料，其摊销次数及损耗系数分别为 15 次、1.053 和 50 次、1.064。

如使用租赁的钢板桩，则按租赁费计算，计算公式为：

$$钢板桩租赁费=钢板桩实际使用量\times(1+损耗系数)\times 使用天数\times租赁单价[元/(t\cdot 天)] \quad (4\text{-}14)$$

考虑到钢板桩在实际施工中为可周转材料，故钢板桩使用量应为实际投入量，而非定额用量。钢板桩的实际投入量及使用天数应根据现场鉴证或施工记录进行确定。

(11) 钢板桩和木桩的防腐费用等，已包括在其他材料费用中。

4.2.3 围堰工程

围堰工程包括土草围堰、土石混合围堰、圆木桩围堰、钢桩围堰、钢板桩围堰、双层竹笼围堰、筑岛填心等相应子目。

1. 工程量计算规则

(1) 土草围堰、土石混合围堰：工程量按围堰的施工断面乘以围堰中心线的长度计算。

【参考图文】

(2) 圆木桩围堰、钢桩围堰、钢板桩围堰、双层竹笼围堰：工程量按围堰中心线的长度计算。

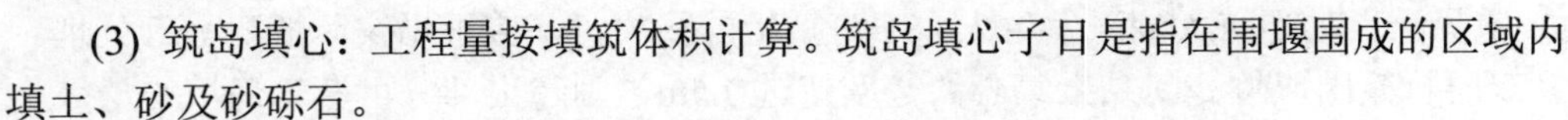

(3) 筑岛填心：工程量按填筑体积计算。筑岛填心子目是指在围堰围成的区域内填土、砂及砂砾石。

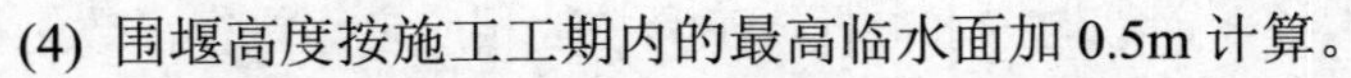

(4) 围堰高度按施工工期内的最高临水面加 0.5m 计算。

河道横断面如图 4.9 所示，围堰高度计算如下。

$$H_1=5.00-2.00+0.5=3.500(m)$$

如果河底有淤泥，厚 0.5m，则堰高应为 $H_2=3.5+0.5=4.00(m)$

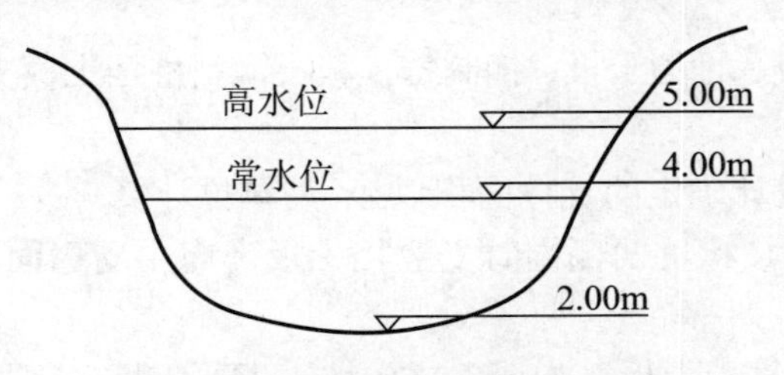

图 4.9 河道横断面示意图

(5) 施工围堰的尺寸按有关设计施工规范、施工组织设计的规定确定；未规定时，按定额尺寸取定。

① 土草围堰的堰顶宽为1～2m，堰高为4m以内。

② 土石混合围堰的堰顶宽为2m，堰高为6m以内。

③ 圆木桩围堰的堰顶宽为2～2.5m，堰高为5m以内。

④ 钢桩围堰的堰顶宽为2.5～3m，堰高为6m以内。

⑤ 钢板桩围堰的堰顶宽为2.5～3m，堰高为6m以内。

⑥ 竹笼围堰竹笼间黏土填心的宽度为2～2.5m，堰高为5m以内。

⑦ 木笼围堰的堰顶宽度为2～4m，堰高为4m以内。

⑧ 堰内坡脚至堰内基坑边缘距离根据河床土质及基坑深度确定，但不得小于1m。

2．定额套用及换算说明

(1) 围堰工程50m范围以内取土、砂、砂砾，均不计土方和砂、砂砾的材料价格。

(2) 取50m范围以外的土方、砂、砂砾，应计算土方和砂、砂砾材料的挖、运或外购费用，但应扣除定额中土方现场挖运的人工(55.5工日/100m^3黏土)。

【例4-22】 某工程采用编织袋围堰(黏土外购，单价为20元/m^3)，确定套用的定额子目、基价。

【解】 套用定额子目：[1-182]H

$$换算后的基价=6\ 847+93\times20-\frac{93}{100}\times55.5\times43\approx6\ 488(元/10m^3)$$

(3) 定额括号中所列黏土数量为取自然土方数量，结算中可按取土的实际情况进行调整。

(4) 编织袋围堰定额中如使用麻袋装土围筑，应按麻袋的规格、单价换算，但人工、机械和其他材料消耗量按定额规定执行。

(5) 围堰施工中若未使用驳船，而采用搭设栈桥，则应扣除定额中驳船费用并套用相应的脚手架子目。

(6) 围堰定额未包括施工期间发生潮汛冲刷后所需的养护工料。潮汛养护工料费用可按当地规定另计。如遇特大潮汛发生人力不可抗拒的损失时，应根据实际情况另行处理。

(7) 双层竹笼围堰竹笼间黏土填心的宽度超过2.5m，则超出部分可套筑岛填心子目。

(8) 围堰定额中的各种圆木桩、钢桩均按水上打拔工具桩的相应定额执行，数量按实计算。定额括号中所列打拔工具桩数量仅供参考。

4.2.4 支撑工程

支撑工程包括木挡土板、竹挡土板、钢制挡土板、钢制桩挡土板支撑安拆等相应子目。

1．工程量计算规则

支撑工程按施工组织设计确定的支撑面积以m^2为单位计算。

(1) 定额中挡土板支撑按槽坑两侧同时支撑挡土板考虑，支撑面积为两侧挡土板的面积之和。

(2) 放坡开挖不得再计算挡土板，如遇上层放坡、下层支撑，则按实际支撑面积计算。

【例4-23】 某管道工程沟槽开挖时，采用密撑木挡土板支撑，其挡土板高度为1.5m，沟槽长度40m，计算支撑工程量。

【解】 支撑工程量为1.5×40×2=120(m^2)

2．定额套用及换算说明

(1) 支撑工程定额适用于沟槽、基坑、工作坑及检查井的支撑。

(2) 挡土板间距不同时，不做调整。

(3) 除槽钢挡土板外，本章定额均按横板竖撑计算，如采用竖板横撑时，其人工工日乘以系数 1.2。

(4) 定额中挡土板支撑按槽坑两侧同时支撑挡土板考虑，支撑宽度为 4.1m 以内。如槽坑宽度超过 4.1m 时，其两侧均按一侧支挡土板考虑。按槽坑一侧支撑挡土板面积计算时，工日数乘以系数 1.33，除挡土板外，其他材料乘以系数 2。

【例 4-24】 沟槽开挖，宽 4.5m，采用木挡土板(密撑、木支撑)竖板横撑，确定定额子目、基价。

【解】 套用定额子目：[1-203]H

换算后的基价=1 532+689.72×(1.33−1)+826.25×(2−1)−0.395×1 000.00

≈2 191(元/100m^2)

(5) 如采用井字支撑，按疏撑乘以系数 0.61。

【例 4-25】 某井字支撑采用木挡土板、钢支撑，确定定额子目、基价。

【解】 套用定额子目：[1-206]H

换算后的基价=994×0.61≈606(元/100m^2)

(6) 钢制桩挡土板支撑定额仅包括支撑的安装、拆除费用，未包括钢制桩(槽钢)的打拔费用，钢制桩(槽钢)的打拔应按“打拔工具桩”的相应定额执行。

特别提示

钢制挡土板支撑中，钢挡土板不需用打桩机械打入土体。钢制桩挡土板支撑中，钢制桩(槽钢)需用打桩机械打入土体中，施工完成后需用机械拔出。

4.2.5 拆除工程

拆除工程包括拆除旧路、拆除人行道、拆除侧平石、拆除混凝土管道、拆除金属管道、拆除镀锌管、拆除砖石构筑物、拆除混凝土障碍物、伐树、挖树蔸、路面凿毛、铣刨机铣刨沥青路面等相应子目。

1．工程量计算规则

(1) 拆除旧路及人行道按实际拆除面积以 m^2 为单位计算。

(2) 拆除侧、平石及各类管道按长度以 m 为单位计算。

(3) 拆除构筑物及障碍物按其实体体积以 m^3 为单位计算。

(4) 伐树、挖树蔸都按实挖数以棵为单位计算。

知识链接

树蔸是指树伐掉主干后，留下的树根和少量树干的部分。

【参考图文】

(5) 路面凿毛、路面铣刨按施工组织设计的面积以 m^2 为单位计算。铣刨路面厚度大于 5cm 时须分层铣刨。

2. 定额套用及换算说明

(1) 拆除工程定额均不包括挖土方，挖土方按“土石方工程”有关子目执行。

(2) 机械拆除项目中包括人工配合作业。

(3) 拆除后的旧料应整理干净就近堆放整齐。如需运至指定地点回收利用，则另行计算运费并扣除回收价值。

(4) 管道拆除要求拆除后的旧管保持基本完好，破坏性拆除不得套用本章定额。

(5) 拆除混凝土管道未包括拆除基础及垫层用工。基础及垫层拆除按“拆除工程”相应定额执行。

(6) 在市区建成区，结合给水、排水、燃气等管道施工需要翻挖道路面层、基层时，计算翻挖(拆除)沟槽范围内的道路面层和基层后，沟槽土方部分计算应扣除道路结构层所占体积，不得重复计算，沟槽深度按沟槽底至道路面层减去结构层厚度计算。

(7) 本定额不适用于特殊结构拆除，如人防、船坞等工程，发生时由承发包双方协商解决。

(8) 拆除工程定额中未考虑地下水因素，若发生则另行计算。

(9) 人工拆除二渣、三渣基层应根据材料组成情况套用无骨料多合土或有骨料多合土基层拆除子目；机械拆除二渣、三渣基层执行机械拆除混凝土类面层(无筋)子目。

(10) 拆除井深在 4m 以外的检查井时，人工乘以系数 1.31；拆除石砌检查井时，人工乘以系数 1.10；拆除石砌构筑物时，人工乘以系数 1.17。

【例 4-26】 某原有沥青混凝土路面 7cm 厚粗粒式沥青混凝土面层，采用铣刨机刨除，确定定额子目及基价。

【解】 7cm 厚粗粒式沥青混凝土面层需分成两层：3cm+4cm

套用定额子目：[1-295]×2+[1-296]

基价=3 959×2+245=8 163(元/1 000m^2)

【例 4-27】 某改建工程，拆除原有石砌检查井，井深为 5m，确定定额子目及基价。

【解】 套用定额子目：[1-274]H

基价=584.37×1.31×1.10=842(元/10m^3)

4.2.6 脚手架及其他工程

【参考图文】

脚手架及其他工程包括脚手架、浇混凝土用仓面脚手、人力运输小型构件、汽车运输小型构件、汽车运水、双轮车场内运成型钢筋及混凝土(熟料)、机动翻斗车运输混凝土、井点降水、湿土排水、抽水、彩钢板施工护栏等相应子目。

1. 脚手架

1) 工程量计算规则

(1) 墙面脚手架工程量按墙面水平边线长度乘以墙面砌筑高度，以 m^2 为单位计算。

(2) 柱形砌体按图示柱结构外围周长另加3.6m乘以砌筑高度，以m^2为单位计算。

(3) 浇筑混凝土用仓面脚手按仓面的水平面积以m^2为单位计算。

【例4-28】 某柱形砌体砌筑高度为3m，截面为0.9m×0.6m，砌筑时采用单排钢管脚手架，试计算脚手架工程量，并确定套用定额子目。

【解】 工程量=[(0.9+0.6)×2+3.6]×3=19.8(m^2)

定额子目编号：[1-297]

2) 定额套用及换算说明

(1) 砌筑物高度超过1.2m时可计算脚手架搭拆费用。

(2) 脚手架定额中钢管脚手架已包括斜道及拐弯平台的搭设。

(3) 仓面脚手不包括斜道，若发生则另按建筑工程预算定额中脚手架斜道计算。但使用井字架或吊扒杆转运施工材料时，不再计算斜道费用。

(4) 对无筋或单层布筋的基础和垫层不计算仓面脚手费。

(5) 桥梁支架套用第三册《桥梁工程》中“桥梁支架”的相应子目。

2. 半成品、小型构件等场内运输

1) 工程量计算规则

(1) 小型构件场内运输的工程量按构件的体积以m^3为单位计算。

(2) 场内运水按其质量以t为单位计算。

(3) 场内运输成品钢筋按钢筋质量以t为单位计算。

(4) 场内运输混凝土按其体积以m^3为单位计算。

2) 定额套用及换算说明

(1) 小型构件、半成品均指现场预制或拌制，不适用于按成品价购入，如预制人行道板、商品混凝土等。

(2) 混凝土小型构件是指单件体积在0.04m^3以内，质量在100kg以内的各类现场预制构件。

(3) 小型构件、半成品运输距离按预制、加工场地取料中心至施工现场使用中心的距离计算。

(4) 桥涵工程、排水工程册定额子目中已考虑了半成品场内运输距离150m，实际运距超过时，按超出部分套用每增子目。

【例4-29】 某排水管道平基采用现场自拌水泥混凝土，采用机动翻斗车运输，运距为270m，确定其场内运输套用的定额子目及基价。

【解】 超运距：270-150=120(m)

定额子目编号：[1-320]

基价=18(元/10m^3)

3. 排、降水，抽水

1) 工程量计算规则

(1) 湿土排水工程量按所挖湿方量以m^3为单位计算。

(2) 抽水工程量按所需或实际的排水量以m^3为单位计算。

(3) 井点降水。

【参考图文】

① 轻型井点、喷射井点、大口径井点的采用由施工组织设计确定。

一般情况下，降水深度 6m 以内采用轻型井点，降水深度 6m 以上 30m 以内采用相应的喷射井点，特殊情况下可选用大口径井点。

② 井点间距根据地质和降水要求由施工组织设计确定。

一般轻型井点管间距为 1.2m，喷射井点管间距为 2.5m，大口径井点管间距为 10m。

③ 井点使用时间(天数)按施工组织设计确定。

知识链接

井点使用天数在编制招标控制价时可参考表 4-8 计算。

表 4-8　排水管道采用轻型井点降水使用周期

管径(mm 以内)	开槽埋管/(天/套)	管径(mm 以内)	开槽埋管/(天/套)
ϕ600	10	ϕ1 500	16
ϕ800	12	ϕ1 800	18
ϕ1 000	13	ϕ2 000	20
ϕ1 200	14		

注：本表适用于混凝土管道；塑料管开槽埋管，可按本表所示使用量乘以系数 0.7 计算。

④ 轻型井点、喷射井点、大口径井点的工程量均包括：井点安装、井点拆除、井点使用的工程量。

井点安装工程量按井点管的数量以根为单位计算。

井点拆除工程量按井点管的数量以根为单位计算。

井点使用工程量按井点的套数、井点的使用时间以“套·天”为单位计算。一天按 24 小时计算。

⑤ 轻型井点 50 根为一套，尾数 25 根以内的按 0.5 套，超过 25 根的按一套计算。喷射井点 30 根为一套，累计根数不足一套者按一套计算；大口径井点以 10 根为一套，累计根数不足一套者按一套计算。

2) 定额套用及换算说明

(1) 抽水定额适用于池塘、河道、围堰等排水项目。

(2) 井点降水项目适用于地下水位较高的粉砂土、砂质粉土、黏质粉土或淤泥质夹薄层砂性土的地层。如采用其他降水方法如深井降水、集水井排水等，施工单位可自行补充。

(3) 喷射井点定额包括两根观察孔制作。喷射井管包括了内管和外管。

(4) 井点材料使用摊销量中已包括井点拆除时的材料损耗量。

(5) 井点降水过程中，如需提供资料，则水位监测和资料整理费用另计。

(6) 井点降水成孔过程中产生的泥水处理及挖沟排水工作应另行计算。遇有天然水源可用时，不计水费。

(7) 井点降水必须保证连续供电，在电源无保证的情况下，使用备用电源的费用另计。

【例 4-30】 某管道工程 Y1～Y4 段开槽施工采用单排轻型井点降水，井点管间距为 1.2m；管道平面图如图 4.10 所示，管材为钢筋混凝土管，计算该管道开挖时轻型井点的工程量，并确定套用的定额子目。

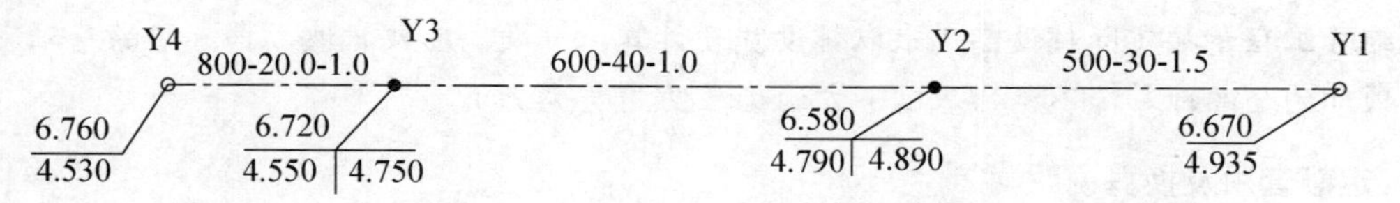

图 4.10 某管道工程 Y1～Y4 的管道平面图

【解】 管段总长=30+40+20=90(m)

井点管根数：90÷1.2+1=76(根)

井点安装工程量=76 根，定额子目编号：[1−323]

井点拆除工程量=76 根，定额子目编号：[1−324]

井点的使用时间计算如下：

Y1～Y2 段：30÷1.2=25(根)，为 0.5 套，使用天数为 10 天，使用工程量=0.5×10=5(套·天)

Y2～Y3 段：40÷1.2=34(根)，为 1 套，使用天数为 10 天，使用工程量=1×10=10(套·天)

Y3～Y4 段：20÷1.2=17(根)，为 0.5 套，使用天数为 12 天，使用工程量=0.5×12=6(套·天)

合计井点使用工程量=5+10+6=21(套·天)，定额子目编号：[1−325]

4．彩钢板施工护栏

1) 工程量计算规则

彩钢板施工护栏定额子目分基础及护栏，按其垂直投影面积以 m^2 计算。

2) 定额套用及换算说明

定额中彩钢板摊销按 5 次考虑，护栏基础为单面水泥砂浆粉刷。

4.2.7 护坡、挡土墙

【参考图文】

护坡、挡土墙工程包括抛石、石笼，砂石滤层、滤沟，砌护坡、台阶，压顶，浆砌、现浇挡土墙，干砌块石基础、挡土墙，勾缝，伸缩缝等相应子目。

1．工程量计算规划

(1) 抛石工程量按设计断面以 m^3 为单位计算。

(2) 块石护底、护坡按不同平面厚度以 m^3 为单位计算。

(3) 块石坡脚砌筑高度超过 1.2m，需搭设脚手架时，可按脚手架工程相应项目计算，块石护脚在自然地面以下砌筑时，不计算脚手架费用。

(4) 浆砌料石、预制块的体积按设计断面以 m^3 为单位计算。

(5) 浆砌台阶以设计断面的实砌体积计算。

(6) 砂石滤沟按设计尺寸以 m^3 为单位计算。

(7) 伸缩缝按缝宽按实际铺设的面积以 m^2 为单位计算。

特别提示

伸缩缝工程量按实际铺设高度乘以铺设宽度计算，铺设高度按护坡、挡土墙的基础底到压顶顶部的全高计算，不包括基础下方的垫层的高度(厚度)。

2．定额套用及换算说明

(1) 护坡、挡土墙适用于市政工程道路、城市内河的护坡和挡土墙工程。

(2) 石笼以钢筋和钢丝制作，每个体积按 $0.5m^3$ 计算，设计的石笼体积或制作材料不同时，可按实际情况调整。

(3) 挡土墙工程需搭脚手架的，执行脚手架定额。

(4) 块石如需冲洗时(利用旧料)，每立方米块石增加人工 0.24 工日、水 $0.5m^3$。

(5) 护坡、挡土墙的基础、钢筋可套用第三册《桥涵工程》的相应子目。

【例 4-31】 某道路两侧挡墙结构如图 4.11 所示，挡墙设置位置、高度等基本数据见表 4-9 和表 4-10，该挡墙每 15m 设一条沉降缝，计算挡土墙各部结构的工程量。

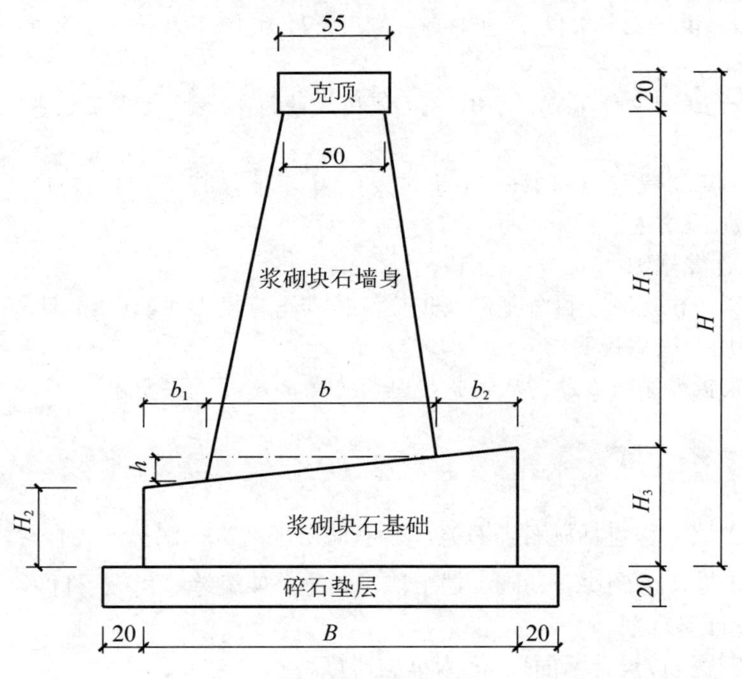

图 4.11　挡土墙结构图

表 4-9　挡土墙基本数据 1

单位：cm

H	100	150	200	250
b_1	0	15	20	30
b_2	6	13	17	21
b	77	89	106	127
B	83	117	143	173
H_1	63	90	130	167
H_2	0	25	30	48
H_3	17	40	50	63

表 4-10　挡土墙基本数据 2

位置	挡墙设置桩号	墙高 H/m	平均墙高/m	间距 L/m	断面积 A/m^2
北侧	3+224	1.5			
			1.5	16	1.5×16=24
	240	1.5			
			1.25	20	1.25×20=25
	260	1.0			
			1.75	20	1.75×20=35
	280	2.5			
			2.5	20	2.5×20=50
	300	2.5			
			2.5	15	2.5×15=37.5
	3+315	2.5			
	$\sum L$=91m，$\sum A$=171.5m^2				
南侧	3+319	1.0			
			1.0	21	21
	340	1.0			
			1.5	20	30
	360	2.0			
			1.75	15.79	27.63
	375.79	1.5			
			1.25	23.15	28.94
	398.94	1.0			
			1.0	11.06	11.06
	3+410	1.0			
	$\sum L$=91m，$\sum A$=118.63m^2				

【解】挡土墙平均高度 $\overline{H}=\dfrac{\sum A}{\sum L}=\dfrac{171.5+118.63}{91+91}=1.6(\text{m})$

挡土墙总长=91+91=182(m)

根据 $\overline{H}=1.6\text{m}$，利用表 4-9 的数据，用插入法可计算挡墙的各部尺寸数据。

(1) 碎石垫层：根据 $\overline{H}=1.6\text{m}$ 用插入法计算 $B=(1.43-1.17)/5\times1+1.17\approx1.22(\text{m})$

垫层体积=$(1.22+0.4)\times0.2\times182=58.97(\text{m}^3)$

(2) 浆砌块石基础：内插法计算得 $H_2=0.26\text{m}$，$H_3=0.42\text{m}$

浆砌块石基础体积=$(0.26+0.42)/2\times1.22\times182\approx75.49(\text{m}^3)$

(3) 墙身：内插法计算得 $H_1=0.98\text{m}$，$b_1=0.16\text{m}$，$b_2=0.138\text{m}$

浆砌块石墙身体积=$[(0.5+0.92)/2\times0.98+0.14]\times182\approx152.12(\text{m}^3)$

(4) 克顶：$0.55\times0.2\times182\approx20(\text{m}^3)$

(5) 水泥砂浆勾缝(挡墙外露面的侧面积)

内插法计算得 $H_1=0.98\text{m}$

勾缝面积=$0.98\times182=178.36(\text{m}^2)$

(6) 沉降缝计算：根据 $\overline{H}=1.6\text{m}$ 用插入法计算可得 b_1=16cm，b_2=14cm，b=92cm，B=122cm，H_1=98cm，H_2=26cm，H_3=42cm

每条沉降缝断面积=(0.26+0.42)/2×1.22(基础)+(0.5+0.92)/2×0.98+0.14(墙身)+0.55×0.2(克顶)=$1.36(\text{m}^2)$

每 15m 设一条沉降缝，总数=(91/15−1)×2=10(条)

沉降缝面积=$1.36\text{m}^2\times10=136\text{m}^2$

特别提示

例 4-31 中按道路两侧的挡土墙的平均高度计算挡墙各部的工程量，也可以按表 4-10 中各段挡墙的高度、长度，逐段进行计算，最后合计得到该工程挡土墙的总工程量。

4.2.8 地下连续墙

【参考图文】

地下连续墙工程定额包括导墙、挖土成槽、钢筋笼制作、吊运就位、锁口管吊拔、浇捣混凝土连续墙、大型支撑基坑土方、大型支撑安装及拆除等相应子目。

1. 工程量计算规则

(1) 导墙开挖按设计长度×开挖宽度×开挖深度以 m^3 为单位计算，浇捣混凝土按设计图示以 m^3 为单位计算。

(2) 成槽工程量按设计长度×乘墙厚×成槽深度(自然地坪至连续墙底加超深 0.5m)，以 m^3 为单位计算。泥浆池建拆、泥浆外运工程量按成槽工程量计算。

(3) 连续墙混凝土浇筑工程量按设计长度乘×墙厚×(墙深+0.5m)，以 m^3 为单位计算。

(4) 锁口管吊拔及清底置换以段为单位(即槽壁单元槽段)计算，锁口管吊拔按连续墙段数计算，定额中已包括锁口管的摊销费用。

2．定额套用及换算说明

(1) 适用于在黏土、砂土及冲填土等软土层地下连续墙工程，以及采用大型支撑围护的基坑土方工程。

(3) 地下连续墙导墙、挖土成槽土方的运输、回填，套用土石方工程相应定额。

(4) 泥浆池搭拆套用第三册《桥涵工程》相应定额，废浆处理及外运费用另计。

(5) 钢筋笼制作包括台模摊销费，定额中预埋件用量与实际用量有差异时允许调整。

(6) 大型支撑基坑开挖定额适用于地下连续墙、混凝土板桩、钢板桩等作围护的跨度大于 8m 的深基坑开挖。定额中已包括湿土排水，若需采用井点降水或支撑安拆需打拔中心稳定桩等，其费用另行计算。计取井点排水费用后，需扣除定额中的污水泵数量。

(7) 大型支撑基坑开挖由于场地狭小只能单面施工时，挖土机械按表 4-11 进行调整。

表 4-11　大型支撑基坑开挖机械调整系数表

宽　　度	两边停机施工	单边停机施工
基坑宽 15m 以内	15t	25t
基坑宽 15m 以外	25t	40t

4.2.9 地基加固、围护及监测

地基加固、围护及监测定额包括分层注浆、压密注浆、高压旋喷桩、深层水泥搅拌桩、插拔型钢、碎石振冲桩、地表监测孔布置、地下监测孔布置、监控测试等相应子目。

1．工程量计算规则

1) 分层注浆

(1) 钻孔按设计图纸规定深度以 m 为单位计算。

(2) 注浆数量按设计图纸注明体积计算。

2) 压密注浆

(1) 钻孔按设计图纸规定深度以 m 为单位计算。

(2) 注浆：

① 设计图纸明确加固土体体积的，按设计图纸注明的体积计算；

② 设计图纸以布点形式图示土体加固范围的，则按两孔间距的一半作为扩散半径，以布点边线各加扩散半径，形成计算平面，计算注浆体积；

③ 如设计图纸注浆点在钻孔灌注桩之间，按两注浆孔距的一半作为每孔的扩散半径，依此圆桩体积计算注浆体积。

3) 高压旋喷桩

(1) 钻孔按原地面至设计桩底底面的距离以“延长米”为单位计算。

(2) 喷浆按设计加固桩截面面积以 m^3 为单位计算。

【参考图文】

4) 深层水泥搅拌桩

(1) 水泥搅拌桩工程量不分单头、双头和三轴，均按单个圆形截面积乘以桩长计算，不扣除重叠部分的面积。设计无明确规定时，桩长按设计桩顶标高至桩底长度另加 0.5m 计算；若设计桩顶标高至打桩前的原地面高差小于 0.5m 时，另加长度按实际计算。

(2) 空搅部分的长度按原地面至设计桩顶面的长度减去另加长度计算。

(3) 采用 SMW 工法围护桩施工时，水泥搅拌桩中的插、拔型钢工程量按设计图示型钢质量以 t 为单位计算。

5) 碎石振冲桩

碎石振冲桩按设计桩长以 m 为单位计算。

6) 监测点布置

监测点布置工程量由施工组织设计确定。

7) 监控测试

监控测试以一个施工区域内监控三项或六项测定内容划分步距，以“组日”为计量单位，监测时间由施工组织设计确定。

2．定额套用及换算说明

(1) 本章定额按软土地层建筑地下构筑物时采用的地基加固方法、围护工艺和监测手段进行编制。

地基加固是控制地表沉降，提高土体承载力，降低土体渗透系数的一个手段，适用于深基坑底部稳定、隧道暗挖法施工、路基和其他建筑物基础加固等。

监测是地下构筑物建造时，反映施工对周围建筑群影响程度的测试手段。本定额适用于需监测的工程项目，包括监测点布置和监测两部分，监测单位应及时提供可靠的测试数据，工程结束后监测数据立案成册。

监测点布置分为地表和地下两部分，其中地表测孔深度与定额不同时可内插计算。

(2) 地基加固所用的浆体材料(水泥、粉煤灰、外加剂等)用量应按设计含量调整。

(3) 深层水泥搅拌桩。

① 单、双头深层水泥搅拌桩，三轴水泥搅拌桩定额的水泥掺入量分别按加固土重(1 800kg/m^3)的 13%和 18%考虑，如设计不同时按每增减 1%定额计算。

② 单、双头水泥搅拌桩定额已综合考虑了正常施工工艺所需的重复喷浆(粉)和搅拌。

③ 三轴水泥搅拌桩定额按二搅二喷施工工艺考虑，设计不同时，每增(减)一搅一喷按相应定额的人工和机械费增(减)40%。

④ 插、拔型钢定额中已综合考虑了正常施工条件下的型钢损耗和周转摊销量。

⑤ 三轴水泥搅拌桩设计要求全断面套打时，相应定额的人工及机械乘以系数 1.5，其余不变。

⑥ 水泥搅拌桩空搅部分费用按相应定额人工及搅拌桩机台班乘以系数 0.5 计算。

⑦ 深层水泥搅拌桩单位工程打桩工程量少于 100m^3 时，打桩定额人工及机械乘以系数 1.25。

(4) 高压旋喷桩定额已综合考虑接头处的复喷工料。高压旋喷桩中设计水泥用量与定额不同时应调整，设计水泥用量可根据设计有关规定进行调整。

(5) 本章定额不包括泥浆处理和微型桩的钢筋费用，为配合土体快速排水需打砂井的费用另计。

4.2.10 附录

附录分为A、B、C三部分。

附录A为建筑材料的配合比和基价，包括砂浆、混凝土、防水材料、垫层及保温材料、耐酸材料、干混砂浆的配合比及基价。

附录B 为工、料、机单价取定表。

附录C为机械台班单独计算的费用，包括：塔式起重机、施工电梯基础费用；特、大型机械安装拆卸费用；特、大型机械场外运输费用。

4.3 土石方工程定额计量与计价实例

土石方工程通常是市政道路、排水、桥涵工程的组成部分，土石方计量与计价通常是道路、排水、桥涵等市政专业工程计量与计价的一部分。

【例4-32】 某市风华路土方工程，起讫桩号为0+040～0+180，该路段内有填方、也有挖方，施工横断面如图4.12所示。土质为三类土，余方要求外运至5km处的弃置点，填方密实度要求达到95%。试按定额计价模式采用工料单价法编制本土方工程的投标报价。

1．确定施工方案

(1) 挖土：主要采用挖掘机挖土并装车，机械作业不到的地方用人工开挖，人工挖方量按总挖方量的5%考虑；用机动翻斗车运土进行场地土方平衡，由土方计算表可知土方平衡场内运距在180m内。

(2) 填土：采用内燃压路机碾压密实，每层厚度不超过30cm，并分层检验密实度，保证每层密实度≥95%。

(3) 余方弃置：采用自卸汽车运土，运距5km。

2．人材机单价及管理费、利润、风险费率及施工组织措施各项费率的取定

(1) 本工程人工、材料、机械台班单价按《浙江省市政工程预算定额》(2010版)中的单价取定。

(2) 管理费按人工费+机械费的20%计取，利润按人工费+机械费的10%计取，风险费用暂不考虑。

(3) 农民工工伤保险费、危险作业意外伤害保险费暂不考虑。本工程无创标化工程要求，本工程不得分包，本工程无暂列金额、计日工。

(4) 各项组织措施费的费率取《浙江省建设工程施工费用定额》(2010版)的中值。

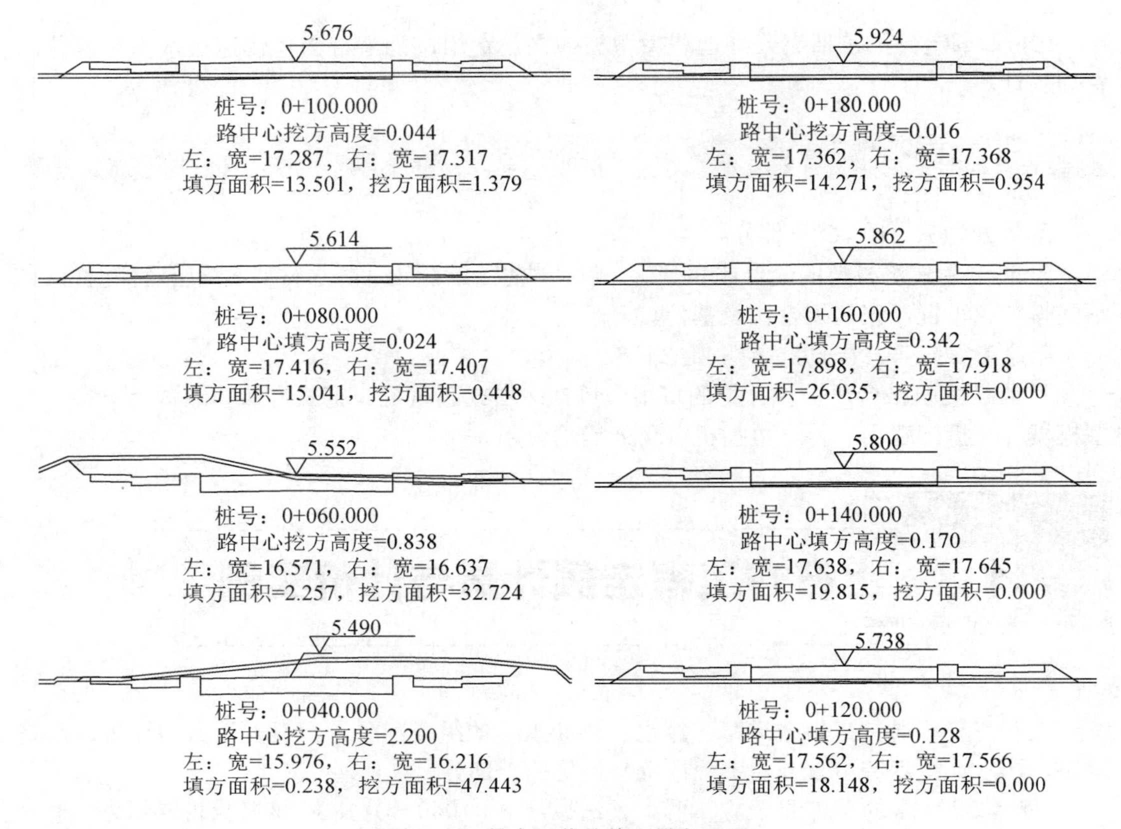

图 4.12　某市风华路施工横断面图

3．分部分项工程项目计量与计价

(1) 分部分项工程项目计量，即计算分部分项工程项目的工程量。

先采用横截面法计算挖方量、填方量，根据计算结果并考虑场内土方平衡，再计算确定余方外运或缺方内运的工程量。本道路土方工程挖方、填方工程量计算见表 4-12。

表 4-12　挖方、填方工程量计算表

桩号段	挖方/m^3	填方/m^3
0+040～0+060	$V=\dfrac{47.443+32.724}{2}\times 20=801.67$	$V=\dfrac{0.238+2.257}{2}\times 20=24.95$
0+060～0+080	$V=\dfrac{32.724+0.448}{2}\times 20=331.72$	$V=\dfrac{2.257+15.041}{2}\times 20=172.98$
0+080～0+100	$V=\dfrac{0.448+1.379}{2}\times 20=18.27$	$V=\dfrac{15.041+13.501}{2}\times 20=285.42$
0+100～0+120	$V=\dfrac{1.379+0.000}{2}\times 20=13.79$	$V=\dfrac{13.501+18.148}{2}\times 20=316.49$
0+120～0+140	$V=\dfrac{0.000+0.000}{2}\times 20=0.00$	$V=\dfrac{18.148+19.815}{2}\times 20=379.63$
0+140～0+160	$V=\dfrac{0.000+0.000}{2}\times 20=0.00$	$V=\dfrac{19.815+26.035}{2}\times 20=458.50$

续表

桩号段	挖方/m³	填方/m³
0+140～0+160	$V=\frac{0.000+0.954}{2}\times 20=9.54$	$V=\frac{26.035+14.271}{2}\times 20=403.06$
合　计	1 174.99	2 041.03

$$\text{余方外运方量 } V=2\,041.03-1\,174.99\times 1.15=689.79(\text{m}^3)$$

根据挖方、填方的总工程量，根据工程施工方案，计算出机械挖方量、人工挖方量，考虑场内土方的平衡，其中人工所挖土方均用于回填，部分机械挖方量用于回填、部分机械挖方量外运。

本道路土方工程分部分项项目工程量计算见表4-13。

表4-13　分部分项工程项目工程量计算表

序　号	分部分项工程项目	工程量计算式
1	挖掘机挖土并装车(三类土)	2 041.03×95%=1 938.98(m³)
2	人工挖土方(三类土)	2 041.03×5%=102.05(m³)
3	机动翻斗车运土(运距180m内)	1 174.99×1.15 ≈ 1 351.24(m³)
4	填土(压路机碾压密实)	1 174.99m³
5	自卸车运土(运距5km)	2 041.03−1 174.99×1.15=689.79 (m³)

(2) 分部分项工程项目计价，即计算直接工程费(人工费+材料费+施工机具使用费)。

根据《浙江省市政工程预算定额》(2010版)，先确定各分部分项工程对应的定额子目编号，再确定其工料单价，然后计算直接工程费。

$$\text{直接工程费}=\sum(\text{分部分项工程量}\times\text{工料单价}) \tag{4-15}$$

计算结果见表4-14。

表4-14　市政工程预算书

工程名称：某市风华路土方工程　　　　　　　　　　　　第1页　共1页

序号	编号	名称	单位	数量	单价/元	人工费/元	材料费/元	机械费/元	合价/元
1	1-60	挖掘机挖土并装车(三类土)	1 000m³	1.938 98	3 812	372.28	0.000	7 019.26	7 391.54
2	1-2	人工挖土方(三类土)	100m³	1.020 5	682	695.57	0.00	0.00	695.57
3	1-32	机动翻斗车运土(运距180m内)	100m³	13.512 4	1 238	4 886.08	0.00	11 846.86	16 732.94
4	1-82	填土(压路机碾压密实)	1 000m³	1.174 99	2 350	225.60	17.33	2 518.53	2 761.46
5	1-68+1-69×4	自卸车运土(运距5km)	1 000m³	0.689 79	10 325	0.00	24.42	7 096.84	7 121.26
合　计						6 179.53	41.75	28 481.49	34 702.77

4．施工技术措施项目计量与计价

(1) 施工技术措施项目计量，即计算施工技术措施项目的工程量。

本土方工程挖土主要采用挖掘机进行，填方压实采用压路机进行，施工技术措施主要考虑大型机械进出场及安拆，工程量如下。

1m^3 以内挖掘机进出场：1 台次

压路机进出场：1 台次

(2) 施工技术措施项目计价，即计算施工技术措施费。

根据《浙江省市政工程预算定额》(2010 版)，先确定施工技术措施项目对应的定额子目编号，再确定其工料单价，然后计算施工技术措施费。

$$施工技术措施费=\sum(技术措施项目工程量\times工料单价) \tag{4-16}$$

本土方工程施工技术措施费计算结果见表 4-15。

表 4-15　市政工程预算书

工程名称：某市风华路土方工程　　　　第 1 页　共 1 页

序号	编 号	名称	单位	数量	单价/元	人工费/元	材料费/元	机械费/元	合价/元
1		技术措施							
2	3001	1m^3 以内挖掘机场外运输	台次	1	2 954.58	516	1 115.31	1 323.27	2 954.58
3	3010	压路机场外运输	台次	1	2 560.33	215	1 022.06	1 323.27	2 560.33
合　计						731	2 137.37	2 646.54	5 514.91

5．计算施工组织措施费

$$施工组织措施费=\sum(取费基数\times各项施工组织措施费率) \tag{4-17}$$

本土方工程的取费基数计算如下：

取费基数=6 179.53+28 481.49+731+2 646.54=38 038.56(元)

特别提示

取费基数是预算定额分部分项工程费中的人工费、机械费之和，包括分部分项项目和施工技术措施项目中的人工费、机械费之和。

根据工程的实际情况，考虑计取安全文明施工费、施工扬尘污染防治增加费、工程定位复测费、夜间施工增加费、已完工程及设备保护费、行车行人干扰增加费这几项施工组织措施，各项施工组织措施费费率按《浙江省建设工程施工费用定额》(2010 版)规定的费率范围的中值确定。

本土方工程施工组织措施费计算结果见表 4-16。

表 4-16　组织措施项目费计算表

序　号	项目名称	单　位	计　算　式	金额/元
1	安全文明施工费	项	38 038.56×10.61%	4 035.89
2	施工扬尘污染防治增加费	项	38 038.56×2.00%	760.77

续表

序　号	项目名称	单　位	计　算　式	金额/元
3	工程定位复测费	项	38 038.56×0.04%	15.22
4	夜间施工增加费	项	38 038.56×0.03%	11.41
5	已完工程及设备保护费	项	38 038.56×0.04%	15.22
6	行车、行人干扰增加费	项	38 038.56×2.50%	950.96
7	合计	项	(1+2+3+4+5+6)	5 789.47

6. 计算企业管理费、利润、风险费用

企业管理费=取费基数×管理费费率 (4-18)

利润=取费基数×利润费率 (4-19)

本土方工程企业管理费、利润计算如下：

企业管理费=38 038.56×20% ≈ 7 607.71(元)

利润=38 038.56×10% ≈ 3 803.86(元)

风险费用=0

7. 计算规费、税金，并计算工程造价

规费=取费基数×相应费率 (4-20)

税金=(预算定额分部分项工程费+施工组织措施费+企业管理费+利润+规费+总承包服务费+风险费+暂列金额)×相应费率 (4-21)

工程造价=预算定额分部分项工程费+施工组织措施费+企业管理费+利润+规费+总承包服务费+风险费+暂列金额+税金 (4-22)

本土方工程的工程造价计算结果见表4-17。

表4-17　单位(专业)工程费用计算程序表

序号	费用名称		费用计算表达式	金额/元
一	预算定额分部分项工程费		∑(分部分项工程量×工料单价)	40 217.68
	其中	1. 人工费+机械费		38 038.56
二	施工组织措施费		2+3+4+5+6+7	5 789.47
	其中	2. 安全文明施工费	1×10.61%	4 035.89
		3. 施工扬尘污染防治增加费	1×2.00%	760.77
		4. 工程定位复测费	1×0.04%	15.22
		5. 夜间施工增加费	1×0.03%	11.41
		6. 已完工程及设备保护费	1×0.04%	15.22
		7. 行车、行人干扰增加费	1×2.50%	950.96
三	企业管理费		1×20%	7 607.71
四	利润		1×10%	3 803.86
五	规费		8+9	2 776.81
	其中	8. 排污费、社保费、公积金	1×7.30%	2 776.81
		9. 农民工工伤保险费	—	0.00

续表

序号	费用名称	费用计算表达式	金额/元
六	危险作业意外伤害保险费	—	0.00
七	总承包服务费	—	0.00
八	风险费	(一+二+三+四+五+六+七)×0%	0.00
九	暂列金额	—	0.00
十	税金	(一+二+三+四+五+六+七+八+九)×3.577%	2 153.19
十一	建设工程造价	(一+二+三+四+五+六+七+八+九+十)	62 348.72

思考题与习题

一、简答题

1. 在套用定额时，如何区分沟槽、基坑、平整场地、一般土石方？
2. 挖、运湿土应该如何套用定额？
3. 施工时先挖土再设支撑，能否按支撑下挖土进行定额的换算套用？
4. 采用井点降水的土方是按干土计算，还是按湿土计算？
5. 土石方工程定额中把土分成哪几类？把岩石分成哪几类？
6. 打拔工具桩时，水上作业与陆上作业是如何区分的？
7. 某管道沟槽开挖时采用钢板桩支撑，挖土方时应该如何套用定额？
8. 打拔工具桩时，竖、拆打拔桩架的次数如何计算？
9. 打拔工具桩时，土质级别如何划分？与“土石方工程”中土壤的分类有何不同？
10. 打拔工具桩遇丙级土时，定额怎么套用？
11. 如槽坑宽度超过4.1m，其挡土板支撑如何套用定额？
12. 木挡土板支撑采用竖板、横撑的形式时，如何套用定额？
13. 人工拆除三渣基层套用什么定额子目？机械拆除三渣基层套用什么定额子目？
14. 用风镐凿除15cm厚的钢筋混凝土面层套用什么定额子目？用镐头机凿除15cm厚的钢筋混凝土面层套用什么定额子目？
15. 什么是混凝土小型构件？
16. 某基坑挖土时采用轻型井点降水，其工程量包括哪些内容？如何计算？
17. 彩钢板施工护栏工程量包括哪些内容？如何计算？
18. 浇混凝土用仓面脚手工程量如何计算？
19. 护坡、挡土墙砌筑高度超过多少时，可以考虑脚手架费用？
20. 某挡土墙设二毡三油伸缩缝，套用什么定额子目？
21. 大型支撑基坑开挖定额适用条件是什么？
22. 地下连续墙工程成槽工程量计算时，如何确定成槽深度？连续墙混凝土浇筑工程量如何计算？
23. 单头水泥搅拌桩设计水泥掺入量与定额不同时，如何进行定额的换算套用？

24. 三轴水泥搅拌桩施工工艺与定额不同时，如何进行定额的换算套用？

25. 水泥搅拌桩空搅部分的长度如何计算？费用如何套用定额计算？

26. 定额计价模式下，工程造价的计算的基本步骤是什么？

二、计算题

1. 某排水管道工程，检查井垫层现场浇筑施工时采用非泵送的商品混凝土，混凝土强度等级为C15，确定套用的定额子目及基价。

2. 某现浇钢筋混凝土方沟，顶板施工时采用泵送商品混凝土，混凝土强度等级为C20，确定套用的定额子目及基价。

3. 某桥梁工程承台混凝土现场浇筑时，采用非泵送商品混凝土，混凝土强度等级为C20，确定套用的定额子目及基价。

4. 某Y1～Y3雨水管道长70m，采用*D*600钢筋混凝土管道、135° C15钢筋混凝土条形基础。已知原地面平均标高为4.300m，沟槽底平均标高为1.200m，地下常水位标高为3.300m，条形基础宽度为0.88m，土质为三类土，采用挖掘机在沟槽边作业，距离槽底30cm用人工辅助清底，试计算该管道沟槽开挖的工程量，并确定套用的定额子目及基价。

5. 某W1～W2污水管道长30m，采用*DN*400UPVC管道、砂基础，管道外径为450mm。已知原地面平均标高为3.600m，沟槽底平均标高为2.200m，土质为一二类土，采用挖掘机在垫板上沿沟槽方向作业，试计算沟槽开挖的工程量，并确定套用的定额子目及基价。

6. 某道路路基工程，已知挖土2 500m^3，其中可利用2 000m^3，需填土用4 000m^3，现场挖、填平衡。试计算余土外运量和填土缺方量。

7. 已知某桥梁承台长10m、宽4m，原地面标高为6.800m，承台底标高为2.800m，拟采用垂直开挖、钢板桩支撑。试计算承台施工时的挖方量。

8. 某土方工程采用90kW履带式推土机推土上坡，已知斜道坡度为8%，斜道长度为40m，推土厚度为0.5m、宽度为40m，土质为二类土，确定推土机推土套用的定额子目及基价。

9. 双轮翻斗车运土方上坡，坡度为17%，斜道长度为80m，确定套用的定额子目及基价。

10. 某工程有500m^{3}多余土方需外运5km，用人工将土方装至自卸汽车上，再用自卸车外运，试确定该工程土方外运套用的定额子目及基价，并计算直接工程费(人工费+机械费+材料费)。

11. 某土方工程采用方格网法计算挖填工程量，方格网的边长为20m，某方格网4个角点(顺时针方向)的施工高度分别为0.5m、−1.2m、−0.6m、0.8m，计算该方格网的挖方量和填方量。

12. 人工挖基坑流砂，挖深5m，确定挖深超过1.5m部分套用的定额子目及基价。

13. 某工程卷扬机拔6m长圆木桩，距现有河岸线1.3m，水深0.9m，丙级土，确定套用的定额子目及基价。

14. 陆上卷扬机打10m长槽形钢板桩，斜桩、丙级土，确定套用的定额子目及基价。

15. 某桥梁承台施工时采用编织袋围堰，施工期间最高水位标高为5m，围堰处河床标高为1.0m，堰顶宽1.5m，堰内边坡为1∶1，堰外边坡为1∶2，围堰中心线长30m，围堰所需黏土外购，单价为18元/m^3，计算该围堰的工程量并确定套用的定额子目及基价。

16. 某管道沟槽开挖时采用木挡土板竖板、横撑(密排、木支撑)，已知沟槽长30m、宽2.6m，挖深为3m。确定套用的定额子目及基价，并计算该支撑工程人工、木挡土板的总用量。

17. 某桥梁桥台开挖采用钢制挡土板竖板、横撑(密排、钢支撑)，已知沟槽长211m、宽2m，挖深为3m。试计算该支撑工程人工、钢挡土板的总用量。

18. 拆除井深4.5m的原有石砌检查井，确定套用的定额子目及基价。

19. 用沥青铣刨机铣刨原有7cm厚粗粒式沥青混凝土面层，确定套用的定额子目及基价。

20. 某柱形砌体，截面尺寸为1.0m×0.8m，砌筑高度为2.8m，砌筑时采用单排钢管脚手架。计算脚手架工程量，并确定套用的定额子目及基价。

21. W1～W6污水管道采用开槽埋管，已知W1～W3管径为*D*500，管长50m；W3～W6管径为*D*600，管长80m，管道均采用钢筋混凝土管、135°钢筋混凝土条形基础，沟槽开挖时设单排轻型井点降水。试计算该轻型井点的安装、拆除及使用的工程量。

22. 某排水管道条形基础的管座采用现场自拌混凝土，采用机动翻斗车运输，运距为500m，确定其场内运输套用的定额子目及基价。

23. 大型支撑基坑开挖时，由于场地狭小只能单面开挖，开挖宽度为12m、挖深为6m，确定基坑开挖套用的定额子目及基价。

24. 某工程三轴水泥搅拌桩施工采用三搅三喷，搅拌桩的工程量为89m^3，确定套用的定额子目及基价。

第5章《道路工程》预算定额应用

本章学习要点

1. 路基处理工程量计算规则、计算方法、定额的套用和换算。
2. 道路基层工程量计算规则、计算方法、定额的套用和换算。
3. 道路面层工程量计算规则、计算方法、定额的套用和换算。
4. 人行道及其他工程量计算规则、计算方法、定额的套用和换算。

引言

某道路工程，长 200m，道路横断面为 4m 人行道+18m 车行道+4m 人行道，车行道采用水泥混凝土路面，其平面图、路面结构图、板块划分示意图、伸缩缝结构图等如图 5.3 所示，如何计算水泥混凝土路面的相关工程量？有哪些项目要计算？如何计算？

5.1 册说明

《道路工程》册是《浙江省市政工程预算定额》(2010 版)的第二册，包括路床(槽)整形、道路基层、道路面层、人行道侧平石及其他，共 4 章，适用于城镇范围内新建、改建、扩建的市政道路工程，不适用于城市基础设施中的大、中、小修及养护工程。

(1) 定额中施工中用水均考虑以自来水为供水来源，如采用其他水源，允许调整换算。

(2) 半成品、材料及其规格、质量和配合比与定额不同时可以调整换算，但人工、机械消耗量不变。

(3) 定额中使用的半成品材料(除沥青混凝土、商品混凝土等采用成品价购入的以外)均不包括其运至施工作业地所需的运费，计算时，套用第一册《通用项目》的相关定额。

(4) 道路工程中如遇到土石方工程、拆除工程、挡土墙及护坡工程等，可套用第一册《通用项目》的相关定额。

(5) 定额中的工序、人工、机械、材料等均是综合取定的。

(6) 定额的多合土项目按现场拌和考虑，部分多合土项目考虑了厂拌。

(7) 定额凡使用石灰的子目，均不包括消解石灰的工作内容。编制预算中，应先计算出石灰总用量，然后套用消解石灰子目。

(8) 道路工程中的排水项目，可按《排水工程》的相应定额执行。

5.2 路基处理

【参考图文】

路基处理包括路床(槽)整形、路基盲沟、基础弹软土处理(掺石灰、改换片石、石灰砂桩、袋装砂井、塑料排水板、土工布、土工格栅、水泥稳定土、路基填筑)等相关子目。

5.2.1 工程量计算规则

(1) 路床(槽)碾压宽度应按设计道路底层宽度加上加宽值计算，加宽值无明确规定时按底层两侧各加25cm计算，人行道碾压加宽按一侧计算。

“无明确规定”是指无设计注明或施工组织设计无明确规定。

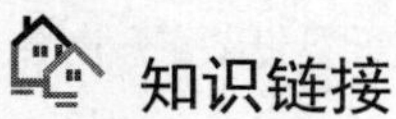

知识链接

路床碾压检验一般指车行道部位土路基。

$$路床碾压检验工程量=(车行道结构层底宽+加宽值)\times碾压长度 \quad (5\text{-}1)$$

人行道整形碾压一般指整人行道部位土路基的整形、碾压。

$$人行道整形碾压=(人行道结构层底宽+加宽值)\times碾压长度 \quad (5\text{-}2)$$

【例 5-1】 某道路长300m，采用沥青混凝土面层，道路横断面如图5.1所示，计算该道路路床整形、碾压的工程量，并确定套用的定额子目。

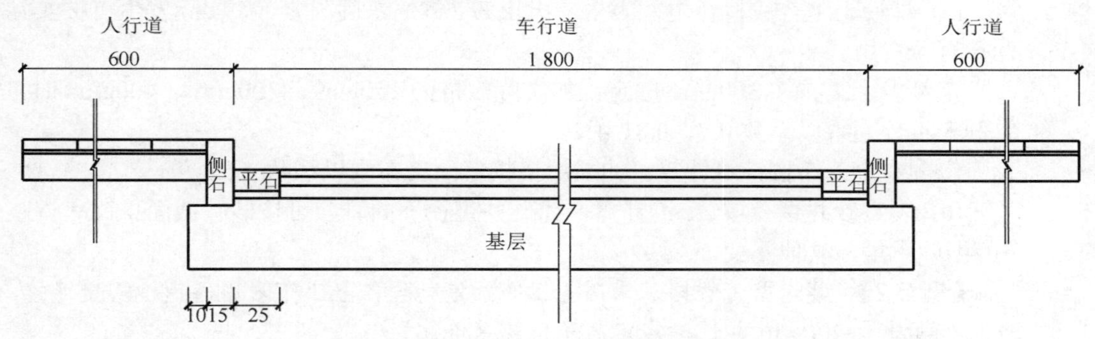

图 5.1 道路横断面示意图

【解】车行道部位：路床(槽)整形碾压工程量=(17.5+0.5×2+0.25×2)×300=5 700(m^2)

定额子目编号：[2−1]

人行道部位：路床(槽)整形工程量=(6+0.25)×300×2=3 750(m^2)

定额子目编号：[2−2]

特别提示

车行道结构层底宽根据车行道宽度、车行道结构计算确定。图5.1所示沥青混凝土路面车行道宽度包括平石宽。

人行道结构层底宽根据人行道宽度、人行道结构计算确定。图示人行道宽度包括侧石宽。

(2) 路基盲沟工程量按盲沟长度以m为单位计算。

(3) 石灰砂桩工程量按设计桩断面×设计桩长以m^3为单位计算。

【参考图文】

(4) 袋装砂井及塑料排水板工程量按设计深度以 m 为单位计算。

(5) 铺设土工合成材料(土工布、土工格栅)工程量按设计图示尺寸以 m^2 为单位计算。

(6) 路基填筑按填筑体积以 m^3 为单位计算。

5.2.2 定额套用及换算说明

(1) 路床(槽)整形项目的内容包括平均厚度 10cm 以内的人工挖高填低、整平路床，使之形成设计要求的纵横坡度，并应经压路机碾压密实。

(2) 土边沟成型项目综合考虑了边沟挖土的土类和边沟两侧边坡培整面积所需的挖土、培土、修整边坡及余土抛出沟外的全过程所需人工。边坡所出余土弃运路基 50m 以外。

(3) 混凝土滤管盲沟定额中不含滤管外滤层材料，发生时套用第六册《排水工程》相应子目。

(4) 砂石盲沟定额断面按 40mm×40mm 确定，设计断面不同时，定额按比例换算。

(5) 铺设土工合成材料定额中未考虑块石、钢筋锚固因素，如实际发生可按实际计算有关费用。

定额中土工布按 300g/m² 取定，如实际规格为 150g/m²、200g/m²、400g/m² 时，定额人工分别乘以系数 0.7、0.8、1.2。

定额中土工布按针缝计算，如采用搭接，土工布乘以系数 1.05。

(6) 袋装砂井直径按 7cm 计算，如砂井直径不同时，可按砂井截面积比率调整中(粗)砂用量，其他不变。

【例 5-2】 某道路工程路基采用土工布加筋处理，土工布采用斜铺，搭接连接，土工布规格为 200g/m²，试确定定额子目及基价。

【解】 套用的定额子目为：[2-18]H

基价=1 036+(0.8−1)×107.5+(1.05−1)×107.500×8.58 ≈ 1 061(元/100m²)

5.3 道路基层

道路基层按位置分为底基层(底层)、上基层。定额中上基层包括石灰粉煤灰土基层、石灰粉煤灰碎石基层、石灰土碎石基层、粉煤灰三渣基层、水泥稳定碎石基层、水泥稳定碎石砂基层、沥青稳定基层等相关子目。定额中底基层包括砂砾石底层、卵石底层、碎石底层、块石底层、矿渣底层、塘渣底层、砂底层、石屑底层等相关子目。

5.3.1 工程量计算规则

(1) 道路基层工程量按设计道路基层图示尺寸以 m^2 为单位计算。

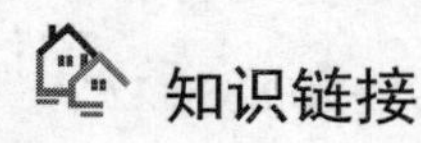
知识链接

$$基层工程量=图示基层宽度×基层长度 \tag{5-3}$$

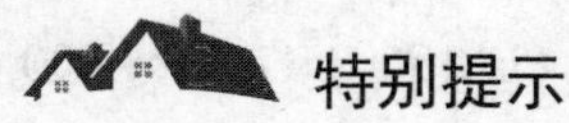
特别提示

放坡铺设的道路基层的工程量按中截面的面积计算。

(2) 道路工程多合土养生面积计算，按设计基层的顶层面积以 m^2 为单位计算。

(3) 道路基层工程量计算不扣除各种井所占的面积。

5.3.2 定额套用及换算说明

(1) 混合料基层多层次铺筑时，其顶层需进行养生，养生期按 7 天考虑，其用水量已综合在顶层多合土养生定额内，使用时不得重复计算水量。

(2) 各种底、基层材料消耗中如作面层封顶时不包括水的使用量，当作为面层封顶时如需加水源压，加水量可另行计算。

(3) 基层混合料中的石灰均为生石灰的消耗量，土为松方用量。

(4) 本章定额中未包括搅拌点到施工点的熟料运输，发生时套用第一册《通用项目》相应的熟料运输定额。

(5) 多合土基层中各种材料是按常用的配合比编制的，当设计配合比与定额不符时，有关的材料消耗量可以调整，但人工和机械台班的消耗量不得调整。

知识链接

多合土基层配合比与定额不同时，有关的材料消耗量调整的计算公式如下：

$$C_i=C_d \cdot L_i/L_d \tag{5-4}$$

式中 C_i——按设计配合比调整后的材料用量；

C_d——定额配合比中的材料用量；

L_i——设计配合比中该材料的百分比；

L_d——定额配合比中该材料的百分比。

【例 5-3】 某道路工程采用机拌石灰、粉煤灰、碎石基层，厚 20cm，设计配合比为：石灰：粉煤灰：碎石=8：18：74，试确定该基层套用的定额子目及基价。

【解】 套用的定额子目为：[2-39]H

定额合比为：石灰：粉煤灰：碎石=10：20：70

按设计配合比调整的石灰、粉煤灰、碎石的消耗量如下：

$$生石灰消耗量=3.960\times\frac{8\%}{10\%}=3.168(t)$$

$$粉煤灰消耗量=9.820\times\frac{18\%}{20\%}=8.838(t)$$

$$碎石消耗量=25.718\times\frac{74\%}{70\%}=27.188(t)$$

基价=543.52+3.168×230.00+8.838×120.00+27.188×49.00+6.3×2.95+10.88+122.29 ≈3 817(元/100m^2)

或者

基价=4 045+(3.168−3.960)×230.00+(8.838−9.820)×120.00+(27.188−25.718)×49.00 ≈3 817(元/100m^2)

(6) 水泥稳定基层等如采用厂拌，可套用厂拌粉煤灰三渣基层相应子目；道路基层如采用沥青混凝土摊铺机摊铺，可套用厂拌粉煤灰三渣基层(沥青混凝土摊铺机摊铺)相应子目，材料换算，其他不变。

【例 5-4】 某道路工程采用厂拌 6%水泥稳定碎石基层，厚 18cm，采用沥青摊铺机摊铺，厂拌 6%水泥稳定碎石试的单价为 110 元/m^3，确定定额子目及基价。

【解】 套用的定额子目为：[2−49]H−[2−50]H×2

基价=1 939+(110−87)×20.400−[91+(110−87)×1.020]×2≈2 179(元/100m^2)

(7) 定额中设有“每增减”的子目，适用于压实厚度 20cm 以内，压实厚度在 20cm 以上的应分两层结构层铺筑。

【例 5-5】 某路拌粉煤灰三渣基层，铺筑压实厚度为 38cm，试确定定额子目及基价。

【解】 根据道路施工规范，基层压实厚度在 20cm 以上的应分两层结构层铺筑。

套用的定额子目为：[2−45]×2−[2−46]×2

基价=2 889×2−136×2=5 506(元/100m^2)

知识链接

塘渣底层摊铺子目的最大厚度为 25cm，当实际摊铺厚度与定额厚度不同时，采用内插法计算确定定额子目及基价。

【例 5-6】 某工程人机配合铺筑 35cm 厚塘渣底层，试确定定额子目及基价。

【解】 套用的定额子目为：[2−101]+([2−101]−[2−100])×2

基价=1 522−(1 522−1 220)×2=2 126(元/100m^2)

5.4 道路面层

【参考图文】

道路面层包括简易路面、沥青表面处治、沥青贯入式路面、黑色碎石路面、透层、粘层、封层、沥青混凝土路面、水泥混凝土路面及路面钢筋、养生、伸缩缝等相应子目。

5.4.1 工程量计算规则

(1) 沥青混凝土、水泥混凝土及其他类型路面工程量按设计图示尺寸以 m^2 为单位计算。

① 带平石的面层应扣除平石面积。

特别提示

沥青混凝土路面工程，图示车行道的宽度包括两侧平石的宽度，在计算沥青混凝土路面面积时应扣除平石面积。

② 不扣除各类井所占面积。

③ 应包括交叉口转角增加的面积。

$$道路面层工程量=设计长度\times设计宽度+交叉口转角增加面积 \tag{5-5}$$

知识链接

交叉口转角增加面积如图 5.2 阴影所示，计算公式如下：

$$道路正直交时，每个转角的路口面积=0.214\,6R^2 \tag{5-6}$$

$$道路斜交时，每个转角的路口面积=R^2\left(\tan\frac{\alpha}{2}-0.00\,873\alpha\right) \tag{5-7}$$

式中 R——转角半径；

α——转角对应的中心角，以角度计。

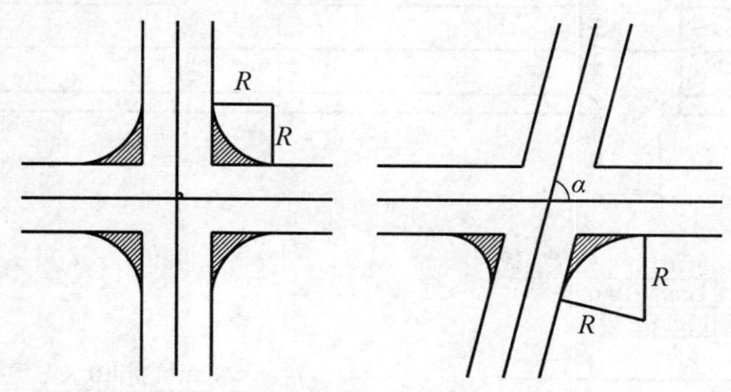

图 5.2 交叉口转角面积示意图

(2) 透层、粘层、封层工程量，按实际喷洒沥青油料的面积以 m^2 为单位计算。

知识链接

透层油一般喷洒在基层顶面，让油料渗入基层后方可铺筑沥青混凝土面层，使基层与沥青面层之间良好粘接。

粘层油一般喷洒在双层式或三层式热拌沥青混合料路面的沥青面层之间，使沥青面层与面层之间粘成整体、提高道路的整体强度。

封层油一般用于路面结构层的连接与防护，如喷洒在需要开放交通的基层上，或在旧路上喷洒进行路面修复，使道路表面密封，防止雨水侵入道路、保护路面结构层、防止表面磨耗层损坏。

(3) 水泥混凝土路面钢筋、模板、养生、刻防滑槽、伸缩缝工程量计算规则。

① 模板工程量根据施工实际情况，按与混凝土接触面积以 m^2 为单位计算。

② 钢筋工程量按钢筋质量以 t 为单位计算。

$$钢筋质量\ G=0.00617\times d^2\times L \tag{5-8}$$

式中 G——钢筋质量，kg；

d——钢筋直径，mm；

L——钢筋长度，m。

③ 伸缩缝嵌缝工程量按设计缝长×设计缝深以 m^2 为单位计算。

④ 锯缝机锯缝工程量按设计图示尺寸以“延长米”计算，即按缝长计算。

⑤ 路面刻防滑槽工程量按设计图示尺寸以 m^2 为单位计算。

⑥ 路面养生工程量按设计图示尺寸以 m^2 为单位计算。

【例 5-7】 某水泥混凝土道路工程如图 5.3 所示，胀缝设置 4 道，水泥混凝土路面采用非泵送商品混凝土，分 4 幅浇筑，每幅宽度 4.5m，纵向施工缝如图 5.3(e)所示上部锯切槽口，切槽深度为 8cm，水泥混凝土路面采用养护液养护，计算主路水泥混凝土路面相关的工程量(交叉口范围暂不计算)，并确定套用的定额子目及基价。

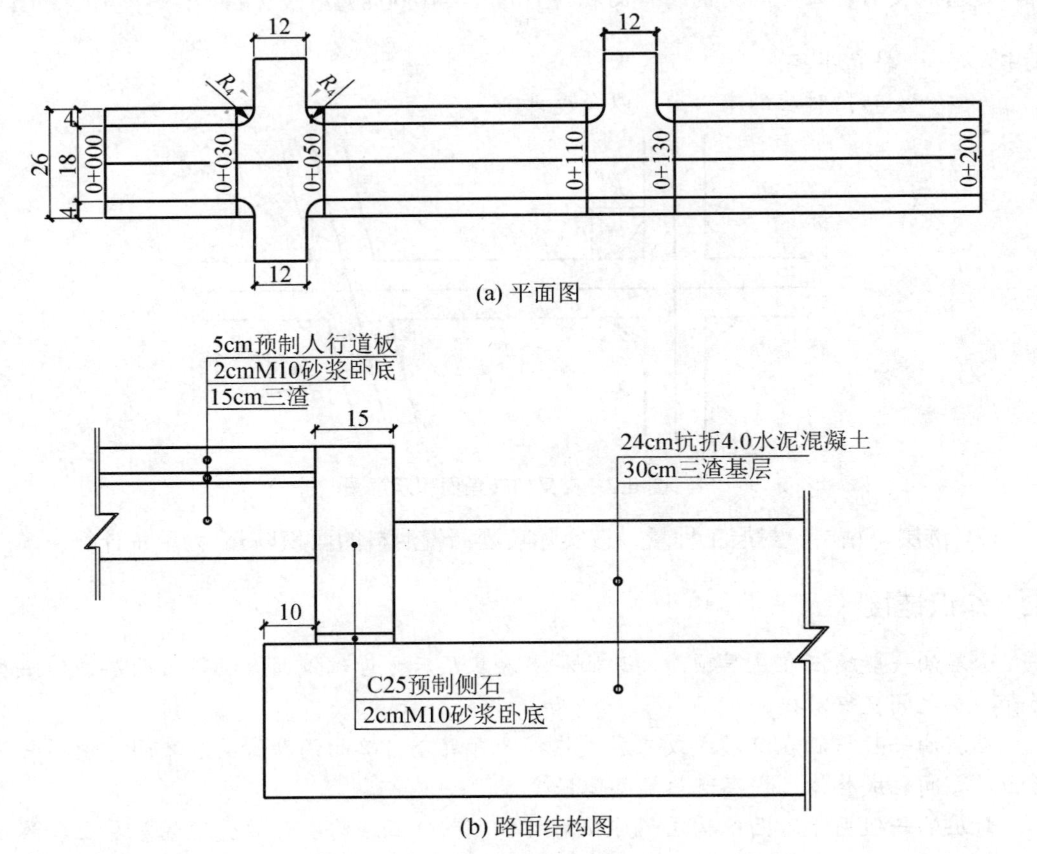

(a) 平面图

(b) 路面结构图

图 5.3 水泥混凝土道路工程图

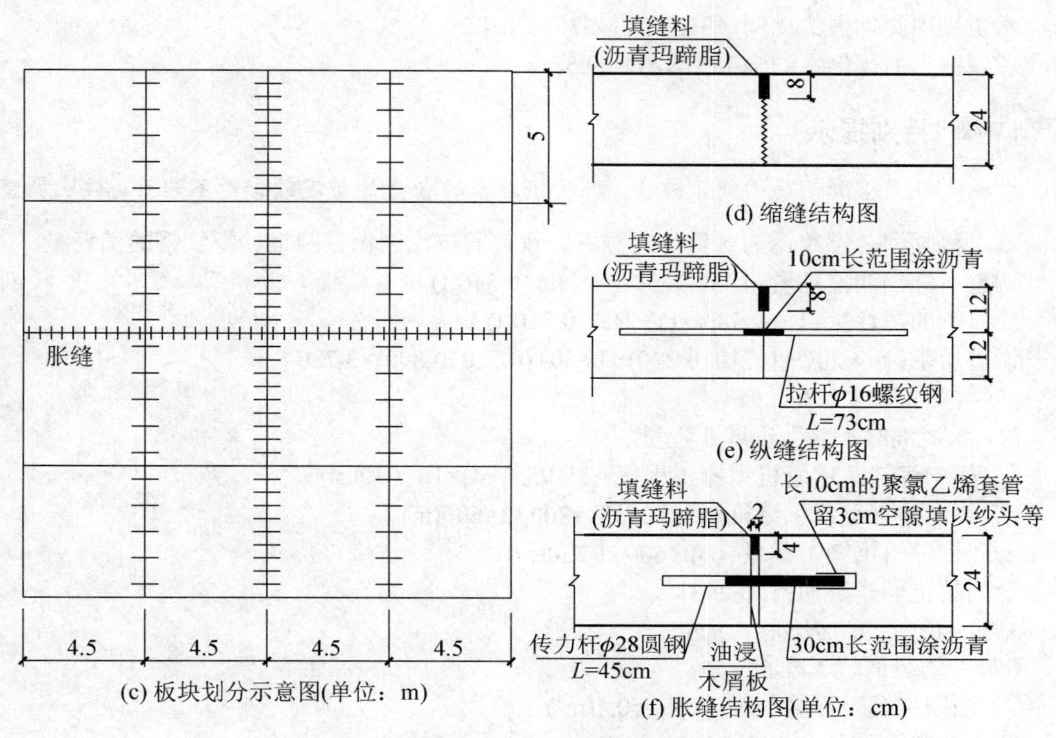

(c) 板块划分示意图(单位：m)

图 5.3　水泥混凝土道路工程图(续)

(1) 路面基础数据

主路直线段面积=200×18=3 600(m^2)

(2) 水泥混凝土路面工程量=3 600m^2

套用的定额子目为：[2-195]+[2-196]×4

基价=6 882+334×4=8 218(元/100m^2)

(3) 水泥混凝土路面养生工程量=3 600m^2

套用的定额子目为：[2-206]

基价=270(元/100m^2)

(4) 水泥混凝土路面刻防滑槽工程量=3 600m^2

套用的定额子目为：[2-204]

基价=263(元/100m^2)

(5) 水泥混凝土路面模板工程量=0.24×200×5=240(m^2)

套用的定额子目为：[2-197]

基价=3 164(元/100m^2)

(6) 水泥混凝土路面钢筋工程量

① 纵缝拉杆：ϕ16 螺纹钢质量=0.73×(5×2+9)×200/5×0.00 617×16^2 ≈ 876(kg)

② 胀缝传力杆：ϕ28 圆钢质量=11×4×0.45×4×0.00 617×28^2 ≈ 383(kg)

套用的定额子目为：[2-208]H

[2-208]子目中圆钢占的比例：0.22/(0.22+0.8)=21.57%

螺纹钢占的比例：0.8/(0.22+0.8)=78.43%

本工程中圆钢占的比例：383/(383+876)=30.42%

螺纹钢占的比例：876/(383+876)=69.58%

特别提示

水泥混凝土路面钢筋的圆钢综合、螺纹钢综合的含量如与定额含量不同时，按实调整。

本工程圆钢、螺纹钢的含量与定额不一致，需按比例调整圆钢、螺纹钢的消耗量。

调整后圆钢的消耗量=1×30.42%×(1+2%)=0.310(t)

螺纹钢的消耗量=1×69.58%×(1+2%)=0.710(t)

调整后基价=4 207+(0.310−0.220)×3 850+(0.710−0.800)×3 780

=4 213(元/t)

(7) 水泥混凝土路面锯缝工程量

① 横向缩缝：锯缝机锯缝工程量=(200/5−1−4)×18=630(m)

② 纵向施工缝：锯缝机锯缝工程量=200×3=600(m)

合计锯缝机锯缝工程量=630+600=1 230(m)

套用的定额子目为：[2−203]

基价=40 元/10 延长米

(8) 伸缩缝嵌缝工程量

① 缩缝嵌缝工程量=630×0.08=50.4(m^2)

套用的定额子目为：[2−201]

基价=547 元/10m^2

② 伸缝嵌缝工程量

(a) 伸缝(胀缝)嵌油浸木屑板工程量=(0.24−0.04)×18×4=14.4(m^2)

套用的定额子目为：[2−198]

基价=658 元/10m^2

(b) 伸缝(胀缝)嵌沥青玛蹄脂工程量=0.04×18×4=2.88(m^2)

伸缝(纵向施工缝)嵌沥青玛蹄脂工程量=600×0.08=48(m^2)

合计伸缝(胀缝)嵌沥青玛蹄脂工程量=2.88+48=50.88(m^2)

套用的定额子目为：[2−199]

基价=990 元/10m^2

5.4.2 定额套用及换算说明

(1) 黑色碎石路面所需要的面层熟料实行定点搅拌时，其运至作业面所需的运费不包括在该项目中，需另行计算。

(2) 喷洒沥青油料定额中，分别列有石油沥青和乳化沥青两种油料，应根据设计要求套用相应项目。如果设计与定额的喷油量不同，沥青油料含量换算。

知识链接

定额喷油量见表 5-1。

表 5-1 喷洒沥青油料定额用量表

名称	用途	用油量/(kg/m²)	
		石油沥青	乳化沥青
透层油	无机结合料与粒料基层	1.04	1.34
	半刚性基层	0.8	0.89
粘层油	新建或旧沥青面层上	0.39	0.44
	旧水泥混凝土路面上	0.375	0.40
封层油	上封层	1.04	0.91
	下封层	0.114	0.97

注：沥青稳定类半刚性基层上摊铺沥青混凝土面层不需要喷洒透层油。

(3) 粗、中粒式沥青混凝土路面在发生厚度“增减 0.5cm”时，定额子目按“每增减 1cm”子目减半套用。

【例 5-8】 某沥青混凝土路面工程，道路结构如图 5.4 所示，沥青混凝土面层均采用沥青摊铺机摊铺，确定沥青混凝土面层及粘层油、透层油套用的定额子目及基价。

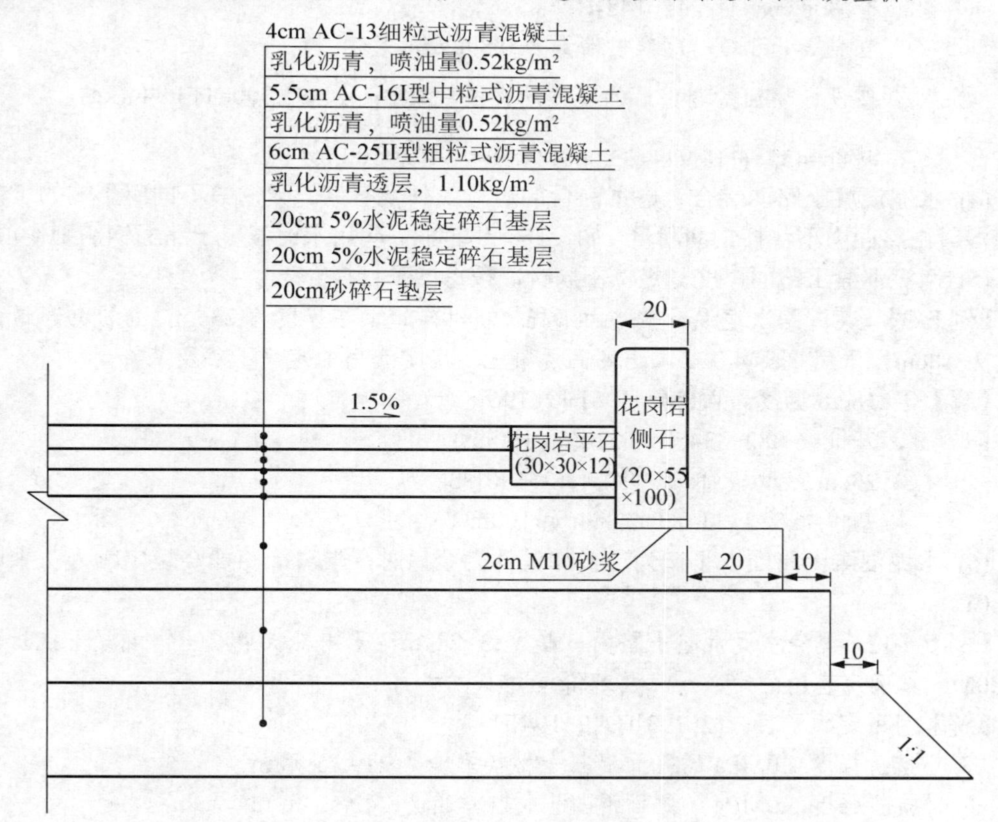

图 5.4 某沥青混凝土道路结构图

【解】 (1) 4cm 细粒式沥青混凝土面层

套用的定额子目为：[2-191]+ [2-192]×2

基价=2 368+411×2=3 190(元/100m^2)

(2) 5.5cm 中粒式沥青混凝土面层

套用定额子目：[2-184]+[2-186]/2

基价=3 509+687×0.5 ≈ 3 853(元/100m^2)

(3) 6cm 粗粒式沥青混凝土面层

套用定额子目：[2-175]

基价=3 766 元/100m^2

(4) 乳化沥青粘层油

套用定额子目：[2-150]H

查表 5-1 可知，定额喷油量为 0.44kg/m^2

按设计喷油量调整后的乳化沥青消耗量=$\frac{0.52}{0.44}$×46.000=54.364(kg)

基价=222+(54.364-46.000)×4.50=260(元/100m^2)

(5) 乳化沥青透层油

套用定额子目：[2-148]H

查表 5-1 可知，定额喷油量为 0.89kg/m^2

按设计喷油量调整后的乳化沥青消耗量=$\frac{1.10}{0.89}$×93.000=114.944(kg)

基价=435+(114.944-93.000)×4.50=534(元/100m^2)

(4) 水泥混凝土路面综合考虑了前台的运输工具及有筋、无筋等不同所影响的工效。水泥混凝土路面中不包括钢筋用量。如设计有钢筋时，套用水泥混凝土路面钢筋制作项目。

(5) 水泥混凝土路面厚度与定额不同时，按每增子目换算。

【例 5-9】 某道路水泥混凝土路面工程，机动车道面层厚度为 23cm，非机动车道面层厚度为 18cm，采用抗折 4.0 非泵送商品混凝土，确定套用的定额子目及基价。

【解】 ① 18cm 厚度路面：[2-195]-[2-196]×2

基价=6 882-334×2=6 214(元/100m^2)

② 23cm 厚度路面：[2-195]+[2-196]×3

基价=6 882+334×3=7 884(元/100m^2)

(6) 水泥混凝土路面以平口为准，如设计为企口时，混凝土路面浇筑定额人工乘以系数 1.01。

【例 5-10】 现浇水泥混凝土路面，厚度为 24cm，采用现拌混凝土，混凝土抗折强度为 5.0MPa，确定套用的定额子目及基价。

【解】 套用定额子目：[2-193]H+[2-194]H×4

抗折强度 4.0MPa 的路面混凝土材料单价为 219.75 元/m^3

抗折强度 5.0MPa 的路面混凝土材料单价为 242.55 元/m^3

基价=5 571+(242.55-219.75)×20.300+[259+(242.55-219.75)×1.015]×4

≈ 7 162(元/100m^2)

【例 5-11】 现浇现拌水泥混凝土路面 4.5MPa，厚度 20cm，采用企口形式，确定套用的定额子目及基价。

【解】套用定额子目：[2-193]H

抗折强度 4.0MPa 的路面混凝土材料单价为 219.75 元/m^3

抗折强度 4.5MPa 的路面混凝土材料单价为 228.78 元/m^3

基价=5 571+964.92×(1.01−1)+(228.78−219.75)×20.300 ≈ 5 764(元/100m^2)

(7) 混凝土路面定额不包括搅拌点至施工点的熟料运输，发生时套用第一册《通用项目》相应熟料运输定额。

5.5 人行道及其他

人行道平侧石及其他包括人行道基础、人行道板安砌、铺草坪砖、石材面层安砌、广场砖铺设、侧平石垫层、侧平石安砌、现浇侧平石、砌筑树池、消解石灰等相应子目。

【参考图文】

5.5.1 工程量计算规则

(1) 人行道板、草坪砖、石材面层、广场砖铺设按设计图示尺寸以 m^2 为单位计算，不扣除各类井所占面积，但应扣除侧石、树池及单个面积大于 0.3m^2 的矩形盖板等的面积。

知识链接

计算交叉口转弯处人行道的长度按内外两侧的转弯半径的平均值计算。

$$\text{交叉口转弯处人行道的长度 } L=\frac{R_1+R_2}{2}\times\frac{\alpha}{180}\pi \tag{5-9}$$

式中 L——人行道的长度，m；

R_1——人行道内侧半径，m；

R_2——人行道外侧半径，m；

α——转角对应的中心角，以角度计。

【例 5-12】 某道路丁字路口如图 5.5 所示，已知人行道宽 5m，人行道内侧侧石宽 15cm，人行道外侧无侧石，计算该交叉口左侧转弯处人行道板安砌的工程量。

【解】该处人行道内侧转弯半径=15m

该处人行道外侧转弯半径=10m

该处人行道长度$=\frac{15+10}{2}\times\frac{90}{180}\pi=19.63$(m)

该处人行道板安砌工程量=19.63×(5−0.15)=95.21(m^2)

特别提示

图 5.5 所示人行道的宽度包括侧石宽度，计算人行道板安砌工程量时，应扣除侧石所占的面积。

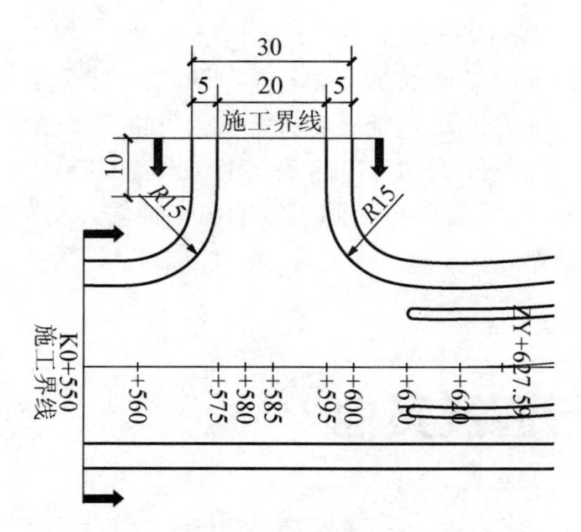

图 5.5　某道路丁字路口示意图

(2) 侧平石安砌、砌筑树池等项目按设计长度以“延长米”为单位计算，不扣除侧向进水口长度。

(3) 现浇侧石项目按现浇混凝土体积以 m^3 为单位计算。

(4) 侧平石垫层按垫层体积以 m^3 为单位计算。

(5) 消解石灰按石灰的质量以 t 为单位计算。

5.5.2 定额套用及换算说明

(1) 采用的人行道板、侧平石、花岗石等砌料材料与设计不同时，应进行调整换算，除定额另有说明外，人工和机械不变。

(2) 各类垫层配合比、厚度如与设计不同时，材料、搅拌机械应进行调整，人工不变。

【例 5-13】 某道路工程采用 250mm×250mm×50mm 人行道板，下设 3cm 厚 M10 水泥砂浆垫层，确定套用的定额子目及基价。

【解】 套用定额子目：[2-215]H

M7.5 水泥砂浆材料单价为 168.17 元/m^3

M10 水泥砂浆材料单价为 174.77 元/m^3

定额子目中砂浆垫层厚度为 2cm，按设计厚度调整水泥砂浆、灰浆搅拌机消耗量如下：

$$水泥砂浆消耗量=\frac{3}{2}\times 2.120=3.180(m^3)$$

$$灰浆搅拌机消耗量=\frac{3}{2}\times 0.350=0.525(台班)$$

$$基价=3\,346+(3.180\times 174.77-2.120\times 168.17)+(0.525-0.350)\times 58.57$$
$$\approx 3\,555(元/100m^2)$$

(3) 人行道板安砌项目中的人行道板如采用异型板，其定额人工乘以系数 1.1，材料消耗量不变。人行道砖人字纹铺装按异型考虑。

【例 5-14】 某人行道采用彩色人行道板、梅花形铺设，人行道板单价为 55 元/m^2，人行道板下设 3cm 厚 M10 水泥砂浆垫层、15cm 厚 C15 混凝土基础，试确定人行道板安砌的定额子目及基价。

【解】套用定额子目：[2-215]H

子目中人行道板的材料单价为 20 元/m^2

梅花形铺设按异型考虑，其定额人工乘以系数 1.1

基价=$3\,346+898.70\times(1.1-1)+[3.180\times174.77-2.12\times168.17+(55-20)\times103.00]+(0.525-0.350)\times58.57$

$\approx7\,250$(元/100m^2)

(4) 侧石高度大于 40cm 的，按高侧石定额套用。

(5) 预制成品侧石安砌中，如其弧形转弯处为现场浇筑，则套用现浇侧石子目。

(6) 现场预制侧平石制作定额套用第三册《桥涵工程》的相应定额子目。

(7) 石材面层安砌定额中板材厚度按 4cm 以内编制，如设计厚度在 6cm 以内时，定额人工乘以系数 1.2。

(8) 广场砖铺贴定额中的“拼图案”指铺贴不同颜色或规格的广场砖形成环形、菱形等图案，如图 5.6 所示；分色线性铺装按“不拼图案”定额套用，如图 5.7 所示。

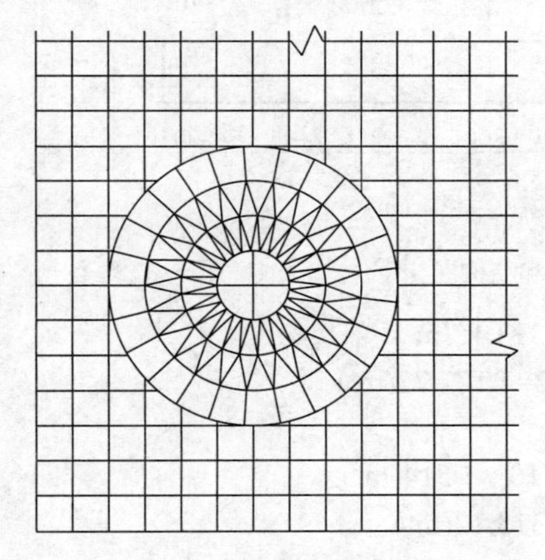

图 5.6　广场砖拼图案铺装

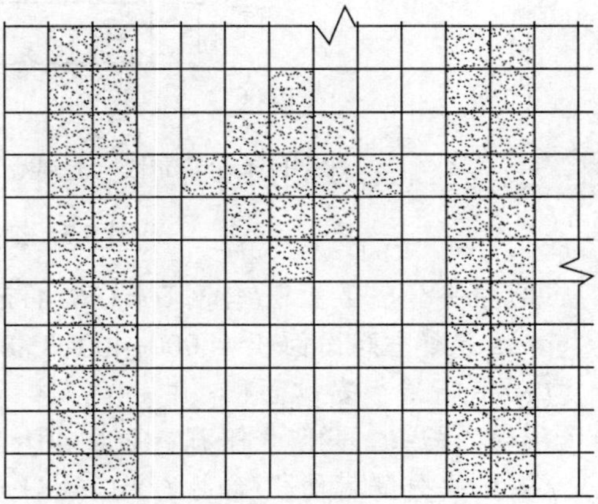

图 5.7　广场砖分色线性铺装

【例 5-15】 图 5.8 所示为 200m 长的道路工程。求：(1)侧石长度；(2)水泥混凝土路面面积；(3)人行道板安砌面积(包括分隔带铺筑面积)。

【解】(1) 侧石长度

① 人行道内侧侧石长度=$(200-40)\times2+\pi\times10\times2=382.8$(m)

② 中央分隔带侧石长度=$(40-4)\times4+2\pi\times2\times2=169.12$(m)

侧石总长度=382.8+169.12=551.92(m)

(2) 水泥混凝土路面面积

① 主线直线段面积=$200\times20=4\,000$(m^2)

② 支路直线段面积=$20\times10\times2=400$(m^2)

③ 交叉口转角增加面积=$0.214\,6\times10^2\times4=85.84$($m^2$)

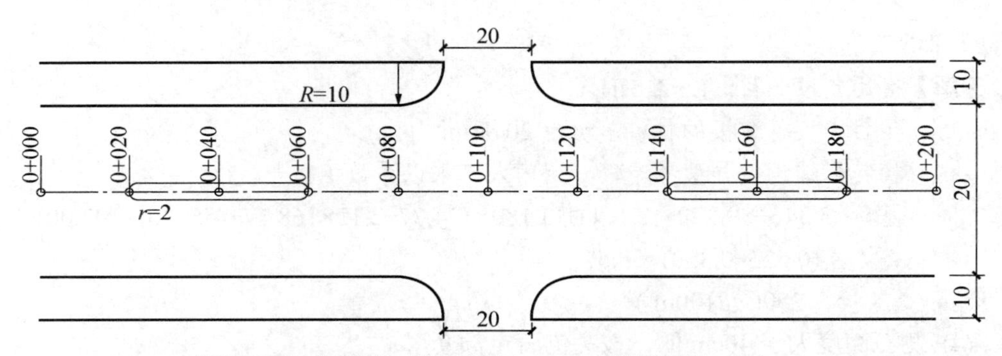

(a) 道路平面示意图(路口转角半径R=10m，分隔带半径r=2m)

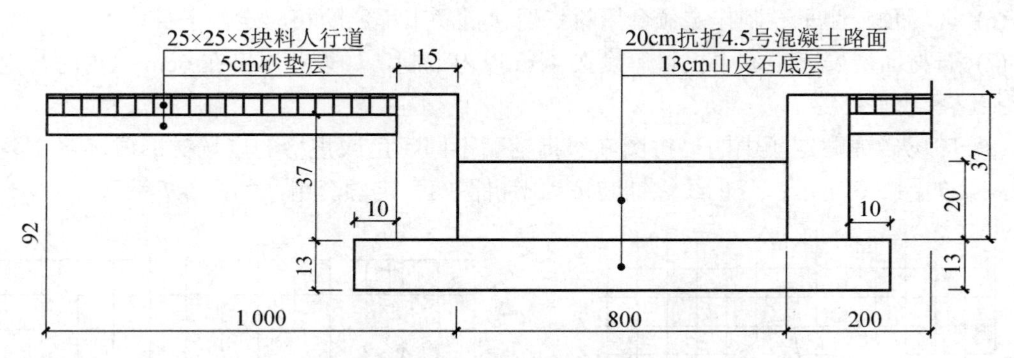

(b) 有分隔带段水泥混凝土路面结构图(单位：cm)

图 5.8　道路平面图和结构图

④ 中央分隔带面积(含侧石)=$(36\times4+\pi\times2^2)\times2$=313.12(m^2)

水泥混凝土路面面积=4 000+400+85.84−313.12=4 172.72(m^2)

(3) 人行道板安砌面积

① 人行道的面积(含侧石)=$(200-40)\times10\times2+\pi\times10^2$=3 514(m^2)

② 中央分隔带面积(含侧石)=$(36\times4+\pi\times2^2)\times2$=313.12(m^2)

人行道板安砌面积=3 514+313.12−382.8×0.15−169.12×0.15=3 744.33(m^2)

5.6　道路工程定额计量与计价实例

【例 5-16】 某市风华路道路工程，为城市次干道，于 2016 年 3 月 10 日—3 月 16 日进行工程招投标活动。风华路起讫桩号为 0+560 ~ 0+800，于桩号 0+630 处与风情路正交，风情路实施至切点外 20m，风华路路幅宽为 34m，风情路路幅宽 26m，详见图 5.9 道路平面图、图 5.10 道路标准横断面图。风华路道路结构层采用沥青混凝土面层、粉煤灰三渣基层、塘渣垫层，详见图 5.11 道路结构图，风情路道路结构同风华路。已知该道路工程挖方量为 2 900m^3，填方量为 1 200m^3，土质类别为三类土。

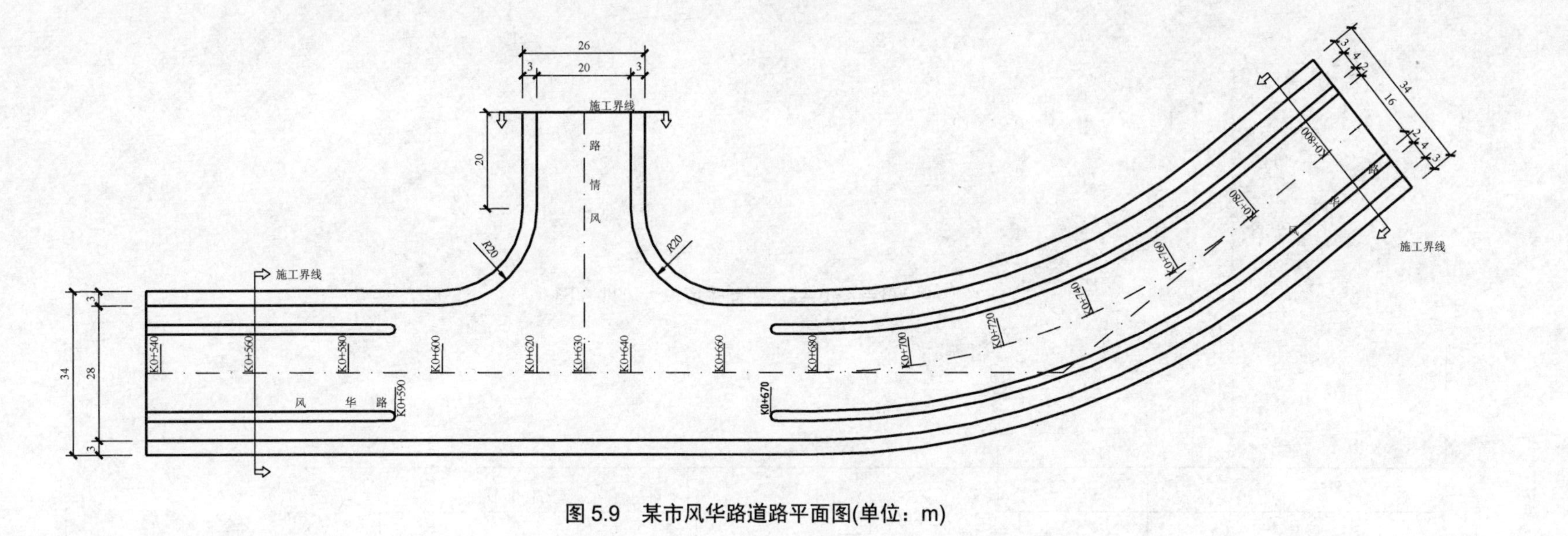

图5.9 某市风华路道路平面图(单位：m)

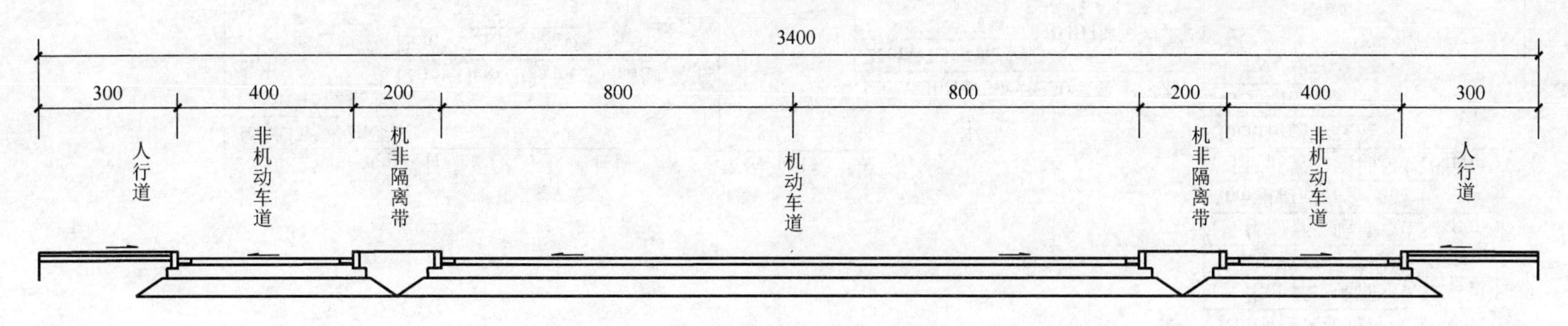

图5.10 某市风华路道路标准横断面图(单位：cm)

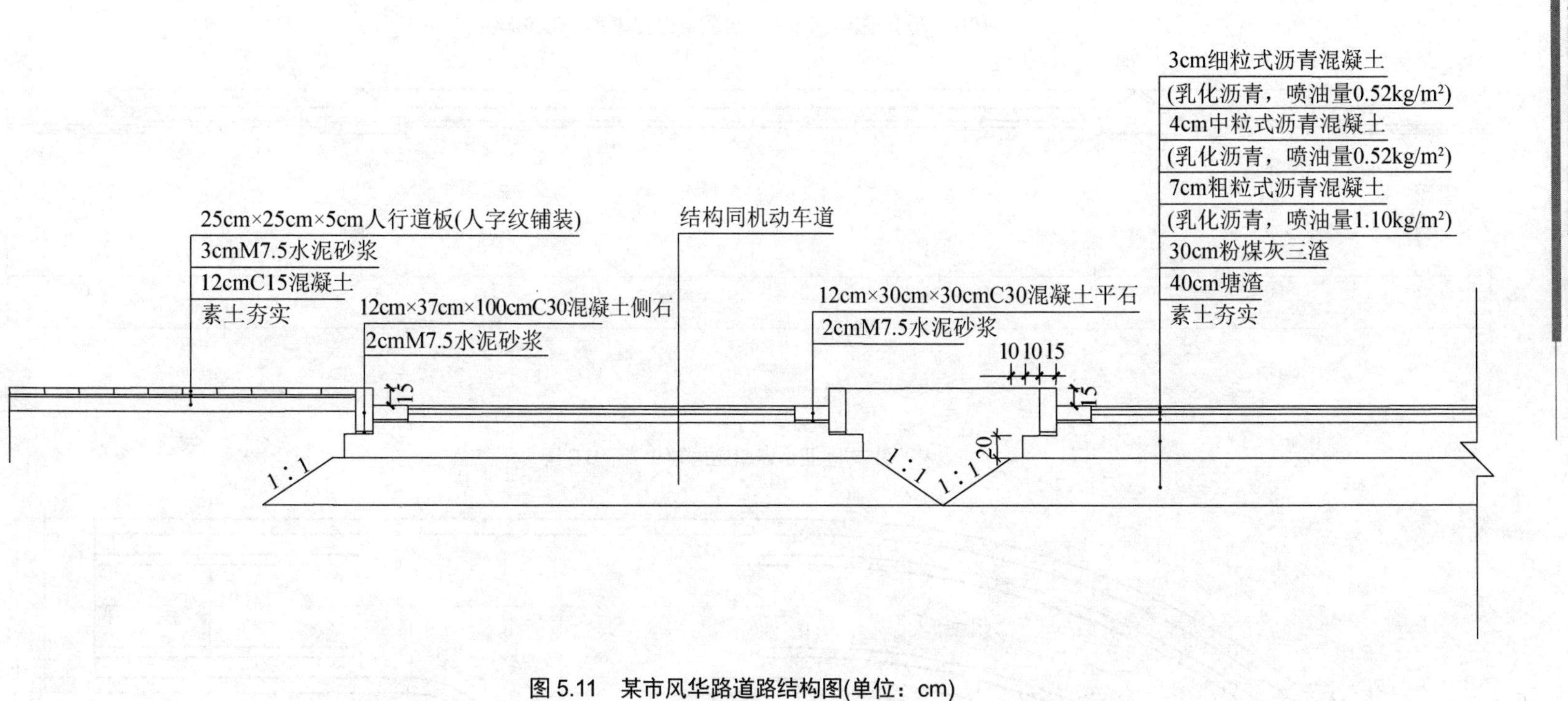

图 5.11　某市风华路道路结构图(单位：cm)

试按定额计价模式采用工料单价法编制本工程的投标报价，本工程风险费用暂不考虑，农民工工伤保险费、危险作业意外伤害保险费暂不考虑，本工程无创标化工程要求，本工程不得分包，本工程无暂列金额、计日工。

知识链接

定额计价模式计算工程造价(投标报价)的基本顺序如下。

(1) 确定工程的施工方案。

(2) 计算工程相关的基础数据，如道路的侧平石长度、道路的车行道路面面积、人行道面积等。

(3) 根据施工图纸，结合施工方案，确定分部分项的项目，并按定额的计算规则计算工程量，并确定套用的定额子目。

(4) 根据施工方案，结合工程的实际情况，确定施工技术(/单价)措施项目，并按定额的计算规则计算工程量，并确定套用的定额子目。

(5) 根据施工方案，结合工程的实际情况，确定施工组织(/总价)措施项目。

(6) 确定人、材、机单价，判定工程类别、确定各项费率。

(7) 按照费用计算程序，计算工程造价。(通常采用计价软件计算确定工程造价)

【解】 1. 确定本道路工程的施工方案。

(1) 挖方采用挖掘机进行，多余的土方直接装车用自卸车外运，运距为 5km；场内平衡的土方用机动翻斗运至需回填的路段用于回填。填方用内燃压路机碾压密实。

(2) 塘渣垫层采用人机配合铺筑。

(3) 粉煤灰三渣基层施工时两侧支立钢模板，顶面采用洒水养护。

(4) 人行道基础混凝土采用现场拌和，拌和机设在桩号 0+700 处，拌制后混凝土采用机动翻斗车运至施工点，混凝土浇筑时支立钢模板。

(5) 水泥砂浆采用砂浆搅拌机在施工点就地拌制。

(6) 沥青混凝土、人行道板、平石、侧石均采用成品。

(7) 沥青混凝土采用沥青摊铺机摊铺。

(8) 配备以下大型机械：$1m^3$ 履带式挖掘机 1 台、90kW 内履带式推土机 1 台、压路机 2 台。

2. 计算本道路工程的基础数据。

1) 侧(平)石长度 L

(1) 人行道(内侧)侧(平)石长度

$$L_{人行道}=240+240-60+\frac{2\pi\times 20}{4}\times 2+20\times 2=522.80(\text{m})$$

(2) 机非隔离带侧(平)石长度

$$L_{隔离带}=(30-1)\times 4+2\times\pi\times 1+(130-1)\times 4+2\times\pi\times 1=644.56(\text{m})$$

合计：侧(平)石长度 $L=L_{人行道}+L_{隔离带}=522.80+644.56=1\ 167.36(\text{m})$

2) 人行道面积(含侧石)

$$S_{人行道(含侧石)}=240\times 3+40\times 3+140\times 3+20\times 3\times 2+\frac{2\pi\times\frac{20+17}{2}}{4}\times 3\times 2=1\ 554.27(\text{m}^2)$$

3) 车行道面积(含平石)

(1) 主路直线总面积(含机非隔离带)

$S_{主路总}$=28×240=6 720(m²)

(2) 支路及交叉口增加的面积

$S_{支路+交叉口增加面积}$=20×(20+20)+0.214 6×20²×2=971.68(m²)

(3) 机非隔离带面积

$S_{隔离带}$=(30−1)×2×2+(130−1)×2×2+π×1²×2=954.28(m²)

合计：车行道面积(含平石)$S_{车行道(含平石)}$=6 720+971.68−954.28=6 737.40(m²)

3. 计算分部分项的项目工程量，并确定套用的定额子目，见表 5-2。

表 5-2　分部分项项目工程量计算表

序号	分部分项项目名称	单位	计算式	数量	定额子目
1	挖掘机挖土并装车(三类土)	m³	2 900−1 200×1.15	1 520	1−60
2	挖掘机挖土不装车(三类土)	m³	1 200×1.15	1 380	1−57
3	机动翻斗车运土(运距 200m 内)	m³	1 200×1.15	1 380	1−32
4	填土碾压(内燃压路机)	m³	已知条件	1 200	1−82
5	自卸车运土方(运距 5km)	m³	2 900−1 200×1.15	1 520	1−68+1−69×4
6	路床碾压检验	m²	6 737.40+1 167.36×(0.15+0.1+0.1+0.4+0.25)	7 904.76	2−1
7	40cm 厚塘渣垫层	m²	6 737.40+1 167.36×(0.15+0.1+0.1+0.2)	7 379.45	2−101×4−2−100×3
8	30cm 粉煤灰三渣基层	m²	$6\ 737.40+1\ 167.36\times(0.15+0.1)\times\frac{20}{30}$	6 931.96	[2−47−2−48×5]×2
9	三渣基层顶面洒水养护	m²	等于车行道面积(含平石)	6 737.40	2−51
10	透层油(乳化沥青，1.10kg/m²)	m²	6 737.40−1 167.36×0.3	6 387.19	$2-148_H$
11	7cm 粗粒式沥青混凝土面层	m²	同透层油面积	6 387.19	2−175+2−176
12	粘层油(乳化沥青，0.52kg/m²)	m²	6 387.19×2	12 774.38	$2-150_H$
13	4cm 中粒式沥青混凝土面层	m²	同透层油面积	6 387.19	2−183
14	3cm 细粒式沥青混凝土面层	m²	同透层油面积	6 387.19	2−191
15	人行道整形碾压	m²	1 554.27+522.80×0.25	1 684.97	2−2
16	人行道 12cm 厚 C15 混凝土基础	m²	1 554.27−522.80×0.15	1 475.85	2−211+2−212×2
17	机动翻斗车运输混凝土(200m)	m³	1 475.85×0.12	177.10	1−319
18	250mm×250mm×50mm 人行道板人字纹安装(3cm 厚 M7.5 水泥砂浆)	m²	1 554.27−522.80×0.15	1 475.85	$2-215_H$

续表

序号	分部分项项目名称	单位	计算式	数量	定额子目
19	15mm×37mm×100mm C30混凝土侧石安砌	m	522.80+644.56	1 167.36	2−228
20	30mm×30mm×12mm C30混凝土平石安砌	m	522.80+644.56	1 167.36	2−230
21	侧平石垫层(2cmM7.5 水泥砂浆)	m^3	1 167.36×0.15×0.02+1 167.36×0.3×0.02	10.51	2−227

4. 确定技术措施项目，并计算工程量、确定套用的定额子目，见表5-3。

表5-3 技术措施项目工程量计算表

序号	技术措施项目名称	单位	计算式	数量	定额子目
1	粉煤灰三渣基层模板	m^2	1 167.36×0.3	350.21	2−197
2	人行道基础混凝土模板	m^2	$(240+240-60+\frac{2\pi\times17}{4}\times2+20\times2)\times0.12$	61.61	2−197
3	$1m^3$履带式挖掘机进出场	台班	根据施工方案确定	1	3001
4	90kW内履带式推土机进出场	台班	根据施工方案确定	1	3003
5	压路机进出场	台班	根据施工方案确定	2	3010

5. 确定组织措施项目。

根据本工程的实际情况，考虑计取以下施工组织措施项目：安全文明施工费、工程定位复测费、夜间施工增加费、行车行人干扰增加费、已完工程及设备保护费。

6. 确定人、材、机单价，判定工程类别、确定各项费率。

(1) 粉煤灰三渣基层单价为120元/m^3，塘渣垫层单价为35元/t，30cm×30cm×12cm C30混凝土平石单价为13元/m，一类人工工日单价为65元，二类人工工日单价为70元，其他人、材、机单价按《浙江省市政工程预算定额》(2010版)计取。

(2) 城市次干道为二类道路工程。

(3) 企业管理费、利润、各项组织措施费的费率按《浙江省建设工程施工费用定额》(2010版)及浙江省有关规定的费率范围的低值计取；规费、税金按《浙江省建设工程施工费用定额》(2010版)的规定计取。

7. 计算定额计价模式下，本道路工程的工程造价详见表5-4～表5-12。

表5-4 投标报价扉页

某市风华路道路工程

预算价

预算价　　　　(小写)：　1 646 540元

(大写)：壹佰陆拾肆万陆仟伍佰肆拾元整

发 包 人：________ 承包人：________ 工程造价咨 询 人：________

(单位盖章) (单位盖章) (单位资质专用章)

法定代表人或其授权人：________ 法定代表人或其授权人：________

(造价人员签字盖专用章) (造价人员签字盖专用章)

编 制 人：________ 复 核 人：________

(造价人员签字盖专用章) (造价工程师签字盖专用章)

编制时间：2016.3.15 复核时间：

表 5-5 总说明

工程名称：某市风华路道路工程 第1页 共1页

一、工程概况

某市风华路道路工程，为城市次干道，风华路起讫桩号为0+560～0+800，于桩号0+630处与风情路正交，风情路实施至切点外20m，风华路路幅宽34m，风情路路幅宽26m。

风华路道路结构层采用沥青混凝土面层、粉煤灰三渣基层、塘渣垫层，风情路道路结构同风华路。已知该道路工程挖方量为2 900m^3，填方量为1 200m^3，土质类别为三类土。

二、工程施工方案

(1) 挖方采用挖掘机进行，多余的土方直接装车用自卸车外运、运距为5km；场内平衡的土方用机动翻斗运至需回填的路段用于回填。填方用内燃压路机碾压密实。

(2) 塘渣垫层采用人机配合铺筑。

(3) 粉煤灰三渣基层施工时两侧支立钢模板，顶面采用洒水养护。

(4) 人行道基础混凝土采用现场拌和，拌和机设在桩号0+700处，拌制后混凝土采用机动翻斗车运至施工点，混凝土浇筑时支立钢模板。

(5) 水泥砂浆采用砂浆搅拌机在施工点就地拌制。

(6) 沥青混凝土、人行道板、平石、侧石均采用成品。

(7) 沥青混凝土采用沥青摊铺机摊铺。

(8) 配备以下大型机械：1m^{3}履带式挖掘机1台、90kW内履带式推土机1台、压路机2台。

三、人、材、机价格取定

粉煤灰三渣基层单价为120元/m^3，塘渣垫层单价为35元/t，30mm×30mm×12mm C30混凝土平石单价为13元/m，一类人工工日单价为65元，二类人工工日单价为70元，其他人、材、机单价按《浙江省市政工程预算定额》(2010版)计取。

四、费率取定

企业管理费、利润、各项组织措施费的费率按《浙江省建设工程施工费用定额》(2010版)及浙江省有关规定的费率范围的低值计取；规费、税金按《浙江省建设工程施工费用定额》(2010版)的规定计取。

五、编制依据

(1)《浙江省市政工程预算定额》(2010版)。

(2)《浙江省建设工程施工费用定额》(2010版)。

(3) 浙建站计[2013]64号——关于《浙江省建设工程费用定额》(2010版)费用项目及费率调整的通知。

(4) 建建发[2015]517号——关于规范建设工程安全文明施工费计取的通知。

表 5-6 工程项目预算汇总表

工程名称：某市风华路道路工程　　　　第1页　共1页

序号	单位工程名称	金额/元
1	市政	1 646 540.21
1.1	道路	1 646 540.21
合　计		1 646 540

表 5-7 单位(专业)工程预算费用计算表

单位(专业)工程名称：市政-道路　　　　第1页　共1页

序号	费用名称		计算公式	金额/元
一	预算定额分部分项工程量		按计价规则规定计算	1 489 180.62
	其中	1．人工费+机械费	Σ(定额人工费+定额机械费)	208 933.12
二	施工组织措施费			28 414.90
	其中	2．安全文明施工费(含扬尘防治增加费)	1×11.54%	24 110.88
		3．工程定位复测费	1×0.03%	62.68
		4．夜间施工增加费	1×0.01%	20.89
		5．已完工程及设备保护费	1×0.02%	41.79
		6．行人、行车干扰增加费	1×2%	4 178.66
三	企业管理费		1×18.2%	38 025.83
四	利润		1×9%	18 803.98
五	规费		12+13	15 252.12
	12．排污费、社保费、公积金		1×7.3%	15 252.12
	13．农民工工伤保险费		按相关规定计算	0.00
六	危险作业意外伤害保险费		按相关规定计算	0.00
七	总承包服务费			0.00
	14．总承包管理和协调费		分包项目工程造价×0%	0.00
	15．总承包管理、协调和服务费		分包项目工程造价×0%	0.00
	16．甲供材料设备管理服务费		甲供材料设备费×0%	0.00
八	风险费		(一+二+三+四+五+六+七)×0%	0.00
九	暂列金额		(一+二+三+四+五+六+七+八)×0%+创标化工地增加费	0.00
十	计税不计费		计税不计费	0.00
十一	不计税不计费		不计税不计费	0.00
十二	税金		(一+二+三+四+五+六+七+八+九+十)×3.577%	56 862.76
十三	建设工程造价		一+二+三+四+五+六+七+八+九+十+十一+十二	1 646 540.21

表 5-8　工程预算书(分部分项项目)

单位(专业)工程名称：市政-道路　　　　第 1 页　共 1 页

序号	编号	名称	单位	数量	单价	单价组成			合价
						人工费	材料费	机械费	
1	1-60	挖掘机挖三类土，装车	1 000m³	1.520	3 932.07	312.00	0.00	3 620.07	5 976.75
2	1-57	挖掘机挖三类土，不装车	1 000m³	1.380	2 577.54	312.00	0.00	2 265.54	3 557.01
3	1-32	机动翻斗车运土，运距 200m 内	100m³	13.800	1 464.35	587.60	0.00	876.75	20 208.03
4	1-82	内燃压路机，填土碾压	1 000m³	1.200	2 470.16	312.00	14.75	2 143.41	2 964.19
5	1-68+1-69×4 换	自卸汽车运土，运距 5km	1 000m³	1.520	10 323.75	0.00	35.40	10 288.35	15 692.10
6	2-1	路床碾压检验	100m²	79.408	123.55	22.68	0.00	100.87	9 810.81
7	2-101×J4 换	人机配合铺装塘渣底层，厚度 25cm J×4	100m²	73.795	8 030.35	273.00	7 210.76	546.59	592 595.66
8	2-100×J-3 换	人机配合铺装塘渣底层，厚度 20cm J×-3	100m²	73.795	-4 832.97	-181.65	-4 326.41	-324.91	-356 646.60
9	2-47+2-48×-5 换	粉煤灰三渣基层，厂拌，厚度 15cm	100m²	69.320	2 260.60	352.80	1 856.30	51.50	156 703.89
10	2-47+2-48×-5 换	粉煤灰三渣基层，厂拌，厚度 15cm	100m²	69.320	2 260.60	352.80	1 856.30	51.50	156 703.89
11	2-51	洒水车洒水	100m²	67.374	24.57	4.90	4.35	15.32	1 655.38
12	2-148H	透层乳化沥青，半刚性基层	100m²	63.872	534.77	2.52	519.96	12.29	34 156.78
13	2-175+2-176×1 换	机械摊铺粗粒式沥青混凝土路面，厚度 7cm	100m²	63.872	4 408.13	76.65	4 053.26	278.22	281 555.64
14	2-150H	粘层乳化沥青，沥青层	100m²	127.744	262.81	8.40	245.85	8.56	33 572.35
15	2-183	机械摊铺中粒式沥青混凝土路面，厚度 4cm	100m²	63.872	2 845.46	53.90	2 640.80	150.76	181 744.94
16	2-191	机械摊铺细粒式沥青混凝土路面，厚度 3cm	100m²	63.872	2 389.01	53.20	2 187.33	148.48	152 590.61
17	2-2	人行道整形碾压	100m²	16.850	119.98	108.50	0.00	11.48	2 021.63
18	2-211+2-212×2 换	人行道混凝土基础，厚度 12cm	100m²	14.759	3 414.73	850.92	2 411.88	151.93	50 396.29
19	1-319	机动翻斗车运水泥混凝土(熟料)，运距 200m	10m³	17.710	146.42	102.20	0.00	44.22	2 593.10

续表

序号	编号	名称	单位	数量	单价	单价组成			合价
						人工费	材料费	机械费	
20	2-215 换	人行道板人字纹安砌，M7.5 水泥砂浆垫层，厚度 3cm	100m²	14.759	4 244.69	1 609.30	2 604.64	30.75	62 645.26
21	2-228	370mm×150mm×1 000mm 混凝土侧石安砌	100m	11.674	2 422.37	676.90	1 745.47	0.00	28 277.78
22	2-230	300mm×300mm×120mm 混凝土平石安砌	100m	11.674	1 691.63	357.00	1 334.63	0.00	19 747.41
23	2-227	侧平石 M7.5 砂浆粘接层	m³	10.510	268.46	95.76	172.70	0.00	2 821.51
本页小计									1 461 344.41

表 5-9 工程预算书(技术措施项目)

单位(专业)工程名称：市政-道路　　　　第 1 页　共 1 页

序号	编号	名称	单位	数量	单价	单价组成			合价
						人工费	材料费	机械费	
1	2-197	粉煤灰三渣基层模板	100m²	3.502	4 023.02	2 226.00	1 535.01	262.01	14 089.02
2	2-197	人行道混凝土基础模板	100m²	0.616	4 023.02	2 226.00	1 535.01	262.01	2 478.58
3	3001	履带式挖掘机 1m³ 以内	台班	1.000	3 359.57	840.00	1 196.31	1 323.26	3 359.57
4	3003	履带式推土机 90kW 以内	台班	1.000	2 450.90	420.00	707.64	1 323.26	2 450.90
5	3010	压路机	台班	2.000	2 729.07	350.00	1 055.81	1 323.26	5 458.14
本页小计									27 836.21
合　计									27 836.21

表 5-10　主要材料价格表

单位(专业)工程名称：市政-道路　　　　　　　　　　　　　　　　　　　　第 1 页　共 1 页

序号	材料编码	材料(设备)名称	规格、型号等	单位	数量	单价/元	合价/元
1	0401031	水泥	42.5	kg	49 430.022	0.33	16 311.91
2	0403043	黄砂(净砂)	综合	t	253.155	62.5	15 822.19
3	0407001	塘渣		t	6 027.830	35	210 974.05
4	0407071	厂拌粉煤灰三渣		m^3	2 121.180	120	254 541.57
5	0433071	细粒式沥青商品混凝土		m^3	193.532	713	137 988.21
6	0433072	中粒式沥青商品混凝土		m^3	258.042	648	167 211.52
7	0433073	粗粒式沥青商品混凝土		m^3	451.574	568	256 494.22
8	1155031	乳化沥青		kg	14 286.356	4.5	64 288.60
9	3305061	人行道板	250mm×250mm×50mm	m^2	1 520.126	20	30 402.51
10	3307001	混凝土平石	300mm×300mm×120mm	m	1 184.870	13	15 403.32
11	3307011	道路侧石	370mm×150mm×1 000mm	m	1 184.870	17	20 142.80
12	1201011	柴油(机械)		kg	8 175.428	6.35	51 913.97
13	8021201	现浇现拌混凝土	C15(40)	m^3	179.759	183.249 5	32 940.66
合　计							1 274 435.53

表 5-11　主要工日价格表

单位(专业)工程名称：市政-道路　　　　　　　　　　　　　　　　　　　　第 1 页　共 1 页

序号	工　种	单位	数　量	单价/元
1	一类人工	工日	144.432	65
2	二类人工	工日	1 927.211	70

表 5-12　主要机型台班价格表

单位(专业)工程名称：市政-道路　　　　　　　　　　　　　　　　　　　　第 1 页　共 1 页

序号	机械设备名称	单位	数量	单价/元
1	履带式推土机 75kW	台班	7.617	576.516 5
2	履带式推土机 90kW	台班	2.708	705.633 5
3	平地机 90kW	台班	13.800	459.544
4	履带式单斗挖掘机(液压)1m^3	台班	6.230	1 078.38

续表

序号	机械设备名称	单位	数 量	单价/元
5	内燃光轮压路机 8t	台班	30.730	268.336 5
6	内燃光轮压路机 12t	台班	24.557	382.671 5
7	内燃光轮压路机 15t	台班	55.892	478.822 5
8	汽车式沥青喷洒机 4 000L	台班	1.916	620.473
9	沥青混凝土推铺机 8t	台班	19.928	789.950 5
10	汽车式起重机 5t	台班	4.453	330.21
11	载货汽车 4t	台班	0.659	282.438
12	自卸汽车 12t	台班	23.712	644.776 5
13	平板拖车组 40t	台班	4.000	993.049 5
14	机动翻斗车 1t	台班	131.700	109.730 5
15	洒水汽车 4 000L	台班	4.327	383.056
16	双锥反转出料混凝土搅拌机 350L	台班	5.889	96.726 1
17	灰浆搅拌机 200L	台班	7.748	58.572 9
18	木工圆锯机ϕ500	台班	19.479	25.386
19	木工平刨床 300mm	台班	19.479	12.774 4
20	混凝土振捣器平板式 BLL	台班	5.889	17.556

思考题与习题

一、简答题

1. 计算道路工程路床(槽)碾压工程量时，碾压宽度如何确定？计算人行道整形碾压工程量时，碾压宽度如何确定？

2. 土工布规格与定额不同时，如何进行定额的换算套用？

3. 多合土基层中，各种材料的设计配合比与定额配合比不同时，如何套用、换算定额？

4. 道路(上)基层厚度超过 20cm 时，如何套用定额？

5. 道路底层(下基层)厚度超过 20cm 时，如何套用定额？

6. 水泥混凝土路面伸缩缝工程量如何计算？模板工程量如何计算？

7. 水泥混凝土路面施工时，需考虑计算哪些分项工程的工程量和费用？

8. 粘层油、透层油、封层油有什么区别与不同？

9. 如设计采用的人行道板、侧平石的垫层强度等级、厚度与定额不同时，如何套用定额？

10. 人行道板安砌工程量计算时，应考虑扣除哪些面积？

11. 现浇侧平石的模板工程量如何计算？

二、计算题

1. 某道路工程长 1km，设计车行道宽度为 18m，设计要求路床碾压宽度按设计车行道宽度每侧加宽 40cm 计，以利于路基的压实。计算该工程路床整形碾压的工程量，并计算该工程的直接工程费(人工费+机械费+材料费)。

2. 某道路工程采用机拌的石灰、粉煤灰、碎石基层，厚 20cm，设计配合比为石灰∶粉煤灰∶碎石=9∶18∶73，已知道路长 800m，基层宽 26m，该段道路范围内各类井的面积为 100m^2。试计算石灰、粉煤灰、碎石基层的工程量，并确定该基层套用的定额子目及基价。

3. 某道路工程采用 35cm 厚粉煤灰三渣基层，采用厂拌三渣，确定套用的定额子目及基价。

4. 某道路工程采用 40cm 厚塘渣底层，采用人机配合铺筑，确定套用的定额子目及基价。

5. 某道路工程水泥混凝土路面采用抗折 4.5MPa 混凝土，设计为企口，确定套用的定额子目及基价。

6. 某道路水泥混凝土路面工程中，胀缝传力杆钢筋(圆钢)总质量为 100kg，纵缝拉杆钢筋(螺纹钢)总质量为 870kg，确定路面钢筋套用的定额子目及基价。

7. 某道路路面工程，在中粒式沥青混凝土施工后，在其上喷洒乳化沥青，喷油量为 0.55kg/m^2，再施工细粒式沥青混凝土，确定喷洒乳化沥青套用的定额子目及基价。

8. 某道路工程人字纹安砌人行道板，采用 250mm×250mm×50mm 人行道板，下设 3cm 厚 M10 水泥砂浆垫层，确定人行道板安砌套用的定额子目与基价。

第6章《排水工程》预算定额应用

本章学习要点

1. 管道铺设工程量计算规则、计算方法、定额的套用和换算。

2. 管道基础、垫层工程量计算规则、计算方法、定额的套用和换算。

3. 检查井垫层、基础、砌筑、抹灰、井室盖板、井圈、井盖等工程量计算规则、计算方法、定额的套用和换算。

4. 排水工程模板、钢筋工程量计算规则、计算方法、定额的套用和换算。

引言

某工程雨水管道平面图、管道基础图如下，管道采用钢筋混凝土管，基础采用钢筋混凝土条形基础，检查井采用砖砌，检查井剖面示意图如下，现要计算这段管道垫层、基础相关的工程量，并计算该段管道检查井相关工程量。有哪些项目需要计算？如何进行计算？

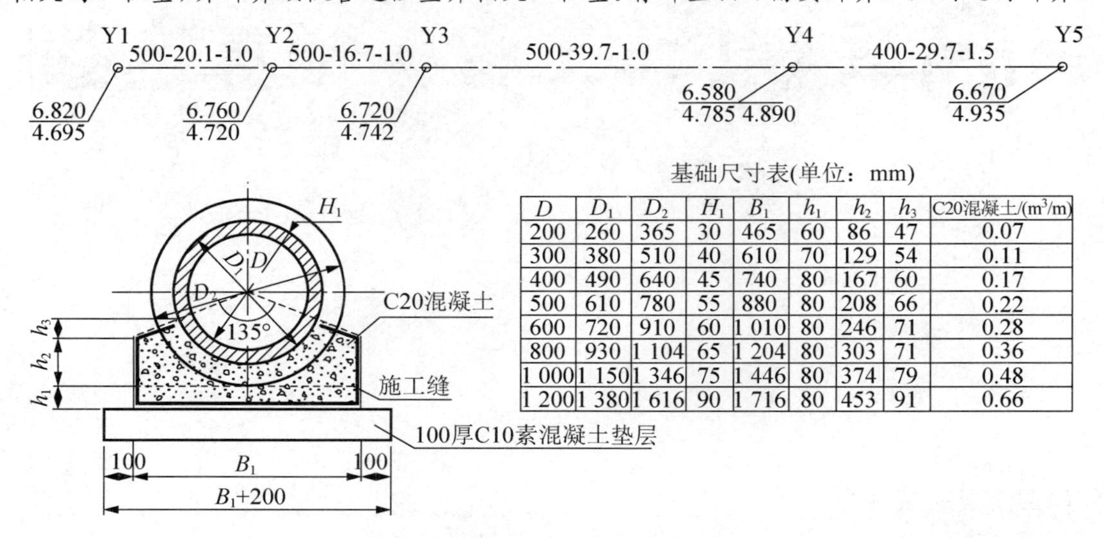

基础尺寸表(单位：mm)

D	D_1	D_2	H_1	B_1	h_1	h_2	h_3	C20混凝土/(m^3/m)
200	260	365	30	465	60	86	47	0.07
300	380	510	40	610	70	129	54	0.11
400	490	640	45	740	80	167	60	0.17
500	610	780	55	880	80	208	66	0.22
600	720	910	60	1 010	80	246	71	0.28
800	930	1 104	65	1 204	80	303	71	0.36
1 000	1 150	1 346	75	1 446	80	374	79	0.48
1 200	1 380	1 616	90	1 716	80	453	91	0.66

某工程雨水管道平面图、管道基础图

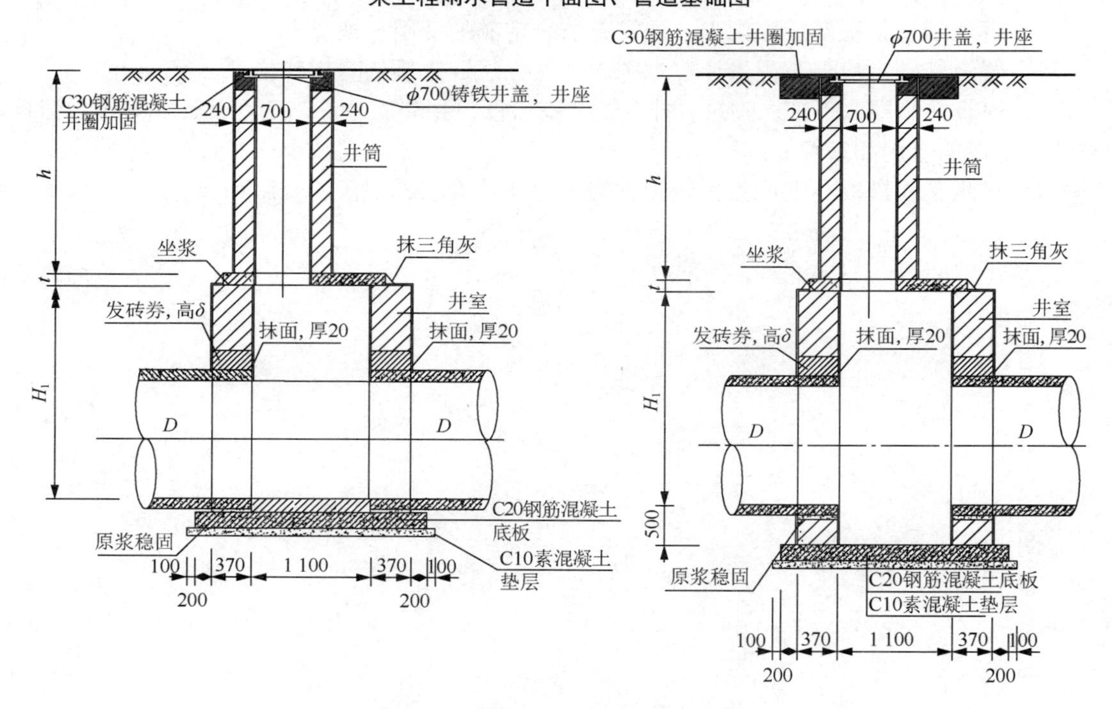

某工程雨水检查井剖面图

6.1 册说明

《排水工程》册包括管道铺设，井、渠(管)道基础及砌筑，不开槽施工管道工程，给排水构筑物，给排水机械设备安装，模板、钢筋及井字架工程，共6章。

1.《排水工程》册适用范围

本册定额适用于城镇范围内新建、改建和扩建的市政排水管渠工程，净水厂、污水厂、排水泵站的给排水构筑物和专用给排水机械设备。

本册定向钻进适用于污水及雨水管道穿越，不适用于给水及燃气管道施工；不适用于排水工程的日常修理及维护工程。

2.《排水工程》册定额与建筑工程定额、安装工程定额的关系

(1) 管道接口、井、给排水构筑物需要做防腐处理的，执行《浙江省建筑工程预算定额》(2010版)或《浙江省安装工程预算定额》(2010版)的相关子目。

(2) 给排水构筑物工程中的泵站上部建筑工程以及本册定额中未包括的建筑工程执行《浙江省建筑工程预算定额》(2010版)。

(3) 给排水机械设备安装中的通用机械设备应执行《浙江省安装工程预算定额》(2010版)。

3.《排水工程》册其他说明

(1) 本定额中所称管径：混凝土管、钢筋混凝土管均指内径，钢管、塑料管指公称直径。如实际管径、长度与定额取定不同时，可进行调整换算。

(2) 本定额各项目涉及的混凝土强度等级和砂浆标号与设计要求不同时，可进行换算，但数量不变。

(3) 本册定额各章所需的模板、钢筋(铁件)加工、井字架执行本册定额第6章的相应子目。

(4) 本册定额所涉及的土石方开挖、运输、脚手架、支撑、围堰、打拔桩、降排水、拆除等工程，除各章节另有说明外，可套用第一册《通用项目》的相应定额执行。

(5) 本定额是按无地下水考虑的，如有地下水，需降(排)水、湿土排水时执行第一册《通用项目》的相应定额；需设排水盲沟时执行第二册《道路工程》的相应定额。

6.2 管道铺设

管道铺设包括混凝土管道铺设、塑料排水管铺设、排水管道接口、管道闭水试验等相应子目。

6.2.1 工程量计算规则

(1) 管道铺设，按井中至井中的中心扣除检查井长度，以“延长米”为单位计算工程量。

① 每座矩形检查井扣除长度按管线方向井室内径计算。

② 每座圆形检查井扣除长度按管线方向井室内径每侧减 15cm 计算。

③ 雨水口所占长度不予扣除。

知识链接

排水管道接入检查井时，管口通常与井内壁齐平。

【参考图文】

特别提示

矩形检查井井室内尺寸有管线方向、垂直于管线方向两个尺寸，扣除检查井长度时取管线方向的内尺寸计算。

【例 6-1】 某段管线工程，J1 为矩形检查井 1 750mm×1 000mm，主管为 *DN*1 200，支管为 *DN*500，单侧布置，具体如图 6.1 所示，计算该检查井处应扣除的长度。

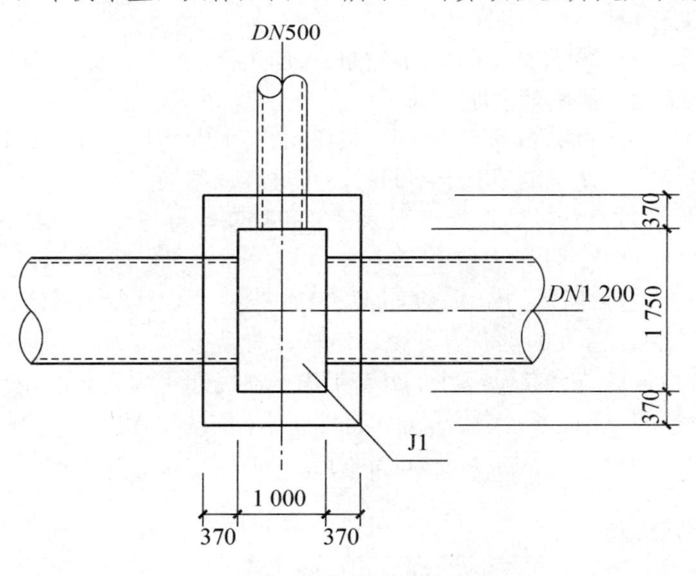

图 6.1　某段管线工程图 1

【解】 *DN*1 200 管在 J1 处应扣除长度=1m

*DN*500 管在 J1 处应扣除长度=1.75/2=0.875(m)

【例 6-2】 某段管线工程，J2 为圆形检查井ϕ1 800，主管为 *DN*1 200，支管为 *DN*500，单侧布设，具体如图 6.2 所示，计算该检查井处应扣除的长度。

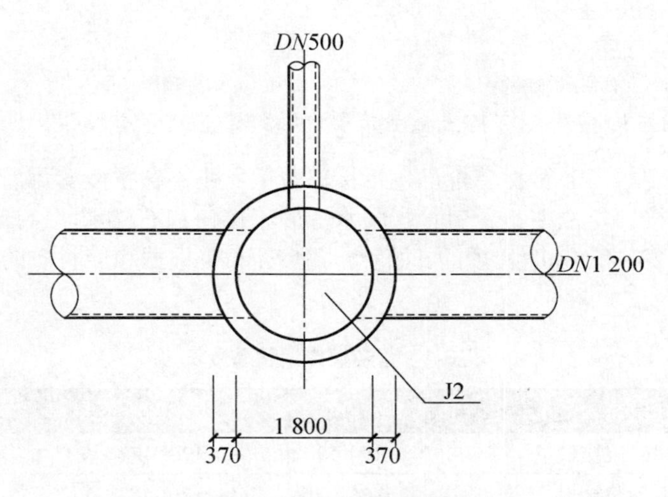

图 6.2　某段管线工程图 2

【解】DN1 200 管在 J2 检查井处应扣除长度=1.8−0.15×2=1.5(m)

DN500 管在 J2 处应扣除长度=1.8/2−0.15=0.75(m)

【例 6-3】某管道平面图如下，已知 Y1 ~ Y4 均为圆形检查井，Y1、Y2 井内径为 1.1m，Y3、Y4 井内径为 1.3m。试计算各管段管道铺设的工程量。

Y1　800-20.1-1.0　Y2　800-16.7-1.0　Y3　1000-39.7-1.0　Y4

【解】Y1 ~ Y2 段管道铺设的工程量=20.1−(1.1/2−0.15)−(1.1/2−0.15)=19.3(m)

Y2 ~ Y3 段管道铺设的工程量=16.7−(1.1/2−0.15)−(1.3/2−0.15)=15.8(m)

Y3 ~ Y4 段管道铺设的工程量=39.7−(1.3/2−0.15)−(1.3/2−0.15)=38.7(m)

(2) 管道接口区分管径及做法，以实际接口个数计算工程量。

知识链接

$$管道接口数量=管节数量-1 \tag{6-1}$$

$$管节数量=管道铺设长度/每节管道长度(根据计算结果进 1，取整数) \tag{6-2}$$

每节管道长度按实计算，通常 UPVC、HDPE 等塑料管道每节管长为 6m；钢筋混凝土管管径≤600mm，每节管道长度通常为 3m；钢筋混凝土管管径≥800mm，每节管道长度通常为 2m。

(3) 管道闭水试验，以实际闭水长度计算，不扣除各种井所占长度。

6.2.2 定额套用及换算说明

(1) 如在无基础的槽内铺设混凝土管道，其人工、机械乘以系数 1.18。

(2) 如遇有特殊情况必须在支撑下串管铺设，其人工、机械乘以系数 1.33。

知识链接

串管铺设：指在沟槽两侧有挡土板且有钢(木)支撑下的管道铺设。

(3) 管道铺设定额，若管材单价已包括接口费用，则不得重复套用管道接口相关子目。

(4) 排水管道接口定额中，企口管膨胀水泥砂浆接口和石棉水泥接口适于 360°，其他接口均是按管座 120° 和 180° 列项的。如管座角度不同，根据相应材质的接口做法按表 6-1 进行调整。

表 6-1　管道接口调整系数表

序号	项目名称	实做角度	调整基数或材料	调整系数
1	水泥砂浆接口	90°	120° 定额基价	1.33
2	水泥砂浆接口	135°	120° 定额基价	0.89
3	钢丝网水泥砂浆接口	90°	120° 定额基价	1.33
4	钢丝网水泥砂浆接口	135°	120° 定额基价	0.89
5	企口管膨胀水泥砂浆接口	90°	定额中 1∶2 水泥砂浆	0.75
6	企口管膨胀水泥砂浆接口	120°	定额中 1∶2 水泥砂浆	0.67
7	企口管膨胀水泥砂浆接口	135°	定额中 1∶2 水泥砂浆	0.625
8	企口管膨胀水泥砂浆接口	180°	定额中 1∶2 水泥砂浆	0.50
9	企口管石棉水泥接口	90°	定额中 1∶2 水泥砂浆	0.75
10	企口管石棉水泥接口	120°	定额中 1∶2 水泥砂浆	0.67
11	企口管石棉水泥接口	135°	定额中 1∶2 水泥砂浆	0.625
12	企口管石棉水泥接口	180°	定额中 1∶2 水泥砂浆	0.50

注：现浇混凝土外套环、变形缝接口，通用于平口、企口管。

【例 6-4】 排水管道管径 500mm，采用 135° 水泥砂浆接口，确定套用的定额子目及基价。

【解】 套用定额子目：[6−53]H

基价= 72×0.89 ≈ 64(元/10 个口)

(5) 定额中的水泥砂浆接口、钢丝网水泥砂浆接口均不包括内抹口。如设计要求内抹口时，按抹口周长每 100 延长米增加水泥砂浆 0.042m^3、人工 9.22 工日计算。

【例 6-5】 *DN*600 钢筋混凝土平口管道(135° 管基)，接口采用 1∶2.5 水泥砂浆抹带接口(内外抹口)，已知 10 个接口的内抹口周长为 18.84m，确定套用的定额子目及基价。

【解】 套用定额子目：[6−54]H

$$基价=81\times0.89+(0.042\times210.26+9.22\times43.00)\times\frac{18.84}{100}\approx148(元/10 个口)$$

(6) 本章各项所需模板、钢筋加工，执行本册定额第 6 章的相应项目。

6.3 井、渠(管)道基础及砌筑

井、渠(管)道基础及砌筑定额包括井垫层、井砌筑及抹灰、井盖(箅)制作安装，渠(管)道垫层及基础、渠道砌筑、渠道抹灰及勾缝、渠道沉降缝，钢筋混凝土盖板、过梁的预制安装，排水管道出水口，方沟闭水试验等相应子目。

6.3.1 工程量计算规则

1. 渠(管)道垫层及基础

(1) 渠(管)道垫层、基础按设计图示尺寸按实体积以 m^3 为单位计算。

知识链接

常用的钢筋混凝土管道通常采用钢筋混凝土条形基础，如图 6.3 所示。基础分为两个部位：施工缝(图中虚线)以下为“平基”、施工缝以上为“管座”。在管道基础工程量计算时，需分别计算平基、管座的工程量，分别套用相应的定额子目。

【参考图文】

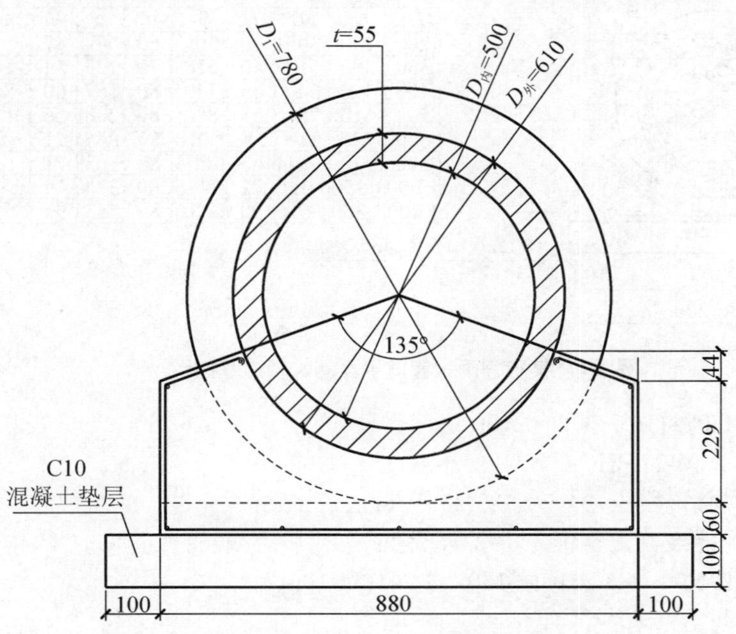

图 6.3 钢筋混凝土条形基础剖面图

特别提示

排水管道接入检查井时，管口通常与井内壁齐平，所以在计算管道垫层、基础的实际体积时，垫层、基础的长度应扣除检查井的长度。

【例 6-6】 某工程雨水管道平面图、管道基础图如图 6.4 所示，管道采用钢筋混凝土管，基础采用钢筋混凝土条形基础。已知 Y1～Y5 均为 1 100mm×1 100mm 的砖砌检查井，管道垫层、基础均采用现浇现拌混凝土。计算 Y2～Y3 段管道垫层、管道基础的工程量，并确定套用的定额子目及其基价。

【解】 Y2～Y3 段管道管径为 D500，井中到井中长度为 16.7m

(1) 管道垫层。

工程量=(0.88+0.2)×0.1×(16.7−1.1)=1.68(m³)

套用定额子目：[6−268]

基价=2 410 元/10m³

(2) 管道基础。

① 平基。

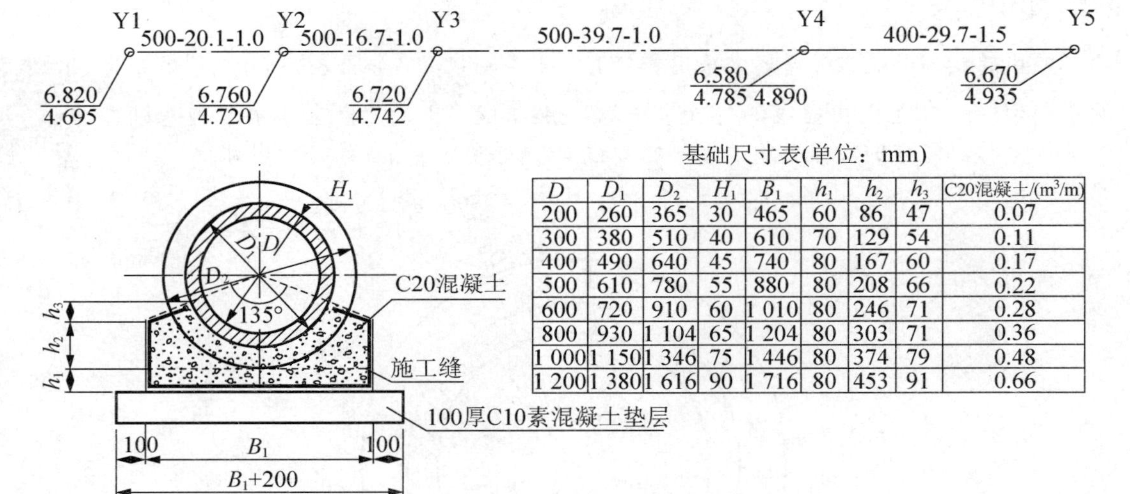

基础尺寸表(单位：mm)

D	D_1	D_2	H_1	B_1	h_1	h_2	h_3	C20混凝土/(m³/m)
200	260	365	30	465	60	86	47	0.07
300	380	510	40	610	70	129	54	0.11
400	490	640	45	740	80	167	60	0.17
500	610	780	55	880	80	208	66	0.22
600	720	910	60	1 010	80	246	71	0.28
800	930	1 104	65	1 204	80	303	71	0.36
1 000	1 150	1 346	75	1 446	80	374	79	0.48
1 200	1 380	1 616	90	1 716	80	453	91	0.66

图 6.4 某工程雨水管道平面图、管道基础图

工程量=0.88×0.08×(16.7−1.1)=1.10(m³)

套用定额子目：[6-276]H

C15(40)现浇现拌混凝土单价为 183.25 元/m³

C20(40)现浇现拌混凝土单价为 192.94 元/m³

基价=2 843+(192.94−183.25)×10.150 ≈ 2 941(元/10m³)

② 管座。

工程量=(0.22−0.88×0.08×1)×(16.7−1.1)=2.33(m³)

套用定额子目：[6−282]H

C25(40)现浇现拌混凝土单价为 207.37 元/m³

C20(40)现浇现拌混凝土单价为 192.94 元/m^3

基价=3 265+(192.94−207.37)×10.150 ≈ 3 119(元/$10m^3$)

(2) 沟槽回填塘渣或砂等按沟槽挖方工程量扣除各种管道、基础、垫层及沿线井室等构筑物所占的体积计算。

2. 井垫层

井垫层按设计图示尺寸按实体积以 m^3 为单位计算。

3. (井、渠道)砌筑及抹灰、勾缝

(1) 各类井的井深按井底基础以上至井盖计算。

知识链接

井深=井盖顶标高−井基础顶标高　　(6-3)

井基础顶标高也就是井底板顶标高。

检查井位于路面范围内时，井盖顶与路面齐平，故井盖顶标高等于设计路面标高；检查井位于绿化带等非路面范围时，井盖顶通常高出地面 2～3cm。

在排水管道施工图纸中，通常不标示井底板顶标高，而标示检查井处管内底标高，需根据管内底标高计算井底板顶标高。

流槽井剖面如图 6.5(a)所示，落底井剖面如图 6.5(b)所示，井深计算公式如下：

检查井为落底井时：井底板顶标高=检查井处管内底标高−落底高度　　(6-4)

检查井为流槽井(不落底井)时：井底板顶标高=检查井处管内底标高−管壁厚−0.02(坐浆厚度)　　(6-5)

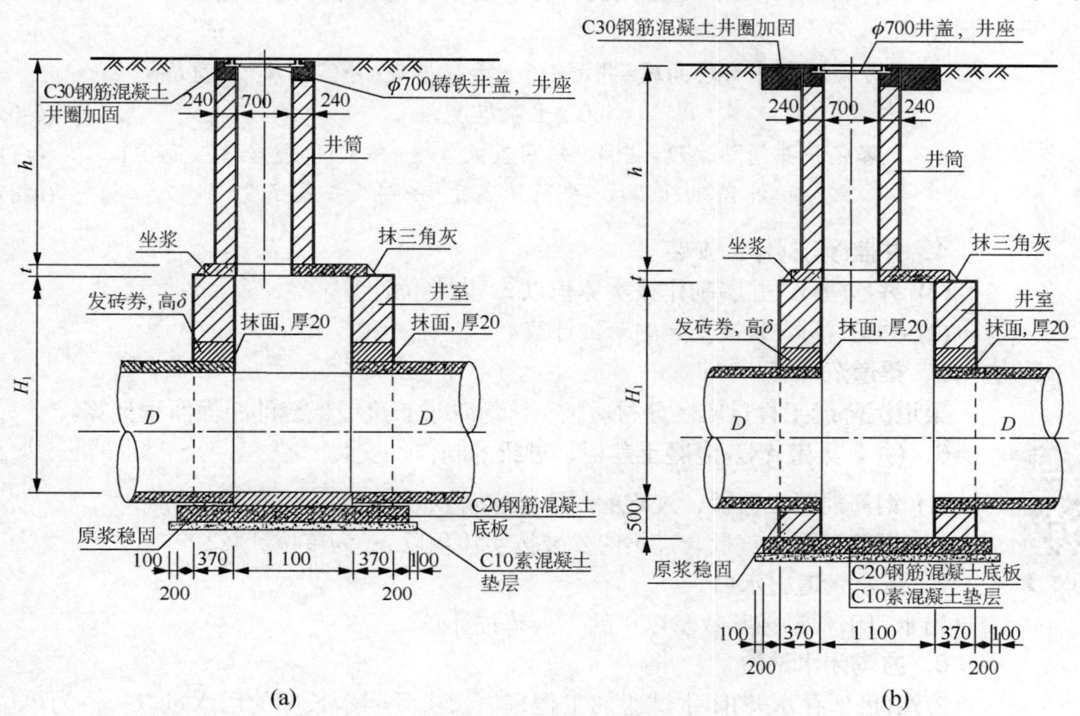

图 6.5　矩形检查井剖面示意图

【参考图文】

(2) 砌筑按体积(不扣除管径 500mm 以内管道所占体积)以 m^3 为单位计算。

(3) 井砌筑流槽工程量并入井室砌体工程量内计算。

特别提示

石砌流槽、混凝土流槽工程量另行单独计算。

(4) 抹灰、勾缝按面积以 m^2 为单位计算。

(5) 井壁(墙)凿洞工程量按凿除面积以 m^2 为单位计算。

特别提示

井砌筑体积计算时，应扣除管径 500mm 以上管道所占体积。

如图 6.5 所示的矩形检查井，下部井室部位为矩形，上部井筒部位为圆形，在计算井砌筑工程量时，应分别计算井室砌筑(矩形)工程量、井筒砌筑(圆形)工程量，并分别套用相应的定额子目。

知识链接

在计算井砌筑体积、井抹灰面积时，需先确定井深，进而确定井室高度、井筒高度，从而计算井室砌筑体积、井筒砌筑体积及井抹灰面积。

在计算确定井深后，通常按设计要求最小高度确定井室高度，再按下式计算井筒高度。

流槽井井筒总高度=井深−井室盖板厚度−井室高度−管壁厚−0.02(坐浆厚度)　　(6-6)

落底井井筒总高度=井深−井室盖板厚度−井室高度(含落底高度)　　(6-7)

井筒砌筑高度=井筒总高度−井圈及井盖高度　　(6-8)

4．井盖(箅)制作、安装

(1) 井盖(箅)、井圈制作按实体积以 m^3 为单位计算。

(2) 井盖(箅)安装按安装的套数计算。

5．渠道沉降缝

渠道沉降缝工程量应区分材质按沉降缝铺设长度或嵌缝的断面面积计算。

【参考图文】

6．(井、渠道)钢筋混凝土盖板、过梁的制作、安装

(1) 钢筋混凝土盖板、过梁的制作按实体积以 m^3 为单位计算。

(2) 钢筋混凝土盖板、过梁的安装按实体积以 m^3 为单位计算。

7．排水管道出水口

出水口工程量按其数量以“处”为单位计算。

8．方沟闭水试验

方沟(包括存水井)闭水试验的工程量，按实际闭水长度的用水量以 m^3 为单位计算。

6.3.2 定额套用及换算说明

(1) 井、渠(管)道基础及砌筑各项目均不包括脚手架，当井深超过 1.5m 时，执行本册第 6 章井字脚手架项目；砌墙高度超过 1.2m，抹灰高度超过 1.5m 时所需脚手架执行《通用项目》的相应定额。

(2) 各项目所需模板的制作、安装、拆除，钢筋(铁件)的加工均执行本册第 6 章的相应项目。

(3) 小型构件是指单件体积在 $0.04m^3$ 以内的构件。凡大于 $0.04m^3$ 的检查井过梁，执行混凝土过梁制作、安装项目。

(4) 混凝土枕基和管座不分角度均按相应定额执行。

(5) 管道基础伸缩缝套用《通用项目》相关定额。

(6) 嵌石混凝土定额中的块石含量按 25%计算，如与实际不符，应进行调整。

(7) 石砌体均按块石考虑，如果用片石时，石料与砂浆用量分别乘以系数 1.09 和 1.19，其他不变。

(8) 砖砌检查井降低执行《通用项目》拆除构筑物相应定额。

(9) 井砌筑中的爬梯可按实际用量，套用本册第 6 章中钢筋、铁件相应子目。

(10) 井室不分内、外抹灰，均套用井抹灰子目。

(11) 拱(弧)形混凝土盖板的安装，按相应体积的矩形板定额人工、机械乘以系数 1.15 执行。

(12) 干砌、浆砌出水口的平坡、锥坡、翼墙等按《通用项目》的相应项目执行。

(13) 定额中砖砌、石砌一字式、门字式、八字式适用于 *DN*300～*DN*2 400 不同覆土厚度的出水口，按《给排水标准图集》(2002)合订本 S2 编制。如设计不同，可做换算。

【例 6-7】 根据图 6.6、图 6.7、图 6.11～图 6.15，计算 Y2、Y3 检查井砌筑的工程量并确定套用的定额子目。

【解】 先确定井的平面尺寸及类型，并计算井深，然后确定井室、井筒高度，最后计算砌筑工程量。

(1) 根据图 6.6、图 6.7、图 6.14、图 6.15 可知：Y2 为 1 100×1 100 流槽井

$$\text{Y2 井深}=5.715-3.269+\frac{0.61-0.5}{2}+0.02=2.521(\text{m})$$

根据图 6.15 各部尺寸表，取定 H_1=1.8m

$$\text{则井室砌筑高度}=1.8+\frac{0.61-0.5}{2}+0.02=1.875(\text{m})$$

则井室砌筑工程量=2.18×1.875+0.35=4.44(m^3)

(注：流槽井流槽砌筑的工程量并入井室砌筑工程量中)

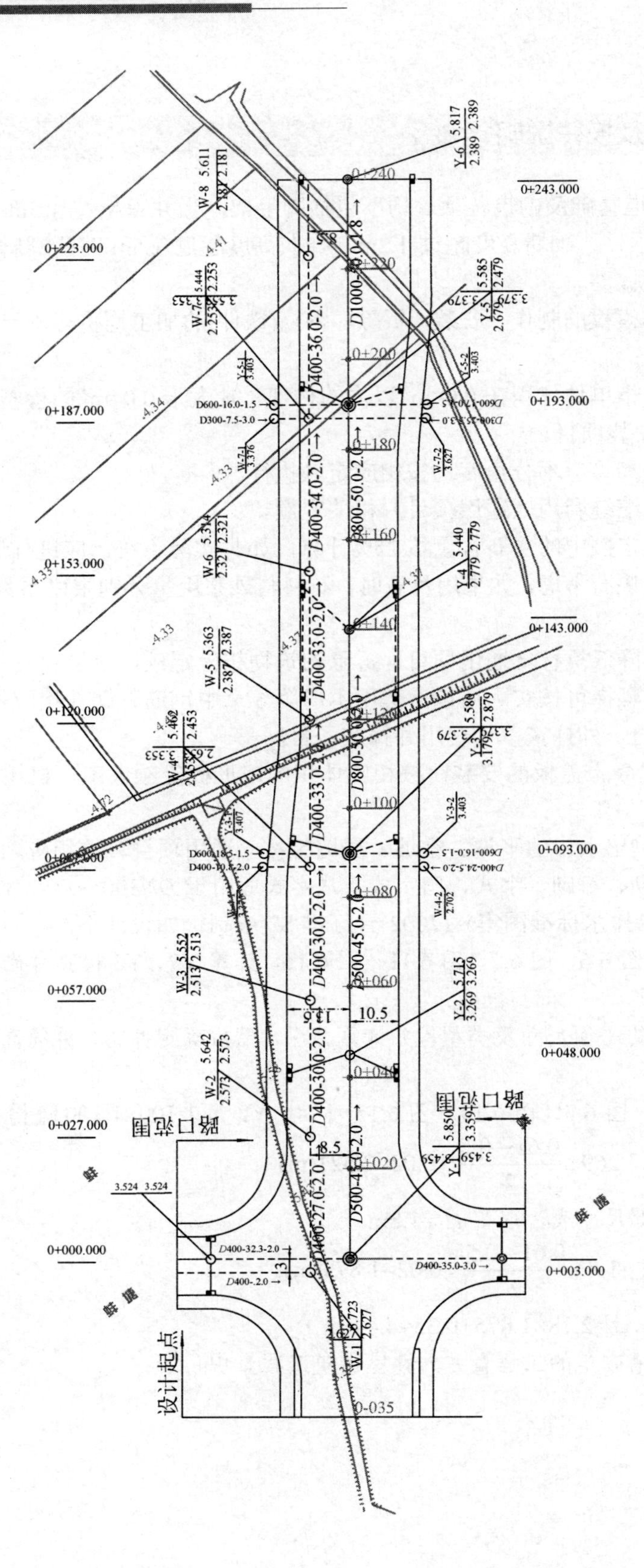

图 6.6　某市中华路排水管道平面图

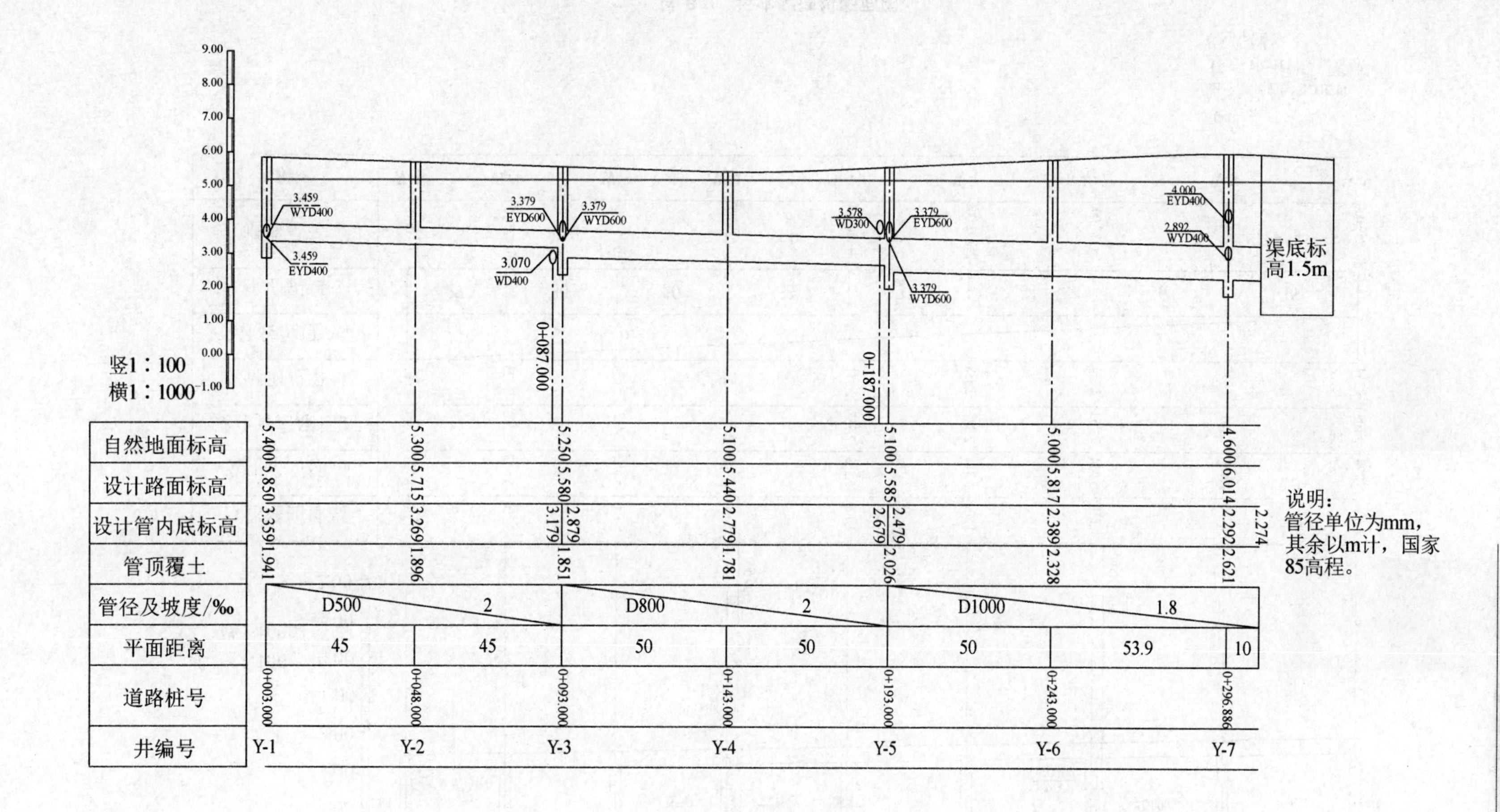

图6.7 雨水管道纵断面图

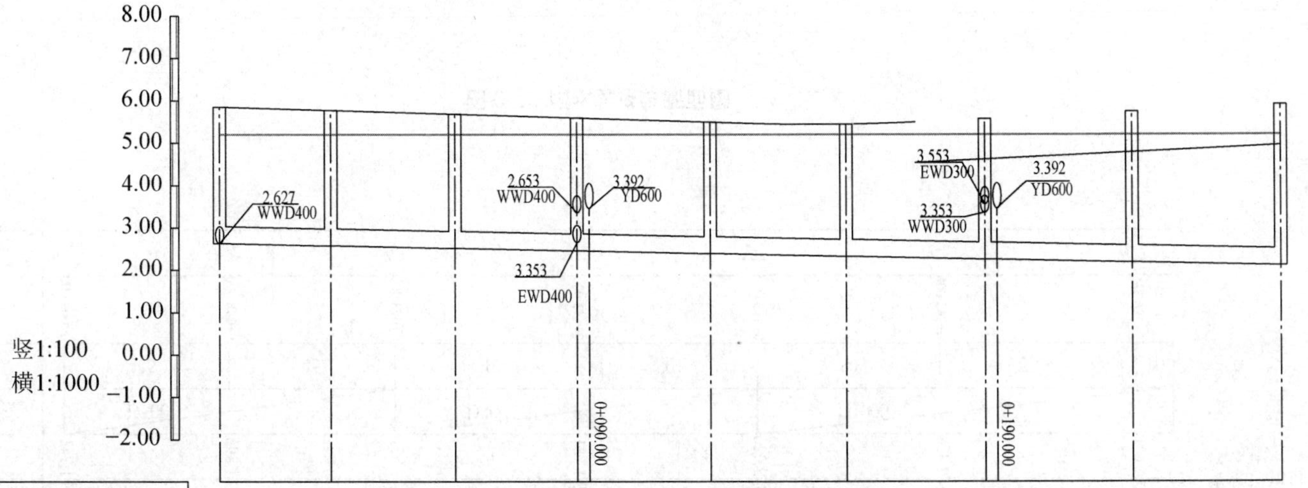

竖1:100
横1:1000

8.00 7.00 6.00 5.00 4.00 3.00 2.00 1.00 0.00 −1.00 −2.00

2.627 WWD400　2.653 WWD400　3.392 YD600　3.353 EWD400　0+090.000　3.553 EWD300　3.353 WWD300　3.392 YD600　0+190.000

自然地面标高	5.210	5.200	5.100	5.010	4.900	4.800	4.810	4.700	4.500
设计路面标高	5.723	5.642	5.552	5.462	5.363	5.314	5.444	5.611	5.778
设计管内底标高	2.627	2.573	2.513	2.453	2.387	2.321	2.253	2.181	2.109
管顶覆土	2.661	2.633	2.604	2.574	2.541	2.558	2.756	2.995	3.234
管径及坡度/‰	D400 2								
平面距离	27	30	30	33	33	34	36	36	
道路桩号	0+000	0+027.000	0+057.000	0+087.000	0+120.000	0+153.000	0+187.000	0+223.000	0+259.000
井编号	W-1	W-2	W-3	W-4	W-5	W-6	W-7	W-8	W-9

说明：
管径单位为mm，
其余以m计，国家
85高程。

图 6.8　污水管道纵断面图

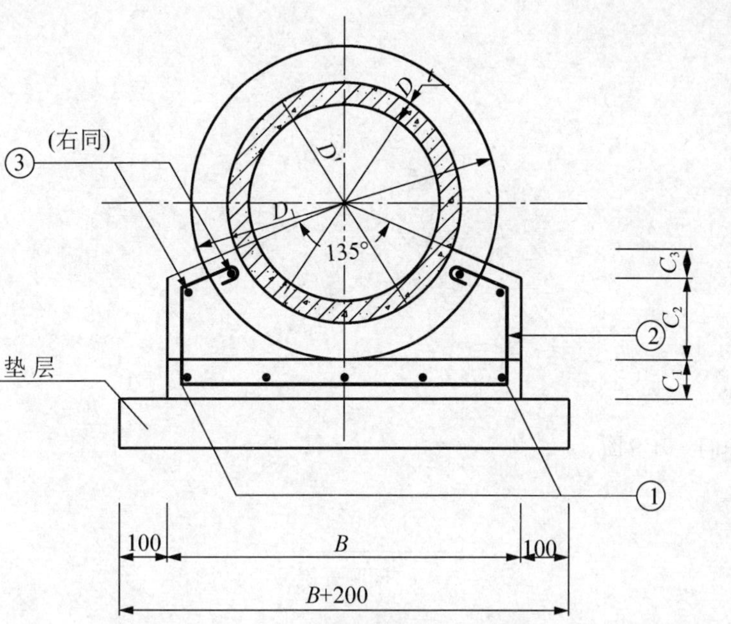

管道基础

说明：

1. 本图尺寸以毫米为单位。
2. 适用条件:
   (1) 管顶覆土 $D500 \sim D600$为 0.7～4.0m,
   $D800 \sim D1500$为 0.7～6.0m。
   (2) 开槽埋设的排水管道。
   (3) 地基为原状土。
3. 材料:混凝土:C20; 钢筋:HPB235级钢筋。
4. 主筋净保护层: 下层为35mm,其他为30mm。
5. 垫层:C10素混凝土垫层,厚100mm。
6. 管槽回填土的密实度:管子两侧不低于90%,严禁单侧填高,管顶以上500mm内,不低于85%,管顶500mm以上按路基要求回填。
7. 管基础与管道必须结合良好。
8. 当施工过程中需在C_1层面处留施工缝时,则在继续施工时应将间歇面凿毛刷净,以使整个管基结为一体。
9. 管道带形基础每隔15～20m断开20mm,内填闭孔聚乙烯泡沫板。

基础尺寸及材料表

D	D'	D_1	t	B	C_1	C_2	C_3	①	②	③	每米管道基础工程量			
mm	mm	mm	mm	mm	mm	mm	mm				C20混凝土/m³	①筋长/m	②筋长/m	③筋长/m
500	610	780	55	880	80	208	66	5Φ10	Φ8@200	4Φ10	0.224	5.00	8.005	4.00
600	720	910	60	1 010	80	246	71	6Φ10	Φ8@200	4Φ10	0.282	6.00	9.165	4.00
800	930	1 104	65	1 204	80	303	71	7Φ10	Φ8@200	4Φ10	0.356	7.00	10.71	4.00
1 000	1 150	1 346	75	1 446	80	374	79	8Φ10	Φ8@200	4Φ10	0.483	8.00	12.84	4.00
1 200	1 380	1 616	90	1 716	80	453	91	9Φ10	Φ8@200	4Φ10	0.658	9.00	15.29	4.00
1 500	1 730	2 008	115	2 200	100	548	124	10Φ10	Φ8@200	4Φ10	1.045	10.00	19.05	8.00

图 6.9 钢筋混凝土管道条形基础结构图

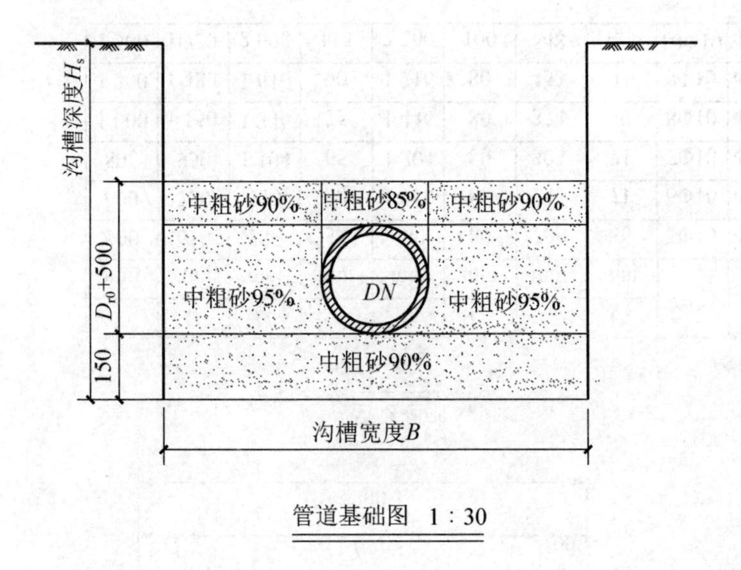

管道基础图 1：30

管道基础尺寸及变形参数表/mm

管道规格		DN200	DN300	DN400	DN500	DN600
D_{r0}		250	335	450	530	630
H_s<3000	沟槽宽度B	1 000	1 100	1 200	1 300	1 400
3000≤H_s<4000		1 200	1 300	1 400	1 500	1 600
4000≤H_s<4500		1 300	1 400	1 500	1 600	1 700
4500≤H_s<6000		—	—	—	—	
竖向管道直径初始变形量		6	10	13	16	20
竖向管道直径允许变形量		10	15	20	25	30

注：无支撑时沟槽宽度B可减小300mm。

图 6.10 UPVC 管砂基础结构图

1. 检查井图尺寸除说明外均为毫米.

2. 排水检查井内容:

(1)检查井分为砖砌矩形检查井和方形检查井.

(2)检查井分落底井和不落底井两种.

(3)雨污交汇井采用落底井，井内雨水管断开，污水管穿过.

3. 适用条件:

(1) 设计荷载: 城—B

(2) 土容重: 干容重 $18kN/m^3$, 饱和容重 $20kN/m^3$.

(3) 地下水位: 地面下 1.0m .

(4) 检查井顶板上覆土厚度: 井筒总高度小于等于2.0m的井筒顶板及井筒总高度大于2.0m的二级井筒顶板适用覆土厚度: 0.6~2.0m。小于 0.6m 或大于3.5m 的顶板应另行设计.

(5) 地基承载力≥ 80kPa.

4. 材料:

(1)砖砌检查井用 M10 水泥砂浆砌筑 MU10机砖, 检查井内外表面及抹三角灰用 1:2 水泥砂浆抹面, 厚20mm.

(2)钢筋混凝土构件: 预制与现浇均采用C20混凝土, 钢筋: Φ—HPB300级钢筋，Φ—HRB335级钢筋.

(3) 混凝土垫层: C10 .

5. 检查井配用Φ700的双关节翻盖式铸铁井座及井盖板。

6. 检查井底板均选用钢筋混凝土底板, 并与主干管的第一节管子或半节长管子基础浇筑成整体.

7. 管子上半圆砌发砖券, 当管道 $D \leqslant 800$时, 券高 $\delta=120mm$, 当管道 $D \geqslant 1000$ 时券高 $\delta=240mm$.

8. 施工注意事项:

(1) 预制或现浇盖板必须保证底面平整光洁, 不得有蜂窝麻面.

(2) 安装井座须坐浆. 井盖顶板要求与路面平.

9. 除图中已注明外, 其余垫层做法与接入主管基础垫层相同.

10. 井筒必须按模数高度设置, 若最后砌至顶部大于20mm且小于60mm, 宜用C30细石混凝土找平再放置预制井座或直接现浇钢筋混凝土井座.

11. 由于检查井基础大部分位于淤泥质土层上，检查井基础地基需处理, 处理方法同管基下软基处理。

图6.11 检查井结构设计说明

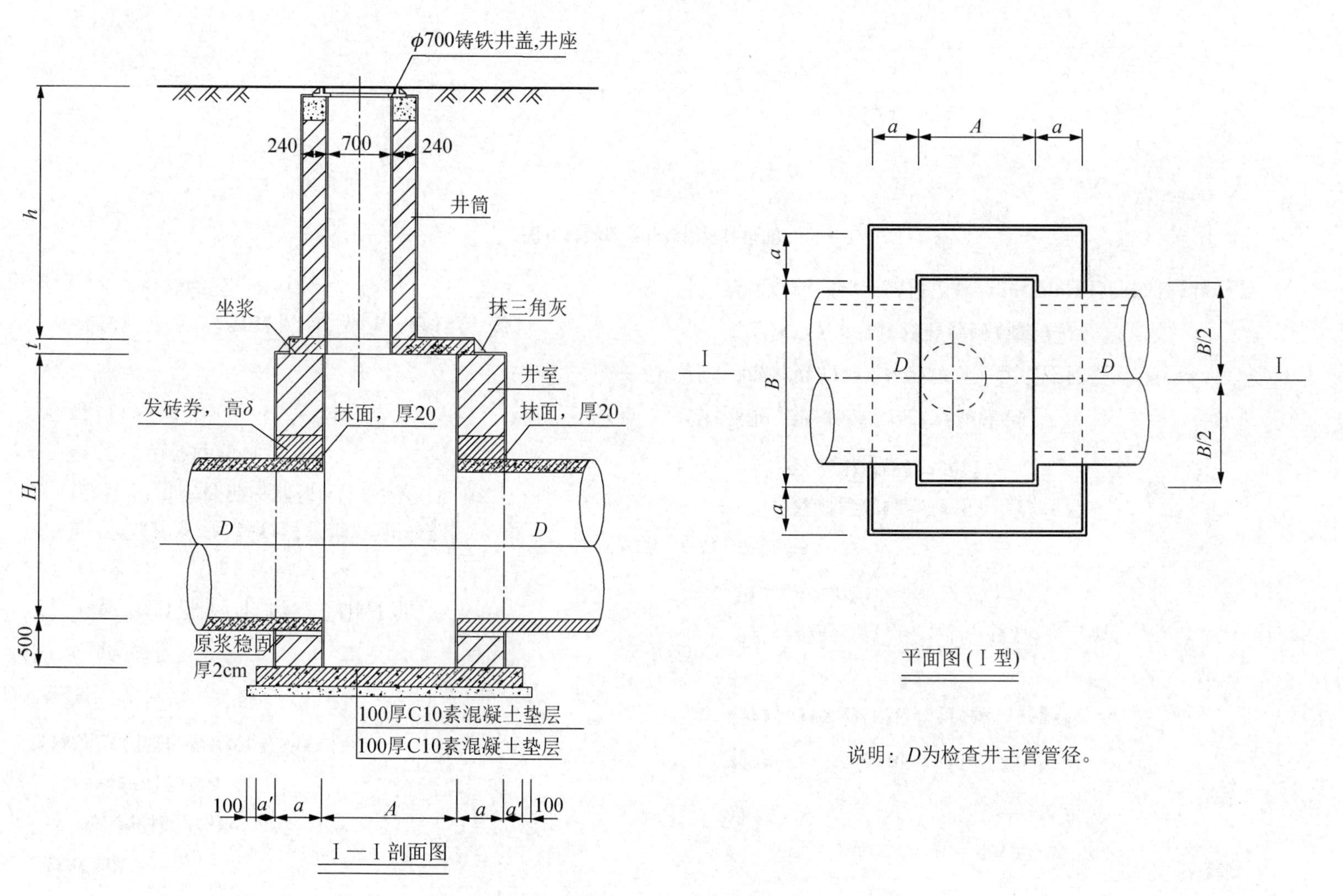

图6.12　矩形检查井(井筒高度小于2m，落底井)平、剖面图

各部尺寸

管径 D/mm	井室平面尺寸 $A\times B$/(mm×mm)	井壁厚度 a/mm	井室高度 H_1/mm	井筒高度 h/mm
≤600	1 100×1 100	370	1 800~1 900	600~2 000
800	1 100×1 250	370	1 800~1 900	600~2 000
1 000	1 100×1 500	370	1 800~2 100	600~2 000
1 200	1 100×1 750	370	1 800~2 300	600~1 600
		490		1 600~2 000

工程数量表

管径 D/mm	井室平面尺寸 $A\times B$/(mm×mm)	井壁厚度 a/mm	井室砖砌体 /(m^3/m)	井室砂浆抹面 (/m^2/m)	井筒砖砌体 /(m^3/m)	井筒砂浆抹面 /(m^2/m)	顶板数量 /块	井盖井座数量 /套
≤600	1 100×1 100	370	2.18	11.76	0.71	5.91	1	1
800	1 100×1 250	370	2.29	12.36			1	1
1 000	1 100×1 500	370	2.47	13.36			1	1
1 200	1 100×1 750	370	2.66	14.36			1	1
		490	3.75	15.32			1	1

图 6.13 矩形检查井(井筒高度小于 2m，落底井)各部尺寸及工程数量表

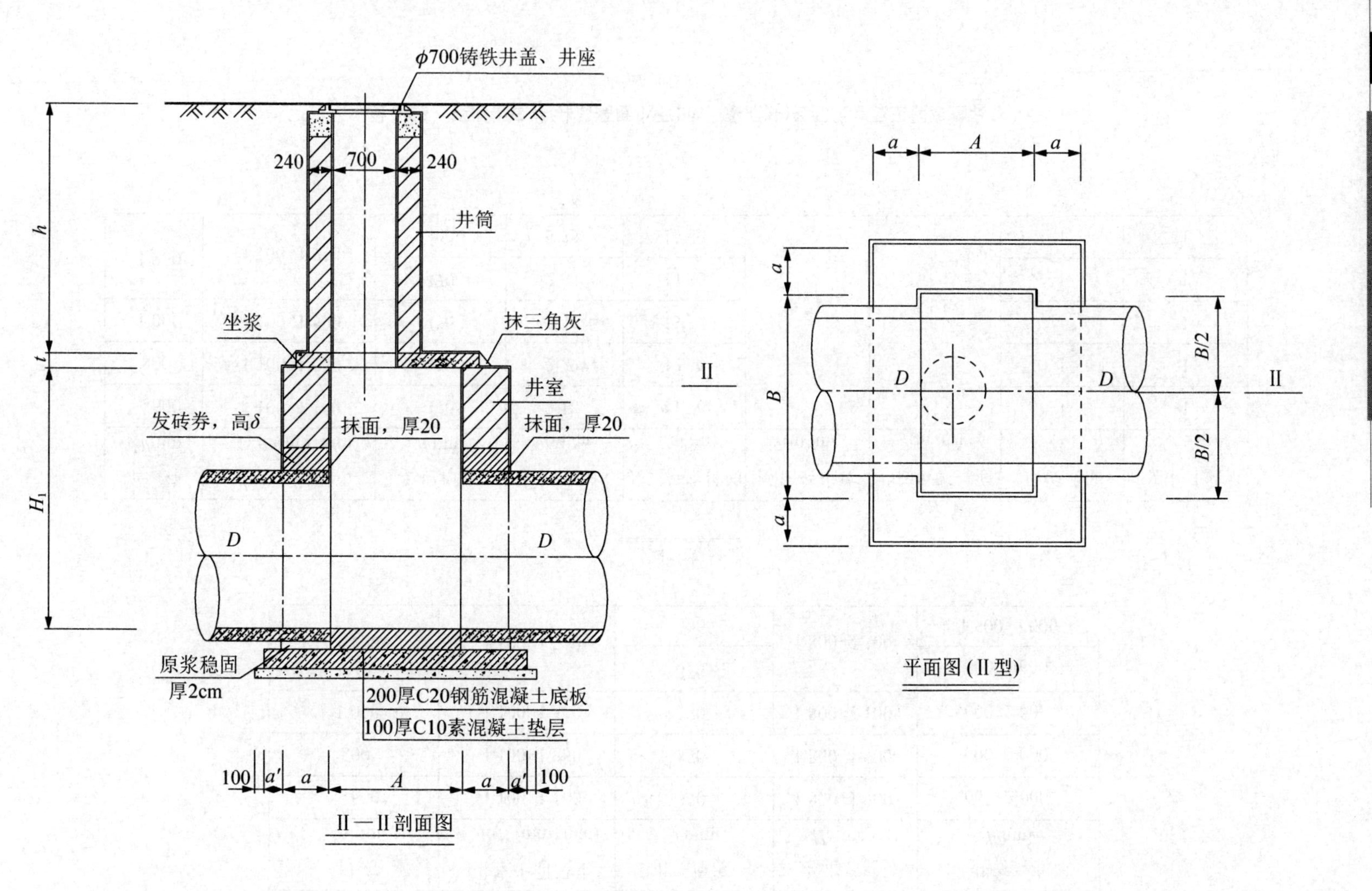

图6.14 矩形检查井(井筒高度小于2m，流槽井)平、剖面图

各部尺寸

管 径 D/mm	井室平面尺寸 A×B/(mm×mm)	井壁厚度 a/mm	井室高度 H_1/mm	井筒高度 h/mm
≤600	1 100×1 100	370	1 800~2 400	600~2 000
800	1 100×1 250	370	1 800~2 400	600~2 000
1000	1 100×1 500	370	1 800~2 600	600~2 000
1200	1 100×1 750	370	1 800~2 800	600~2 000

工程数量表

管 径 D/mm	井室平面尺寸 A×B/(mm×mm)	井壁厚度 a/mm	井室砖砌体 /(m^3/m)	井室砂浆抹面 /(m^2/m)	流槽砖砌体 /m^3	流槽砂浆抹面 /m^2	井筒砖砌体 /(m^3/m)	井筒砂浆抹面 /(m^2/m)	顶板数量 /块	井盖井座数量 /套
≤600	1 100×1 100	370	2.18	11.76	0.35	2.14	0.71	5.91	1	1
800	1 100×1 250	370	2.29	12.36	0.58	2.76			1	1
1 000	1 100×1 500	370	2.47	13.36	0.83	3.38			1	1
1 200	1 100×1 750	370	2.66	14.36	1.13	4.00			1	1

图 6.15 矩形检查井(井筒高度小于 2m，流槽井)各部尺寸及工程数量表

井筒高度 h=2.521−1.875−0.12=0.516(m)

井筒砌筑高度=0.646−0.25−0.04=0.236(m)

则井筒砌筑工程量=0.71×0.236=0.17(m^3)

(2) 根据图 6.6、图 6.7、图 6.12、图 6.13 可知：Y3 为 1 100×1 250 落底井

Y3 井深=5.580−2.879+0.5=3.201(m)

根据图 6.13 各部尺寸表，取定 H_1=1.8m

则井室砌筑高度=1.8+0.5=2.3(m)

则井室砌筑工程量=$2.29\times2.3-\frac{\pi}{4}\times0.93^2\times0.37=5.02(m^3)$

(注：需可扣除 D>500 的管道所占的体积)

井筒高度 h=3.201−2.3−0.12=0.781(m)

井筒砌筑高度=0.781−0.25−0.04=0.491(m)

则井筒砌筑工程量=0.71×0.491=0.35(m^3)

合计：井室砌筑工程量=4.44+5.02=9.46(m^3)

套用定额子目：[6−231]H

井筒砌筑工程量=0.17+0.35=0.52(m^3)

套用定额子目：[6−230]H

【例 6-8】 M10 水泥砂浆砌筑片石渠道墙身，片石单价 26.16 元/t，确定套用的定额子目及基价。

【解】 套用定额子目：[6−293]H

砌筑水泥砂浆 M7.5 的单价：168.17 元/m^3

砌筑水泥砂浆 M10 的单价：174.77 元/m^3

采用用片石砌筑，石料与砂浆用量分别乘以系数 1.09 和 1.19，其他不变。

基价=2 295+(174.77×3.670×1.19−168.17×3.670)+(26.16×18.442×1.09−40.50×18.442) ≈ 2 220(元/10m^3)

【例 6-9】 矩形雨水井为砖砌井，采用 M10 砂浆砌筑，确定雨水井井室套用的定额子目及基价。

【解】 套用定额子目：[6−231]H

基价=2 651+(174.77−168.17)×2.286 ≈ 2 666(元/10m^3)

6.4 不开槽施工管道工程

不开槽施工管道工程定额包括人工挖工作坑、交汇坑土方，安拆顶进后座及坑内平台，安拆敞开式顶管设备及附属设施，安拆封闭式顶管设备及附属设施，敞开式管道顶进，封闭式管道顶进，安拆中继间，顶进触变泥浆减阻，压浆孔封拆，钢筋混凝土沉井洞口处理，

钢管顶进，铸铁管顶进，方(拱)涵顶进，水平定向钻牵引管道等相应子目，适用于雨、污水管(涵)以及外套管的不开槽埋管工程。

6.4.1 工程量计算规则

(1) 工作坑土方区分挖土深度，以挖方体积计算。

(2) 各种材质管道的顶管工程量，按实际顶进长度以“延长米”计算。

(3) 触变泥浆减阻每两井间的工程量，按两井之间的净距离以“延长米”计算。

(4) 安拆中继间工程量按不同顶管管径以“套”计算。

(5) 水平定向钻牵引工程量按井中到井中的中心距离以“延长米”计算，不扣除井所占长度。

【参考图文】

(6) 水平定向钻牵引，清除泥浆工程量按管外径体积乘以 0.67 计算。

(7) 安拆顶进后座及坑内平台工程量，按数量以“个”计算。

(8) 安拆敞开式/封闭式顶管设备及附属设施工程量，按设备套数以“套”计算。

(9) 压浆孔封拆工程量按压浆孔数量以“孔”计算。

(10) 钢筋混凝土沉井洞口处理工程量，按洞口数量以“个”计算。

6.4.2 定额套用及换算说明

(1) 工作坑垫层、基础执行本册第 2 章的相应项目，人工乘以系数 1.10，其他不变。

(2) 如果钢管、铸铁管需设置导向装置，方(拱)涵管需设滑板和导向装置时，另行计算。

(3) 工作坑人工挖土方按土壤类别综合考虑。工作坑回填土，视其回填的实际做法，执行《通用项目》的相应定额子目。

(4) 工作坑内管(涵)明敷，应根据管径、接口的做法执行本册第 1 章的相应项目，人工、机械乘以系数 1.10，其他不变。对于管道下的基础，应根据本册第 2 章套用相关子目。

(5) 本章定额是按无地下水考虑的，如遇地下水时，排(降)水费用根据实际情况按相应定额另行计算。

(6) 顶进施工的方(拱)涵断面大于 $4m^2$ 时，按第三册《桥涵工程》箱涵顶进部分有关定额或规定执行。

(7) 工作井如设沉井，其制作、下沉等套用本册第 4 章的相应项目。

(8) 本章定额未包括土方、泥浆场外运输处理费用，发生时可执行第一册《通用项目》的相应定额或其他有关规定。

(9) 单位工程中，管径 ϕ1 650 以内敞开式顶进在 100m 以内、封闭式顶进(不分管径)在 50m 以内时，顶进定额中的人工费与机械费乘以系数 1.30。

【例 6-10】 某敞开式顶管施工，管径 ϕ1 200，管道顶进长度 90m，挤压式顶进，试确定套用定额子目及基价。

【解】套用定额子目：[6-504]H

基价=155 144+(11 434.78+13 385.97)×(1.30−1) ≈ 162 590(元/100m)

(10) 顶管采用中继间顶进时，各级中继间后面的顶管人工与机械数量乘以表 6-2 所列系数分级计算。

表 6-2　中继间顶进人工费、机械费调整系数表

中继间顶进分级	一级顶进	二级顶进	三级顶进	四级顶进	超过四级
人工费、机械费调整系数	1.20	1.45	1.75	2.1	另计

【例 6-11】 某 ϕ1 500 封闭式顶管工程，总长度为 200m，采用泥水平衡式顶进，设置 4 级中继间顶进，如图 6.16 所示，求其人工用量和顶管设备台班用量。

【解】1 号中继间前面的顶管套用定额子目：[6-517]

1 号中继间后面的顶管套用定额子目：[6-517]H

$$顶进总人工用量=\left(\frac{45}{100}+\frac{34}{100}\times1.2+\frac{30}{100}\times1.45+\frac{56}{100}\times1.75+\frac{35}{100}\times2.1\right)\times258.126$$

$$\approx 776.443(工日)$$

$$顶管设备用量=\left(\frac{45}{100}+\frac{34}{100}\times1.2+\frac{30}{100}\times1.45+\frac{56}{100}\times1.75+\frac{35}{100}\times2.1\right)\times15.940$$

$$\approx 47.948(台班)$$

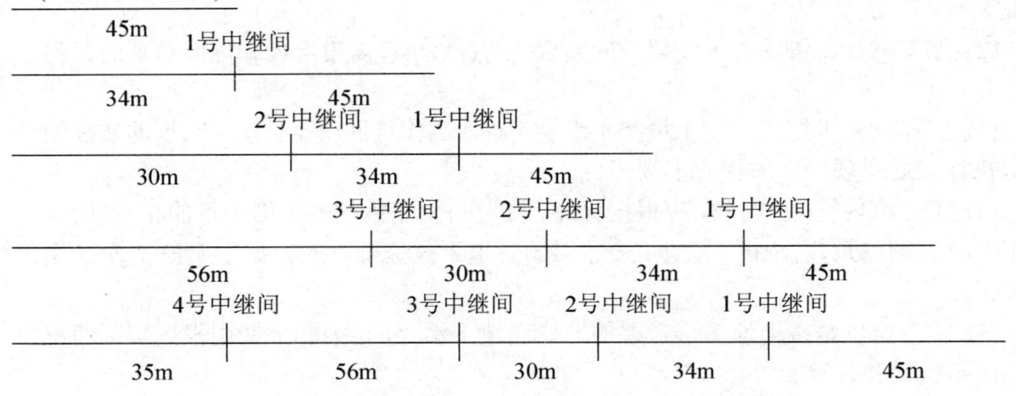

图 6.16　某顶管工程图

(11) 安、拆顶管设备定额中，已包括双向顶进时设备调向的拆除、安装以及拆除后设备转移至另一顶进坑所需的人工和机械台班。

(12) 安、拆顶管后座及坑内平台定额已综合取定，适用于敞开式和封闭式施工方法，其中钢筋混凝土后座模板制作、安装、拆除执行本册第 6 章的相应定额。

(13) 顶管工程中的材料是按 50m 水平运距、坑边取料考虑的，如因场地等情况取用料水平运距超过 50m 时，根据超过距离和相应定额另行计算。

(14) 全挤压不出土顶管定额适用于软土地区全封闭顶进施工项目。

(15) 水平定向钻牵引管道定额适用于排水工程塑料管(HDPE)牵引项目，如采用其他管材，需另行补充。

(16) 水平定向钻牵引如使用钢筋辅助管道拖位，钢筋制安套用本册相应定额。

(17) 水平定向钻牵引定额未包括管材接口材料及连接费用，发生时按本册第 2 章相应定额执行。

6.5 给排水构筑物

给排水构筑物定额包括沉井、现浇钢筋混凝土池、预制混凝土构件、折(壁)板制作安装、滤料铺设、防水工程、施工缝、井池渗漏试验等相应子目。

6.5.1 工程量计算规则

1．沉井

【参考图文】

(1) 沉井垫木按刃脚底中心线以“延长米”为单位计算。灌砂、垫层按体积以 m^3 为单位计算。

(2) 沉井制作工程量按混凝土体积以 m^3 计算。

① 刃脚的计算高度，从刃脚踏面至井壁外凸(内凹)口计算，如沉井井壁没有外凸(内凹)口，则从刃脚踏面至底板顶面为准。

② 底板下的地梁并入底板计算。

③ 框架梁的工程量包括切入井壁部分的体积。

④ 井壁、隔墙或底板混凝土中，不扣除单孔面积 $0.3m^2$ 以内的孔洞所占体积。

(3) 沉井制作的脚手架安、拆，不论分几次下沉，其工程量均按井壁中心线周长与隔墙长度之和乘以井高计算。井高按刃脚顶面至井壁顶的高度计算。

(4) 沉井下沉的土方工程量，按沉井外壁所围的平面投影面积乘以下沉深度(预制时刃脚底面至下沉后设计刃脚底面的高度)，并乘以土方回淤系数 1.03 计算。

2．钢筋混凝土池

(1) 钢筋混凝土各类构件均按图示尺寸，以混凝土实体积计算，不扣除单孔面积 $0.3m^2$ 以内的孔洞体积。

(2) 各类池盖中的进人孔、透气孔盖以及与盖相连接的结构，工程量合并在池盖中计算。

(3) 平底池的池底体积，应包括池壁下的扩大部分；池底带有斜坡时，斜坡部分应按坡底计算；锥形底应算至壁基梁底面，无壁基梁者算至锥底坡的上口。

(4) 池壁计算体积时应区分不同厚度，如上薄下厚的壁，以平均厚度计算。池壁高度应自池底板面算至池盖下面。

(5) 无梁盖柱的柱高，应自池底上表面算至池盖的下表面，并包括柱座、柱帽的体积。

(6) 无梁盖应包括与池壁相连的扩大部分的体积；肋形盖应包括主、次梁及盖部分的体积；球形盖应自池壁顶面以上，包括边侧梁的体积在内。

(7) 沉淀池水槽，指池壁上的环形溢水槽及纵横 U 形水槽，但不包括与水槽相连接的矩形梁，矩形梁可执行梁的相应项目。

3．预制混凝土构件

1) 预制

(1) 预制钢筋混凝土滤板按图示尺寸区分厚度以 m^3 为单位计算，不扣除滤头套管所占体积。

(2) 除钢筋混凝土滤板外，其他预制混凝土构件均按图示尺寸以 m^3 为单位计算，不扣除单孔面积 $0.3m^2$ 以内孔洞所占体积。

2) 安装

(1) 钢筋混凝土滤板、铸铁滤板安装工程量按面积以 m^2 为单位计算。

(2) 其他预制混凝土构件按体积以 m^3 为单位计算。

4．折板、壁板制作安装

(1) 折板安装区分材质均按图示尺寸以 m^3 为单位计算。

(2) 稳流板安装区分材质不分断面均按图示长度以“延长米”为单位计算。

(3) 壁板制作安装按图示尺寸以 m^2 为单位计算。

5．滤料铺设

各种滤料铺设均按设计要求的铺设平面乘以铺设厚度以 m^3 为单位计算，锰砂、铁矿石滤料以 t 为单位计算。

6．防水工程

(1) 各种防水层按实铺面积，以 m^2 计算，不扣除单孔面积 $0.3m^2$ 以内孔洞所占面积。

(2) 平面与立面交接处的防水层，其上卷高度超过 500mm 时，按立面防水层计算。

7．施工缝

各种材质的施工缝填缝及盖缝均不分断面按设计缝长以“延长米”为单位计算。

8．井、池渗漏试验

井、池的渗漏试验区分井、池的容量范围，按水容量以 m^3 为单位计算。

6.5.2 定额套用及换算说明

1．沉井

(1) 沉井工程系按深度 12m 以内，陆上排水沉井考虑的。水中沉井、陆上水冲法沉井以及离河岸边近的沉井，需要采取地基加固等特殊措施者，可执行第一册《通用项目》相应子目。

(2) 沉井下沉项目中已考虑了沉井下沉的纠偏因素，但不包括压重助沉措施，若发生可另行计算。

(3) 沉井制作不包括外掺剂，若使用外掺剂时可按当地有关规定执行。

(4) 沉井井壁及隔墙的厚度不同如上薄下厚时，可按平均厚度执行相应定额。

2．现浇钢筋混凝土池类

(1) 池壁遇有附壁柱时，按相应柱定额项目执行，其中人工乘以系数1.05，其他不变。

(2) 池壁挑檐是指在池壁上向外出檐作走道板用；池壁牛腿是指池壁上向内出檐以承托池盖用。

(3) 无梁盖柱包括柱帽及柱座。

(4) 井字梁、框架梁均执行连续梁项目。

(5) 混凝土池壁、柱(梁)、池盖是按在地面以上3.6m以内施工考虑的，如超过3.6m则按如下规则计算。

① 采用卷扬机施工时，每10m^{3}混凝土增加卷扬机(带塔)和人工工日见表6-3。

表6-3　采用卷扬机施工人工、机械调整系数表

序号	项目名称	增加人工工日	增加卷扬机(带塔)台班	序号	项目名称	增加人工工日	增加卷扬机(带塔)台班
1	池壁、隔墙	8.7	0.59	3	池盖	6.1	0.39
2	柱、梁	6.1	0.39				

② 采用塔式起重机施工时，每10m^{3}混凝土增加塔式起重机台班，按相应项目中搅拌机台班用量的50%计算。

(6) 池盖定额项目中不包括进人孔盖板，发生时另行计算。

(7) 格型池池壁执行直型池壁相应项目(指厚度)人工乘以系数1.15，其他不变。

(8) 悬空落泥斗按落泥斗相应项目人工乘以系数1.4，其他不变。

3．预制混凝土构件

(1) 预制混凝土滤板中已包括了所设置预埋件ABS塑料滤头的套管用工，不得另计。

(2) 集水槽若需留孔时，按每10个孔增加0.5个工日计。

(3) 除混凝土滤板、铸铁滤板、支墩安装外，其他预制混凝土构件的安装均执行异型构件安装项目。

4．施工缝

(1) 各种材质填缝的断面取定见表6-4。

表6-4　各种材质填缝断面尺寸表

序号	项目名称	断面尺寸/cm	序号	项目名称	断面尺寸/cm
1	建筑油膏、聚氯乙烯胶泥	3×2	4	氯丁橡胶止水带	展开宽30
2	油浸木丝板	2.5×15	5	白铁盖缝	展开宽平面590，立面250
3	紫铜板、钢板止水带	展开宽45	6	其他	15×3

(2) 如实际设计的施工缝断面与上表不同时，材料用量可以换算，其他不变。

(3) 各项目的工作内容为：

① 油浸麻丝：熬制沥青、调配沥青麻丝、填塞。

② 油浸木丝板：熬制沥青、浸木丝板、嵌缝。

③ 玛蹄脂：熬制玛蹄脂、灌缝。

④ 建筑油膏、沥青砂浆：熬制油膏沥青，拌和沥青砂浆，嵌缝。

⑤ 紫铜板、钢板止水带：铜板、钢板剪裁、焊接成型、铺设。

⑥ 橡胶止水带：止水带的制作、接头及安装。

⑦ 铁皮盖板：平面埋木砖、钉木条、木条上钉铁皮；立面埋木砖、木砖上钉铁皮。

5．井、池渗漏试验

(1) 井池渗漏试验容量在 500m^3 以内是指井或小型池槽。

(2) 井、池渗漏试验注水采用电动单级离心清水泵，定额项目中已包括了泵的安装与拆除用工，不得再另计。

(3) 如构筑物池容量较大，需从一个池子向另一个池子注水做渗漏试验，采用潜水泵时，其台班单价可以换算，其他均不变。

6．执行其他册或章节的项目

(1) 构筑物的垫层执行第 2 章井、渠(管)道砌筑相应项目，其中人工乘以系数 0.87，其他不变。如构筑物池底混凝土垫层需要找坡时，其中人工不变。

(2) 构筑物混凝土项目中的钢筋、模板项目执行本册第 6 章的相应项目。

(3) 需要搭拆脚手架时，搭拆高度在 8m 以内时，执行第一册《通用项目》相应项目。搭拆高度大于 8m 时，执行第四册《隧道工程》相应项目。

(4) 泵站上部工程以及本章中未包括的建筑工程，执行本省建筑工程预算定额。

(5) 构筑物中的金属构件支座安装，执行安装定额相应子目。

(6) 构筑物的防腐、内衬工程金属面，应执行安装工程预算定额相应项目，非金属面应执行建筑工程预算定额相应项目。

(7) 沉井预留孔洞砖砌封堵套用第四册《隧道工程》第 4 章相应子目。

6.6 模板、钢筋及井字架工程

模板、钢筋及井字架工程定额包括现浇混凝土模板工程、预制混凝土模板工程、钢筋(铁件)、钢管井字架等相应子目。

6.6.1 工程量计算规则

(1) 现浇混凝土构件模板按构件与模板的接触面积以 m^2 为单位计算。

(2) 预制混凝土构件模板，按构件的实体积以 m^3 为单位计算。

(3) 砖、石拱圈的拱盔和支架均以拱盔与圈弧弧形接触面积计算，并执行《桥涵工程》的相应项目。

(4) 各种材质的地模、胎模，按施工组织设计的工程量，并应包括操作等必要的宽度以 m^2 计算，执行《桥涵工程》的相应项目。

【参考图文】

(5) 钢管井字架区分搭设高度以“架”为单位计算，每座井计算一次。

(6) 井底流槽模板按浇筑的混凝土流槽与模板的接触面积计算。

(7) 钢筋工程，应区别现浇、预制，分别按设计长度乘以单位质量，以 t 为单位计算。

(8) 先张法预应力钢筋，按构件外形尺寸计算长度；后张法预应力钢筋，按设计图规定的预应力钢筋预留孔道长度，并区别不同锚具，分别按下列规定计算。

① 钢筋两端采用螺杆锚具时，预应力的钢筋按预留孔道长度减 0.35m，螺杆另计。

② 钢筋一端采用镦头插片，另一端采用螺杆锚具时，预应力钢筋长度按预留孔道长度计算。

③ 钢筋一端采用镦头插片，另一端采用帮条锚具时，增加 0.15m 长度；如两端均采用帮条锚具，预应力钢筋共增加 0.3m 长度。

④ 采用后张混凝土自锚时，预应力钢筋共增加 0.35m 长度。

(9) 钢筋混凝土构件预埋铁件，按设计图示尺寸，以 t 为单位计算工程量。

6.6.2 定额套用及换算说明

(1) 本章适用于本册及第五册《给水工程》中的第 4 章“管道附属构筑物”和第 5 章“取水工程”。

(2) 定额中的现浇、预制项目均已包括了钢筋垫块或第一层底浆的工、料，以及嵌模工日，套用时不得重复计算。

(3) 预制构件模板中不包括地模、胎模，需设置者，土地模可按《通用项目》平整场地的相应项目执行；水泥砂浆、混凝土砖地、胎模按《桥涵工程》的相应项目执行。

(4) 模板安拆以槽(坑)深 3m 为准，超过 3m 时，人工增加 8%的系数，其他不变。

(5) 现浇混凝土梁、板、柱、墙的模板，支模高度是按 3.6m 考虑的，超过 3.6m 时，超过部分的工程量另按超高的项目执行。

(6) 模板的预留洞，按水平投影面积计算，小于 $0.3m^2$ 者，圆形洞每 10 个增加 0.72 工日，方形洞每 10 个增加 0.62 工日。

(7) 小型构件是指单件体积在 $0.04m^3$ 以内的构件；地沟盖板项目适用于单块体积在 $0.3m^3$ 以内的矩形板；井盖项目适用于井口盖板，井室盖板按矩形板项目执行，预留口按第 6 条“预留洞”的规定执行。

(8) 钢筋加工定额是按现浇、预制混凝土构件、预应力钢筋分别列项的，工作内容包括加工制作、绑扎(焊接)成型、安放及浇捣混凝土时的维护用工等全部工作。

特别提示

现浇混凝土构件中、预制混凝土构件中的钢筋，工程量应分开计算，分别套用不同的定额子目。

(9) 各项目中的钢筋规格是综合计算的，子目中的××以内系主筋最大规格。凡小于ϕ10的构造筋，均执行ϕ10以内子目。

(10) 定额中非预应力钢筋加工，现浇混凝土构件是按手工绑扎，预制混凝土构件是按手工绑扎、点焊综合计算的。

(11) 钢筋加工中的钢筋施工损耗，绑扎铁线及成型点焊和接头用的焊条均已包括在定额内，不得重复计算。

(12) 预制构件钢筋，如用不同直径钢筋点焊在一起时，按直径最小的定额计算。如粗细筋直径比在两倍以上时，其人工增加25%的系数。

(13) 后张法钢筋的锚固是按钢筋绑条焊，U形插垫编制的。如采用其他方法锚固，应另行计算。

(14) 定额中已综合考虑了先张法张拉台座及其相应的夹具、承力架等合理的周转摊销费用，不得重复计算。

(15) 非预应力钢筋不包括冷加工，如设计要求冷加工时，另行计算。

(16) 下列构件钢筋，人工和机械增加系数见表6-5。

表6-5 构件钢筋人工、机械增加系数表

项　　目	计算基数	现浇构件钢筋		构筑物钢筋	
		小型构件	小型池槽	矩　　形	圆　　形
增加系数	人工、机械	100%	152%	25%	50%

【例6-12】 某工程雨水管道平面图、管道基础图如图6.4所示，管道采用钢筋混凝土管，基础采用钢筋混凝土条形基础。已知Y1～Y5均为1 100mm×1 100mm的砖砌检查井，管道垫层、基础均采用现浇现拌混凝土，采用木模板。计算Y2～Y3段管道垫层、管道基础混凝土施工时模板的工程量，并确定套用的定额子目及其基价。

【解】(1) C10素混凝土垫层

模板工程量=0.1×(16.7−1.1)×2=3.12(m^2)

套用定额子目：[6−1044]

基价=2 419元/10m^2

(2) 管道基础

① 平基

模板工程量=0.08×(16.7−1.1)×2=2.50(m^2)

套用定额子目：[6−1095]

基价=3 256元/10m^2

② 管座

模板工程量=0.208×(16.7−1.1)×2=6.49(m^2)

套用定额子目：[6-1097]

基价=3 735 元/10m^2

【例 6-13】 某排水管道工程，有 1 100mm×1 100mm 的砖砌检查井 10 座，采用 C20 预制混凝土井室盖板、C30 预制混凝土井圈，现场预制，采用木模板。井室盖板平面尺寸为 1 450mm×1 400mm、厚 120mm，每块井室盖板混凝土体积为 0.197m^3；每块井圈混凝土体积为 0.182m^3。计算该工程检查井施工时，井室盖板、井圈模板的工程量，并确定套用的定额子目及其基价。

【解】(1) 井室盖板

模板工程量=0.197×10=1.97(m^3)

套用定额子目：[6-1111]

基价=1 142 元/10m^3

(2) 井圈

模板工程量=0.182×10=1.82(m^3)

套用定额子目：[6-1121]

基价=3 139 元/10m^3

6.7 排水工程定额计量与计价实例

【例 6-14】 某市中华路排水管道工程，于 2016 年 3 月 1 日—3 月 5 日进行工程招投标活动。雨水管道实施的起讫井号为 Y1～Y3，污水管道实施的起讫井号为 W1—W4，均不包括沿线的支管及支管井、不包括雨水口及连接管。管径 $D \leqslant 400$mm 采用承插式 UPVC 管、砂基础；管径 $D \geqslant 500$mm 采用承插式钢筋混凝土管、橡胶圈接口、钢筋混凝土条形基础，雨污水均采用砖砌矩形或方形检查井，管道平面图、纵断面图、管道基础结构图、检查井结构详图见图 6.17～图 6.24。

已知本工程沿线土质为砂性土，地下水位于地表以下 1.3～1.5m。

试按定额计价模式采用工料单价法编制本工程的投标报价，本工程风险费用暂不考虑，危险作业意外伤害保险费、农民工工伤保险费暂不考虑，本工程无创标化工程要求，本工程不得分包，本工程无暂列金额、计日工。

【解】(1) 确定本排水管道工程的施工方案

① 本工程土质为砂性土即一、二类土，地下水位高于沟槽底标高，考虑采用轻型井点降水，在雨水、污水管道沟槽一侧设置单排井点，井点管间距为 1.2m，井点管布设长度超出沟槽两端各 10m。

② 沟槽挖方采用挖掘机在槽边作业、放坡开挖，边坡根据土质情况确定为 1∶0.5；距离槽底 30cm 的土方用人工辅助清底。W1～W4 三段管道一起开挖，Y1～Y3 两端管道一起开挖，先施工污水管道，再施工雨水管道。

钢筋及材料表

检查井尺寸 A×B/(mm×mm)	底板尺寸 A′×B′/(mm×mm)	井墙厚 a/mm	井墙厚 b/mm	编号	直径 /mm	简图 /mm	根长 /mm	根数 /根	共长 /m	质量 /kg	每块底板材料	
											钢筋 /kg	混凝土 /m³
1 100×1 100	2 040×2 040	370	370	①	Φ10	1 980	1 980	22	43.56	26.877	53.754	0.832
				②	Φ10	1 980	1 980	22	43.56	26.877		
1 100×1 250	2 040×2 190	370	370	①	Φ10	2 130	2 130	22	46.86	28.913	58.233	0.894
				②	Φ10	1 980	1 980	24	47.52	29.320		
1 100×1 500	2 040×2 440	370	370	①	Φ10	2 380	2 380	22	52.36	32.306	64.069	0.894
				②	Φ10	1 980	1 980	26	51.48	31.763		

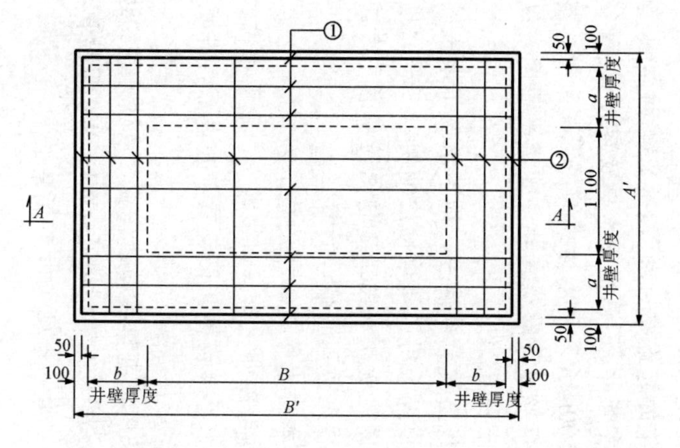

说明:

1.本图尺寸以毫米为单位。

2.材料:混凝土为C20, Φ为HRB335级钢筋。

3.主钢筋净保护层30mm。

4.活荷载为:汽-20。

5.底板与检查井两侧第一节管连接,详见连接图。

图 6.17　检查井底板结构图

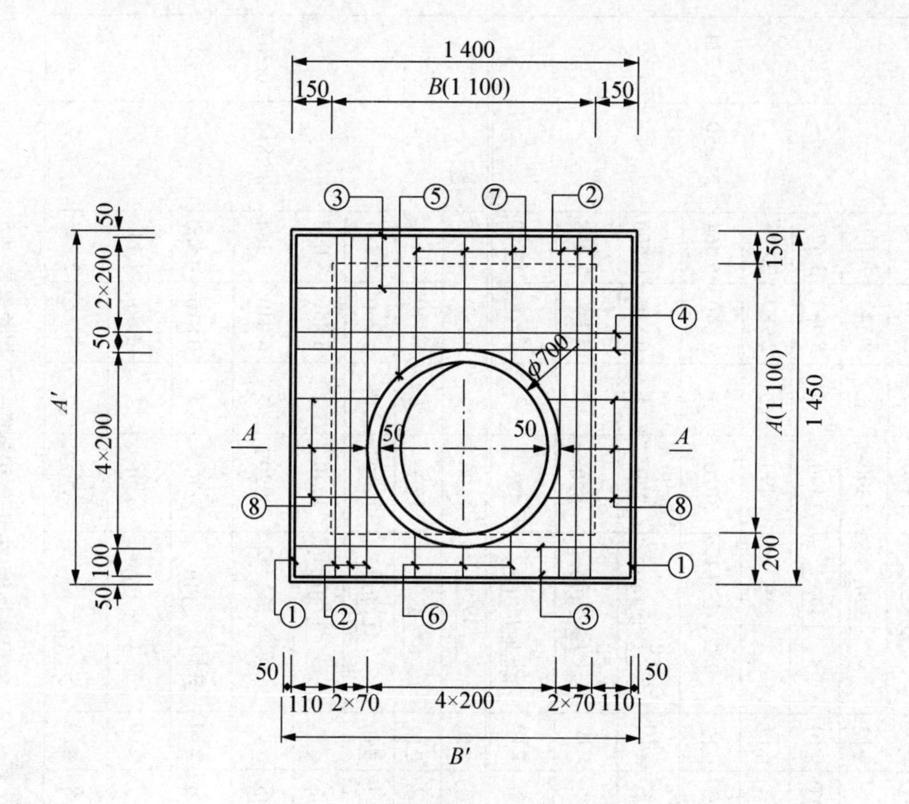

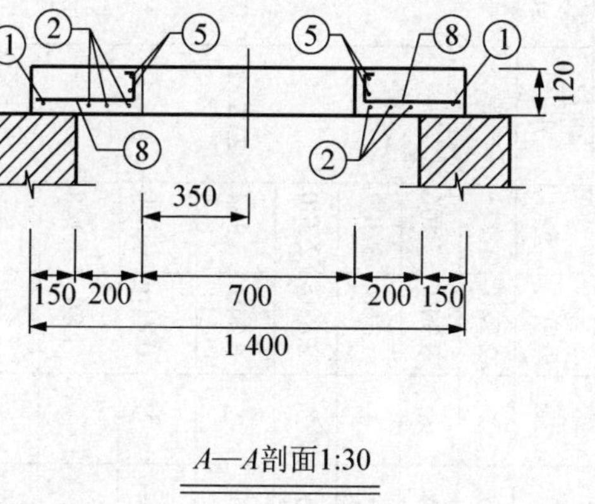

说明:

1.本图尺寸以毫米为单位。

2.材料：混凝土为C20，ⲫ为HRB335级钢筋。

3.主钢筋净保护层30mm。

4.板顶覆土厚度为600～2 000mm。

5.活载：城-B。

图6.18 检查井顶板(井室盖板)平、剖面结构图

钢筋及工程数量表

检查井尺寸 $A \times B$ /mm×mm	盖板尺寸 $A' \times B'$ /mm×mm	编号	直径 /mm	简图 /mm	根长 /mm	根数 /根	共长 /m	质量 /kg	每块顶板材料用量 钢筋 /kg	每块顶板材料用量 混凝土 /m³
1100×1100	1450×1400	①	⌀10	1390	1390	2	2.780	1.715	23.232	0.197
		②	⌀12	1390	1390	6	8.340	7.406		
		③	⌀10	1340	1340	4	5.360	3.307		
		④	⌀12	1340	1340	2	2.680	2.380		
		⑤	⌀12	D800 搭接42d	3020	2	6.040	5.364		
		⑥	⌀10	50 80 均长140	均长270	3	0.810	0.500		
		⑦	⌀10	50 80 均长490	均长620	3	1.86	1.148		
		⑧	⌀10	50 80 均长290	均长420	6	2.52	1.555		
1100×1250	1450×1550	①	⌀10	1390	1390	2	2.780	1.715	24.290	0.224
		②	⌀12	1390	1390	6	8.340	7.406		
		③	⌀10	1490	1490	4	5.960	3.677		
		④	⌀12	1490	1490	2	2.980	2.648		
		⑤	⌀12	D800 搭接42d	3020	2	6.040	5.364		
		⑥	⌀10	50 80 均长140	均长270	3	0.810	0.500		
		⑦	⌀10	50 80 均长490	均长620	3	1.86	1.148		
		⑧	⌀10	50 80 均长365	均长495	6	2.97	1.832		
1100×1500	1450×1800	①	⌀10	1390	1390	2	2.780	1.715	25.814	0.267
		②	⌀12	1390	1390	6	8.340	7.406		
		③	⌀10	1740	1740	4	6.960	4.294		
		④	⌀12	1740	1740	2	3.480	3.092		
		⑤	⌀12	D800 搭接42d	3020	2	6.040	5.364		
		⑥	⌀10	50 80 均长140	均长270	3	0.810	0.500		
		⑦	⌀10	50 80 均长490	均长620	3	1.86	1.148		
		⑧	⌀10	50 80 均长490	均长620	6	3.72	2.295		

图 6.19　检查井顶板(井室盖板)钢筋及工程数量表

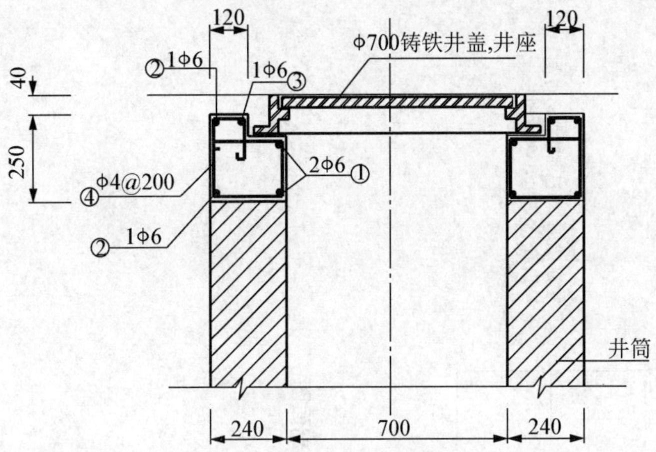

I-I剖面图

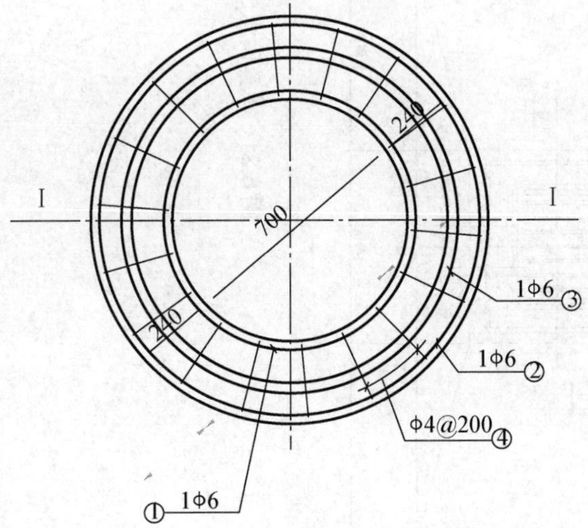

井座平面图

每个井座钢筋与混凝土工程量

编号	简 图/mm	直径d/mm	根长/mm	根 数	共长/m	砼/m³
①	D=760 搭接300	φ6	2690	2	5.38	0.182
②	D=1120 搭接300	φ6	3820	2	7.64	
③	D=1000 搭接300	φ6	3440	1	3.44	
④	80 230 200 120 160	φ4	850	18	15.30	

说明:

1. 井座采用C30混凝土。
2. 采用HPB235级钢筋。
3. 本井座用于新建检查井及已建检查井的改造。
4. 道路面层结构详见道路施工图。
5. 其他配套管线检查井井座加固同排水检查井井座加固。

图 6.20 检查井井座(井圈)结构图及工程数量表

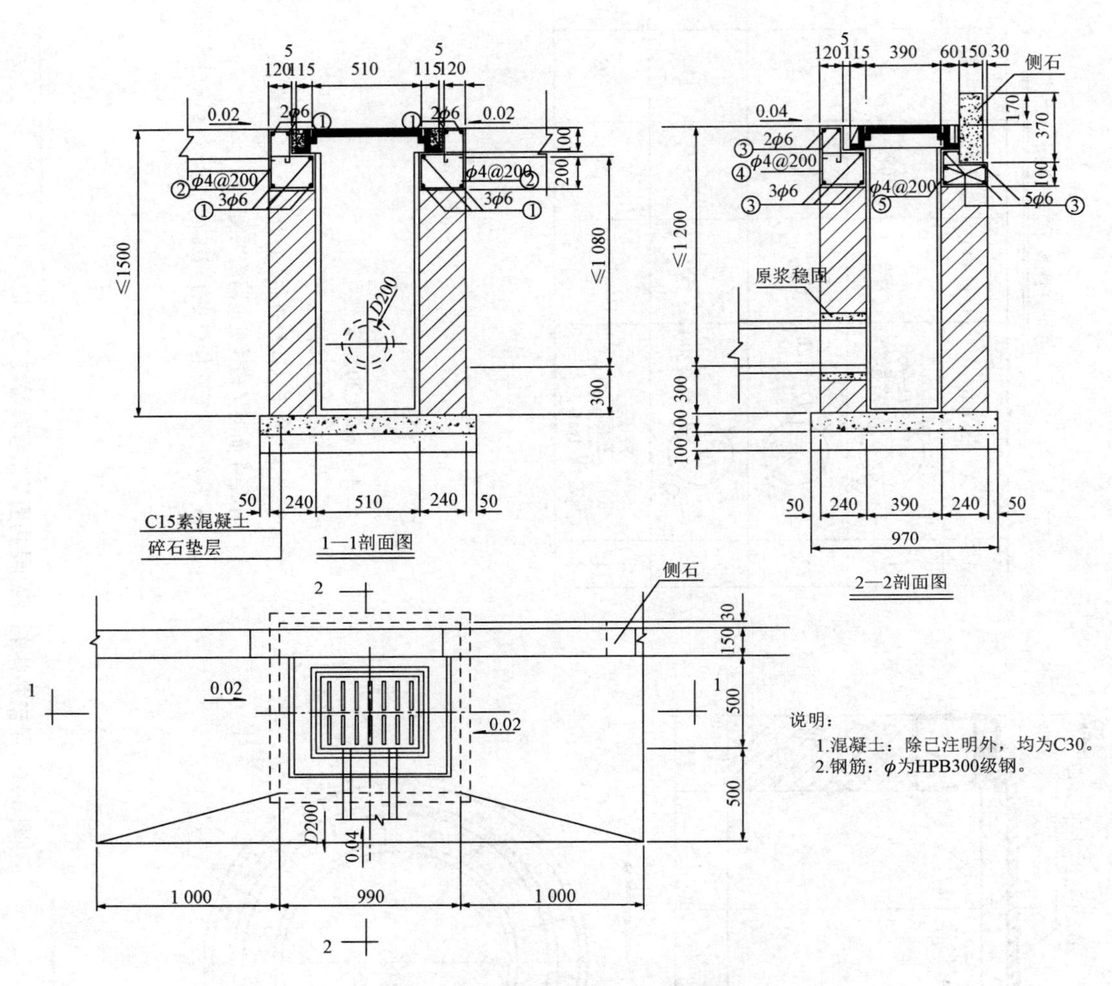

图 6.21　单箅雨水口平、剖面图

钢筋明细表

编号	简图	直径	根数
①	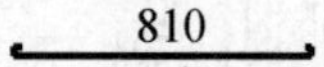 810	$\phi 6$	10
②	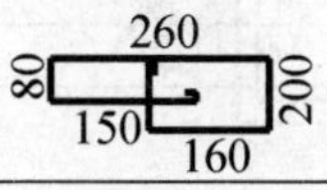 260, 80, 150, 160, 200	$\phi 4$	10
③	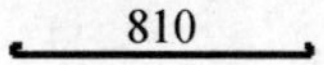 810	$\phi 10$	4
④	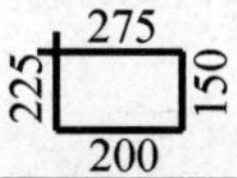 275, 225, 150, 200	$\phi 6$	5
⑤	 1690	$\phi 6$	10
⑥	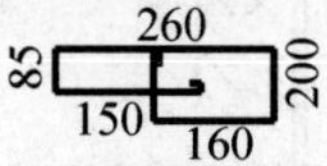 260, 85, 150, 160, 200	$\phi 4$	12
⑦	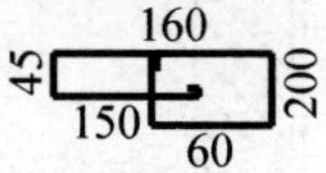 160, 45, 150, 60, 200	$\phi 4$	12

注：①号筋遇侧石折弯

主要工程数量表

序号	材料名称		单位	数量	备注
1	碎石垫层		m^3	0.179	
2	C15混凝土		m^3	0.179	
3	砖砌体		m^3/m	1.027	
4	砂浆抹面	底面	m^2	0.5	
		内侧面	m^2/m	3.24	
5	雨水口箅子及底座		套	2	防盗式
6	C20钢筋混凝土		m^3	0.326	

说明：

1.单位：毫米。
2.箅子周围应浇筑钢筋混凝土加固，参见单篦雨水口加固图。
3.砖砌体用M10水泥砂浆砌筑MU10机砖，井内壁抹面厚20。
4.勾缝、坐浆和抹面均用1：2水泥砂浆。
5.要求雨水口箅面比周围道路低2～3cm，并与路面接顺，以利排水。
6.安装篦座时，下面应坐浆；箅座与侧石，平石之间应用砂浆填缝。
7.雨水口管：随接入井方向设置$D300$，i=0.005。

图6.22 单箅雨水口主要工程量、钢筋明细表

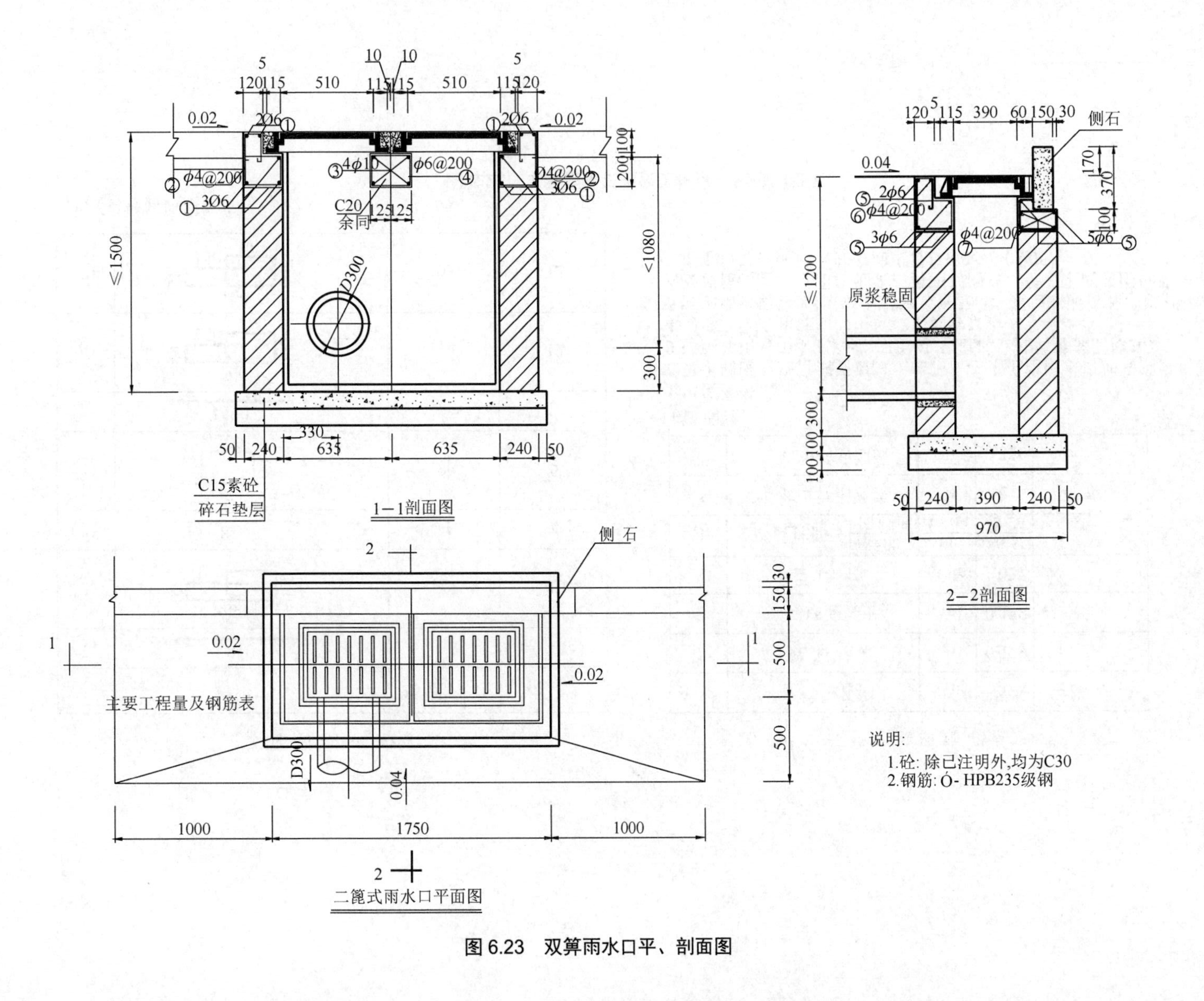

图 6.23　双箅雨水口平、剖面图

钢筋明细表

编号	简图	直径	根数
①	810	Φ6	10
②	260 80 150 200 160	Φ4	10
③	810	Φ10	4
④	275 225 150 200	Φ6	5
⑤	1690	Φ6	10
⑥	260 85 150 200 160	Φ4	12
⑦	160 45 150 200 60	Φ4	12

主要工程数量表

序号	材料名称		单位	数量	备注
1	碎石垫层		m^3	0.179	
2	C15混凝土		m^3	0.179	
3	砖砌体		m^3/m	1.027	
4	砂浆抹面	底面	m^2	0.5	
		内侧面	m^2/m	3.24	
5	雨水口箅子及底座		套	2	防盗式
6	C20钢筋混凝土		m^3	0.326	

说明：

1.单位：毫米。
2.箅子周围应浇筑钢筋混凝土加固，参见单箅雨水口加固图。
3.砖砌体用M10水泥砂浆砌筑MU10机砖，井内壁抹面厚20。
4.勾缝、坐浆和抹面均用1∶2水泥砂浆。
5.要求雨水口箅面比周围道路低2～3cm，并与路面接顺，以利排水。
6.安装箅座时，下面应坐浆；箅座与侧石、平石之间应用砂浆填缝。
7.雨水口管：随接入井方向设置$D300$，i=0.005。

图 6.24　双箅雨水口主要工程量、钢筋明细表

③ 沟槽所挖土方就近用于沟槽回填，多余的土方直接装车用自卸车外运，运距为5km。

④ 管道均采用人工下管。

⑤ 混凝土、砂浆均采用现场拌制。

⑥ 钢筋混凝土条形基础、井底板混凝土施工时采用钢模，其他部位混凝土施工时采用木模或复合木模。

⑦ 检查井施工时均搭设钢管井字架。检查井砌筑、抹灰时不考虑脚手架。

⑧ 配备1m^{3}履带式挖掘机1台。

(2) 计算本排水管道工程的基础数据

① 计算管道基本数据，见表6-6。

表6-6 管道基本数据表

序号	井间号	平均原地面标高/m	平均管内底标高/m	管内底到槽底的深度/m	沟槽挖深/m	湿土深/m	沟槽底宽/m	长度(井中)/m	扣井长度/m	胶圈个数/个
1	W1～W2	5.205	2.600	0.175	2.78	—	1.2	27	1.1	4
2	W2～W3	5.150	2.543	0.175	2.607	—	1.2	30	1.1	4
3	W3～W4	5.055	2.483	0.175	2.572	—	1.2	30	1.1	4
4	Y1～Y2	5.350	3.314	0.32	2.036	—	1.88	45	1.1	14
5	Y2～Y3	5.275	3.224	0.32	2.051	—	1.88	45	1.1	14

知识链接

1. 沟槽挖深=平均原地面标高−平均管内底标高+管内底到槽底的深度

2. 湿土深=沟槽挖深−(原地面平均标高−平均地下水位标高)

3. UPVC管：管内底到槽底的深度=砂垫层的厚度+(D_{r0}−DN)/2，其中DN为管道公称直径，D_{r0}为管道外径。

4. 承插式钢筋混凝土管：管内底到槽底的深度=(D_1−$D_{内}$)/2+C_1+垫层厚度，其中D_1为承口外径，$D_{内}$为插口内径，C_1为平基高度。

如W1～W2段为DN400UPVC管，采用砂基础，根据图6.11可知：

管内底到槽底的深度=0.15+(0.45−0.4)/2=0.175(m)

沟槽挖深=5.205−2.600+0.175=2.780(m)

管道节数=(27−1.1)/6=5(节)

胶圈个数=5−1=4(个)

根据沟槽挖深、管径，查基础可知：沟槽底宽=1.2m

如Y1～Y2段为D500承插式钢筋混凝土管，采用钢筋混凝土条形基础，根据图6.10可知：

管内底到槽底的深度=(0.78−0.5)/2+0.08+0.1=0.32(m)

沟槽挖深=5.350−3.314+0.32=2.036(m)

管道节数=(45−1.1)/3=15(节)

胶圈个数=15−1=14(个)

根据基础图可知，平基宽度为0.88m，混凝土管道基础中心角为135°，查预算定额的“管沟底部每侧工作面宽度计算表”，可知每侧工作面宽度为0.5m。

沟槽底宽=0.88+0.5×2=1.88(m)

② 计算检查井基本数据，见表6-7。

表6-7 检查井基本数据表

序号	井号	井径/(mm×mm)	井类型	设计井盖平均标高/m	管内底标高/m	井深/m	井室砌筑高度/m	井筒高度/m	井筒砌筑高度/m
1	W1	1 100×1 100	流槽井	5.723	2.627	3.141	1.845	1.176	0.886
2	W2	1 100×1 100		5.642	2.573	3.114	1.845	1.149	0.859
3	W3	1 100×1 100		5.552	2.513	3.084	1.845	1.119	0.829
4	W4	1 100×1 100		5.462	2.453	3.054	1.845	1.089	0.799
5	Y1	1 100×1 100	落底井	5.850	3.359	2.991	2.3	0.571	0.281
6	Y2	1 100×1 100	流槽井	5.715	3.269	2.521	1.875	0.526	0.236
7	Y3	1 100×1 250	落底井	5.580	2.879	3.201	2.3	0.781	0.491

知识链接

1. 井深(流槽)=设计井盖平均标高−管内底标高+管壁厚+坐浆厚度(通常为2cm)
2. 井深(落底)=设计井盖平均标高−管内底标高+落底高度
3. 井室高度H_1：按设计要求最小高度确定。
4. 流槽井井室砌筑高度=设计图示最小井室高度H_1+管壁厚+坐浆厚度(通常为2cm)
5. 落底井井室砌筑高度=设计图示最小井室高度H_1+落底高度
6. 井筒高度h=井深−井室高度砌筑高度−井室盖板厚t
7. 井筒砌筑高度=井筒高度h−混凝土井圈厚−井盖厚

如W1为1 100mm×1 100mm流槽井，根据图6.13和图6.14可知：

井深=5.273−2.627+(0.45−0.4)/2+0.02=3.141(m)

井室高度H_1取定为设计最小值：1.8m

井室砌筑高度=1.8+(0.45−0.4)/2+0.02=1.845(m)

井筒高度=3.141−1.845−0.12=1.176(m)(查井顶板配筋图，可知井室盖板即井顶板厚为0.12m)

井筒砌筑高度=1.176−0.25−0.04=0.886(m)(查井座配筋图，可知井圈厚0.25m，井盖及井盖座厚0.04m)

如Y1为1 100mm×1 100mm落底井，根据图6.11和图6.12可知：

井深=5.850−3.359+0.5=2.991(m)

井室高度H_1取定为设计最小值：1.8m

井室砌筑高度=1.8+0.5=2.3(m)

井筒高度=2.991−2.3−0.12=0.571(m)(查井顶板配筋图，可知井室盖板即井顶板厚为0.12m)

井筒砌筑高度=0.571−0.25−0.04=0.281(m)(查井座配筋图，可知井圈厚 0.25m，井盖及井盖座厚0.04m)

(3) 计算分部分项的项目工程量，并确定套用的定额子目。

① 计算土石方相关分部分项项目的工程量，见表6-8。

表 6-8　土石方相关分部分项项目工程量计算表

序号	分部分项项目名称			单位	计算式	数量	定额子目
1	人工挖沟槽土方(一二类土、4m 内、辅助清底)			m^3	W1～W2：(1.2+0.3×0.5)×0.3×27×1.025=11.21	92.29	1-5$_H$
					W2～W3：(1.2+0.3×0.5)×0.3×30×1.025=12.45		
					W3～W4：(1.2+0.3×0.5)×0.3×30×1.025=12.45		
					Y1～Y2：(1.88+0.3×0.5)×0.3×45×1.025=28.09		
					Y2～Y3：(1.88+0.3×0.5)×0.3×45×1.025=28.09		
2	挖掘机挖土(一二类土)	总挖方量		m^3	W1～W2：(1.2+2.78×0.5)×2.78×27×1.025−11.21=188.06	1 051.31	
					W2～W3：(1.2+2.607×0.5)×2.607×30×1.025−12.45=188.24		
					W3～W4：(1.2+2.572×0.5)×2.572×30×1.025−12.45=184.17		
					Y1～Y2：(1.88+2.036×0.5)×2.036×45×1.025−28.09=244.06		
					Y2～Y3：(1.88+2.051×0.5)×2.051×45×1.025−28.09=246.78		
		其中	挖掘机挖土不装车	m^3	862.30×1.15−92.29	899.36	1-56
			挖掘机挖土并装车	m^3	1 051.31−899.36	151.96	1-59
3	填方			m^3	W1～W2 段：$V_{扣管道+基础+垫层}$=[1.2+0.5×(0.15+0.45+0.5)]×(0.15+0.45+0.5)×(27−1.1)=49.86	862.30	1-87
					W2～W3 段：$V_{扣管道+基础+垫层}$=[1.2+0.5×(0.15+0.45+0.5)]×(0.15+0.45+0.5)×(30−1.1)=55.63		
					W3～W4 段：$V_{扣管道+基础+垫层}$=[1.2+0.5×(0.15+0.45+0.5)]×(0.15+0.45+0.5)×(30−1.1)=55.63		
					W1～W4 段：$V_{扣井}=2.01+3.33+(1.1+2\times0.37)^2\times1.845\times4+0.79+\frac{\pi(0.7+2\times0.24)^2}{4}\times1.133\times4=36.07$		
					Y1～Y3 段：$V_{扣管道+基础+垫层}=9.48+6.18+13.48+\frac{\pi\times0.61^2}{4}\times(45-1.1)\times2=54.79$		
					Y1：$V_{扣井}=0.50+0.83+(1.1+2\times0.37)^2\times2.3+0.20+\frac{\pi(0.7+2\times0.24)^2}{4}\times0.571=9.94$		
					Y2：$V_{扣井}=0.50+0.83+(1.1+2\times0.37)^2\times1.875+0.20+\frac{\pi(0.7+2\times0.24)^2}{4}\times0.526=8.45$		

续表

序号	分部分项项目名称	单位	计算式	数量	定额子目
3	填方	m^3	Y3：$V_{扣井}=0.54+0.89+(1.1+2\times0.37)\times(1.25+2\times0.37)\times2.3+0.22+\frac{\pi(0.7+2\times0.24)^2}{4}\times0.781=10.93$	862.17	1-87
			$\sum V_{扣}=49.86+55.63+55.63+36.07+54.79+9.94+8.45+10.93=281.30$		
			$V_{填}=V_{挖}-\sum V_{扣}=92.29+1\ 051.31-281.30=862.30$		
4	自卸车运土方(5km)	m^3	92.29+1 051.31−862.30×1.15	151.96	1-68+ 1-69×4

注：上表中计算扣井的体积时，4只污水井取平均井深计算；3只雨水井逐一进行计算。扣井的体积可按以下公式计算。

$V_{扣井}=V_{井垫层}+V_{井底板}+V_{井室总}+V_{井室盖板}+V_{井筒总}$

$V_{井室总}$=(井室长+井室壁厚)×(井室宽+井室壁厚)×井室砌筑高度

$V_{井筒总}=\frac{\pi(井筒内径+2\times井筒壁厚)^2}{4}\times井筒高度h$

② 计算管道相关分部分项项目的工程量，见表6-9。

表6-9　管道相关分部分项项目工程量计算表

序号	分部分项项目名称	单位	计算式	数量	定额子目
1	砂垫层	m^3	W1～W2：(1.2+0.5×0.15)×0.15×(27−1.1)=4.95	16.01	6-266
			W2～W3：(1.2+0.5×0.15)×0.15×(30−1.1)=5.53		
			W3～W4：(1.2+0.5×0.15)×0.15×(30−1.1)=5.53		
2	沟槽回填砂	m^3	W1～W2：$[1.2+0.5\times(0.15+0.45+0.5)]\times(0.15+0.45+0.5)\times(27-1.1)-4.95-\frac{\pi0.45^2}{4}\times(27-1.1)=40.79$	131.81	6-286
			W2～W3：$[1.2+0.5\times(0.15+0.45+0.5)]\times(0.15+0.45+0.5)\times(30-1.1)-5.53-\frac{\pi0.45^2}{4}\times(30-1.1)=45.51$		
			W3～W4：同 W2～W3段=45.51		

续表

序号	分部分项项目名称	单位	计算式	数量	定额子目
3	*DN*400 UPVC 管道铺设	m	27−1.1+30−1.1+30−1.1	83.7	6−46
4	*DN*400UPVC 管橡胶圈接口	个口	4+4+4	12	6−194
5	*DN*400 管道闭水试验	m	27+30+30	87	6−211
6	C10 素混凝土垫层	m^3	Y1～Y2：(0.88+2×0.1)×0.1×(45−1.1)=4.74 Y2～Y3：(0.88+2×0.1)×0.1×(45−1.1)=4.74	9.48	6−268
7	C20 混凝土平基	m^3	Y1～Y2：0.88×0.08×(45−1.1)=3.09 Y2～Y3：0.88×0.08×(45−1.1)=3.09	6.18	$6-276_H$
8	C20 混凝土管座	m^3	Y1～Y2：0.224×(45−1.1)−3.09=6.74 Y2～Y3：0.224×(45−1.1)−3.09=6.74	13.48	$6-282_H$
9	*D*500 混凝土管道铺设(人工)	m	45−1.1+45−1.1	87.8	6−27
10	*D*500 管承插式橡胶圈接口	个口	14+14	28	6−179
11	*D*500 管道闭水试验	m	45+45	90	6−212

③ 计算检查井相关分部分项项目的工程量，见表 6-10。

表 6-10 检查井相关分部分项项目工程量计算表

序号	分部分项项目名称	单位	计算式	数量	定额子目
一	1 100×1 100 污水流槽井[按平均井深 3.098m 计算，井室砌筑高度=1.845m，井筒高度 h=3.098−1.845−0.12=1.133(m)，井筒砌筑高度=1.133−0.25−0.04=0.843(m)]				
1	C10 井垫层	m^3	(2.04+2×0.1)×(2.04+2×0.1)×0.1×4	2.01	$6-229_H$
2	C20 井底板	m^3	2.04×2.04×0.2×4	3.33	$6-276_H$
3	井室砌筑(矩形、M10 砂浆)	m^3	2.18×1.845×4+0.35×4	17.49	$6-231_H$
4	井筒砌筑(圆形、M10 砂浆)	m^3	0.71×0.843×4	2.39	$6-230_H$
5	井壁抹灰	m^2	(11.76×1.845+5.91×0.843)×4	106.72	6−237
6	流槽抹灰	m^2	2.14×4	8.56	6−239
7	C20 井室盖板预制	m^3	0.197×4	0.79	6−337
8	C20 井室盖板安装	m^3	0.197×4	0.79	6−348
9	C30 井圈预制	m^3	0.182×4	0.73	$6-249_H$
10	C30 井圈安装	m^3	0.182×4	0.73	6−353
11	ϕ700 铸铁井盖、座安装	套	4	4	6−252
二	1 100×1 100 雨水落底井(井深为 2.991m)				
12	C10 井垫层	m^3	(2.04+2×0.1)×(2.04+2×0.1)×0.1	0.50	$6-229_H$
13	C20 井底板	m^3	2.04×2.04×0.2	0.83	$6-276_H$
14	井室砌筑(矩形、M10 砂浆)	m^3	2.18×2.3	5.01	$6-231_H$
15	井筒砌筑(圆形、M10 砂浆)	m^3	0.71×0.281	0.20	$6-230_H$
16	井壁抹灰	m^2	11.76×2.3+5.91×0.281	28.71	6−237
17	C20 井室盖板预制	m^3	0.197×1	0.20	6−337
18	C20 井室盖板安装	m^3	0.197×1	0.20	6−348
19	C30 井圈预制	m^3	0.182×1	0.18	$6-249_H$
20	C30 井圈安装	m^3	0.182×1	0.18	6−353
21	ϕ700 铸铁井盖、座安装	套	1	1	6−252
三	1 100×1 100 雨水流槽井(井深为 2.521m)				
22	C10 井垫层	m^3	(2.04+2×0.1)×(2.04+2×0.1)×0.1	0.50	$6-229_H$
23	C20 井底板	m^3	2.04×2.04×0.2	0.83	$6-276_H$
24	井室砌筑(矩形、M10 砂浆)	m^3	2.18×1.875+0.35	4.44	$6-231_H$
25	井筒砌筑(圆形、M10 砂浆)	m^3	0.71×0.236	0.17	$6-230_H$
26	井壁抹灰	m^2	11.76×1.875+5.91×0.236	23.44	6−237
27	流槽抹灰	m^2	2.14×1	2.14	6−239
28	C20 井室盖板预制	m^3	0.197×1	0.20	6−337
29	C20 井室盖板安装	m^3	0.197×1	0.20	6−348

续表

序号	分部分项项目名称	单位	计算式	数量	定额子目
30	C30 井圈预制	m^3	0.182×1	0.18	$6\text{-}249_H$
31	C30 井圈安装	m^3	0.182×1	0.18	6-353
32	ϕ700 铸铁井盖、座安装	套	1	1	6-252
四	1 100×1 250 雨水落底井(井深为 3.201m)				
33	C10 井垫层	m^3	(2.04+2×0.1)×(2.19+2×0.1)×0.1	0.54	$6\text{-}229_H$
34	C20 井底板	m^3	2.04×2.19×0.2	0.89	$6\text{-}276_H$
35	井室砌筑(矩形、M10 砂浆)	m^3	$2.29\times2.3-\frac{\pi0.93^2}{4}\times0.37$	5.02	$6\text{-}231_H$
36	井筒砌筑(圆形、M10 砂浆)	m^3	0.71×0.491	0.35	$6\text{-}230_H$
37	井壁抹灰	m^2	12.36×2.3+5.91×0.491	31.33	6-237
38	C20 井室盖板预制	m^3	0.224×1	0.22	6-337
39	C20 井室盖板安装	m^3	0.224×1	0.22	6-348
40	C30 井圈预制	m^3	0.182×1	0.18	$6\text{-}249_H$
41	C30 井圈安装	m^3	0.182×1	0.18	6-353
42	ϕ700 铸铁井盖、座安装	套	1	1	6-252

④ 计算钢筋相关分部分项项目的工程量，见表 6-11。

表 6-11　钢筋相关分部分项项目工程量计算表

序号	分部分项项目名称	单位	计算式	数量	定额子目
1	现浇构件钢筋，圆钢(混凝土条形基础)	t	$0.006\,17\times10^2\times(5+4)\times(45-1.1)\times2+0.006\,17\times8^2\times8.005\times(45-1.1)\times2$	0.765	6-1124
2	现浇构件钢筋，螺纹钢(井底板)	t	53.754×6+58.233×1	0.381	6-1125
3	预制构件钢筋，圆钢(井圈)	t	$0.006\,17\times6^2\times(5.38+7.64+3.44)\times7+0.006\,17\times4^2\times15.30\times7$	0.036	6-1126
4	预制构件钢筋，螺纹钢(井室盖板)	t	23.232×6+24.290×1	0.164	6-1127

(4) 确定技术措施项目，并计算工程量、确定套用的定额子目，见表 6-12。

表 6-12　施工技术措施项目工程量计算表

序号	技术措施项目名称	单位	计算式	数量	定额子目
1	轻型井点井点管安装	根	(27+30+30+20)÷1.2+(45+45+20)÷1.2	183	1-323
2	轻型井点井点管拆除	根	(27+30+30+20)÷1.2+(45+45+20)÷1.2	183	1-324
3	井点使用	套·天	2×7+2×10	34	1-325
4	钢管井字架(4m 内)	座	根据施工方案确定	7	6-1138

续表

序号	技术措施项目名称	单位	计算式	数量	定额子目
5	$1m^3$挖掘机进出场	台班	根据施工方案确定	1	3001
6	现浇管道混凝土垫层模板	m^2	0.1×(45−1.1)×2×2	17.56	6−1044
7	现浇管道平基模板	m^2	0.08×(45−1.1)×2×2	14.05	6−1094
8	现浇管道管座模板	m^2	0.208×(45−1.1)×2×2	36.52	6−1096
9	现浇井垫层模板	m^2	污水井：2.24×0.1×4×4	6.31	6−1044
			雨水井：2.24×0.1×4×2+2.24×0.1×2+2.39×0.1×2		
10	现浇井底板模板	m^2	污水井：2.04×0.2×4×4	11.48	6−1094
			雨水井：2.04×0.2×4×2+2.04×0.2×2+2.19×0.2×2		
11	预制井室盖板模板	m^3	0.79(污水井)+0.2+0.2+0.22	1.41	6−1111
12	预制井圈模板	m^3	0.73(污水井)+0.18+0.18+0.18	1.27	6−1121

(5) 确定组织措施项目。

根据本工程的实际情况，考虑计取一下施工组织措施项目：安全文明施工费、工程定位复测费、夜间施工增加费、冬雨季施工增加费、行车行人干扰增加费、已完工程及设备保护费。

(6) 确定人、材、机单价，判定工程类别、确定各项费率。

① *DN*400UPVC管道橡胶圈单价为20元/只，圆钢单价为3 400元/t，螺纹钢单价为3 300元/t，*DN*400 UPVC管道单价为95元/m，*D*500钢筋混凝土管道单价为150元/m，砖块单价为400元/千块；一类人工工日单价为65元，二类人工工日单价为70元；其他人、材、机单价按《浙江省市政工程预算定额》(2010版)计取。

② 本管道工程为三类排水工程。

③ 企业管理费、利润、各项组织措施费的费率按《浙江省建设工程施工费用定额》(2010版)及浙江省有关规定的费率范围的低值计取；规费、税金按《浙江省建设工程施工费用定额》(2010版)的规定计取。

(7) 计算定额计价模式下，本排水管道工程的投标报价，详见表6-13～表6-21。

表6-13 投标报价扉页

某市中华路排水管道工程

预算价

预算价 (小写)： 174 459元

(大写)： 壹拾柒万肆仟叁佰柒拾叁元整

发 包 人：________ 承包人：________ 工程造价咨 询 人：________

(单位盖章) (单位盖章) (单位资质专用章)

法定代表人 或其授权人：	______________ (造价人员签字盖专用章)	法定代表人 或其授权人：	______________ (造价人员签字盖专用章)
编　制　人：	______________ (造价人员签字盖专用章)	复　核　人：	______________ (造价工程师签字盖专用章)
编制时间：		复核时间：	

表 6-14　总说明

工程名称：某市中华路排水管道工程　　　　第 1 页 共 1 页

一、工程概况及实施范围

某市中华路排水管道工程雨水管道实施的起讫井号为 Y1～Y3，污水管道实施的起讫井号为 W1～W4，均不包括沿线的支管及支管井、不包括雨水口及连接管。管径 $D \leqslant 400$mm 采用承插式 UPVC 管、砂基础；管径 $D \geqslant 500$mm 采用承插式钢筋混凝土管、钢筋混凝土条形基础，雨污水均采用砖砌矩形或方形检查井。工程沿线土质为砂性土，地下水位于地表以下 1.3～1.5m。

二、施工方案

(1) 本工程土质为砂性土，地下水位高于沟槽底标高，考虑采用轻型井点降水，在雨水、污水管道沟槽一侧设置单排井点，井点管间距为 1.2m，井点管布设长度超出沟槽两端各 10m。

(2) 沟槽挖方采用挖掘机在槽边作业、放坡开挖，边坡根据土质情况确定为 1∶0.5；距离槽底 30cm 的土方用人工辅助清底。W1～W4 三段管道一起开挖，Y1～Y3 两端管道一起开挖，先施工污水管道，再施工雨水管道。

(3) 沟槽所挖土方就近用于沟槽回填，多余的土方直接装车用自卸车外运、运距为 5km。

(4) 管道均采用人工下管。

(5) 混凝土、砂浆均采用现场拌制。

(6) 钢筋混凝土条形基础、井底板混凝土施工时采用钢模，其他部位混凝土施工时采用木模或复合木模。

(7) 检查井施工时均搭设钢管井字架。检查井砌筑、抹灰时不考虑脚手架。

(8) 配备 1m^3 履带式挖掘机 1 台。

三、人、材、机单价的取定

*DN*400 UPVC 管道橡胶圈单价为 20 元/只，圆钢单价为 3 400 元/t，螺纹钢单价为 3 300 元/t，*DN*400 UPVC 管道单价为 95 元/m，*D*500 钢筋混凝土管道单价为 150 元/m，砖块单价为 400 元/千块；一类人工工日单价为 65 元，二类人工工日单价为 70 元；其他人、材、机单价按《浙江省市政工程预算定额》(2010 版)计取。

四、费率的取定

企业管理费、利润、各项组织措施费的费率按《浙江省建设工程施工费用定额》(2010 版)及浙江省有关规定的费率范围的低值计取；规费、税金按《浙江省建设工程施工费用定额》(2010 版)的规定计取。

五、编制依据

(1)《浙江省市政工程预算定额》(2010 版)。

(2)《浙江省建设工程施工费用定额》(2010 版)。

(3) 浙建站计[2013]64 号——关于《浙江省建设工程费用定额》(2010 版)费用项目及费率调整的通知。

(4) 建建发[2015]517 号——关于规范建设工程安全文明施工费计取的通知。

表 6-15　工程项目预算汇总表

工程名称：某市中华路排水管道工程　　　　第 1 页　共 1 页

序号	单位工程名称	金额/元
1	排水	174 459.35
1.1	排水	174 459.35
合　计		174 459

表 6-16　单位(专业)工程预算费用计算表

单位(专业)工程名称：排水-排水　　　　第 1 页　共 1 页

序号		费用名称	计算公式	金额/元
一	预算定额分部分项工程费		按计价规则规定计算	146 016.78
	其中	1．人工费+机械费	Σ(定额人工费+定额机械费)	53 375.41
二	施工组织措施费			7 312.44
	其中	2．安全文明施工费(含扬尘防治增加费)	1×11.54%	6 159.52
		3．工程定位复测费	1×0.03%	16.01
		4．冬雨季施工增加费	1×0.1%	53.38
		5．夜间施工增加费	1×0.01%	5.34
		6．已完工程及设备保护费	1×0.02%	10.68
		7．行人、行车干扰增加费	1×2%	1 067.51
三	企业管理费		1×13%	6 938.80
四	利润		1×8%	4 270.03
五	规费		12+13	3 896.40
	8．排污费、社保费、公积金		1×7.3%	3 896.40
	9．农民工工伤保险费		按相关规定计算	0.00
六	危险作业意外伤害保险费		按相关规定计算	0.00
七	总承包服务费			0.00
	10．总承包管理和协调费		分包项目工程造价×0%	0.00
	11．总承包管理、协调和服务费		分包项目工程造价×0%	0.00
	12．甲供材料设备管理服务费		甲供材料设备费×0%	0.00
八	风险费		(一+二+三+四+五+六+七)×0%	0.00
九	暂列金额		(一+二+三+四+五+六+七+八)×0%+创标化工地增加费	0.00
十	计税不计费		计税不计费	0.00
十一	不计税不计费		不计税不计费	0.00
十二	税金		(一+二+三+四+五+六+七+八+九+十)×3.577%	6 024.90
十三	建设工程造价		一+二+三+四+五+六+七+八+九+十+十一+十二	174 459.35

表 6-17　工程预算书(分部分项项目)

单位(专业)工程名称：排水-排水　　　　第 1 页　共 2 页

序号	编号	名称	单位	数量	单价/元	单价组成/元			合价/元
						人工费	材料费	机械费	
1	1-56	挖掘机挖一、二类土，不装车	1 000m^3	0.899	2 293.59	312.00	0.00	1 981.59	2 062.76
2	1-59	挖掘机挖一、二类土，装车	1 000m^3	0.152	3 452.82	312.00	0.00	3 140.82	524.69
3	1-5 换	人工挖沟槽、基坑土方，深 4m 以内，一、二类土，人工辅助开挖(包括切边、修整底边)	100m^3	0.923	2 331.88	2 331.88	0.00	0.00	2 152.09
4	1-87	槽、坑，填土夯实	100m^3	8.623	891.54	717.60	0.00	173.94	7 687.75
5	1-68+1-69×4 换	自卸汽车运土，运距 5km	1 000m^3	0.152	11 182.35	0.00	35.40	11 146.95	1 699.27
6	6-266	砂垫层	10m^3	1.601	1 073.59	329.00	727.15	17.44	1 718.82
7	6-286	黄砂沟槽回填	10m^3	13.181	961.26	242.90	711.86	6.50	12 670.37
8	6-46	塑料排水管铺设，管径 400mm 以内	100m	0.837	10 077.53	422.80	9 654.73	0.00	8 434.89
9	6-194	塑料排水管，承插式橡胶圈接口，管径 400mm 以内	10 只口	1.200	319.00	110.60	208.40	0.00	382.80
10	6-211	管道闭水试验，管径 400mm 以内	100m	0.870	211.95	116.90	95.05	0.00	184.40
11	6-268	现浇现拌混凝土垫层 C10(40)	10m^3	0.948	2 750.93	842.80	1 814.57	93.56	2 607.88
12	6-276 换	渠(管)道，混凝土平基，现浇现拌混凝土 C20(40)	10m^3	0.618	3 438.58	1 190.70	2 055.77	192.11	2 125.04
13	6-282 换	混凝土管座，现浇现拌混凝土 C20(40)	10m^3	1.348	3 677.41	1 362.20	2 141.71	173.50	4 957.15
14	6-27	承插式混凝土管道铺设，人工下管，管径 500mm 以内	100m	0.878	16 417.00	1 267.00	15 150.00	0.00	14 414.13
15	6-179	排水管道，混凝土管胶圈(承插)接口，管径 500mm 以内	10 个口	2.800	283.54	114.10	169.44	0.00	793.91
		本页小计							62 415.95

单位(专业)工程名称：排水-排水　　　　第2页　共2页

序号	编号	名称	单位	数量	单价/元	单价组成/元			合价/元
						人工费	材料费	机械费	
16	6-212	管道闭水试验，管径 500mm 以内	100m	0.900	307.06	160.30	146.76	0.00	276.35
17	6-229 换	混凝土井垫层，现浇现拌混凝土 C10(40)	$10m^3$	0.355	3 005.56	973.00	1 839.54	193.02	1 066.97
18	6-276 换	井底板，现浇现拌混凝土 C20(40)	$10m^3$	0.588	3 438.58	1 190.70	2 055.77	192.11	2 021.89
19	6-231 换	矩形井砖砌，水泥砂浆 M10.0	$10m^3$	3.196	3 480.80	797.23	2 611.59	71.98	11 124.64
20	6-230 换	圆形井砖砌，水泥砂浆 M10.0	$10m^3$	0.311	3 834.14	1 060.99	2 672.10	101.05	1 192.42
21	6-237	砖墙井壁抹灰	$100m^2$	1.902	2 222.83	1 650.11	505.18	67.54	4 227.82
22	6-239	砖墙流槽抹灰	$100m^2$	0.107	1 962.71	1 389.99	505.18	67.54	210.01
28	6-1124	现浇构件钢筋(圆钢)，直径ϕ10、ϕ8	t	0.765	4 340.87	774.90	3 517.24	48.73	3 321.16
29	6-1125	现浇构件钢筋(螺纹钢)，直径ϕ10	t	0.381	3 944.64	448.70	3 421.34	74.60	1 501.95
30	6-1127	预制构件钢筋(螺纹钢)，直径ϕ10、ϕ12	t	0.164	3 937.18	423.50	3 419.63	94.05	644.45
31	6-1126	预制构件钢筋(圆钢)，直径ϕ6、ϕ4	t	0.036	4 453.06	816.20	3 499.76	137.10	161.05
本页小计									32 149.22
合　计									94 565.17

表 6-18　工程预算书(技术措施项目)

单位(专业)工程名称：排水-排水　　　　第 1 页　共 1 页

序号	编号	名称	单位	数量	单价/元	单价组成/元			合价/元
						人工费	材料费	机械费	
1	1-323	轻型井点降水安装	10 根	18.300	1 320.17	645.82	379.61	294.74	24 159.11
2	1-324	轻型井点降水拆除	10 根	18.300	410.67	230.37	0.00	180.30	7 515.26
3	1-325	使用轻型井点降水	套 · 天	34.000	335.57	140.00	29.41	166.16	11 409.38
4	6-1138	钢管井字架，井深 4m 以内	座	7.000	130.25	124.39	5.86	0.00	911.75
5	6-1044	混凝土管道垫层木模	$100m^2$	0.176	2 754.01	860.16	1 851.93	41.92	483.60
6	6-1094	现浇混凝土管、渠道平基钢模	$100m^2$	0.141	3 536.58	1 905.75	1 497.73	133.10	496.89
7	6-1096	现浇混凝土管座钢模	$100m^2$	0.365	4 724.97	3 090.78	1 501.09	133.10	1 725.56
8	6-1044	井垫层木模	$100m^2$	0.063	2 754.01	860.16	1 851.93	41.92	173.78
9	6-1094	井底板钢模	$100m^2$	0.115	3 536.58	1 905.75	1 497.73	133.10	406.00
10	6-1111	预制井室盖板复合木模	$10m^3$	0.141	1 512.02	945.56	502.96	63.50	213.19
11	6-1121	预制混凝土井圈木模	$10m^3$	0.127	3 907.66	1 993.74	1 900.40	13.52	496.27
12	3001	履带式挖掘机 $1m^3$ 以内	台班	1.000	3 460.82	840.00	1 216.56	1 404.26	3 460.82
本页小计									51 451.61
合　计									51 451.61

表 6-19 主要材料价格表

单位(专业)工程名称：排水-排水　　第 1 页　共 1 页

序号	材料编码	材料(设备)名称	规格、型号等	单位	数量	单价/元	合价/元
1	0403045	黄砂(毛砂)	综合	t	348.034	40	13 921.36
2	0413091	混凝土实心砖	240×115×53	千块	19.193	400	7 677.32
3	1431437	UPVC 双壁波纹排水管	*DN*400	m	84.956	95	8 070.77
4	1445021	钢筋混凝土承插管	ϕ500×4 000	m	88.678	150	13 301.70
5	3301031	铸铁井盖	ϕ700 轻型	套	7.000	649	4 543.00
6	j3115031	电(机械)		kW・h	13 769.747	0.854	11 759.36
7	0205605	橡胶圈	*DN*400	只	12.180	20	243.60
8	8021211	现浇现拌混凝土	C20(40)	m^3	27.354	192.937	5 277.65
9	9908042	射流井点泵	最大抽吸深度 9.5m	台班	102.000	55.387 9	5 649.57
合　计							70 444.33

表 6-20 主要工日价格表

单位(专业)工程名称：排水-排水　　第 1 页　共 1 页

序号	工 种	单位	数 量	单价/元
1	一类人工	工日	133.353	65
2	二类人工	工日	615.070	70
3	人工(机械)	工日	38.177	70

表 6-21 主要机械台班价格表

单位(专业)工程名称：排水-排水　　第 1 页　共 1 页

序号	机械设备名称	单位	数 量	单价/元
1	履带式推土机 90kW	台班	0.360	732.633 5
2	履带式单斗挖掘机(液压)$1m^3$	台班	1.806	1 105.38
3	电动夯实机 20～62kg・m	台班	70.092	21.796 4
4	履带式电动起重机 5t	台班	19.215	171.71
5	汽车式起重机 5t	台班	1.212	357.21
6	载货汽车 5t	台班	0.215	344.136 5
7	自卸汽车 12t	台班	2.371	698.776 5
8	平板拖车组 40t	台班	1.000	1 047.049 5
9	机动翻斗车 1t	台班	4.481	136.730 5

续表

序号	机械设备名称	单位	数 量	单价/元
10	洒水汽车 4 000L	台班	0.091	410.056
11	电动卷扬机单筒慢速 50kN	台班	0.332	120.744 4
12	双锥反转出料混凝土搅拌机 350L	台班	2.355	123.726 1
13	灰浆搅拌机 200L	台班	1.370	85.572 9
14	钢筋切断机ϕ40	台班	0.139	38.823 4
15	钢筋弯曲机ϕ40	台班	0.280	20.951 2
16	木工圆锯机ϕ500	台班	0.089	25.386
17	木工压刨床单面 600mm	台班	0.029	33.414 4
18	电动多级离心清水泵 H<180m	台班	10.431	400.579 5
19	污水泵ϕ100	台班	10.431	116.51
20	射流井点泵最大抽吸深度 9.5m	台班	102.000	55.387 9
21	直流弧焊机 32kW	台班	0.227	94.274 4
22	对焊机容量 75kV · A	台班	0.038	123.056 6
23	点焊机长臂 75kV · A	台班	0.049	175.914
24	混凝土振捣器平板式 BLL	台班	7.076	17.556
25	混凝土振捣器插入式	台班	2.393	4.826

思考题与习题

一、简答题

1. 排水管道基础、垫层、管道铺设工程量计算时，是否需扣除检查井所占长度？管道闭水试验工程量计算时，是否需扣除检查井所占长度？

2. 管道管座角度如果与定额不同，在套用管道接口定额时，如何换算？

3. 塑料管道铺设定额子目基价是否包括橡胶圈的费用？

4. 某排水管道基础采用钢筋混凝土条形基础，施工时均采用木模，试分别确定管道平基、管座模板套用的定额子目。

5. 某排水检查井，其井室盖板、井口盖板均为预制混凝土，施工时均采用木模，试分别确定井室盖板、井口盖板模板套用的定额子目。

6. 如何计算检查井的井深？如何确定井室的高度以及井筒的高度？

7. 井筒的总高度与井筒的砌筑高度相同吗？

8. 流槽井与落底井的计算项目有什么区别？

9. 流槽井的流槽砌筑和流槽抹灰项目如何套用定额子目？

10. 检查井施工时，通常哪些部位是现浇的？哪些部位是预制的？

11. 现浇混凝土的模板与预制混凝土的模板计算规则有何不同？

12. 钢筋混凝土条形基础管座混凝土的工程量如何计算？

13. 管道顶进工程量如何计算？水平定向钻牵引工程量如何计算？

14. 沉井刃脚高度怎么确定？

15. 沉井井壁厚度上下不同时，如何套用定额？

16. 构筑物池壁挑檐、池壁牛腿有何不同？

17. 构筑物工程预制钢筋混凝土池内壁板安装套用什么定额子目？

18. 排水工程中，预制混凝土构件的模板与现浇混凝土的模板工程量计算规则相同吗？

19. 排水工程中，后张法预应力钢筋长度如何确定？

二、计算题

1. *D*1500 钢筋混凝土平口管，采用钢丝网水泥砂浆接口(135° 管基)，确定套用的定额子目及基价。

2. *D*1500 钢筋混凝土平口管，采用钢丝网水泥砂浆接口(135° 管基)，设计要求内抹口，确定套用的定额子目及基价。

3. 计算图 6.4 中 Y3 ~ Y4 段管道铺设及垫层、基础的工程量，并确定套用的定额子目及基价。Y3、Y4 均为 1100×1100 方形检查井，该段管道采用人工下管，管道垫层、基础施工时采用现浇现拌混凝土。

4. 某ϕ1 500 顶管工程，采用手掘式敞开式顶进，总长 150m，设置三级中继间，如图 6.25 所示。计算该顶管工程人工的用量。

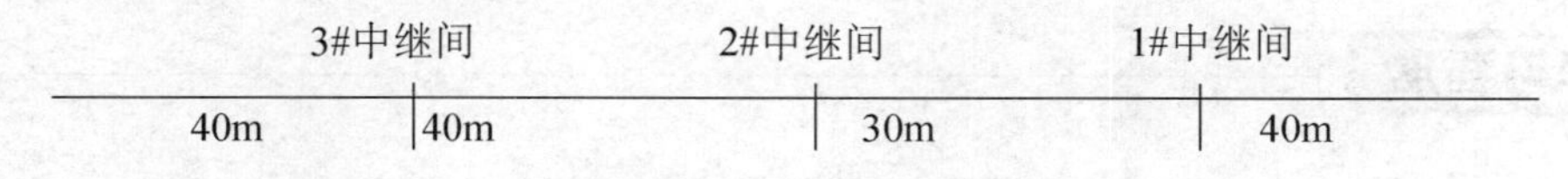

图 6.25 三级中继间示意图

5. 某排水构筑物池体底板为锥形池底，池底混凝土施工时采用木模，池底板挖深为 4m，确定池底板模板套用的定额子目及基价。

6. 某管道工程检查井采用预制混凝土井盖板，采用木模板，确定套用的定额子目及基价。

7. 计算图 6.7 中 Y5、Y6 井砌筑的工程量、抹灰的工程量。

第7章《桥涵工程》预算定额应用

本章学习要点

1. 打桩工程工程量计算规则、计算方法、定额的套用和换算。
2. 钻孔灌注桩工程工程量计算规则、计算方法、定额的套用和换算。
3. 砌筑工程工程量计算规则、计算方法、定额的套用和换算。
4. 钢筋工程工程量计算规则、计算方法、定额的套用和换算。
5. 现浇混凝土、预制混凝土工程工程量计算规则、计算方法、定额的套用和换算。
6. 安装工程工程量计算规则、计算方法、定额的套用和换算。
7. 临时工程工程量计算规则、计算方法、定额的套用和换算。

引言

某桥梁工程钻孔灌注桩基础如下图所示，桩径为1.2m，桩顶设计标高为0.00m，桩底设计标高为-29.50m，桩底要求入岩0.5m，桩身采用C25钢筋混凝土，现要计算钻孔灌注桩相关的工程量。有哪些项目需要计算？如何进行计算？

计算时要考虑原地面标高、设计桩顶标高、设计桩底标高、混凝土灌注后桩顶标高之间的关系。

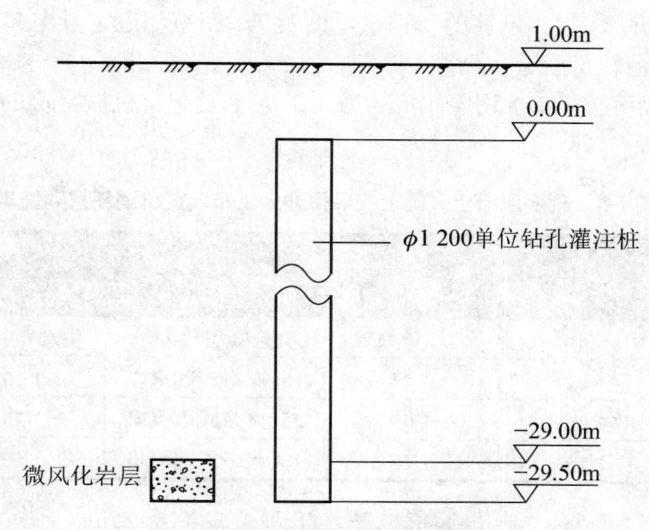

某桥梁工程钻孔灌注桩基础剖面图

7.1 册说明

《桥涵工程》是《浙江省市政工程预算定额》(2010版)的第三册，包括打桩工程、钻孔灌注桩工程、砌筑工程、钢筋工程、现浇混凝土工程、预制混凝土工程、立交箱涵工程、安装工程、临时工程、装饰工程，共10章。

1.《桥涵工程》册的定额适用范围

(1) 单跨100m以内的城镇桥梁工程。

(2) 单跨5m以内的各种板涵、拱涵工程。

(3) 穿越城市道路及铁路的立交箱涵工程。

2.《桥涵工程》册定额套用及相关说明

(1) 预制混凝土及钢筋混凝土构件均属现场预制，不适用于独立核算、执行产品出厂价格的构件厂所生产的构配件。

(2) 本册定额中未包括预制构件的场外运输。

(3) 本册定额中均未包括各类操作脚手架，发生时按《通用项目》相应定额执行。

(4) 本册定额河道水深取定为3m。

(5) 圆管涵套用第六册《排水工程》的定额，其中管道铺设及基础项目人工、机械费乘以系数1.25。

(6) 本册定额提升高度按原地面标高至梁底标高8m为界。若超过8m，应考虑超高因素(悬浇箱梁除外)。

① 现浇混凝土项目按提升高度不同将全桥划分为若干段，以超高段承台顶面以上混凝土(不含泵送混凝土)、模板、钢筋的工程量，按表7-1调整相应定额中起重机械的规格，人工、起重机台班的消耗量应分段调整。

② 陆上安装梁可按表7-1调整相应定额中的人工及起重机械台班的消耗量，但起重机械的规格不做调整。

表7-1 现浇混凝土、陆上安装梁的人工及起重机消耗量调整表

项　目	现浇混凝土			陆上安装梁	
	人工	5t履带式电动起重机		人工	起重机械
提升高度 H/m	消耗量系数	消耗量系数	规格调整为	消耗量系数	消耗量系数
$H\leqslant15$	1.02	1.02	15t履带式起重机	1.10	1.10
$H\leqslant22$	1.05	1.05	25t履带式起重机	1.25	1.25
$H>22$	1.10	1.10	40t履带式起重机	1.50	1.50

【例7-1】 某工程在陆上采用起重机安装T形梁，梁长25m，已知提升高度为10m，确定套用的定额子目及基价。

【解】 套用定额子目：[3-448]H

提升高度≤15m，查表可知：人工乘以系数1.10，起重机械乘以系数1.10

基价=957+52.89×(1.10−1)+904.33×(1.10−1) ≈ 1 053(元/10m^3)

【例7-2】 某桥梁工程现浇桥墩盖梁，采用C20(40)现浇现拌混凝土，已知提升高度为16m，试确定现浇桥墩盖梁混凝土、模板套用的定额子目及基价。

【解】 提升高度≤22m，查表可知：人工消耗量乘系数1.05，起重机械规格调整为25t履带式起重机、消耗量乘系数1.05

5t履带式起重机台班单价为144.71元/台班

25t履带式起重机台班单价为646.24元/台班

(1) 墩盖梁混凝土：

套用定额子目：[3-246]H

基价=2 863+574.48×(1.05−1)+(0.77×1.05×646.24−0.77×144.71)

≈ 3 303(元/10m^3)

(2) 墩盖梁混凝土模板

套用定额子目：[3-248]H

基价=439+215.00×(1.05−1)+(0.57×1.05×646.24−0.57×144.71)

≈ 754(元/10m^3)

7.2 打桩工程

打桩工程包括打基础圆木桩、打钢筋混凝土方桩、打钢筋混凝土板桩、打钢筋混凝土管桩、打钢管桩、接桩、送桩及钢管桩内切割、精割盖帽、管内钻孔取土、填心等相关子目。

7.2.1 工程量计算规则

1．打桩

(1) 钢筋混凝土方桩、板桩按桩长(包括桩尖长度)乘以桩横断面面积计算。

【参考图文】

(2) 钢筋混凝土管桩按桩长(包括桩尖长度)乘以桩横断面面积，减去空心部分体积计算。

(3) 钢管桩按成品桩考虑，按设计长度(设计桩顶至桩底标高)、管径、壁厚以 t 为单位计算。

知识链接

钢管桩质量计算公式如下。

$$\omega=(D-\delta)\times\delta\times0.0246\times L/1000 \tag{7-1}$$

式中 ω——钢管桩质量，t；

D——钢管桩直径，mm;

δ——钢管桩壁厚，mm;

L——钢管桩长度，m。

2．焊接桩

焊接桩型钢用量可按实际调整。

3．送桩

(1) 陆上打桩时，以原地面平均标高增加 1m 为界线，界线以下至设计桩顶标高之间的打桩实体积为送桩工程量。

(2) 支架上打桩时，以当地施工期间的最高潮水位增加 0.5m 为界线，界线以下至设计桩顶标高之间的打桩实体积为送桩工程量。

(3) 船上打桩时，以当地施工期间的平均水位增加 1m 为界线，界线以下至设计桩顶标高之间的打桩实体积为送桩工程量。

【例 7-3】 某桥台基础共设 20 根 C30 预制钢筋混凝土方桩，如图 7.1 所示，自然地坪标高为 0.5m，桩顶标高为-0.3m，设计桩长 18m(包括桩尖)，每根桩分 2 节预

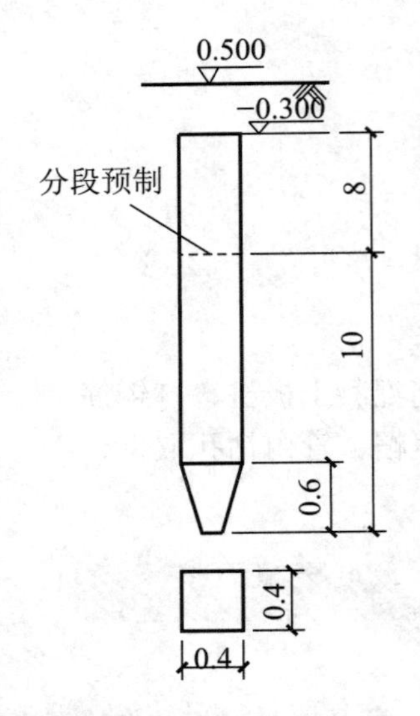

图 7.1 钢筋混凝土方桩(单位：m)

制，陆上打桩，采用焊接接桩，计算打桩、接桩与送桩的工程量，并确定套用的定额子目及基价。

【解】(1) 打桩：V=0.4×0.4×18×20=57.6(m^3)

套用定额[3−16]　　基价=1 607 元/10m^3

(2) 接桩：n=20(个)

套用定额[3−55]　　基价=252 元/个

(3) 送桩：

V=0.4×0.4×(0.5+1+0.3)×20=5.76(m^3)

套用定额[3−74]　　基价=4 758 元/10m^3

4．钢管桩内切割

工程量按钢管内切割的根数计算。

5．钢管桩精割盖帽

工程量按精割、安放及焊接盖帽的数量以个为单位计算。

6．钢管桩管内钻孔取土

工程量按钻孔取土的体积以 m^3 为单位计算。

7．钢管桩填心

工程量按钢管桩内混凝土填芯的体积以 m^3 为单位计算。

7.2.2 定额套用及换算说明

(1) 定额中土质类别均按甲级土考虑。

(2) 本章定额均考虑在已搭置的支架平台上操作，但不包括支架平台，其支架平台的搭设与拆除应按《桥涵工程》第 9 章的有关项目计算。

(3) 陆上打桩采用履带式柴油打桩机时，不计陆上工作平台费，可计 20m 碎石垫层，面积按陆上工作平台面积计算。

(4) 船上打桩定额按两艘船只拼搭、捆绑考虑。

(5) 打钢筋混凝土板桩定额中，均已包括打、拔导向桩内容，不得重复计算。

(6) 陆上、支架上、船上打桩定额中均未包括运桩。

(7) 打桩机械的安拆、场外运输费用按机械台班费用定额有关规定计算。

(8) 如设计要求需凿除桩顶时，可套用《桥涵工程》第 9 章“临时工程”的有关子目。

(9) 如打基础圆木桩采用挖掘机时，可套用《通用项目》相应定额，圆木桩含量做相应调整。

(10) 本章定额均为打直桩，如打斜桩(包括俯打、仰打)斜率在 1∶6 以内时，人工乘以系数 1.33，机械乘以系数 1.43。

(11) 送桩定额按送 4m 为界，如果实际超过 4m 时，按相应定额乘以下列调整系数：

① 送桩 5m 以内乘以系数 1.2；

② 送桩 6m 以内乘以系数 1.5；

③ 送桩 7m 以内乘以系数 2.0；

④ 送桩 7m 以上，以调整后 7m 为基础、每超过 1m 递增系数 0.75。

(12) 打钢管桩定额中不包括接桩费用，如果发生接桩，接实际接头数量套用钢管桩接桩定额。

(13) 打钢管桩送桩，按打桩定额人工、机械数量乘以系数 1.9 计算。

【例 7-4】 某工程在支架上打钢筋混凝土板桩，斜桩，桩截面面积为 0.09m^2，桩长为 10m(包括桩尖)，共计 12 根桩。施工期间最高潮水位标高为 1.5m，设计桩顶标高为−3.5m，计算该工程打桩、送桩的工程量，并确定套用的定额子目及基价。

【解】 (1) 打桩工程量=0.09×10×12=10.8(m^3)

套用定额[3−28]H

基价=1 108+309.6×(1.33−1)+728.86×(1.43−1)=1 524(元/10m^3)

(2) 送桩工程量=(1.5+0.5+3.5)×0.09×12=5.94(m^3)

套用定额[3−69]H

基价=2 916 元/10m^3

【例 7-5】 某工程在支架上打钢管桩，桩径为ϕ609.60，桩长为 36m，施工期间最高潮水位标高为 1m，设计桩顶标高为−2m，确定该工程送桩套用的定额子目及基价。

【解】 套用定额[3−49]H

基价=1 862+435.16×(1.9−1)+1 303.89×(1.9−1)=3 427(元/10t)

7.3 钻孔灌注桩工程

钻孔灌注桩工程包括埋设护筒、人工挖孔桩、回旋钻机钻孔、冲孔桩机带冲抓锥成孔、冲孔桩机带冲击锥成孔、泥浆池建造和拆除、泥浆运输、钻孔桩灌注混凝土等相应子目。

7.3.1 工程量计算规则

1．埋设钢护筒

工程量按埋设钢护筒的长度以 m 为单位计算。

2．成孔/冲孔/挖孔

(1) 回旋钻机钻孔成孔工程量按成孔长度乘以设计桩截面积以 m^3 为单位计算。

陆上时，成孔长度为原地面至设计桩底的长度；水上时，成孔长度为水平面至设计桩底的长度减去水深。

入岩增加费工程量按实际入岩量以 m^3 为单位计算，即按实际入岩长度×设计桩截面积计算。

(2) 冲孔桩机带冲抓(击)锥冲孔工程量按进入各类土层、岩石层的成孔长度乘以设计桩截面积以 m^3 计算。

(3) 人工挖桩孔及安装混凝土护壁。

【参考图文】

① 人工挖桩孔。

人工挖桩孔工程量按护壁外围截面积乘以孔深以 m^3 为单位计算。

孔深按自然地坪至设计桩底标高的长度计算。

挖淤泥、流砂、入岩增加费工程量按实际挖、凿数量以 m^3 为单位计算。

② 安装混凝土护壁。

工程量按护壁混凝土的体积以 m^3 为单位计算。

知识链接

人工挖孔桩的底部一般要求扩孔，底部一般为球冠体，如图 7.2 所示。

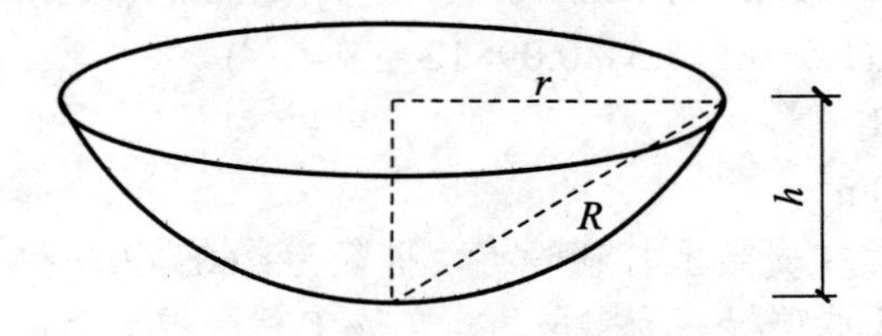

图 7.2 球冠示意图

球冠体的体积计算公式为：

$$V = \pi h^2 \left(R - \frac{h}{3} \right) \tag{7-2}$$

由于施工图中一般标注 r 值、h 值，R 值需要计算。

已知 $r^2 = R^2 - (R-h)^2$

可得：

$$R = \frac{r^2 + h^2}{2h} \tag{7-3}$$

【例 7-6】 某人工挖孔桩剖面图如图 7.3 所示，计算挖孔桩土方工程量，并确定套用的定额子目及基价。

【解】 人工挖孔桩土方按护壁外围截面积乘以孔深以 m^3 为单位计算。

① 直桩部分：

$$V = \pi r^2 \times h = 3.14 \times \left(\frac{0.8 + 0.075 \times 2 + 0.1 \times 2}{2} \right)^2 \times 10.90$$

$$\approx 11.32(m^3)$$

② 圆台部分：

$$V = \frac{\pi}{3} h \times (r_1^2 + r_2^2 + r_1 r_2)$$

$$= \frac{3.14}{3} \times 1.0 \times \left[\left(\frac{0.8}{2} \right)^2 + \left(\frac{1.2}{2} \right)^2 + \frac{0.8}{2} \times \frac{1.2}{2} \right]$$

$$\approx 1.047 \times (0.16 + 0.36 + 0.24) \approx 0.80(m^3)$$

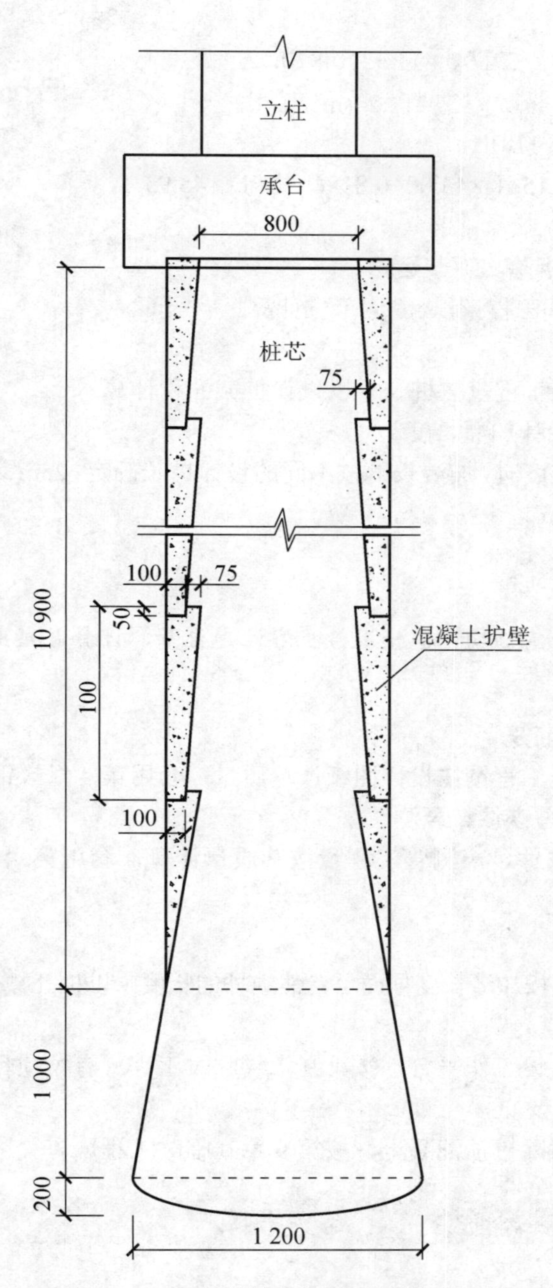

图 7.3　人工挖孔桩剖面示意图(单位：mm)

③ 球冠部分:

$$R=\frac{\left(\frac{1.2}{2}\right)^2+0.2^2}{2\times 0.2}=1.0(\text{m})$$

$$V=3.14\times 0.2^2\times\left(1.0-\frac{0.2}{3}\right)=0.12(\text{m}^3)$$

合计人工挖孔桩土方工程量=11.32+0.8+0.12

=12.24(m^3)

套用的定额子目[3-118]H

基价=771+14.2×(1.15−1)×43.00+0.82×(1.15−1) ×45.93

=868(元/10m^3)

3．泥浆池建造和拆除、泥浆运输

工程量按成孔/冲孔工程量以 m^3 为单位计算。

4．混凝土灌注

钻孔灌注桩混凝土工程量按桩长乘以设计桩截面积计算。

桩长=设计桩长+设计加灌长度。

设计未规定加灌长度时，加灌长度按不同的设计桩长确定：25m 以内按 0.5m 计算，35m 以内按 0.8m 计算，35m 以上按 1.2m 计算。

特别提示

钻孔桩灌注混凝土定额均已包括混凝土灌注充盈量，计算混凝土灌注工程量时不需要考虑扩孔系数。

5．钻孔灌注桩钢筋笼

钻孔灌注桩钢筋笼工程量按设计图纸计算质量，套用第 4 章《钢筋工程》有关项目。

6．钻孔灌注桩预埋铁件、声测管

钻孔灌注桩预埋铁件、声测管工程量按其质量计算，套用第 4 章《钢筋工程》有关项目。

7．桩孔回填

桩孔回填土工程量按加灌长度顶面至自然地坪的长度乘以桩孔截面积以 m^3 为单位计算。

8．支架平台

钻孔灌注桩如需搭设工作平台，按第 9 章《临时工程》有关项目计算。

9．凿除桩顶混凝土

钻孔灌注桩如需凿除桩顶混凝土，按第 9 章《临时工程》有关项目计算。

7.3.2 定额套用及换算说明

(1) 本章定额适用于桥涵工程钻孔灌注桩基础工程。

(2) 本章定额中涉及的各类土(岩石)层鉴别标准如下。

① 砂、黏土层：粒径 2～20mm 的颗粒质量不超过总质量 50%的土层，包括黏土、粉质黏土、粉土、粉砂、细砂、中砂、粗砂、砾砂。

② 碎、卵石层：粒径在 2～20mm 的颗粒质量超过总质量 50%的土层，包括角砾、圆砾及粒径 20～200mm 的碎石、卵石、块石、漂石，此外也包括软石及强风化岩。

③ 岩石层：除软石及强风化岩以外的各类坚石，包括次坚石、普坚石和特坚石。

(3) 定额中未包括钻机场外运输、截除余桩、废泥浆处理及外运，其费用可套用相应定额和说明另行计算。

(4) 定额中不包括在钻孔中遇到障碍必须清除的工作，发生时另行计算。

(5) 埋设钢护筒定额中钢护筒按摊销量计算。若在深水作业，钢护筒无法拔出时，可按钢护筒实际用量(或参考表 7-2 中质量)减去定额数量一次增列计算。

表 7-2 钢护筒定额每米质量表

桩径/mm	600	800	1 000	1 200	1 500	2 000
每米护筒质量/(kg/m)	120.28	155.37	184.96	286.06	345.09	554.99

(6) 回旋钻机成孔定额按桩径划分子目，定额已综合考虑了穿越砂(黏)土层和碎(卵)石层的因素。如设计要求进入岩石层时，套用相应定额计算入岩增加费。

(7) 冲孔桩机带冲抓(击)锥成孔冲孔定额按桩长及不同土(岩石)层划分子目。

(8) 人工挖孔桩挖孔按设计注明的桩芯直径、孔深套用定额；桩孔土方需要外运时，按土方工程相应定额计算；挖孔时若遇到淤泥、流砂、岩石层，可按实际挖、凿的工程量套用相应定额计算挖孔增加费。

(9) 套用回旋钻机钻孔、冲孔桩机带冲抓锥成孔、冲孔桩机带冲击锥成孔定额时，若工程量小于 150m^3，打桩定额的人工及机械乘以系数 1.25。

(10) 回旋钻机钻孔，水上钻孔时，定额人工和机械乘以系数 1.2。

【例 7-7】 回旋钻机水上钻孔，桩径 1 000mm，确定套用定额子目及基价。

【解】 套用定额[3-128]H

基价=1 405+442.04×(1.2−1)+814.84×(1.2−1) ≈ 1 656(元/10m^3)

(11) 冲孔桩机带冲抓锥成孔定额采用湿成孔工艺，如采用干成孔工艺施工，则扣除定额中的黏土、水材料费及泥浆泵机械费。

(12) 桩孔空钻部分回填根据施工组织设计要求套用相应定额。填土套用《通用项目》土石方工程的松填土定额，填碎石者套用《桥涵工程》第 5 章碎石垫层定额乘以系数 0.7。

【例 7-8】 某桥梁基础设计采用直径 1 000mm 钻孔灌注桩 8 根，钻孔桩剖面示意如图 7.4 所示：自然地坪标高为−0.5m，设计桩顶标高为−2.0m，设计桩底标高为−22m，入岩深度为 2m。施工时采用回旋钻机钻孔，陆上作业，钢护筒长度为 1.5m，灌注 C25 非泵送水下商品混凝土，桩孔用土回填。计算埋设钢护筒、成孔、混凝土灌注、入岩、泥浆池建拆、泥浆运输(运距 6km)、桩孔回填的工程量，并确定套用的定额子目及基价。

【解】 (1) 埋设钢护筒：L=1.5×8=12(m)

套用定额[3-107]　　　　　基价=1 083 元/10m

(2) 成孔：V=1/4×π ×1.0^2×(−0.5+22)×8 ≈ 135.02(m^3)

套用定额[3-128]H

基价=1 405+442.04×(1.25−1)+814.84×(1.25−1) ≈ 1 719(元/10m^3)

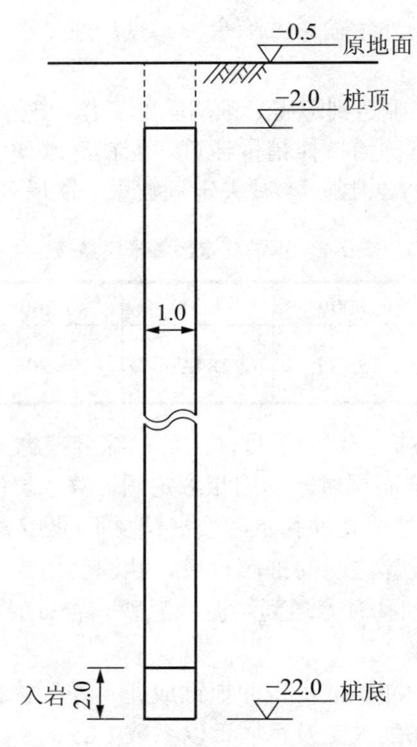

图 7.4　钻孔灌注桩剖面示意图(单位：m)

(3) 入岩：$V=1/4\times\pi\times1.0^2\times2\times8\approx12.56(m^3)$

套用定额[3-133]　　　　　　基价=5 077 元/$10m^3$

(4) 灌注混凝土：$V=1/4\times\pi\times1.0^2\times(-2+22+0.5)\times8\approx141.30(m^3)$

套用定额[3-150]　　　　　　基价=4 244 元/$10m^3$

(5) 泥浆池建折：$V=135.02m^3$

套用定额[3-144]　　　　　　基价=35 元/$10m^3$

(6) 泥浆外运：$V=135.02m^3$

套用定额[3-145]+ [3-146]　　　　　　基价=631+35=666(元/$10m^3$)

(7) 桩孔回填：$V=1/4\times\pi\times1.0^2\times(-0.5+2-0.5)\times8\approx6.28(m^3)$

套用定额[1-39]　　　　　　基价=243 元/$100m^3$

7.4　砌筑工程

砌筑工程定额包括浆砌块石、浆砌料石、浆砌混凝土预制块、砖砌体、拱圈底模等相应子目。

7.4.1 工程量计算规则

(1) 砌筑工程量按设计砌体尺寸以 m^3 为单位计算，嵌入砌体中的钢管、沉降缝、伸缩缝以及单孔面积在 $0.3m^2$ 以内的预留孔所占体积不予扣除。

(2) 拱圈底模工程量按模板接触砌体的面积计算。

7.4.2 定额套用及换算说明

(1) 本章定额适用于砌筑高度在 8m 以内的桥涵砌筑工程。本章定额未列的砌筑项目，可按第一册《通用项目》的相应定额执行。

(2) 本章定额中未包括垫层、拱背和台背的填充项目，如发生上述项目，可套用有关定额。

(3) 拱圈底模定额中不包括拱盔和支架，可按第 9 章《临时工程》的相应定额执行。

知识链接

拱盔就是拱桥现浇或砌筑所需要的起拱线以上的拉梁、柱、斜撑、夹木、托木、拱弦木及模板组合的支架。修拱桥的拱架包括支架和拱盔两部分，支架在下，拱盔在上。

【参考图文】

(4) 定额中调制砂浆，均按砂浆拌和机拌和。

(5) 干砌块石、勾缝套用第一册《通用项目》的相应定额。

【例 7-9】 某 M10 水泥砂浆砌筑混凝土预制块墩台，试套用定额。

【解】套用定额子目[3-162]H

M7.5 砂浆单价=168.17 元/m^3，M10 砂浆单价=174.77 元/m^3

换算后基价=3 386+(174.77−168.17)×0.92 ≈ 3 392(元/$10m^3$)

7.5 钢筋及钢结构工程

钢筋工程定额包括桥涵工程钢筋制作安装、铁件、拉杆制作安装、预应力钢筋制作安装、安装压浆管道和压浆、声测管制作安装、钢梁制作安装等相应子目。

7.5.1 工程量计算规则

(1) 钢筋按设计数量以 t 为单位计算(损耗量已包括在定额中)。

(2) 预埋铁件、拉杆按设计数量以 t 为单位计算。

(3) T形梁连接钢板项目按设计图纸，以t为单位计算。

(4) 锚具工程量设计用量计算(定额中未列锚具数量)。

(5) 管道压浆按压浆体积以m^3计算，不扣除钢筋体积。

(6) 安装压浆管道按压浆孔道长度以m计算。

(7) 声测管按设计图纸质量以t为单位计算。

(8) 钢梁工程量按设计图纸主材(钢板、型钢、方钢、圆钢等)的质量以t为单位计算，不扣除孔眼、缺角、切肢、切边的质量，但焊条、铆钉、螺栓等的质量也不另增加。

不规则或多边形钢板以其面积乘以厚度及单位理论质量以t为单位计算。

知识链接

1. 钢筋质量计算

$$钢筋质量=0.006\,17\times d^2\times l \tag{7-4}$$

式中：d为钢筋直径，mm；l为钢筋长度，m；钢筋质量单位为kg。

【参考图文】

如10m长$\phi12$钢筋质量$=0.006\,17\times12^2\times10\approx8.88$(kg)

2. 钢板单位理论质量计算

$$钢板单位理论质量=7.85\times厚度 \tag{7-5}$$

式中：厚度单位为mm；钢板单位理论质量单位为kg/m^2。

如1.5mm厚钢板单位理论质量$=7.85\times1.5=11.775(kg/m^2)$

3. 其他金属材料单位理论质量可查五金手册。

4. 钢筋长度计算

钢筋搭接长度、扣除保护层厚度按设计图示尺寸计算，设计图纸中未注明时，可按以下计算。

(1) 直钢筋、带弯钩钢筋、弯起筋计算，如图7.5所示。

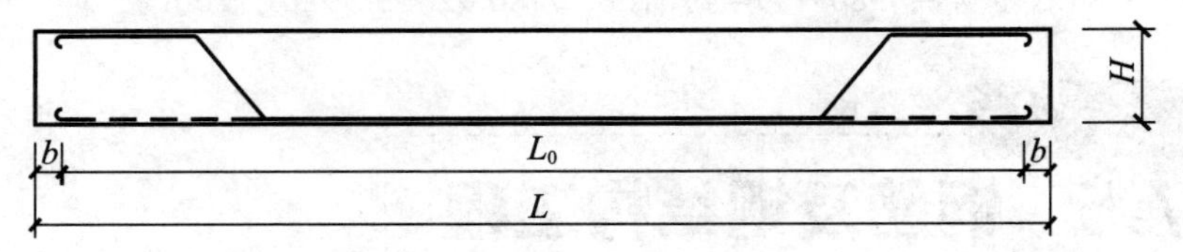

图7.5　钢筋示意图

① $$直钢筋长度=构件长度-保护层厚度+搭接长度 \tag{7-6}$$

$$L_0=L-2\times b+n_1\times35d \tag{7-7}$$

② $$带弯钩钢筋长度=构件长度-保护层厚度+弯钩长度+搭接长度 \tag{7-8}$$

单个半圆弯钩长度$=6.25d$

$$L_0=L-2\times b+2\times6.25d+n_1\times35d \tag{7-9}$$

单个直弯钩长度$=3d$

$$L_0=L-2\times b+2\times3d+n_1\times35d \tag{7-10}$$

单个斜弯钩长度=4.9d

$$L_0=L-2\times b+2\times 4.9d+n_1\times 35d \tag{7-11}$$

③ 弯起筋长度 $L_0'=L_0+0.4\times n_2\times H$ (7-12)

式中 L_0、L_0'——钢筋长度；

L——构件长；

d——钢筋直径；

n_1——搭接个数(单根钢筋长度超过 8m 时，计算一个因超出定尺长度引起的搭接)；

n_2——弯起筋弯起个数；

H——梁高或板厚。

(2) 分布筋根数=配筋长度/间距+1 (7-13)

配筋长度=构件长度−保护层厚度 (7-14)

(3) 箍筋计算

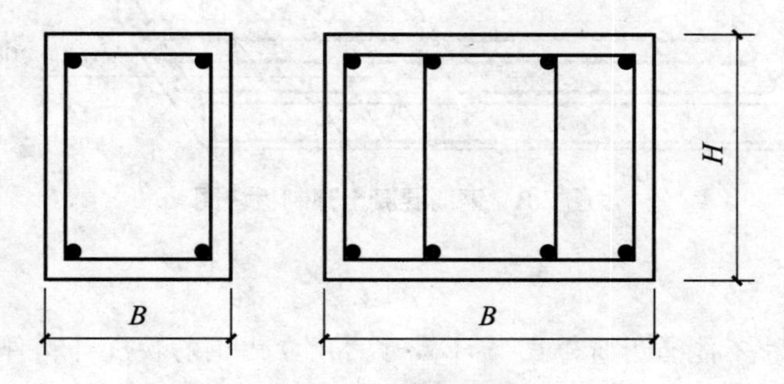

图 7.6 箍筋示意图

① 双肢箍筋长度(图 7.6)$L_1=2(B+H)$ (7-15)

② 四肢箍筋长度 $L_2=4H+2.7B$ (7-16)

式中 B——梁宽或板宽；

H——梁高或板厚。

③ 螺旋箍筋长度(图 7.7)$=\frac{H}{h}\times\sqrt{\left[\pi\left(D-2b+d\right)\right]^2+h^2}$ (7-17)

式中 H——螺旋箍筋高度(深度)；

h——螺距；

D——桩直径；

b——保护层厚度。

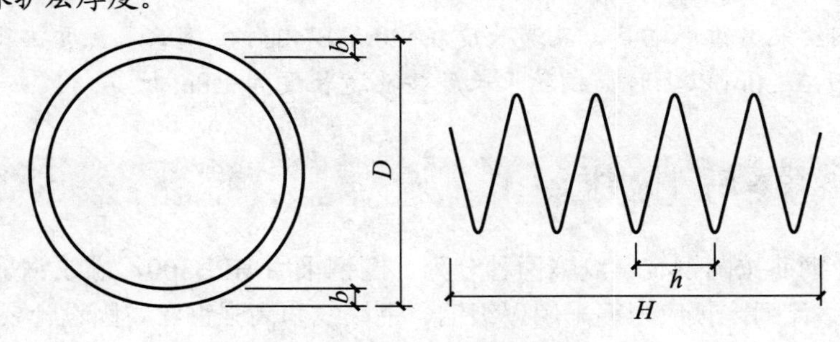

图 7.7 螺旋箍筋示意图

【例 7-10】 某钢筋混凝土预制板长 3.85m，宽 0.65m，厚 0.1m，保护层厚为 2.5cm。如图 7.8 所示，计算钢筋工程量。

【解】ϕ12 钢筋质量$=(3.85-0.025\times2+6.25\times0.012\times2)\times\left(\dfrac{0.65-0.025\times2}{0.2}+1\right)\times0.006\ 17\times12^2$

$\approx 3.95\times4\times0.888\approx 14.03(\text{kg})$

ϕ8 钢筋质量$=(0.65-0.025\times2)\times\left(\dfrac{3.85-0.025\times2}{0.2}+1\right)\times0.006\ 17\times8^2$

$\approx 0.6\times20\times0.395\approx 4.74(\text{kg})$

合计钢筋质量=14.03+4.74=18.77(kg)

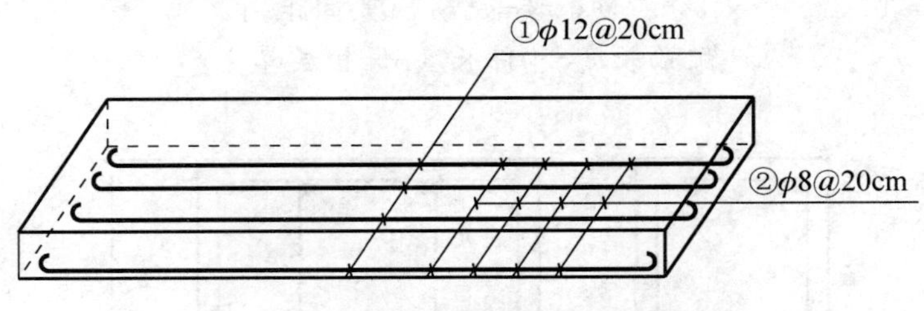

图 7.8　钢筋混凝土预制板块图

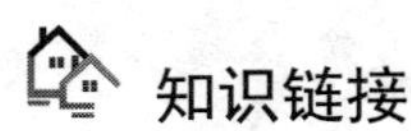

知识链接

后张预应力构件不能套用标准图集计算时，预应力钢筋按设计构件尺寸，区别不同的锚固类型，按以下规定计算。

(1) 低合金钢筋两端均采用螺杆锚具时，钢筋长度按孔道长度减 0.35m 计算，螺杆另行计算。

(2) 低合金钢筋一端采用墩头插片、另一端采用螺杆锚具时，钢筋长度按孔道长度计算，螺杆另行计算。

(3) 低合金钢筋一端采用墩头插片、另一端采用帮条锚具时，钢筋长度按孔道长度加 0.15m 计算；两端均采用帮条锚具时，钢筋长度按孔道长度加 0.3m 计算。

(4) 低合金钢筋采用后张混凝土自锚时，钢筋长度按孔道长度加 0.35m 计算。

(5) 低合金钢筋(钢绞线)采用 JM、XM、QM 型锚具，孔道长度在 20m 以内时，钢筋(钢绞线)长度按孔道长度加 1m 计算；孔道长度在 20m 以上时，钢筋(钢绞线)长度按孔道长度加 1.8m 计算。

(6) 碳素钢丝采用锥形锚具，孔道长度在 20m 以内时，钢丝束长度按孔道长度加 1m 计算；孔道长度在 20m 以上时，钢丝束长度按孔道长度加 1.8m 计算。

7.5.2 定额套用及换算说明

(1) 定额中钢筋按圆钢及螺纹钢两种分列，圆钢采用 HPB300，螺纹钢采用 HRB335，钢板均按 A3 钢计列，预应力筋采用Ⅳ级钢、钢铰线和高强钢丝。因设计要求采用钢材与定额不符时，可以调整。

(2) 因束道长度不等，故定额中未列锚具数量，但已包括锚具安装的人工费。

(3) 压浆管道定额中的钢管、波纹管均已包括套管及三通管安装费用，但未包括三通管费用，可另行计算。

(4) 定额中钢铰线按ϕ15.24mm 考虑。

(5) 预埋钢板套用预埋铁件定额，其中钢板、型钢、圆钢综合按实际材质及用量换算，其余不变。

(6) 声测管按无缝钢管编制，具体尺寸及数量应按设计图纸确定。

(7) 钢梁定额中已包括构件的场内外运输，钢梁的钢材及焊条品种与定额不同时，可以调整换算。

(8) 钢梁仅考虑涂刷防锈底漆，面漆根据图纸设计要求套用相应定额，定额未包括钢梁焊缝的无损探伤费用，发生时另行计算。

(9) 钻孔桩钢筋笼的圆钢综合、螺纹钢综合的含量如与定额含量不同时，按实调整。

【例 7-11】 某桥梁钻孔桩钢筋笼总质量为 94 123.2kg，其中螺纹钢质量为 83 808kg、圆钢质量为 10 315.2kg，确定钻孔桩钢筋笼套用的定额子目及基价。

【解】套用定额[3-179] H

[3-197]子目中圆钢占的比例：0.17/(0.17+0.85)=16.67%

螺纹钢占的比例：0.85/(0.17+0.85)=83.33%

本例中圆钢占的比例：10 315.2/94 123.2=10.96%

螺纹钢占的比例：83 808/94 123.2=89.04%

本例圆钢、螺纹钢的含量与定额不一致，需按比例调整圆钢、螺纹钢的消耗量。

调整后圆钢的消耗量=1×10.96%×(1+2%)=0.112(t)

螺纹钢的消耗量=1×89.04%×(1+2%)=0.908(t)

基价=4 676+(0.112−0.170)×3 850+(0.908−0.850)×3 780

≈4 672(元/t)

7.6 现浇混凝土工程

现浇混凝土工程定额包括桥涵工程现浇基础、承台、支撑梁及横梁、墩台身、拱桥、箱梁、板、板梁、板拱、挡墙、混凝土接头及灌缝、小型构件、桥面防水层、桥面铺装及桥头搭板等相应子目。

【参考图文】

7.6.1 工程量计算规则

(1) 混凝土工程量按设计尺寸以实体积计算，不包括空心板、梁的空心体积，不扣除钢筋、钢丝、铁件、预留压浆孔道和螺栓所占的体积。

(2) 模板工程量按模板接触混凝土的面积计算。

(3) 现浇混凝土墙、板上单孔面积在 0.3m² 以内的孔洞体积不予以扣除，洞侧壁模板面积亦不再计算；单孔面积在 0.3m² 以上时，应扣除孔洞体积，洞侧壁模板面积并入墙、板模板工程量之内计算。

知识链接

桥梁采用 U 形桥台者较多。一般情况是桥台外侧都是垂直面，而内侧侧向放坡。台帽则呈 L 形，如图 7.9 所示。桥头体积可按一个长方体体积减去中间空的一块接头方锥体体积、再减去台帽处长方体的体积计算。

长方体体积：
$$V_1=ABH \tag{7-18}$$

截头方锥体体积：
$$V_2=\frac{H}{3}\left[a_1b_1+a_2b_2+\sqrt{a_1b_1\times a_2b_2}\right] \tag{7-19}$$

台帽处长方体体积：
$$V_3=Ab_3h_1 \tag{7-20}$$

桥台体积：
$$V=V_1-V_2-V_3 \tag{7-21}$$

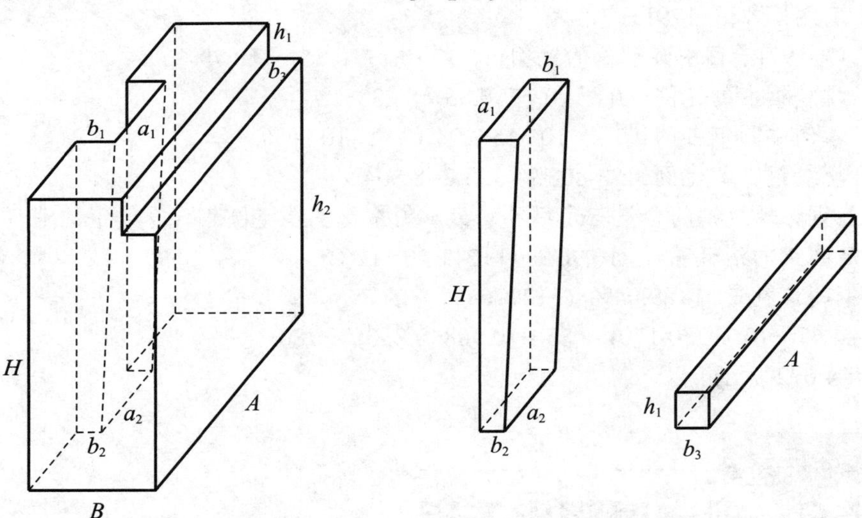

图 7.9　U 形桥台体积计算图

7.6.2 定额套用及换算说明

(1) 本章定额适用于桥涵工程现浇各种混凝土构筑物。

(2) 板与板梁的划分以跨径 8m 为界，跨径≤8m 的为板，跨径>8m 的为板梁。

(3) 现浇混凝土工程定额中均未包括预埋铁件，如设计要求预埋铁件时，可按设计用量套用《钢筋工程》的有关项目。

(4) 定额中混凝土按常用强度等级列出，如设计要求不同时可以换算。

【例 7-12】 非泵送 C20(20)商品混凝土现浇轻型桥台，试确定混凝土套用的定额子目及基价。

【解】套用定额子目：[3-226]H

特别提示

[3-226]定额取定为 C20 泵送商品混凝土，实际采用非泵送商品混凝土，混凝土单价需换算，定额人工乘以 1.35，并增加相应普通混凝土定额子目中垂直运输机械的含量。

非泵送商品混凝土 C20 单价为 285.00 元/$10m^3$

泵送商品混凝土 C20 单价为 299.00 元/$10m^3$

[3-225]子目中垂直运输机械(5t 履带式电动起重机)的含量为 1.060 台班

基价=3 235+(285-299)×10.150+181.03×(1.35-1)+1.060×144.71

≈3 310(元/$10m^3$)

(5) 定额中混凝土运输均采用 1t 机动翻斗车，并已包括了 150m 水平运输距离。

特别提示

现浇现拌混凝土实际运距超过 150m 时，按超出部分套用《通用项目》场内运输混凝土熟料的每增子目。

【例 7-13】 某桥梁承台采用现浇现拌 C25(40)水泥混凝土，采用机动翻斗车运输，运距为 250m，确定承台混凝土浇筑及混凝土场内运输套用的定额子目及基价。

【解】① 承台混凝土浇筑

套用定额：[3-215]H

C20(40)现浇现拌混凝土单价为 192.94 元/m^3

C25(40)现浇现拌混凝土单价为 207.37 元/m^3

基价=2 704+(207.37-192.94)×10.150≈2 850(元/$10m^3$)

② 混凝土场内运输

超运距：250-150=100(m)

套用定额：[1-320]

基价=18 元/$10m^3$

(6) 定额中嵌石混凝土的块石含量按 15%考虑，如与设计不同时，块石和混凝土消耗量应按表 7-3 换算，人工、机械不变。

表 7-3 嵌石混凝土块石、混凝土消耗量调整表

块石掺量/%	10	15	20	25
每立方米块石掺量/t	0.254	0.381	0.610	0.635

注：① 块石掺量另加损耗率 2%。

② 混凝土用量扣除嵌石百分数后，乘以损耗率 1.5%。

【例 7-14】 某桥梁工程采用现浇现拌 C15(40)毛石混凝土基础，块石掺量为 20%，确定套用的定额子目及基价。

【解】套用定额子目：[3-210]H

需按表 7-3 调整块石和混凝土的消耗量，计算如下：

调整后块石消耗量=10×0.610×(1+2%)=6.222(t)

调整后混凝土消耗量=10×(1−20%)×(1+1.5%)=8.120(m^3)

基价=2 337+(6.222−3.886)×40.50+(8.120−8.630)×183.25

≈2 338(元/10m^3)

(7) 定额中防撞护栏采用定型钢模，其他模板均按工具式钢模、木模综合取定。

(8) 承台模板分有底模和无底模两种，应视不同的施工方法套用相应定额。

有底模承台指承台脱离地面，需铺设底模施工的承台；无底模承台指承台直接依附在地面或基础上，不需要铺设底模的。

【例 7-15】 某桥梁工程 C30 现浇钢筋混凝土承台，无底模。试确定承台混凝土、模板套用的定额子目及基价。

【解】① 承台混凝土

套用定额子目：[3-215]H

C20(40)混凝土单价为 192.94 元/m^3

C30(40)混凝土单价为 216.47 元/m^3

基价=2 704+(216.47−192.94)×10.150≈2 943(元/10m^3)

② 承台混凝土模板

套用定额子目：[3-217]

基价=245 元/10m^2

(9) 现浇箱梁内模无法拆除时，按无法拆除的模板工程量每 10m^2 增加板方材 0.3m^3。

(10) 现浇梁、板等模板定额中未包括支架部分，实际发生时套用《临时工程》的有关子目。

(11) 沥青混凝土桥面铺装套用第二册《道路工程》的相应定额。

(12) 定额中混凝土及模板的垂直运输选用 5t 电动履带式吊车，提升高度超过 8m 时，按册说明有关规定计算。

7.7 预制混凝土工程

预制混凝土工程定额包括桥涵工程预制桩、立柱、板、梁、双曲拱构件、桁架拱构件、小型构件、板拱、先张法构件出槽堆放、预制构件场内运输等相应子目。

7.7.1 工程量计算规则

1. 混凝土工程量计算

(1) 预制桩工程量按桩长度(包括桩尖长度)乘以桩横断面面积计算。

(2) 预制空心构件按设计图尺寸扣除空心体积，以实体积计算。

空心板梁的堵头板体积不计入工程量内，其消耗量已在定额中考虑。

(3) 预制空心板梁，凡采用橡胶囊做内模的，考虑其压缩变形因素，可增加混凝土数量。当梁长在 16m 以内时，可按设计计算体积增加 7%；若梁长大于 16m，则增加 9%计算。如设计图已注明考虑橡胶囊变形时，不得再增加计算。如采用钢模时，不考虑内模压缩变形因素。

【参考图文】

(4) 预应力混凝土构件的封锚混凝土数量并入构件混凝土工程量计算。

2. 模板工程量计算

(1) 预制构件中预应力混凝土构件及 T 形梁、I 形梁、双曲拱、桁架拱等构件按模板接触混凝土的面积(包括侧模、底模)计算。

(2) 灯柱、端柱、栏杆等小型构件按平面投影面积计算。

(3) 预制构件中非预应力构件按模板接触混凝土的面积计算，不包括胎模、地模。

知识链接

胎模：用砖或混凝土等材料筑成物件外形的模板。

地模：用砖或混凝土在表面用水泥砂浆抹平做成的底模。

(4) 空心板梁中空心部分，如定额采用橡胶囊抽拔，其摊销量已包括在定额中，不再计算空心部分模板工程量。如采用钢模板时，模板的工程量按其与混凝土的接触面积计算。

(5) 空心板中空心部分，可按模板接触混凝土的面积计算工程量。

3. 先张法构件出槽堆放

工程量按构件混凝土体积计算。

4. 预制构件场内运输

工程量按构件混凝土体积计算。

7.7.2 定额套用及换算说明

(1) 本章定额适用于桥涵工程现场制作的预制构件。

(2) 定额不包括地模、胎模费用，需要时可按《桥涵工程》“临时工程”有关子目计算。

(3) 定额中均未包括预埋铁件，如设计要求预埋铁件时，可按设计用量套用《桥涵工程》“钢筋工程”的有关子目。

(4) 预制构件场内的运输定额适用于陆上运输，构件场外运输则参照浙江省建筑工程预算定额执行。

7.8 立交箱涵工程

立交箱涵工程定额包括透水管铺设、箱涵制作、箱涵外壁及滑板面处理、气垫安装、拆除及使用、箱涵顶进、箱涵内挖土、箱涵接缝处理、金属顶柱、护套及支架制作等相应子目。

7.8.1 工程量计算规则

(1) 透水管铺设工程量按透水管长度计算。

(2) 箱涵制作。

① 混凝土工程量按混凝土体积计算，不扣除单孔面积0.3m^{3}以下的预留孔洞所占体积。箱涵滑板下的肋楞，其工程量并入滑板内计算。

② 模板工程量按模板接触混凝土的面积计算。

(3) 箱涵外壁及滑板面处理按处理的面积计算。

(4) 气垫安装、拆除及使用。

① 气垫只考虑在预制箱涵底板上使用，气垫安装、拆除工程量按箱涵底面积计算。

② 气垫的使用工程量按其面积乘以使用天数计算。

气垫的使用天数由施工组织设计确定，但采用气垫后再套用顶进定额时应乘以系数0.7。

(5) 箱涵顶进。

定额分空顶、无中继间实土顶和有中继间实土顶3类，其工程量计算如下。

① 空顶工程量按空顶的单节箱涵质量乘以箱涵位移距离计算。

② 实土顶工程量按被顶箱涵的质量乘以箱涵位移距离分段累计计算。

(6) 箱涵内挖土。

箱涵顶进土方按设计图示结构外围尺寸乘以箱涵长度以m^{3}为单位计算。

(7) 箱涵接缝处理。

① 石棉水泥嵌缝、嵌防水膏工程量按嵌缝长度计算。

② 沥青二度、沥青封口、嵌沥青木丝板按嵌缝断面面积计算。

(8) 金属顶柱、护套及支架制作。

① 金属顶柱、护套及支架制作工程量按金属构件质量计算。

② 顶柱、中继间护套及挖土支架均属专用周转性金属构件，定额中已按摊销量计算，不得重复计算。

7.8.2 定额套用及换算说明

(1) 本章定额适用于穿越城市道路及铁路的立交箱涵顶进工程及现浇箱涵工程。

(2) 顶进土质按Ⅰ、Ⅱ类土考虑，若实际土质与定额不同时，可进行调整。

(3) 定额中未包括箱涵顶进的后靠背设施等，其发生费用可另行计算。

(4) 定额中未包括深基坑开挖、支撑及排水的工作内容，如发生可套用有关的定额计算。

(5) 立交桥引道的结构及路面铺筑工程，根据施工方法套用有关的定额计算。

7.9 安装工程

安装工程定额包括安装排架立柱，安装柱式墩台管节，安装矩形板、空心板、微弯板，安装梁，安装双曲拱构件，安装桁架拱构件，安装拱板，安装小型构件，钢管栏杆及扶手安装，安装支座，安装泄水孔，安装伸缩缝，安装沉降缝等相应子目。

7.9.1 工程量计算规则

(1) 安装立柱、板、梁、拱构件、小型构件等预制构件工程量均按构件混凝土实体积(不包括空心部分)计算。

(2) 安装柱式墩、台管节工程量按管节长度计算。

(3) 安装钢管栏杆工程量按其长度或质量计算。

(4) 安装不锈钢栏杆、安装防撞栏杆钢管扶手工程量按其长度计算。

(5) 安装钢支座工程量按其质量计算；安装橡胶支座工程量按其体积计算；安装油毛毡支座工程量按其面积计算；安装盆式金属橡胶组合支座工程量按其数量计算。

(6) 安装泄水孔工程量按孔道长度计算。

(7) 安装伸缩缝工程量按缝长计算。伸缩缝预留槽混凝土工程量按其体积计算。

(8) 安装沉降缝工程量按嵌缝断面面积计算。

(9) 驳船未包括进出场费，发生时应另行计算。

7.9.2 定额套用及换算说明

(1) 本章定额适用于桥涵工程混凝土构件的安装等项目。

(2) 小型构件安装已包括150m场内运输，其他构件均未包括场内运输。

(3) 安装预制构件定额中，均未包括脚手架。如需要用脚手架时，可套用《通用项目》相应的定额项目。

(4) 安装预制构件，应根据施工现场具体情况，采用合理的施工方法，套用相应定额。

(5) 除安装梁分陆上、水上安装外，其他构件安装均未考虑船上吊装，发生时可增加船只费用。

(6) 构件导梁安装定额中不包括导梁的安拆和使用，发生时可套用装配式钢支架定额，工程量按实际计算。

(7) 预留槽混凝土采用钢纤维混凝土，定额中钢纤维用量按水泥用量的1%考虑，如设计用量与定额用量不同时，应按设计用量调整。

(8) 安装伸缩缝定额中梳型钢板伸缩缝、钢板伸缩缝、橡胶板伸缩缝、毛勒伸缩缝均按成品安装考虑，成品费用另计。

【例 7-16】 起重机安装 T 形梁(梁长 20m，陆上安装，提升高度 7m)，确定套用定额子目及基价。

【解】 套用定额子目：[3-447]

基价=463 元/10m^3

【例 7-17】 陆上扒杆安装 C30 预制混凝土 T 形梁，梁长 20m，提升高度 10m，确定套用定额子目及基价。

【解】 套用定额子目：[3-445]H

根据册说明，查《桥涵工程》册中表 4-13 可知：提升高度大于 8m、不超过 15m 时，人工乘以系数 1.10，起重机械乘以系数 1.10。

基价=1 657+435.16×(1.1−1)+936.56×(1.1−1) ≈ 1 794(元/10m^3)

7.10 临时工程

临时工程定额包括搭拆桩基础支架平台，搭拆木垛，拱、板涵拱盔支架，桥梁支架，组装、拆卸船排，挂篮及扇形支架的制作、安拆和推移，筑、拆胎模和地模，凿除桩顶混凝土等相应子目。

7.10.1 工程量计算规则

(1) 搭、拆桩基层工作平台面积计算，如图 7.10 所示。

① 桥梁打桩：
$$F = N_1F_1 + N_2F_2 \tag{7-22}$$

每座桥台(桥墩)：
$$F_1 = (5.5 + A + 2.5) \times (6.5 + D) \tag{7-23}$$

每条通道：
$$F_2 = 6.5 \times \left[L - (6.5 + D)\right] \tag{7-24}$$

② 钻孔灌注桩：
$$F = N_1F_1 + N_2F_2 \tag{7-25}$$

每座桥台(桥墩)：
$$F_1 = (A + 6.5) \times (6.5 + D) \tag{7-26}$$

每条通道：
$$F_2 = 6.5 \times \left[L - (6.5 + D)\right] \tag{7-27}$$

式中 F——工作平台总面积，m^2；

F_1——每座桥台(桥墩)工作平台面积，m^2；

F_2——桥台至桥墩间或桥墩至桥墩间通道工作平台面积，m^2；

N_1——桥台和桥墩总数量；

N_2——通道总数量；

D ——两排桩之间距离，m；

L ——桥梁跨径或护岸的第一根桩中心至最后一根桩中心之间的距离，m；

A ——桥台(桥墩)每排桩的第一根桩中心至最后一根桩中心之间的距离，m。

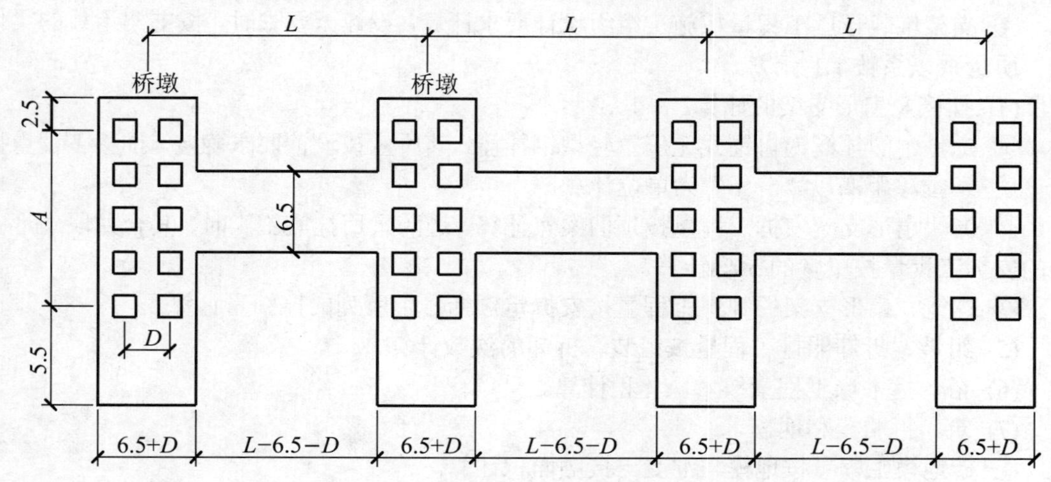

图 7.10　工作平台面积计算示意图

(注：图中尺寸以 m 为单位，桩中心距为 D，通道宽 6.5m)

(2) 台与墩或墩与墩之间不能连续施工(如不能断航、断交通或拆迁工作不能配合)时，每个墩、台可计一次组装、拆卸柴油打桩架及设备运输费。

(3) 桥涵拱盔、支架空间体积的计算。

① 桥涵拱盔体积按起拱线以上弓形侧面积乘以(桥宽+2m)计算。

② 桥涵支架体积按结构底至原地面(水上支架为水上支架平台顶面)平均标高乘以纵向距离再乘以(桥宽+2m)计算。

【例 7-18】 某桥涵如图 7.11 所示，计算桥涵拱盔和支架工程量。

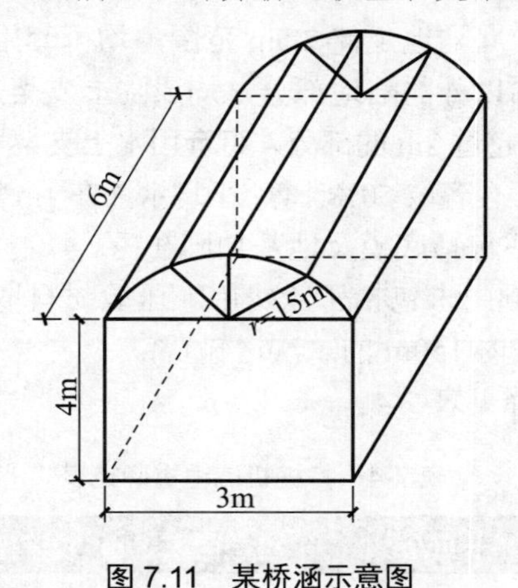

图 7.11　某桥涵示意图

【解】 拱盔：$\dfrac{\pi\times1.5^2}{2}\times(6+2)\approx28.27(\text{m}^3)$

支架：(3+2)×4×6=120(m^3)

③ 现浇盖梁支架体积按从盖梁底至承台顶面高度乘以长度(盖梁长+1m)再乘以宽度(盖梁宽+1m)计算，并扣除立柱所占体积。

④ 支架堆载预压工程量按施工组织设计要求计算，设计无要求时，按支架承载的梁体设计质量乘以系数 1.1 计算。

(4) 挂篮及扇形支架的计算。

① 定额中的挂篮为自锚式无压重轻型钢挂篮，其质量按设计要求确定。推移工程量按挂篮质量×推移距离以“t · m”为单位计算。

② 0#块扇形支架安拆工程量按顶面梁宽计算，边跨采用挂篮施工时，其合龙段扇形支架的安拆工程量按梁宽的 50%计算。

③ 挂篮、扇形支架的制作工程量按安拆定额括号中所列的摊销量计算。

(5) 组装、拆卸船排工程量按组装、拆卸的次数计算。

(6) 搭、拆木垛工程量按木垛体积计算。

(7) 筑、拆胎模和地模。

① 砖地模工程量按地模与混凝土接触面积计算。

② 混凝土地模按混凝土体积计算；浇筑混凝土地模的模板工程量按其与混凝土接触面积计算。

(8) 凿除桩顶混凝土工程量按凿除的混凝土体积计算。

7.10.2 定额套用及换算说明

(1) 支架平台适用于陆上、支架上打桩及钻孔灌注桩。陆上支架采用方木上铺大板；水上支架采用打圆木桩，在圆木桩上放盖梁、横梁、大板，圆木桩固定采用型钢斜撑，桩与盖梁连接采用 U 形箍。

(2) 支架平台分陆上平台与水上平台两类，其划分范围如下。

① 凡河道原有河岸线、向陆地延伸 2.5m 范围，均可套用水上支架平台。

② 除水上支架平台范围以外的陆地部分，均属陆上支架平台，但不包括坑洼地段。

③ 如坑洼地段平均水深超过 2m 的部分，可套用水上支架平台；平均水深在 1～2m 时，按水上支架平台和陆上支架平台各取 50%计算；平均水深在 1m 以内时，按陆上支架平台计算。

(3) 桥涵拱盔、支架均不包括底模及地基加固在内。

(4) 组装、拆卸船排定额中未包括压舱费用。压舱材料取定为大石块，并按船排总吨位的 30%计取(包括装、卸在内 150m 的二次运输费)。

(5) 打桩机械锤重的选择见表 7-4。

表 7-4 打桩机械锤重确定表

桩 类 型	桩长度/m	桩截面积 S/m^2 或管径ϕ/mm	柴油桩机锤重/kg
钢筋混凝土方桩及板桩	$L \leqslant 8$	$S \leqslant 0.05$	600
	$L \leqslant 8$	$0.05 < S \leqslant 0.105$	1 200
	$8 < L \leqslant 16$	$0.105 < S \leqslant 0.125$	1 800

续表

桩　类　型	桩长度/m	桩截面积 S/m^2 或管径 ϕ/mm	柴油桩机锤重/kg
钢筋混凝土方桩及板桩	$16<L\leqslant24$	$0.125<S\leqslant0.160$	2 500
	$24<L\leqslant28$	$0.160<S\leqslant0.225$	4 000
	$28<L\leqslant32$	$0.225<S\leqslant0.250$	5 000
	$32<L\leqslant40$	$0.250<S\leqslant0.300$	7 000
钢筋混凝土管桩	$L\leqslant25$	ϕ400	2 500
	$L\leqslant25$	ϕ550	4 000
	$L\leqslant25$	ϕ600	5 000
	$L\leqslant50$	ϕ600	7 000
	$L\leqslant25$	ϕ800	5 000
	$L\leqslant50$	ϕ800	7 000
	$L\leqslant25$	ϕ1 000	7 000
	$L\leqslant50$	ϕ1 000	8 000

注：钻孔灌注桩工作平台按孔径 $\phi\leqslant$ 1 000mm，套用锤重 1 800kg 打桩工作平台；ϕ>1 000mm，套用锤重 2 500kg 打桩工作平台。

(6) 搭、拆水上工作平台定额中，已综合考虑了组装、拆卸船排及组装、拆卸打拔桩架工作内容，不得重复计算。

(7) 满堂式钢管支架、门式钢支架定额只含搭拆，其使用费单价(t·d)按当地实际价格确定，工程量按施工组织设计计算，如无明确规定分别按每立方米空间体积 50kg 和 40kg 计算(包括扣件等)。

(8) 装配式钢支架定额只含搭拆，其使用费单价(t·d)按当地实际价格确定，工程量按施工组织设计计算，如无明确规定分别按每立方米空间体积 125kg 计算(包括扣件等)。

(9) 水上安装挂篮需浮吊配合时应另行计算。

(10) 地模定额中，砖地模厚度为 7.5cm，混凝土地模定额中未包括毛砂垫层，发生时按“排水工程”相应定额执行。

【例 7-19】 某二跨简支梁桥，桥跨结构为 13m+16m，均采用 40cm×40cm 钢筋混凝土方桩打入桩基础，桩长 22m。其中 1 号、3 号桥台采用单排桩 11 根，桩距为 1.2m，2 号桥墩采用双排平行桩，每排 9 根，桩距为 1.5m，排距为 1.5m，如图 7.12 所示。施工时搭设水上支架平台，试计算该工程搭拆桩基础工作平台的工程量，并确定套用的定额子目及基价。

【解】 (1) 1 号、3 号桥台工作平台面积

$$F_{1桥台}=[5.5+1.2\times(11-1)+2.5]\times(6.5+0)\times2=260(\mathrm{m}^2)$$

(2) 2 号桥墩工作平台面积

$$F_{1桥墩}=[5.5+(9-1)\times1.5+2.5]\times(6.5+1.5)=160(\mathrm{m}^2)$$

(3) 通道工作平台面积

$$F_2=6.5\times\left(13-\frac{6.5+0}{2}-\frac{6.5+1.5}{2}\right)+6.5\times\left(16-\frac{6.5+0}{2}-\frac{6.5+1.5}{2}\right)$$
$$=94.25(\mathrm{m}^2)$$

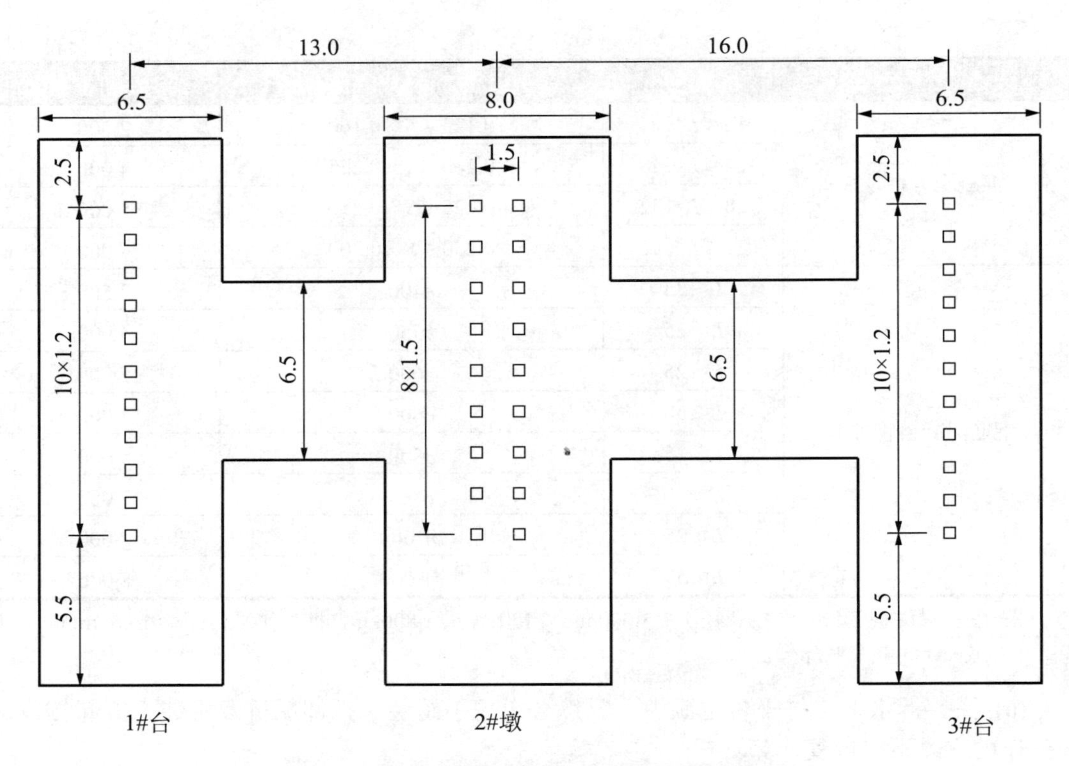

图 7.12　某桥桩基础支架平台计算示意图(单位：m)

(4) 合计桩基础工作平台的面积=260+160+94.25=514.25(m^2)

(5) 查《桥涵工程》中表 4-16 可知：打桩机锤重为 2 500kg

套用定额子目：[3-522]

基价=19 396 元/100m^2

【例 7-20】 某桥梁工程采用ϕ1 000 钻孔灌注桩基础，施工时搭拆水上支架平台，并确定桩基础支架平台套用的定额子目及基价。

【解】 ϕ1 200 钻孔灌注桩基础支架平台套用锤重 1 800kg 打桩工作平台

套用定额子目：[3−521]

基价=14 820 元/100m^2

7.11 装饰工程

装饰工程定额包括水泥砂浆抹面、水刷石、剁斧石、拉毛、水磨石、镶贴面层、水质涂料、油漆等相应子目。

7.11.1 工程量计算规则

(1) 除金属面油漆以 t 为单位计算外，其余项目均按装饰面积以 m^3 为单位计算。

(2) 栏板的抹灰不扣除 $0.3m^2$ 以内孔洞所占面积，按立面投影面积乘以 1.1 的系数。

(3) 桥梁栏杆柱水泥砂浆抹面按设计图示尺寸以柱段周长乘以高度计算，套用栏杆子目。

(4) 花岗岩(大理石)镶贴面层面积按外围饰面面积计算。

7.11.2 定额套用及换算说明

(1) 本章定额适用于桥、涵构筑物的装饰项目。

(2) 镶贴面层定额中，贴面材料与定额不同时，可以调整换算。但人工与机械台班消耗量不变。

(3) 水质涂料不分面层类别，均按本定额计算，由于涂料种类繁多，如采用其他涂料时，可以调整换算。

(4) 水泥白石子浆抹灰定额，均未包括颜料费用，如设计需要颜料调制时，应增加颜料费用。

(5) 油漆定额按手工操作计取，如采用喷漆工艺时，应另行计算。定额中的油漆种类与实际不同时，可以调整换算。

(6) 定额中均未包括施工脚手架，发生时可按第一册《通用项目》的相应定额执行。

【例 7-21】 墙面水刷石饰面，采用 1∶1 水泥白石子浆，墙高 3.8m，确定套用定额子目及基价。

【解】 套用定额子目：[3-554]H

定额采用 1∶2 水泥白石子浆，需进行材料换算。

1∶2 水泥白石子浆的单价为 258.23 元/m^3

1∶1 水泥白石子浆的单价为 311.42 元/m^3

基价=1 749+(311.42−258.23)×1.025 ≈ 1 804(元/$100m^2$)

【例 7-22】 桥梁镶贴瓷砖(108mm×108mm×5mm、0.32 元/块)面层，确定套用定额子目及基价。

【解】 套用定额子目：[3-576]H

$$基价=4\,521+\left(\frac{152\times152}{108\times108}\times320-418\right)\times4.56\approx5\,505\ (元/100m^2)$$

【例 7-23】 桥梁栏杆采用白水泥砂浆抹面，即 1∶2 水泥砂浆中的普通水泥 42.5 改为白水泥，确定套用定额子目及基价。

【解】 套用定额子目：[3-553]H

普通水泥 42.5 的单价：0.33 元/kg

白水泥的单价：0.60 元/kg

基价=1 439+[462.000×(0.60−0.33)]×1.025 ≈ 1 567(元/$100m^2$)

7.12 桥梁工程定额计量与计价实例

【例 7-24】 某工程在 K8+260 处跨越现状月牙河时建设桥梁一座，于 2016 年 3 月 1 日—3 月 7 日进行工程招投标活动。月牙河桥与道路中线斜交 70°，上部结构采用 20m 跨径的预应力空心板简支梁，下部结构采用重力式桥台，ϕ100 钻孔灌注桩基础。桥面铺装采用 3cm 细粒式沥青混凝土和水泥混凝土。采用 GJZ100×150 板式橡胶支座，支座总厚度为 21mm。桥梁工程施工图如图 7.13～图 7.34 所示。本桥梁工程混凝土模板、桥梁栏杆不在本次计价范围，已知桥台基坑开挖方量(一、二类土)为 2 579.90m^3，其中人工辅助清底为 257.90m^3，其余用挖掘机挖土；基坑回填土方量为 544.90m^3，台背回填砂砾石 1 387.03m^3。已知原地面平均标高为 3.69m。

试按定额计价模式采用工料单价法编制本工程的投标报价，本工程风险费用暂不考虑，农民工工伤保险费、危险作业意外伤害保险费暂不考虑，本工程无创标化工程要求，不得分包，无暂列金额、计日工。

【解】 1. 确定本桥梁工程的施工方案。

(1) 钻孔灌注桩：采用回旋转机成孔、商品水下混凝土。

(2) 梁板：现场预制。

(3) 施工机械中的履带式挖掘机、履带式推土机、压路机的进出场费在道路工程预算中考虑，本桥梁工程不计。

(4) 桥台施工过程中采用轻型井点降水，共计安装井点管 250 根，使用 8 天。

(5) 桥梁施工时设置编织袋围堰，堰顶高于设计水位 0.5m，围堰体积为 550.80m^3。

(6) 多余土方用自卸车外运，运距 8km；泥浆外运运距 10km。

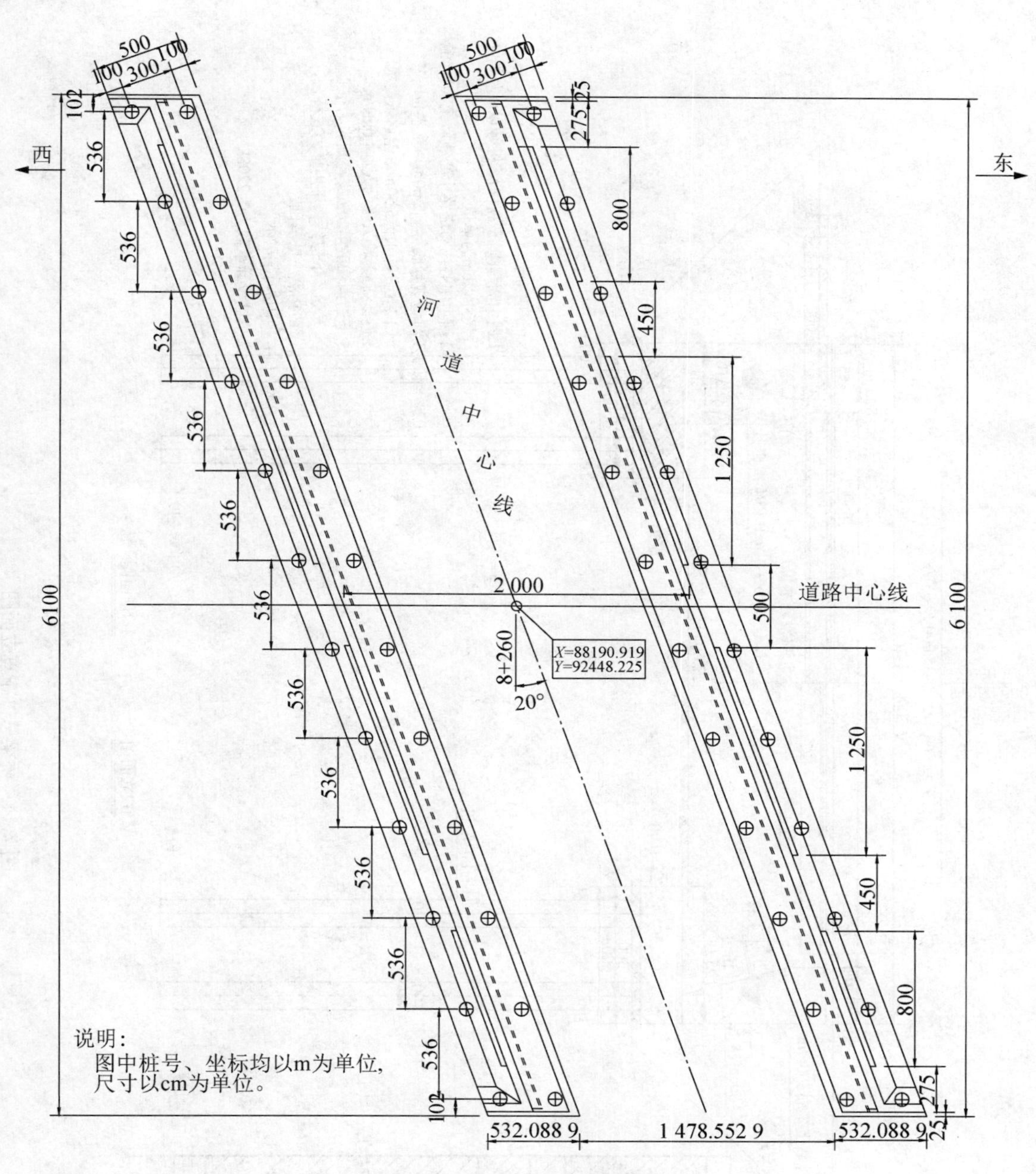

图 7.13　桥梁总体布置平面图

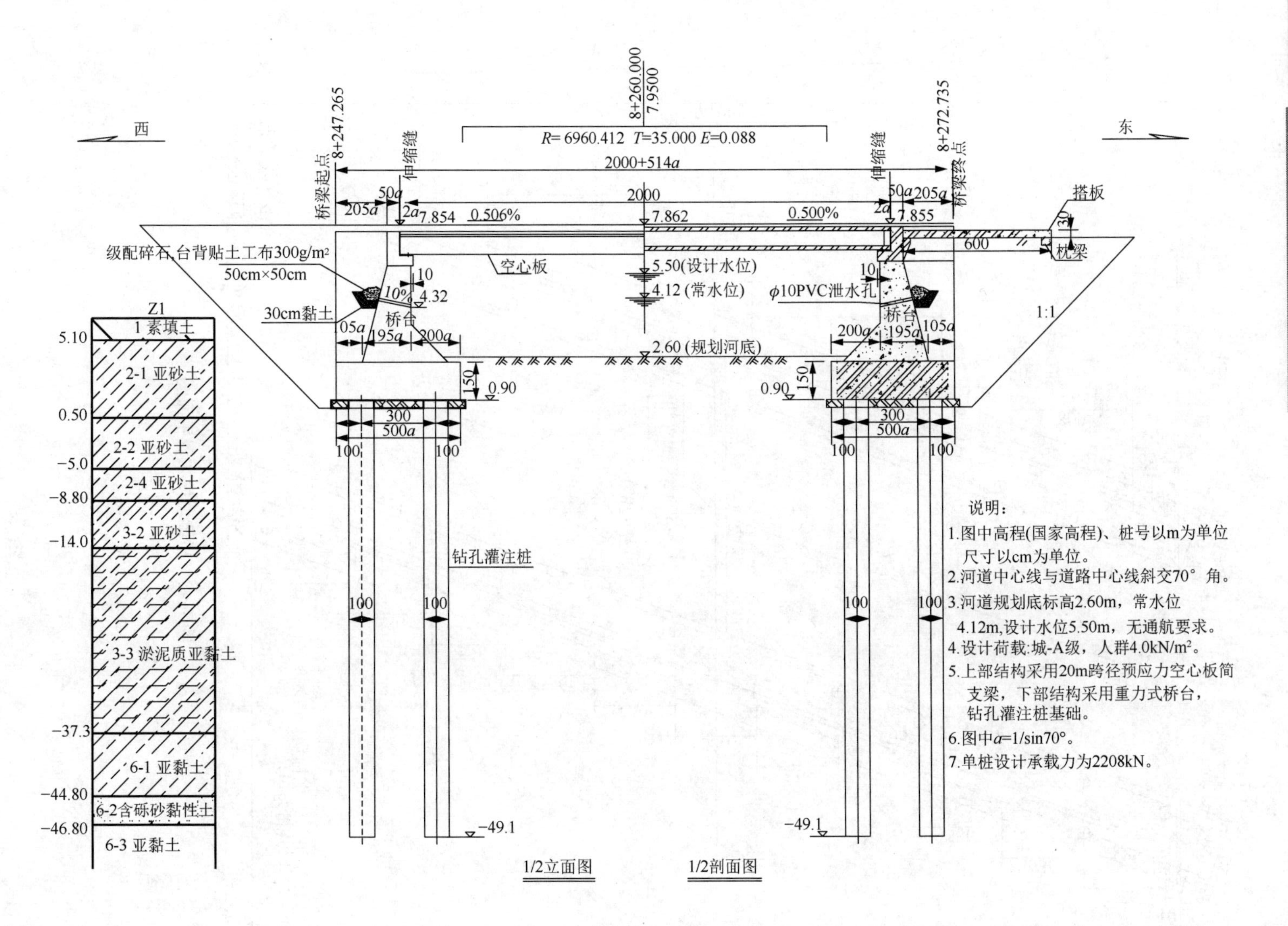

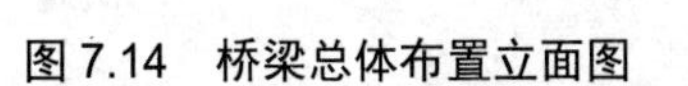
图 7.14　桥梁总体布置立面图

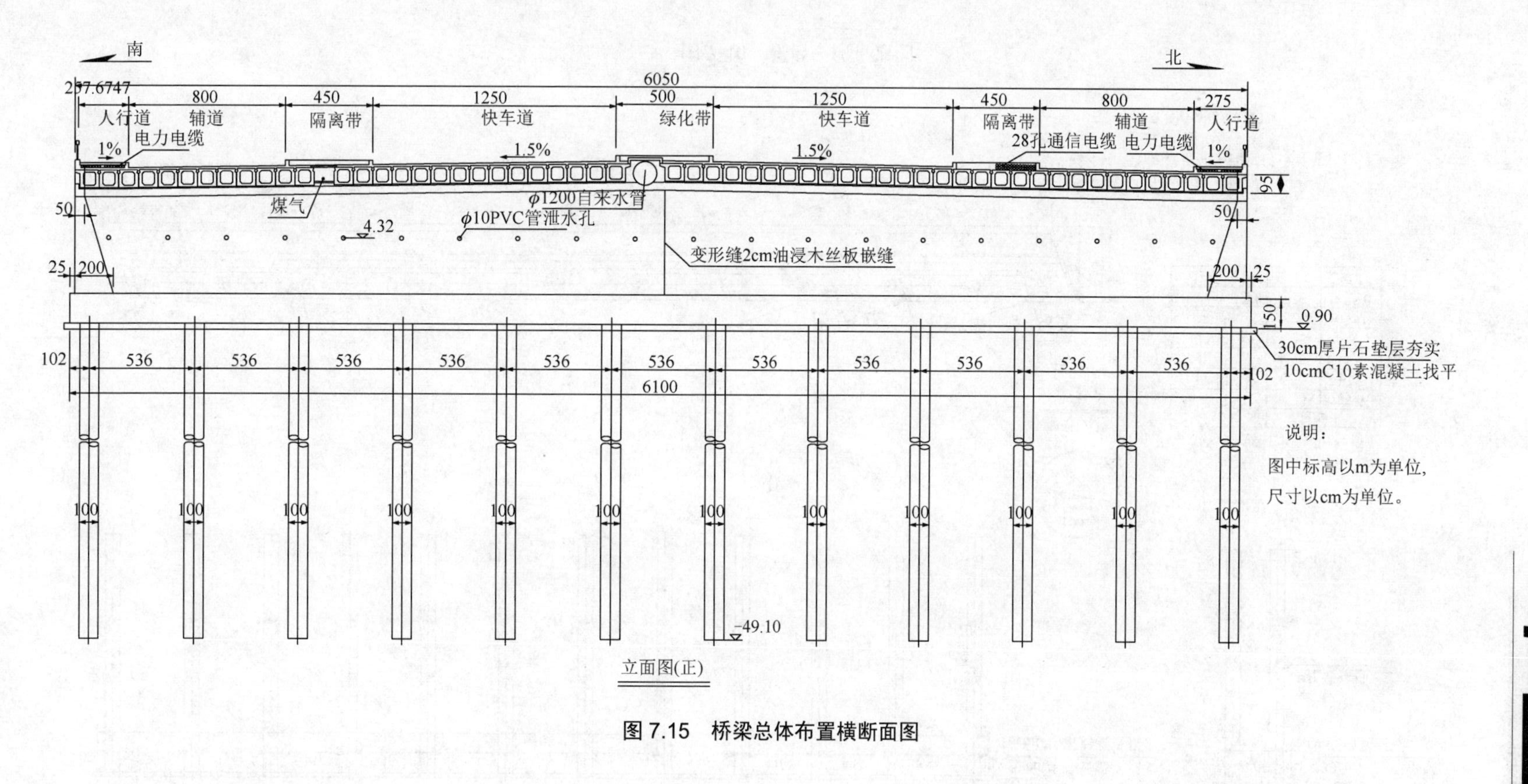

图 7.15 桥梁总体布置横断面图

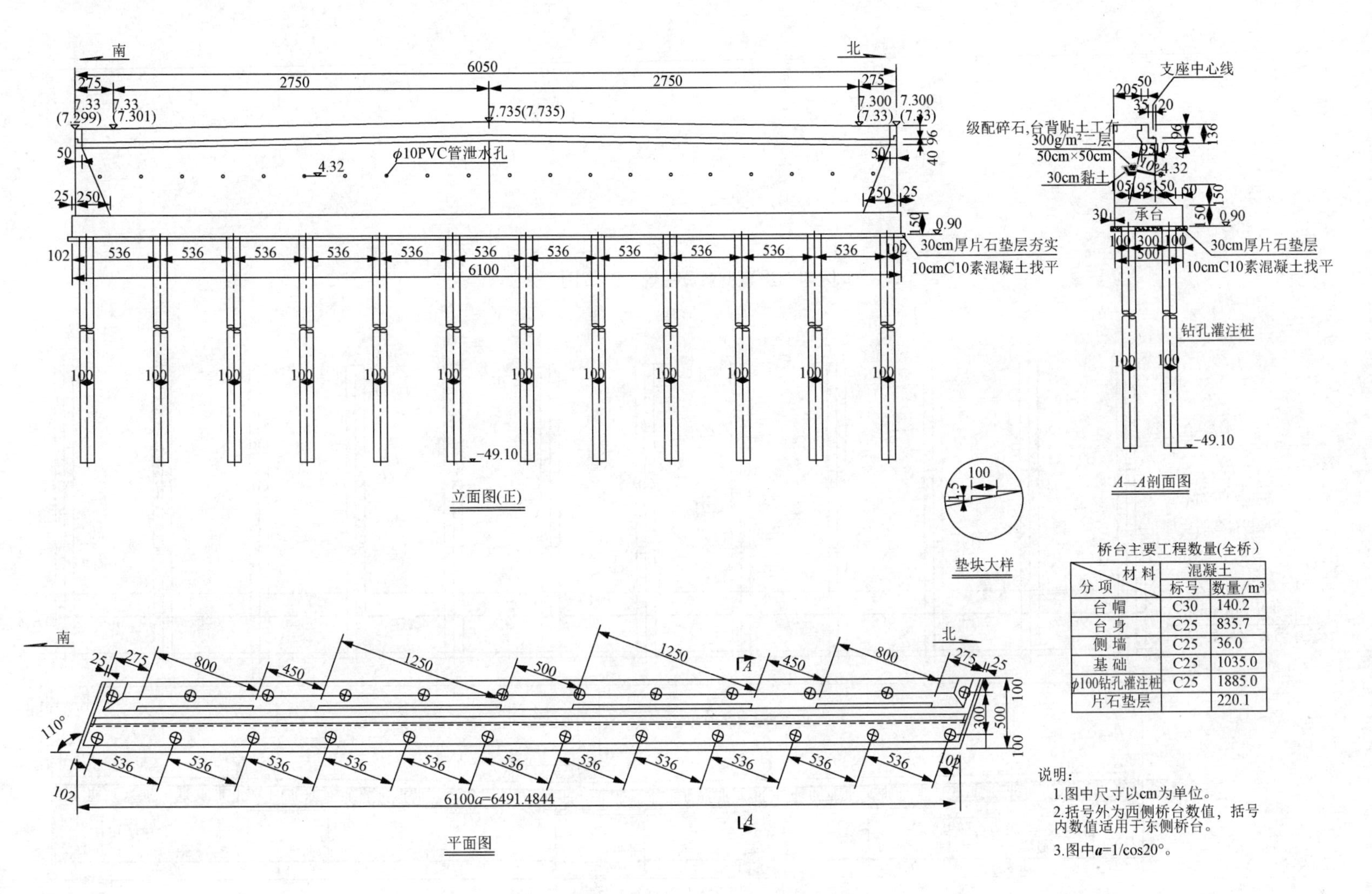

桥台主要工程数量(全桥)

分项 \ 材料	混凝土 标号	混凝土 数量/m³
台帽	C30	140.2
台身	C25	835.7
侧墙	C25	36.0
基础	C25	1035.0
φ100钻孔灌注桩	C25	1885.0
片石垫层		220.1

说明：

1.图中尺寸以cm为单位。

2.括号外为西侧桥台数值，括号内数值适用于东侧桥台。

3.图中a=1/cos20°。

图 7.16　桥台一般构造图

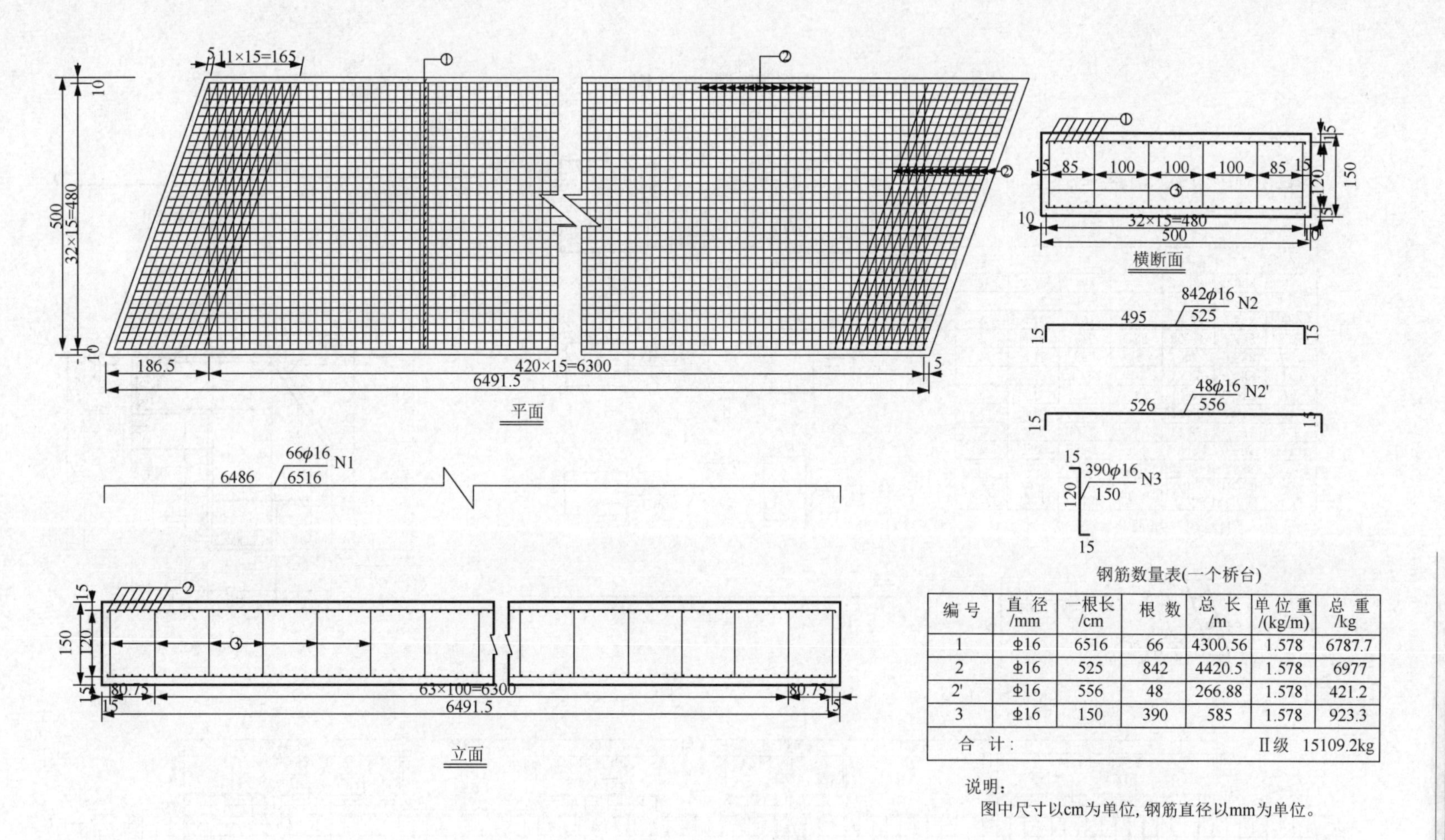

钢筋数量表(一个桥台)

编号	直径/mm	一根长/cm	根数	总长/m	单位重/(kg/m)	总重/kg
1	Φ16	6516	66	4300.56	1.578	6787.7
2	Φ16	525	842	4420.5	1.578	6977
2'	Φ16	556	48	266.88	1.578	421.2
3	Φ16	150	390	585	1.578	923.3
合计:						Ⅱ级 15109.2kg

说明：

图中尺寸以cm为单位，钢筋直径以mm为单位。

图 7.17　承台配筋图

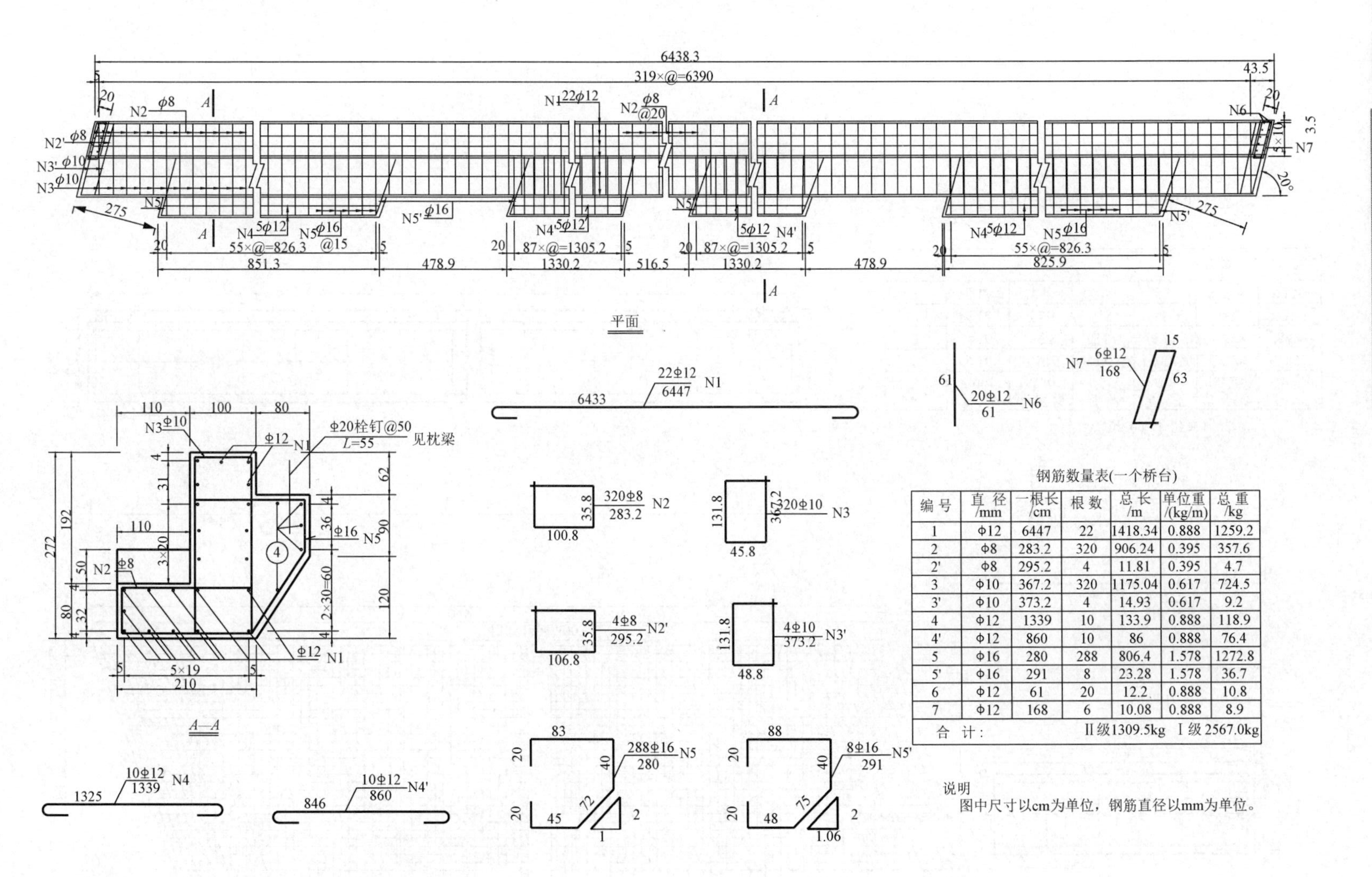

钢筋数量表(一个桥台)

编号	直径/mm	一根长/cm	根数	总长/m	单位重/(kg/m)	总重/kg
1	Φ12	6447	22	1418.34	0.888	1259.2
2	Φ8	283.2	320	906.24	0.395	357.6
2'	Φ8	295.2	4	11.81	0.395	4.7
3	Φ10	367.2	320	1175.04	0.617	724.5
3'	Φ10	373.2	4	14.93	0.617	9.2
4	Φ12	1339	10	133.9	0.888	118.9
4'	Φ12	860	10	86	0.888	76.4
5	Φ16	280	288	806.4	1.578	1272.8
5'	Φ16	291	8	23.28	1.578	36.7
6	Φ12	61	20	12.2	0.888	10.8
7	Φ12	168	6	10.08	0.888	8.9
合计：				Ⅱ级1309.5kg		Ⅰ级2567.0kg

图 7.18　台帽配筋图

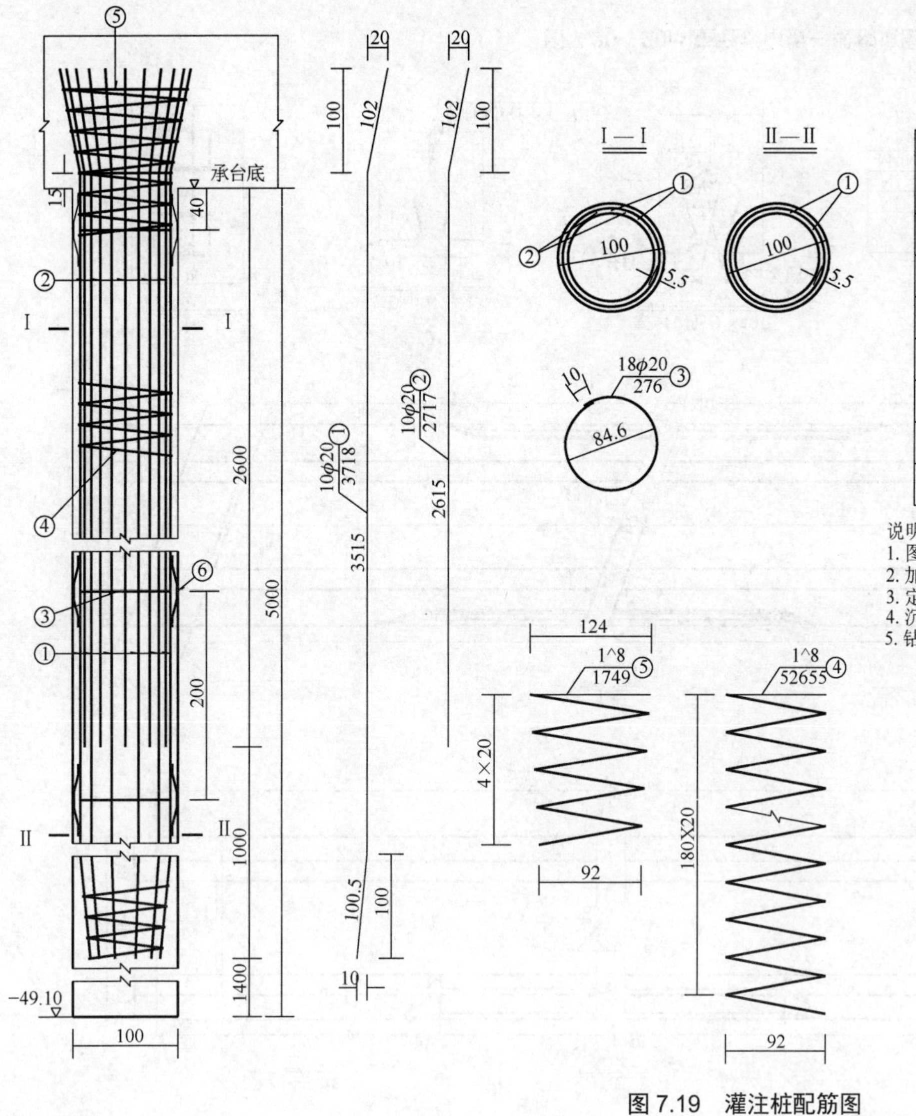

一根桩材料数量表

编号	直径/mm	长度/cm	根数	共长/m	共重/kg	总重/kg
1	&20	3718	10	371.80	918.3	1712.1
2	&20	2717	10	271.70	671.1	
3	&20	276	18	49.68	122.7	
4	^8	52655	1	526.55	208.0	214.9
5	^8	1749	1	17.49	6.9	
6	&12	53	72	38.16	33.9	33.9
C25混凝土/m^3					39.27	

说明：
1. 图中尺寸除钢筋直径以mm为单位，其余均以cm为单位。
2. 加强钢筋绑扎在主筋内侧，其焊接方式采用双面焊。
3. 定位钢筋N6每隔2m设一组，每组4根均匀设于加强筋N3四周。
4. 沉淀物厚度不大于15cm。
5. 钻孔桩全桥48根。

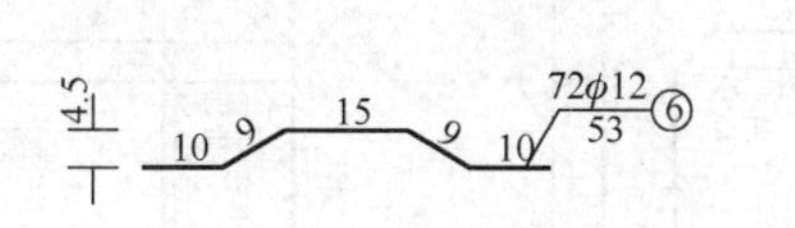

图 7.19　灌注桩配筋图

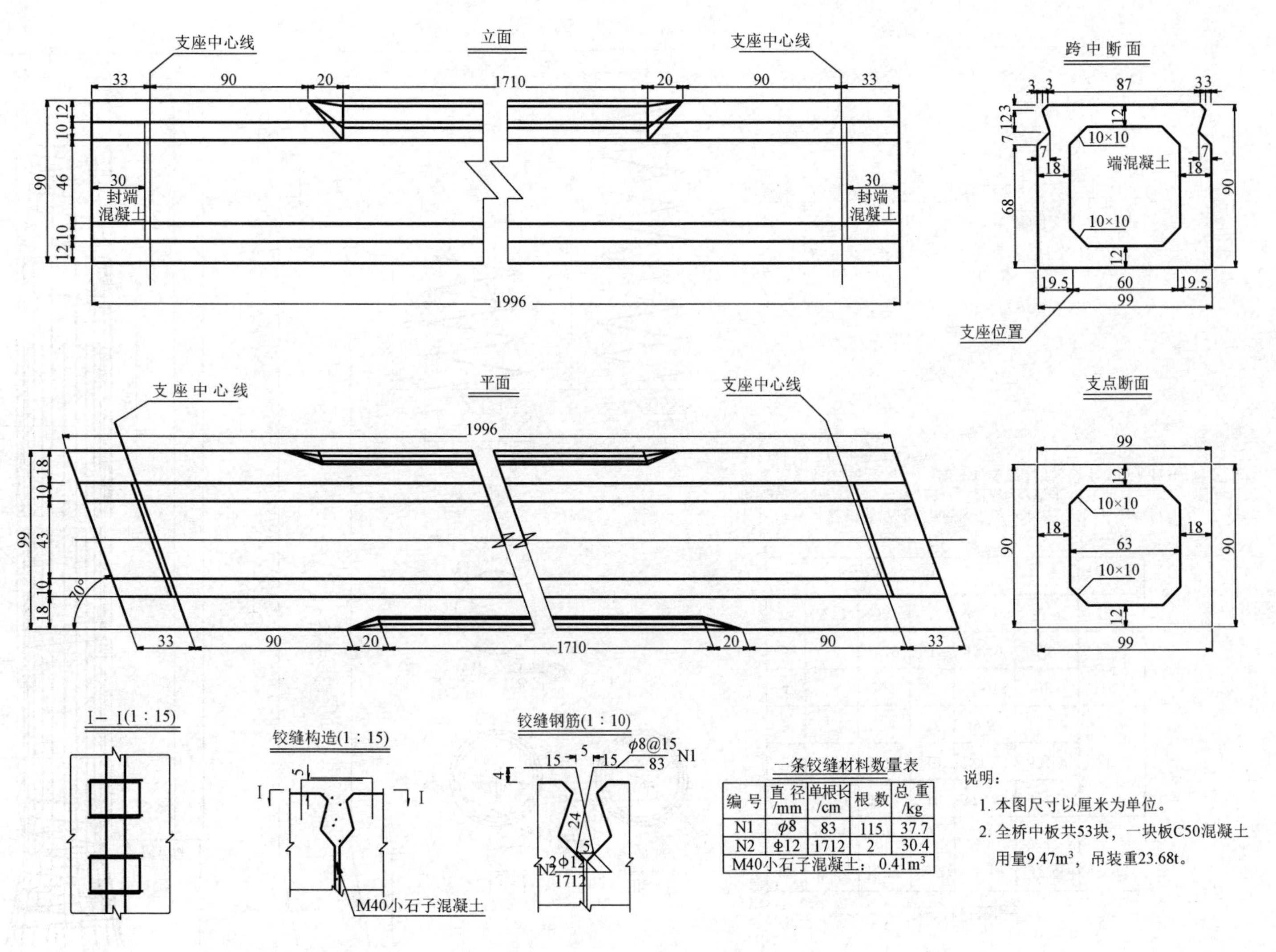

一条铰缝材料数量表

编号	直径/mm	单根长/cm	根数	总重/kg
N1	φ8	83	115	37.7
N2	Φ12	1712	2	30.4
M40小石子混凝土：0.41m³				

图7.20　20m空心板中板一般构造图

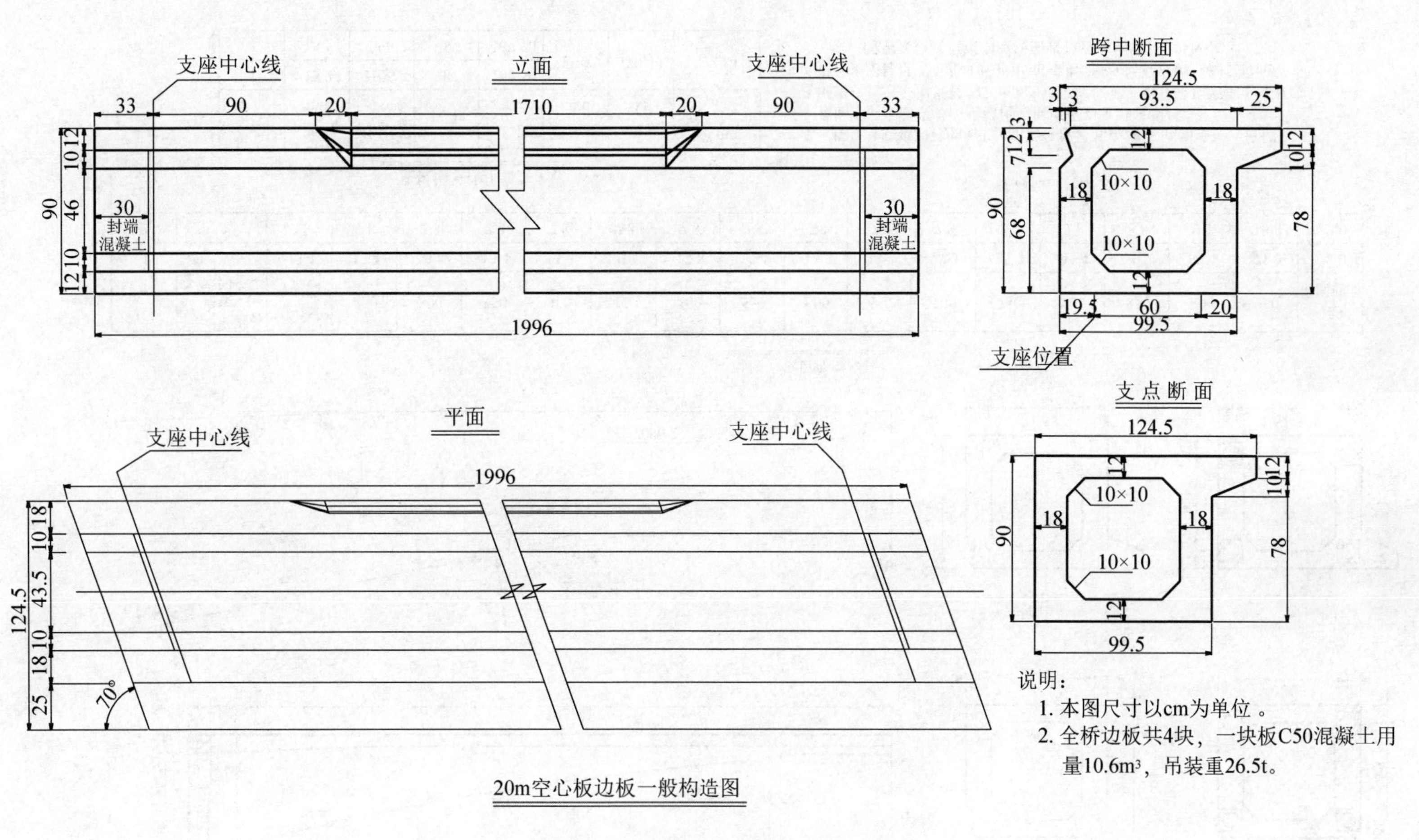

说明：

1. 本图尺寸以cm为单位 。
2. 全桥边板共4块，一块板C50混凝土用量10.6m³，吊装重26.5t。

图 7.21　20m 空心板边板一般构造图

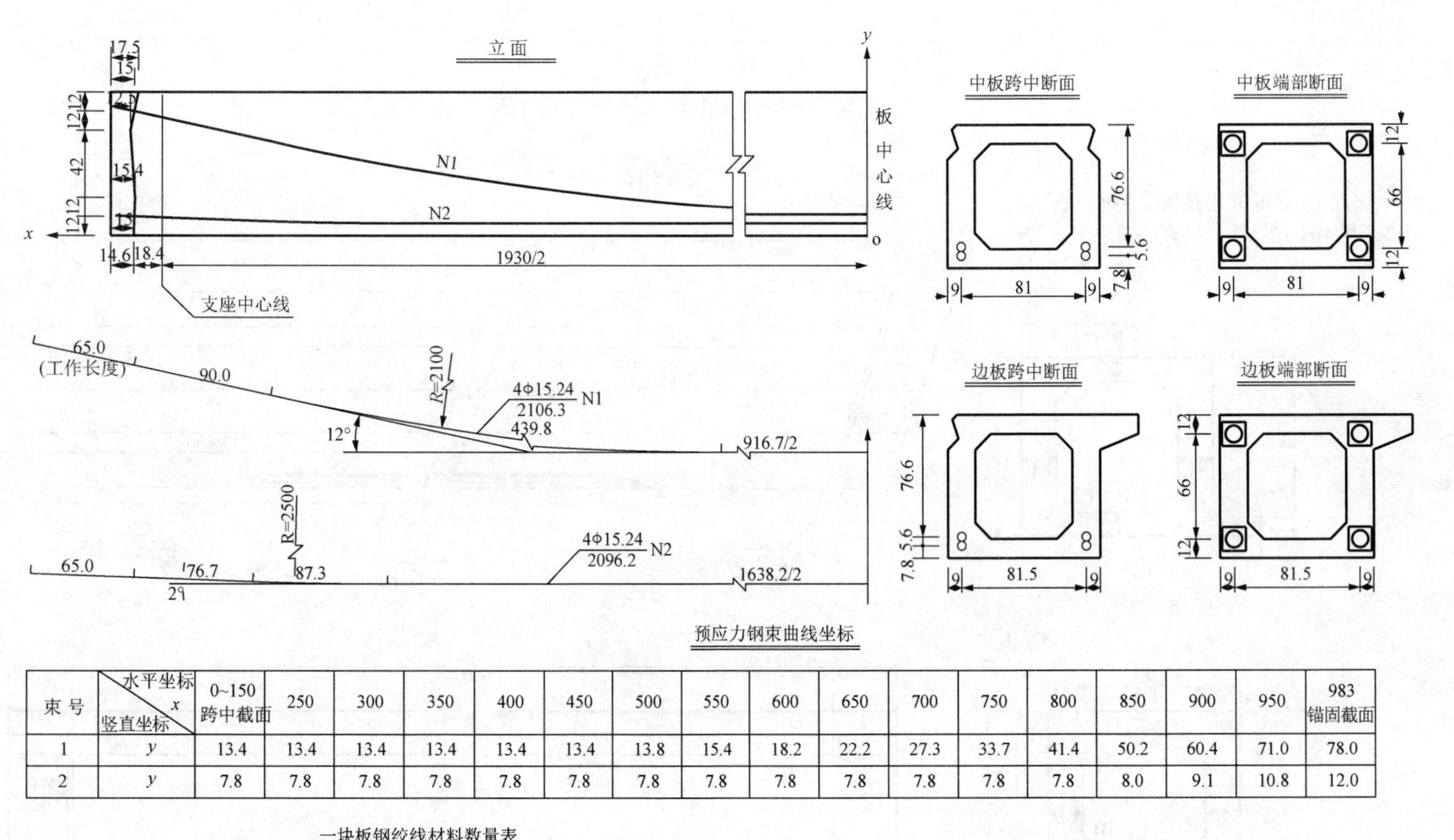

预应力钢束曲线坐标

束号	水平坐标 x / 竖直坐标	0~150 跨中截面	250	300	350	400	450	500	550	600	650	700	750	800	850	900	950	983 锚固截面
1	y	13.4	13.4	13.4	13.4	13.4	13.4	13.8	15.4	18.2	22.2	27.3	33.7	41.4	50.2	60.4	71.0	78.0
2	y	7.8	7.8	7.8	7.8	7.8	7.8	7.8	7.8	7.8	7.8	7.8	7.8	7.8	8.0	9.1	10.8	12.0

一块板钢绞线材料数量表

束号	直径/mm	每根长度/cm	根数	共长/m	单位重/(kg/m)	共重/kg	φ56mm 波纹管长度/m
1	φ15.24	2106.3	8	168.50	1.102	370.49	78.84
2	φ15.24	2096.2	8	167.70			

说明：

1.本图尺寸除钢绞线直径以mm为单位，其余均以cm为单位，比例1:25。

2.预应力钢束曲线竖向坐标值为钢束重心至梁底距离。

3.钢绞线孔道采用直径为56mm的预埋波纹管，锚具采用YM15−4锚具。

4.设计采用标准强度R=1860MPa的高强低松弛钢绞线，4ϕ15.24mm一束，两端张拉，每束钢绞线的张拉控制力为781.2kN。

图 7.22　20m 空心板预应力钢束构造图

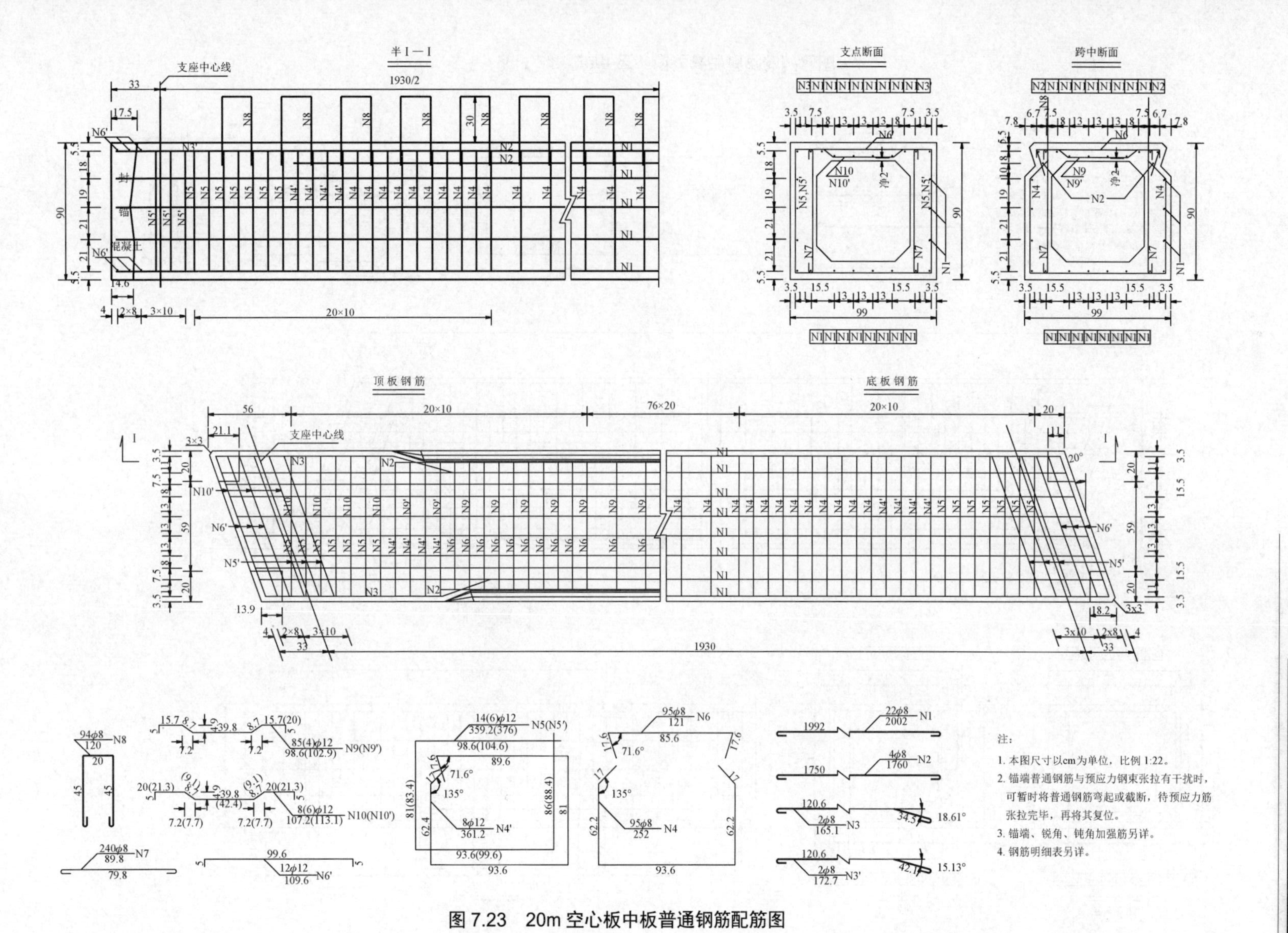

图 7.23　20m 空心板中板普通钢筋配筋图

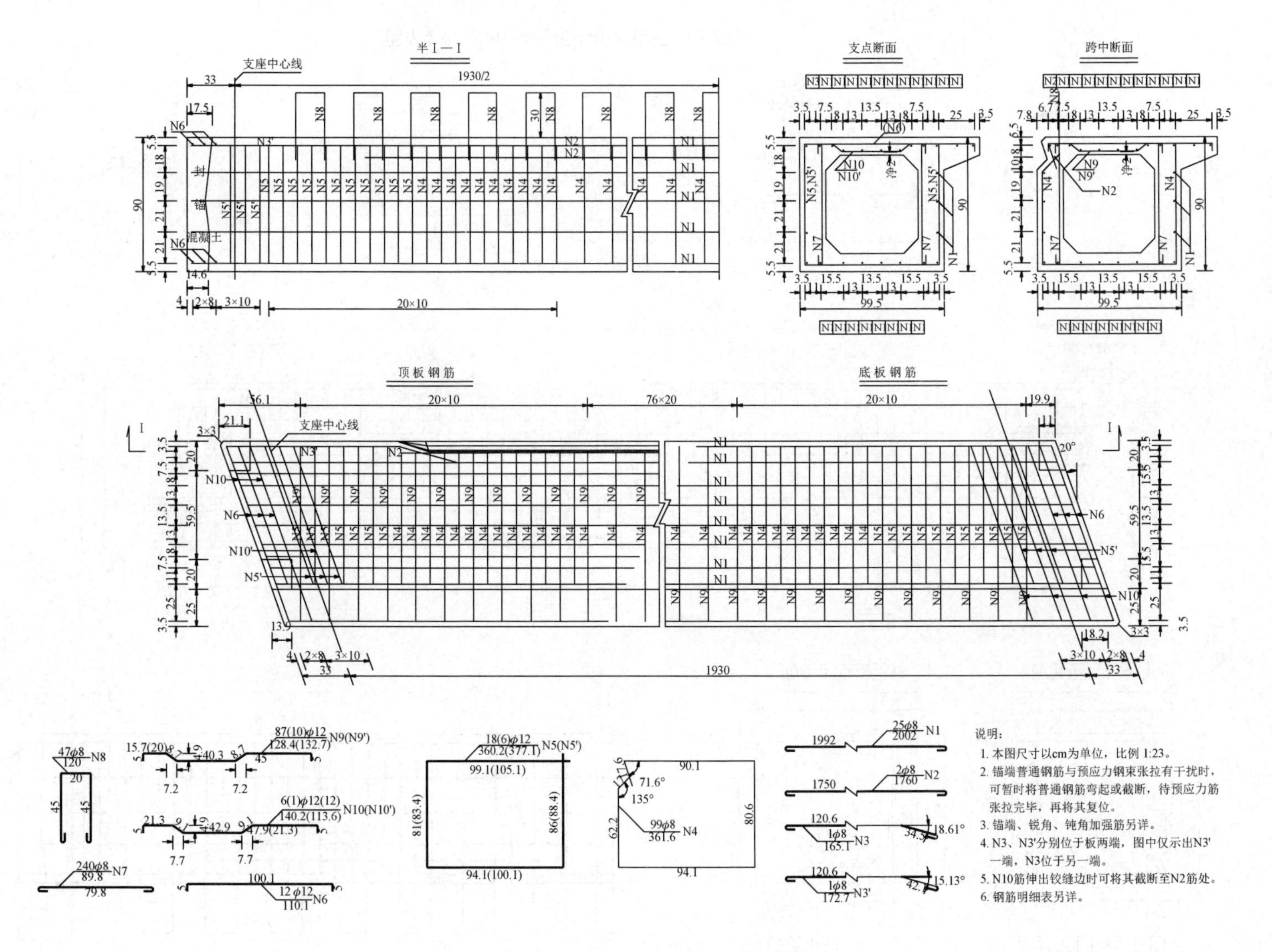

图 7.24　20m 空心板边板普通钢筋配筋图

一块空心板普通钢筋明细表

斜交角20° 挑臂25cm 变截面							
类别	编号	直径/mm	长度/cm	根数/根	共长/m	共重/kg	合计
中板	1	φ8	2002.0	22	440.44	174.0	钢筋：(kg) φ8：474.1 φ12：193.8 混凝土:(m³) C50：9.47 C20：0.24
	2	φ8	1760.0	4	70.40	27.8	
	3	φ8	165.1	2	3.30	1.3	
	3′	φ8	172.7	2	3.45	1.4	
	4	φ8	252.0	95	239.40	94.6	
	4′	φ12	361.2	8	28.90	25.7	
	5	φ12	359.2	14	50.29	44.7	
	5′	φ12	376.0	6	22.56	20.0	
	6	φ8	121.0	95	114.95	45.4	
	6′	φ12	109.6	12	13.15	11.7	
	7	φ8	89.8	240	215.52	85.1	
	8	φ8	120.0	94	112.80	44.6	
	9	φ12	98.6	85	83.83	74.4	
	9′	φ12	102.9	4	4.12	3.7	
	10	φ12	107.2	8	8.58	7.6	
	10′	φ12	113.1	6	6.79	6.0	
边板	1	φ8	2002.0	25	500.5	197.7	钢筋：(kg) φ8：461.7 φ12：208.9 混凝土:(m³) C50：10.60 C20：0.24
	2	φ8	1760.0	2	35.20	13.9	
	3	φ8	165.1	1	1.65	0.7	
	3′	φ8	172.7	1	1.73	0.7	
	4	φ8	361.6	99	357.98	141.4	
	5	φ12	360.2	18	64.84	57.6	
	5′	φ12	377.1	6	22.62	20.1	
	6	φ12	110.1	12	13.22	11.7	
	7	φ8	89.8	240	215.52	85.1	
	8	φ8	120.0	47	56.40	22.3	
	9	φ12	128.4	87	111.72	99.2	
	9′	φ12	132.7	10	13.27	11.8	
	10	φ12	140.2	6	8.41	7.5	
	10′	φ12	113.6	1	1.14	1.0	

注：C20混凝土为空心板封端混凝土

图 7.25　20m 空心板普通钢筋材料表

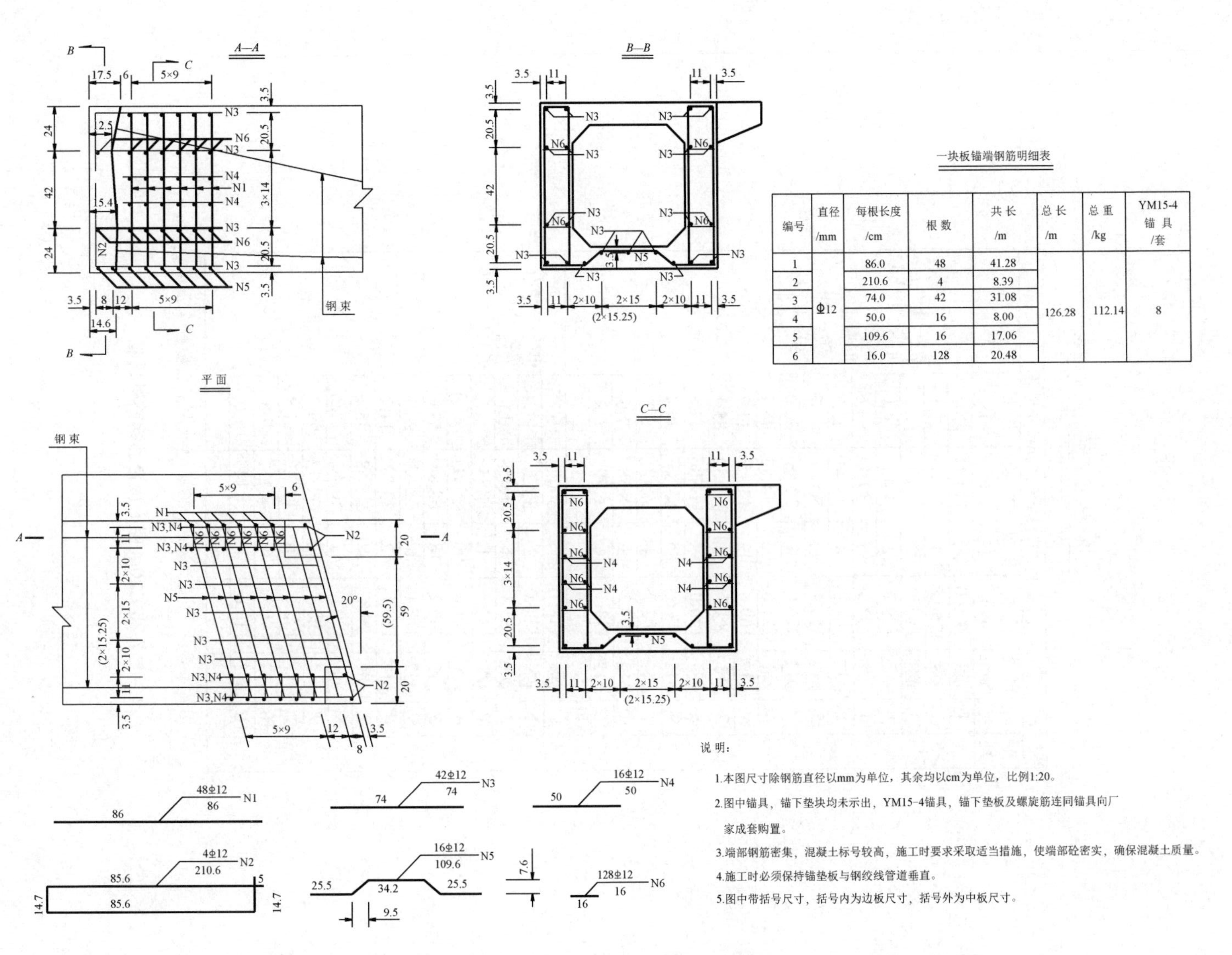

一块板锚端钢筋明细表

编号	直径/mm	每根长度/cm	根数	共长/m	总长/m	总重/kg	YM15-4锚具/套
1	Φ12	86.0	48	41.28	126.28	112.14	8
2		210.6	4	8.39			
3		74.0	42	31.08			
4		50.0	16	8.00			
5		109.6	16	17.06			
6		16.0	128	20.48			

说 明：

1.本图尺寸除钢筋直径以mm为单位，其余均以cm为单位，比例1:20。

2.图中锚具，锚下垫块均未示出，YM15-4锚具，锚下垫板及螺旋筋连同锚具向厂家成套购置。

3.端部钢筋密集，混凝土标号较高，施工时要求采取适当措施，使端部砼密实，确保混凝土质量。

4.施工时必须保持锚垫板与钢绞线管道垂直。

5.图中带括号尺寸，括号内为边板尺寸，括号外为中板尺寸。

图 7.26　20m 空心板锚端钢筋构造图

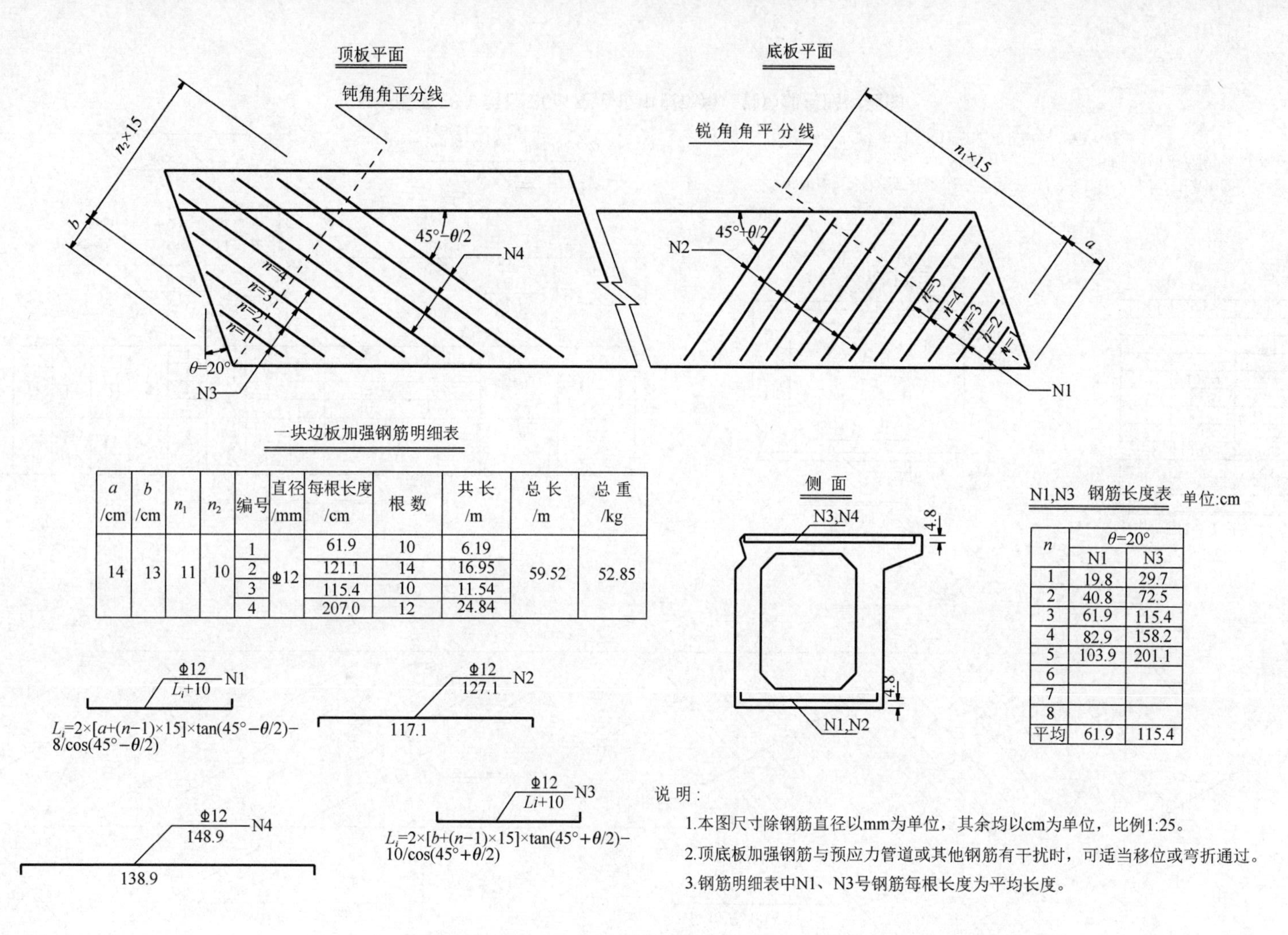

一块边板加强钢筋明细表

a /cm	b /cm	n_1	n_2	编号	直径 /mm	每根长度 /cm	根数	共长 /m	总长 /m	总重 /kg
14	13	11	10	1	Φ12	61.9	10	6.19	59.52	52.85
				2		121.1	14	16.95		
				3		115.4	10	11.54		
				4		207.0	12	24.84		

N1,N3 钢筋长度表 单位:cm

n	θ=20° N1	θ=20° N3
1	19.8	29.7
2	40.8	72.5
3	61.9	115.4
4	82.9	158.2
5	103.9	201.1
6		
7		
8		
平均	61.9	115.4

说明:

1.本图尺寸除钢筋直径以mm为单位，其余均以cm为单位，比例1:25。

2.顶底板加强钢筋与预应力管道或其他钢筋有干扰时，可适当移位或弯折通过。

3.钢筋明细表中N1、N3号钢筋每根长度为平均长度。

图 7.27　跨径 20m 空心板边板锐角、钝角加强筋构造图

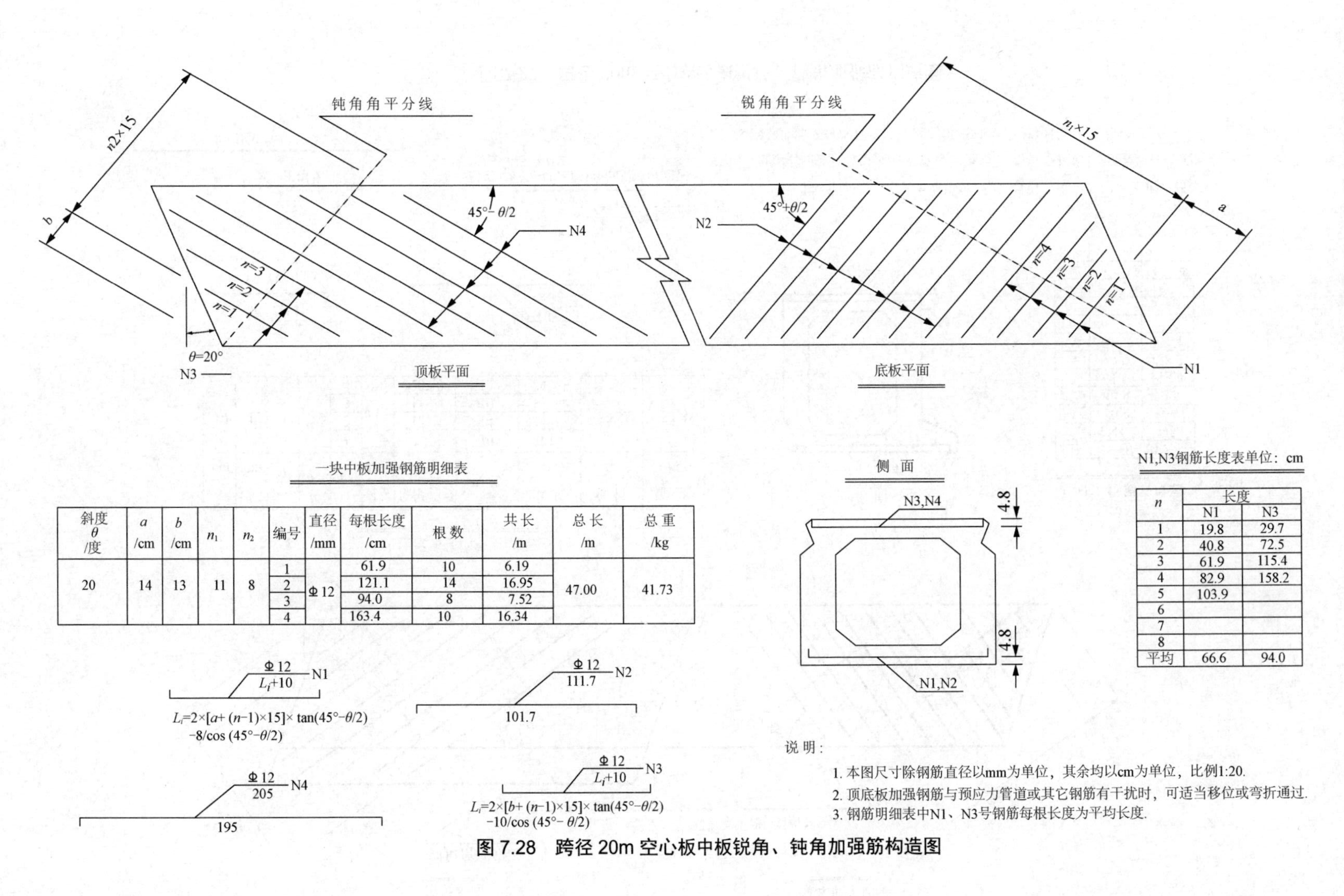

一块中板加强钢筋明细表

斜度 θ /度	a /cm	b /cm	n_1	n_2	编号	直径 /mm	每根长度 /cm	根数	共长 /m	总长 /m	总重 /kg
20	14	13	11	8	1	Φ12	61.9	10	6.19	47.00	41.73
					2		121.1	14	16.95		
					3		94.0	8	7.52		
					4		163.4	10	16.34		

N1,N3钢筋长度表单位：cm

n	长度	
	N1	N3
1	19.8	29.7
2	40.8	72.5
3	61.9	115.4
4	82.9	158.2
5	103.9	
6		
7		
8		
平均	66.6	94.0

说 明：

1. 本图尺寸除钢筋直径以mm为单位，其余均以cm为单位，比例1:20.
2. 顶底板加强钢筋与预应力管道或其它钢筋有干扰时，可适当移位或弯折通过.
3. 钢筋明细表中N1、N3号钢筋每根长度为平均长度.

图 7.28　跨径 20m 空心板中板锐角、钝角加强筋构造图

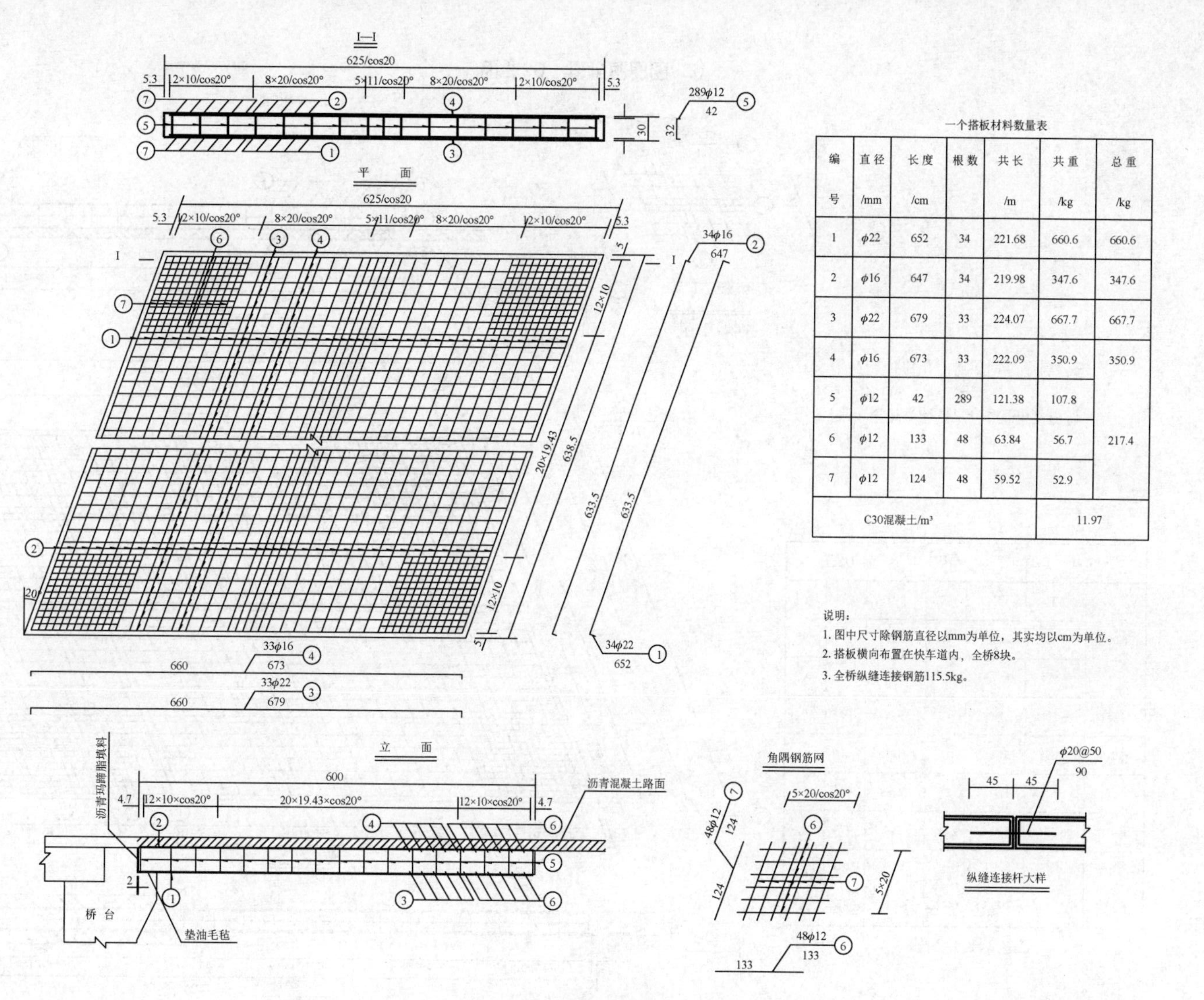

一个搭板材料数量表

编号	直径/mm	长度/cm	根数	共长/m	共重/kg	总重/kg
1	φ22	652	34	221.68	660.6	660.6
2	φ16	647	34	219.98	347.6	347.6
3	φ22	679	33	224.07	667.7	667.7
4	φ16	673	33	222.09	350.9	350.9
5	φ12	42	289	121.38	107.8	217.4
6	φ12	133	48	63.84	56.7	
7	φ12	124	48	59.52	52.9	
C30混凝土/m³					11.97	

说明：

1. 图中尺寸除钢筋直径以mm为单位，其实均以cm为单位。
2. 搭板横向布置在快车道内，全桥8块。
3. 全桥纵缝连接钢筋115.5kg。

图 7.29 搭板配筋图(一)

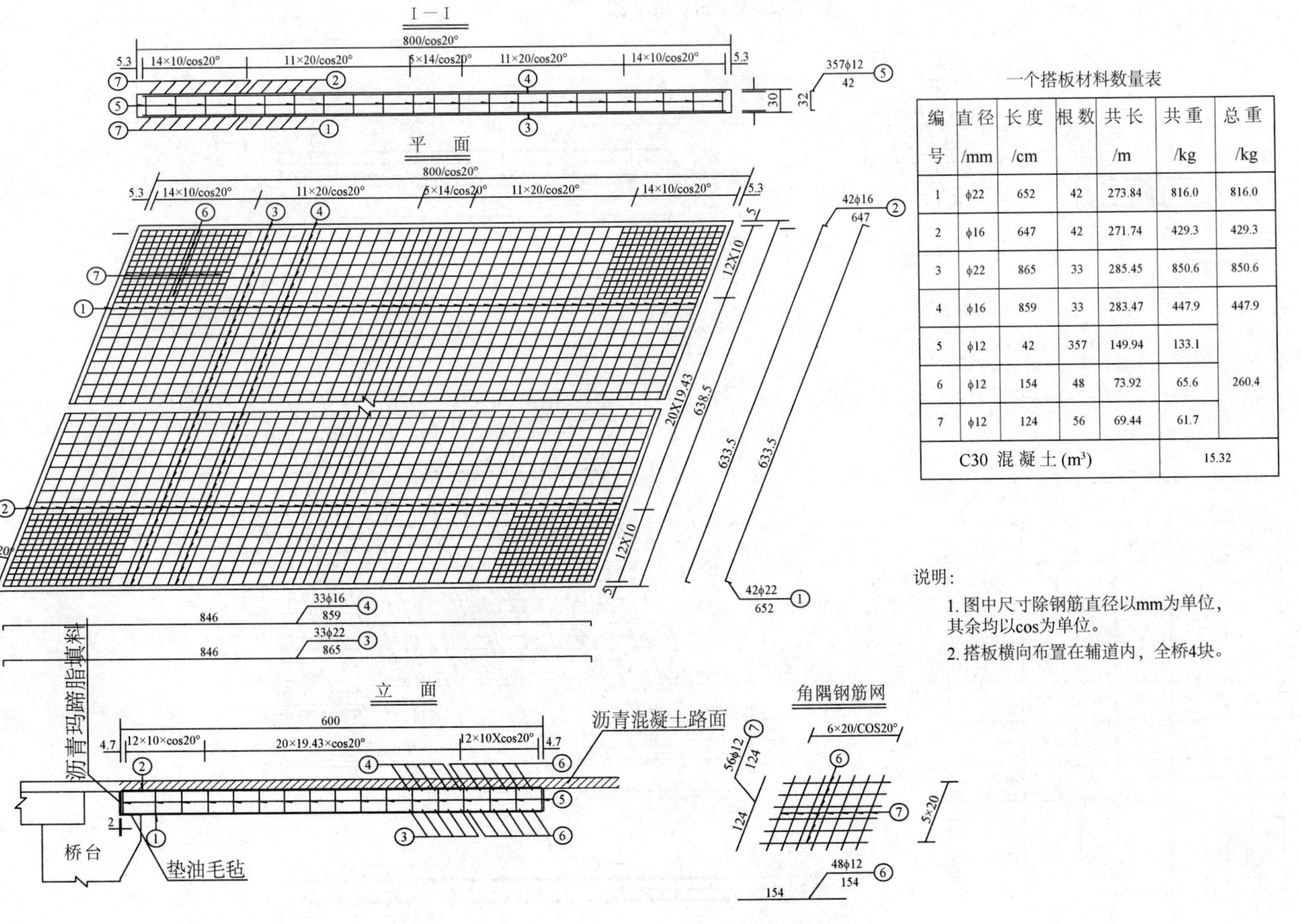

一个搭板材料数量表

编号	直径/mm	长度/cm	根数	共长/m	共重/kg	总重/kg
1	ϕ22	652	42	273.84	816.0	816.0
2	ϕ16	647	42	271.74	429.3	429.3
3	ϕ22	865	33	285.45	850.6	850.6
4	ϕ16	859	33	283.47	447.9	447.9
5	ϕ12	42	357	149.94	133.1	260.4
6	ϕ12	154	48	73.92	65.6	
7	ϕ12	124	56	69.44	61.7	
C30 混凝土 (m^3)					15.32	

说明：

1. 图中尺寸除钢筋直径以mm为单位，其余均以cos为单位。
2. 搭板横向布置在辅道内，全桥4块。

图 7.30　搭板配筋图(二)

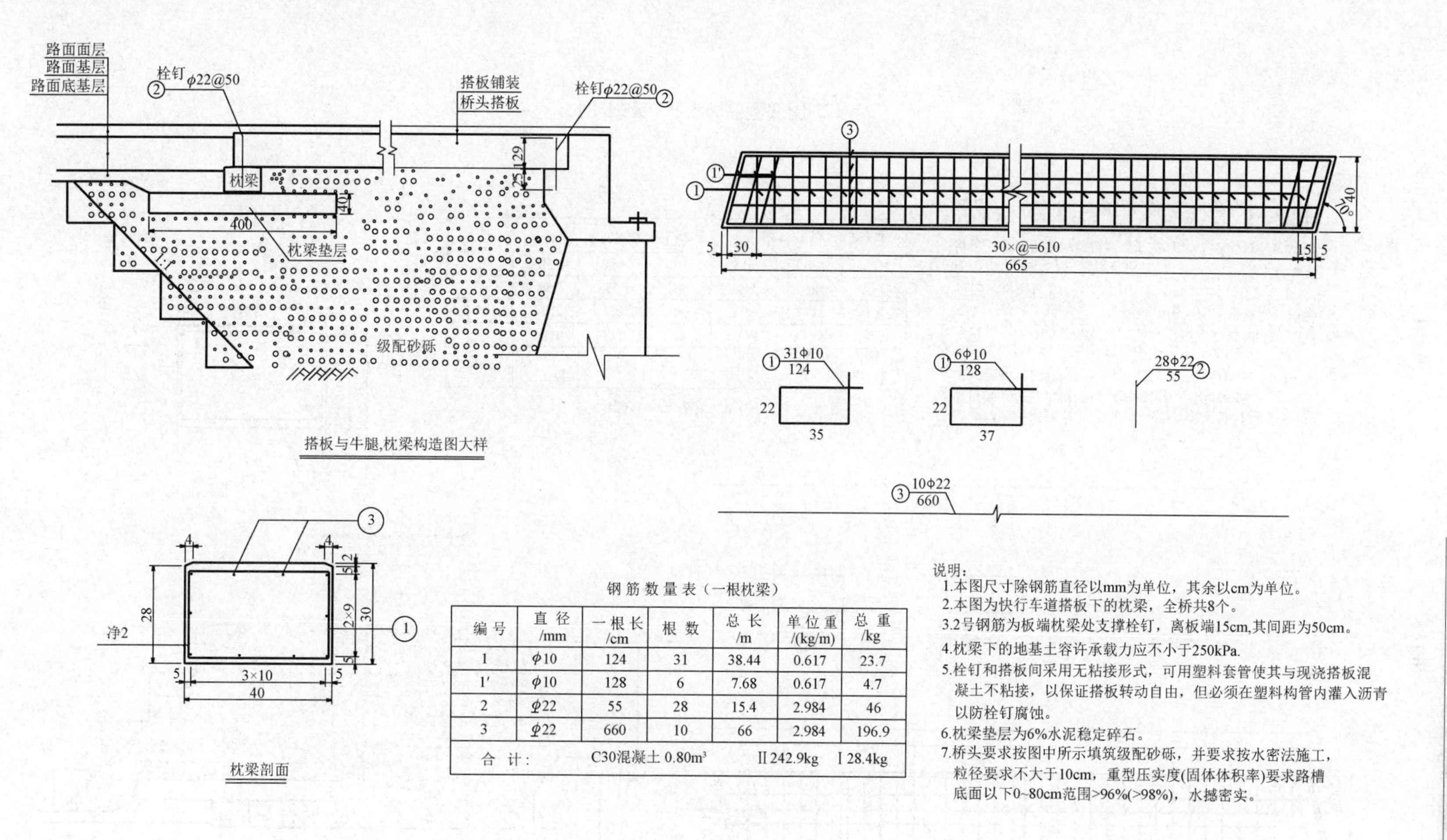

钢筋数量表（一根枕梁）

编号	直径/mm	一根长/cm	根数	总长/m	单位重/(kg/m)	总重/kg
1	φ10	124	31	38.44	0.617	23.7
1′	φ10	128	6	7.68	0.617	4.7
2	φ22	55	28	15.4	2.984	46
3	φ22	660	10	66	2.984	196.9
合计：	C30混凝土 0.80m³			Ⅱ242.9kg		Ⅰ28.4kg

说明：

1.本图尺寸除钢筋直径以mm为单位，其余以cm为单位。

2.本图为快行车道搭板下的枕梁，全桥共8个。

3.2号钢筋为板端枕梁处支撑栓钉，离板端15cm,其间距为50cm。

4.枕梁下的地基土容许承载力应不小于250kPa.

5.栓钉和搭板间采用无粘接形式，可用塑料套管使其与现浇搭板混凝土不粘接，以保证搭板转动自由，但必须在塑料构管内灌入沥青以防栓钉腐蚀。

6.枕梁垫层为6%水泥稳定碎石。

7.桥头要求按图中所示填筑级配砂砾，并要求按水密法施工，粒径要求不大于10cm，重型压实度(固体体积率)要求路槽底面以下0~80cm范围>96%(>98%)，水撼密实。

图 7.31 枕梁构造配筋图(一)

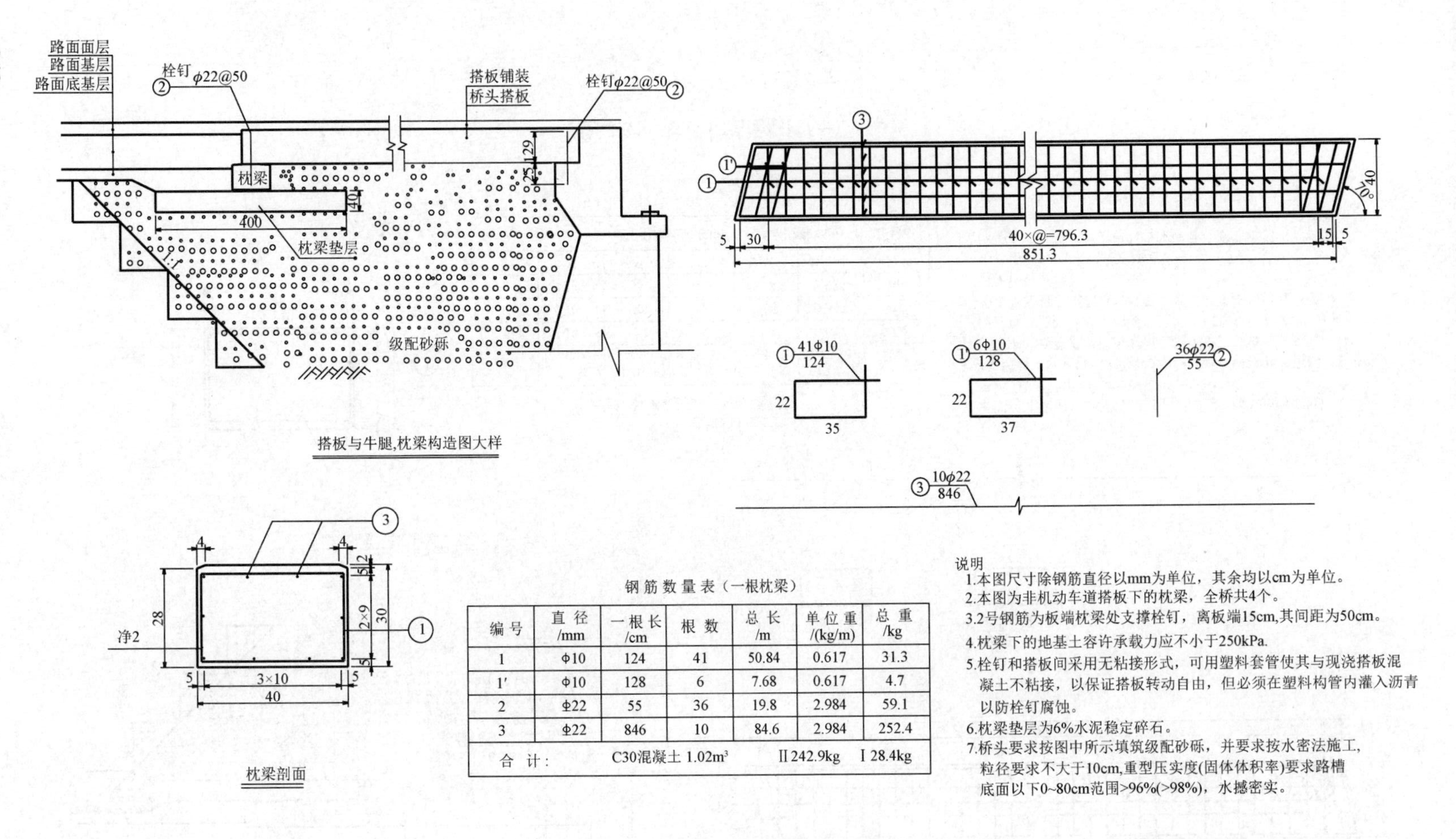

钢筋数量表(一根枕梁)

编号	直径/mm	一根长/cm	根数	总长/m	单位重/(kg/m)	总重/kg
1	Φ10	124	41	50.84	0.617	31.3
1′	Φ10	128	6	7.68	0.617	4.7
2	Φ22	55	36	19.8	2.984	59.1
3	Φ22	846	10	84.6	2.984	252.4
合计:		C30混凝土 1.02m³		Ⅱ242.9kg		Ⅰ28.4kg

说明

1.本图尺寸除钢筋直径以mm为单位，其余均以cm为单位。
2.本图为非机动车道搭板下的枕梁，全桥共4个。
3.2号钢筋为板端枕梁处支撑栓钉，离板端15cm,其间距为50cm。
4.枕梁下的地基土容许承载力应不小于250kPa.
5.栓钉和搭板间采用无粘接形式，可用塑料套管使其与现浇搭板混凝土不粘接，以保证搭板转动自由，但必须在塑料构管内灌入沥青以防栓钉腐蚀。
6.枕梁垫层为6%水泥稳定碎石。
7.桥头要求按图中所示填筑级配砂砾，并要求按水密法施工，粒径要求不大于10cm,重型压实度(固体体积率)要求路槽底面以下0~80cm范围>96%(>98%)，水撼密实。

图 7.32　枕梁构造配筋图(二)

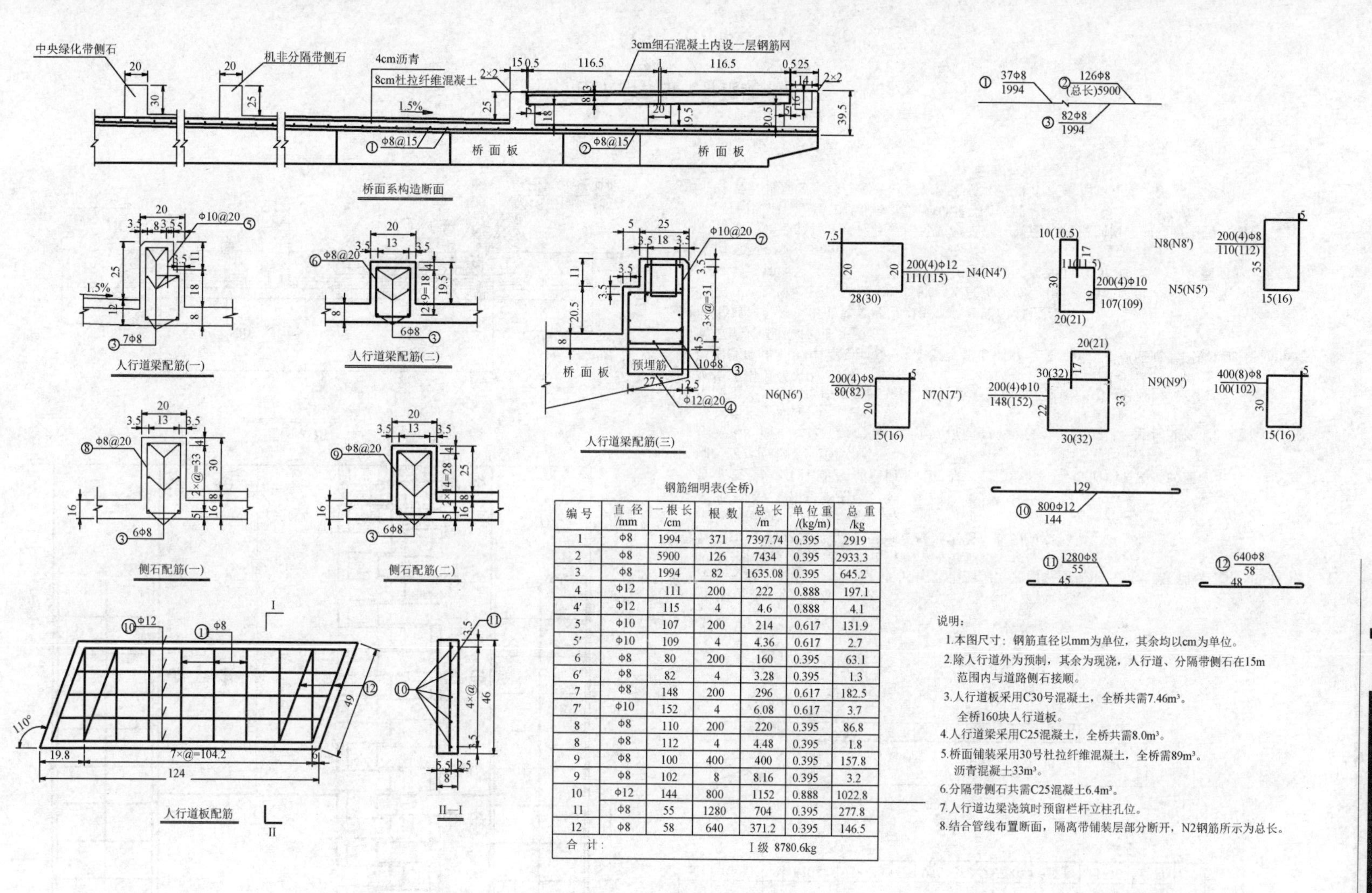

钢筋细明表(全桥)

编号	直径/mm	一根长/cm	根数	总长/m	单位重/(kg/m)	总重/kg
1	Φ8	1994	371	7397.74	0.395	2919
2	Φ8	5900	126	7434	0.395	2933.3
3	Φ8	1994	82	1635.08	0.395	645.2
4	Φ12	111	200	222	0.888	197.1
4′	Φ12	115	4	4.6	0.888	4.1
5	Φ10	107	200	214	0.617	131.9
5′	Φ10	109	4	4.36	0.617	2.7
6	Φ8	80	200	160	0.395	63.1
6′	Φ8	82	4	3.28	0.395	1.3
7	Φ8	148	200	296	0.617	182.5
7′	Φ10	152	4	6.08	0.617	3.7
8	Φ8	110	200	220	0.395	86.8
8	Φ8	112	4	4.48	0.395	1.8
9	Φ8	100	400	400	0.395	157.8
9	Φ8	102	8	8.16	0.395	3.2
10	Φ12	144	800	1152	0.888	1022.8
11	Φ8	55	1280	704	0.395	277.8
12	Φ8	58	640	371.2	0.395	146.5
合计:	Ⅰ级 8780.6kg					

说明：

1. 本图尺寸：钢筋直径以mm为单位，其余均以cm为单位。
2. 除人行道外为预制，其余为现浇，人行道、分隔带侧石在15m范围内与道路侧石接顺。
3. 人行道板采用C30号混凝土，全桥共需7.46m³。全桥160块人行道板。
4. 人行道梁采用C25混凝土，全桥共需8.0m³。
5. 桥面铺装采用30号杜拉纤维混凝土，全桥需89m³。沥青混凝土33m³。
6. 分隔带侧石共需C25混凝土6.4m³。
7. 人行道边梁浇筑时预留栏杆立柱孔位。
8. 结合管线布置断面，隔离带铺装层部分断开，N2钢筋所示为总长。

图7.33 桥面系构造配筋图

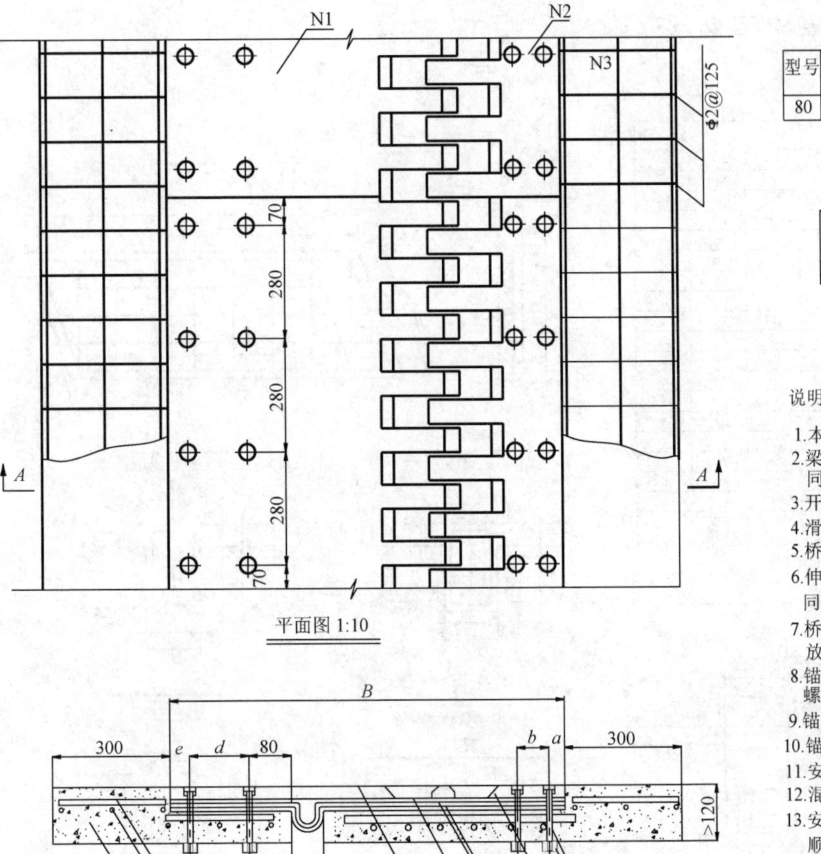

技术参数表

型号	伸缩量	N1	N2	N3	N4	螺孔间距		h
						a×b	e×d	
80	0~80	980×410×28	980×240×28	976×250×2	700×1.6延长	35×70	35×80	120

B值表

设置温度T(°) / 规格	<0	10	20	30	<40
SFP-80	620	610	600	590	580

说明：

1.本图尺寸均以mm为单位。
2.梁架设时，梁端应成一直线并预留适当缝隙，预留缝隙根据气温参照C值确定，同时采用有效的措施，防止杂物落入缝隙。
3.开挖槽尺寸以梁的端面为基准，根据气温参照B值放样。
4.滑移钢板应安装在滑动梁一端。
5.桥面上应安装滑移钢板。
6.伸缩装置应安装在坚实的基地上，对原桥面松散和不坚固的铺装需彻底凿除，同时防止杂物落入缝隙内。
7.桥面为双向车道时，梳形钢板必须从桥面的中心线处开始编排，非标准长度的梳形钢板应放在桥面的两端。
8.锚固螺栓埋设深度应大于50mm，在定位打孔时如遇原缝中的预埋件，该处的螺栓应用电焊焊接锚固。
9.锚固螺栓孔用专用锚具定位，孔距应与梳形钢板一致，螺栓顶部应低于钢板顶面1~2mm
10.锚固螺栓用环氧砂浆埋设。
11.安装时，梳形钢板的总宽度应根据气温参照B值确定。
12.混凝土浇捣要密实、平整无蜂窝状，强度等级为C40纤维网混凝土。
13.安装后，伸缩装置表面与原路面纵向高差应控制在2mm内(3m直尺范围)，横向的顺直度应控制在3mm内(一条缝范围内)。
14.伸缩装置顶部的锚固螺栓孔，用环氧砂浆灌注封闭，梳形钢板间的缝隙用防水油膏封闭，油膏层厚比梳形钢板顶面低适当距离。
15.伸缩逢预埋筋必须与厂家产品规格配套施工，并由厂家指导安装。

图 7.34　SPF 伸缩缝

2. 根据图纸，结合施工方案，确定并计算分部分项及技术措施项目的工程量，见表 7-5。

表 7-5 分部分项及技术措施项目工程量计算表

序号	工程项目名称	单位	工程量计算公式	数量	定额子目
1	人工挖基坑土方(一、二类土，4m 内)	m^3	257.9	257.9	$1-5_H$
2	挖掘机挖土并装车(一、二类土)	m^3	2 579.9−544.9×1.15	1 953.27	1−59
3	挖掘机挖土不装车(一、二类土)	m^3	544.9×1.15−257.9	368.73	1−56
4	自卸车运土方(8km)	m^3	2 579.9−544.9×1.15	1 953.27	1−68+1−69×4
5	槽坑填土夯实	m^3	544.90	544.90	1−87
6	台背回填砂砾石	m^3	1 387.03	1 387.03	2−25
7	搭拆桩基础支架平台	m^2	$\left(\frac{58.96}{\sin 70°}+6.5\right)\times(6.5+3)\times2+$ $6.5\times[20-(6.5+3)]\times1$	1 383.89	3−156
8	埋设钢护筒	m	24×2×2	96.00	3−107
9	回旋钻孔	m^3	$\pi\times0.5^2\times(3.69+49.1)\times48$	1 990.14	3−128
10	泥浆池建造拆除	m^3	1 990.14	1 990.14	3−144
11	泥浆外运(10km)	m^3	1 990.14	1 990.14	3−145+3−146×5
12	C25 混凝土灌注桩	m^3	$\pi\times0.5^2\times(50+1.2)\times48$	1 929.22	3−150
13	凿桩头	m^3	$\pi\times0.5^2\times1.2\times48$	45.22	3−548
14	C25 混凝土承台	m^3	查《桥涵工程》中图 7.16	1 035.0	$3-215_H$
15	铺设片石垫层	m^3	查《桥涵工程》中图 7.16	220.1	3−207
16	C10 混凝土垫层	m^3	64.915×(5+0.3×2)×0.1×2	72.70	$3-208_H$
17	C30 混凝土台帽	m^3	查《桥涵工程》中图 7.16	140.20	$3-243_H$
18	C25 混凝土台身	m^3	查《桥涵工程》中图 7.16	835.70	$3-225_H$
19	C25 混凝土侧墙	m^3	查《桥涵工程》中图 7.16	36.00	$3-285_H$
20	C50 预应力板梁预制	m^3	10.6×4+9.47×53	544.31	$3-343_H$
21	梁板运输 100m	m^3	544.31	544.31	3−371
22	梁板安装	m^3	544.31	544.31	3−438
23	桥面铺装 C30 混凝土，厚 8cm	m^3	20×60.5×0.08	96.8	$3-314_H$
24	混凝土路面养生	m^2	20×60.5	1 210.00	2−207
25	细粒式沥青混凝土桥面铺装，4cm	m^2	8×20×2+12.5×20×2	820.00	2−191+2−192×2

续表

序号	工程项目名称	单位	工程量计算公式	数量	定额子目
26	人行道 C30 细石混凝土铺装，厚 3cm	m^2	2.33×20×2×0.03	2.80	$3\text{-}316_H$
27	C40 小石子混凝土铰缝	m^3	0.431×(11+14+29)	23.27	$3\text{-}288_H$
28	C30 现浇混凝土搭板	m^3	11.97×8+15.32×4	157.04	$3\text{-}318_H$
29	C30 混凝土枕梁	m^3	0.8×8+1.02×4	4.72	$3\text{-}222_H$
30	C25 现浇混凝土人行道梁、侧石	m^3	6.4+8	14.40	3-304
31	预制 C30 人行道板	m^3	7.46	7.46	$3\text{-}358_H$
32	人行道板运输	m^3	7.46	7.46	1-304
33	人行道板安装	m^3	7.46	7.46	3-479
34	板式橡胶支座	cm^3	10×15×2.1×57	17 955	3-491
35	SFP 伸缩峰	m	64.195×2	129.83	3-503
36	钻孔桩钢筋笼	t	(1 712.1+214.9+33.9)×48/1 000	94.123	$3\text{-}179_H$
37	现浇构件钢筋，圆钢	t	(2 567×2+28.4×12+37.7×54+8 780.6−1 022.8−277.8−146.5)/1 000	14.844	3-177
38	现浇构件钢筋，螺纹钢	t	(15 109.2×2+1 309.5×2+(816.0+429.3+850.6+447.9)×4+(660.6+347.6+667.7+350.9+217.4)×8+242.9×12+30.4×54)/1 000	66.564	3-178
39	预制构件钢筋，圆钢	t	(474.1×53+461.7×4+1 022.8+277.8+146.5)/1 000	28.421	3-175
40	预制钢筋钢筋，螺纹钢	t	(193.5×53+208.9×4+112.14×57+52.85×4+41.73×53)/1 000	19.922	3-176
41	ϕ15.24 钢绞线作制安装	t	370.49×57/1 000	21.118	$3\text{-}193_H$
42	安装压浆管道波纹管	m	78.84×57	4 493.88	3-202
43	管道压浆	m^3	π ×(0.056/2)2×4 493.88	11.06	3-203
44	锚具 YM15-4	套	8×57	456.00	
45	PVC 泄水孔	m	20×1.45×2	58	3-502
46	沉降缝安装	m^2	$\frac{0.95+1.95}{2}\times(7.736-2.4)\times2$	15.48	3-513
47	轻型井点安装	根		250	1-323
48	轻型井点拆除	根		250	1-324
49	轻型井点使用	套·天		40	1-325
50	编织袋围堰	m^3	550.80	550.80	1-182

3. 确定组织措施项目。

根据本工程的实际情况，考虑计取以下施工组织措施项目：安全文明施工费、工程定位复测费、夜间施工增加费、行车行人干扰增加费、已完工程及设备保护费。

4. 确定人、材、机单价，判定工程类别、确定各项费率。

(1) 围堰所需黏土外购单价为25元/m^3，YM15-4为15元/套，一类人工工日单价为65元，二类人工工日单价为70元，其他人、材、机单价按《浙江省市政工程预算定额》(2010版)计取。

(2) 根据工程类别划分，本工程为三类桥梁工程。

(3) 企业管理费、利润、各项组织措施费的费率按《浙江省建设工程施工费用定额》(2010版)及浙江省有关规定的费率范围的低值计取；规费、税金按《浙江省建设工程施工费用定额》(2010版)的规定计取。

5. 计算定额计价模式下，本桥梁工程的工程造价，详见表7-6～表7-14。

表7-6 投标报价扉页

某道路月牙河桥工程

预算价

预算价　　(小写)：4 862 627元

　　　　　(大写)：肆佰捌拾陆万贰仟陆佰贰拾柒元整

发 包 人：__________　承包人：__________　工程造价咨 询 人：__________

(单位盖章)　(单位盖章)　(单位资质专用章)

法定代表人或其授权人：__________　法定代表人或其授权人：__________

(造价人员签字盖专用章)　(造价人员签字盖专用章)

编 制 人：__________　复 核 人：__________

(造价人员签字盖专用章)　(造价工程师签字盖专用章)

编制时间：　复核时间：

表7-7 总说明

工程名称：某道路月牙河桥工程　　第1页 共1页

一、工程概况 月牙河桥与道路中线斜交70°，上部结构采用20m跨径的预应力空心板简支梁，下部结构采用重力式桥台，*D*100cm钻孔灌注桩基础。桥面铺装采用3cm细粒式沥青混凝土和水泥混凝土。桥梁工程施工图如图7.13～图7.34所示。本桥梁工程混凝土模板、桥梁栏杆不在本次计价范围，已知桥台基坑开挖方量(一、二类土)2 579.90m^3，其中人工辅助清底为257.90m^3，其余用挖掘机挖土；基坑回填土方量为544.90m^3，台背回填砂砾石1 387.03m^3。已知原地面平均标高为3.69m。

二、施工方案

(1) 钻孔灌注桩：采用回旋转机成孔、商品水下混凝土。

(2) 梁板：现场预制。

(3) 施工机械中的履带式挖掘机、履带式推土机、压路机的进出场费在道路工程预算中考虑，本桥梁工程不计。

(4) 桥台施工过程中采用轻型井点降水，共计安装井点管250根，使用8天。

(5) 桥梁施工时设置编织袋围堰，堰顶高于设计水位0.5m，围堰体积为550.80m^3。

(6) 多余土方用自卸车外运，运距8km；泥浆外运运距10km。

三、人、材、机价格确定

一类人工工日单价为65元，二类人工工日单价为70元，围堰所需黏土外购单价为25元/m^3，YM15-4为15元/套，其他人、材、机单价按《浙江省市政工程预算定额》(2010版)计取。

四、工程类别及费率取定

本工程为三类桥梁工程。企业管理费、利润、各项组织措施费的费率按《浙江省建设工程施工费用定额》(2010版)及浙江省有关规定的费率范围的低值计取；规费、税金按《浙江省建设工程施工费用定额》(2010版)的规定计取。

五、编制依据

(1) 月牙河桥工程招标图纸。

(2)《浙江省市政工程预算定额》(2010版)。

(3)《浙江省建设工程施工费用定额》(2010版)。

(4) 浙建站计[2013]64号——关于《浙江省建设工程费用定额》(2010版)费用项目及费率调整的通知。

(5) 建建发[2015]517号——关于规范建设工程安全文明施工费计取的通知。

表7-8 工程项目预算汇总表

工程名称：某道路月牙河桥工程　　第1页 共1页

序号	单位工程名称	金额/元
1	市政	4 862 627.03
1.1	桥梁	4 862 627.03
合　计		4 862 627

表7-9 单位(专业)工程预算费用计算表

单位(专业)工程名称：市政-桥梁　　第1页 共1页

序号	费用名称		计算公式	金额/元
一	预算定额分部分项工程量		按计价规则规定计算	4 177 088.59
	其中	1．人工费+机械费	Σ(定额人工费+定额机械费)	1 041 467.00
二	施工组织措施费			141 639.51
	其中	2．安全文明施工费	1×11.54%	120 185.29
		3．工程定位复测费	1×0.03%	312.44
		4．冬雨季施工增加费	1×0%	0.00

续表

序号	费用名称		计算公式	金额/元
	其中	5．夜间施工增加费	1×0.01%	104.15
		6．已完工程及设备保护费	1×0.02%	208.29
		7．二次搬运费	1×0%	0.00
		8．行人、行车干扰增加费	1×2%	20 829.34
三	企业管理费		1×20.8%	216 625.14
四	利润		1×8%	83 317.36
五	规费		12+13	76 027.09
	9．排污费、社保费、公积金		1×7.3%	76 027.09
	10．农民工工伤保险费		按相关规定计算	0.00
六	危险作业意外伤害保险费		按相关规定计算	0.00
七	总承包服务费			0.00
	11．总承包管理和协调费		分包项目工程造价×0%	0.00
	12．总承包管理、协调和服务费		分包项目工程造价×0%	0.00
	13．甲供材料设备管理服务费		甲供材料设备费×0%	0.00
八	风险费		(一+二+三+四+五+六+七)×0%	0.00
九	暂列金额		(一+二+三+四+五+六+七+八)×0%	0.00
十	计税不计费		计税不计费	0.00
十一	不计税不计费		不计税不计费	0.00
十二	税金		(一+二+三+四+五+六+七+八+九+十)×3.577%	167 929.34
十三	建设工程造价		一+二+三+四+五+六+七+八+九+十+十一+十二	4 862 627.03

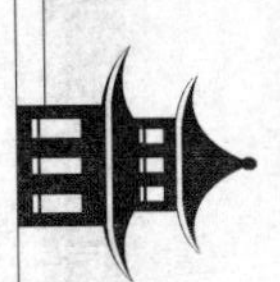

表 7-10　工程预算书(分部分项)

单位(专业)工程名称：市政-桥梁　　　　第 1 页　共 3 页

序号	编号	名称	单位	数量	单价/元	单价组成/元			合价/元
						人工费	材料费	机械费	
1	1-5 换	人工挖沟槽、基坑土方，深 4m 以内，一、二类土，人工辅助开挖(包括切边、修整底边)	100m^3	2.579	2 331.88	2 331.88	0.00	0.00	6 013.92
2	1-56	挖掘机挖一、二类土，不装车	1 000m^3	0.369	2 293.59	312.00	0.00	1 981.59	845.72
3	1-59	挖掘机挖一、二类土，装车	1 000m^3	1.953	3 452.82	312.00	0.00	3 140.82	6 744.29
4	1-87	槽、坑，填土夯实	100m^3	5.449	891.54	717.60	0.00	173.94	4 858.00
5	1-68+1-69×7	自卸汽车运土，运距 8(km)	1 000m^3	1.953	15 291.15	0.00	35.40	15 255.75	29 867.74
6	2-25	台背回填砂砾	10m^3	138.703	800.36	81.90	709.68	8.78	111 012.33
7	3-516	搭、拆桩基础陆上支架平台，锤重 1 800kg	100m^2	13.839	2 612.94	2 196.60	416.34	0.00	36 160.22
8	3-107	钻孔灌注桩埋设钢护筒，陆上$\phi \leqslant 1\,000$	10m	9.600	1 623.72	1 370.60	177.57	75.55	15 587.71
9	3-128	回旋钻孔机成孔，桩径ϕ1 000 以内	10m^3	199.014	1 752.45	719.60	148.61	884.24	348 762.08
10	3-144	泥浆池建造、拆除	10m^3	199.014	44.67	25.20	19.13	0.34	8 889.96
11	3-145+3-146×5	泥浆运输，运距 10km	10m^3	199.014	973.33	312.20	0.00	661.13	193 706.30
12	3-150	回旋钻孔，灌注商品混凝土	10m^3	192.922	4 371.58	292.60	3 988.49	90.49	843 373.96
13	3-548	凿除钻孔灌注桩顶钢筋混凝土	10m^3	4.522	1 019.77	891.80	12.48	115.49	4 611.40
14	3-215 换	浇筑混凝土承台，现浇现拌混凝土 C25(40)	10m^3	103.500	3 194.64	736.40	2 139.74	318.50	330 645.24
15	3-207	铺设碎石垫层	10m^3	22.010	1 304.51	457.10	847.41	0.00	28 712.27
本页小计									1 969 791.14

单位(专业)工程名称：市政-桥梁　　　　第2页　共3页

序号	编号	名称	单位	数量	单价/元	单价组成/元			合价/元
						人工费	材料费	机械费	
16	3-208 换	铺设混凝土垫层，现浇现拌混凝土 C10(40)	$10m^3$	7.270	2 790.15	694.40	1 785.11	310.64	20 284.39
17	3-243 换	浇筑混凝土浇筑台帽，现浇现拌混凝土 C30(40)	$10m^3$	14.020	3 480.97	891.10	2 237.36	352.51	48 803.20
18	3-225 换	浇筑混凝土浇筑轻型桥台，现浇现拌混凝土 C25(40)	$10m^3$	83.570	3 581.59	1 048.60	2 123.58	409.41	299 313.48
19	3-285 换	现浇混凝土浇筑挡墙，现浇现拌混凝土 C25(40)	$10m^3$	3.600	3 181.45	725.90	2 118.18	337.37	11 453.22
20	3-343 换	预制混凝土空心板梁(预应力)，现浇现拌混凝土 C50(40)-水泥 52.5	$10m^3$	54.431	4 113.87	941.50	2 803.78	368.59	223 922.06
21	3-371	预制构件场内运输，构件重 40t 以内，运距 100m	$10m^3$	54.431	512.09	273.70	221.78	16.61	27 873.57
22	3-438	起重机陆上安装板梁起重机，$L \leq 20m$	$10m^3$	54.431	342.37	65.10	0.00	277.27	18 635.54
23	3-314 换	桥面铺装，混凝土基础，现浇现拌混凝土 C30(40)	$10m^3$	9.680	3 236.27	779.10	2 241.07	216.10	31 327.09
24	2-207	水泥混凝土路面塑料膜养护	$100m^2$	12.100	173.23	56.00	117.23	0.00	2 096.08
25	2-191+2-192×2 换	机械摊铺细粒式沥青混凝土路面，厚度 4(cm)	$100m^2$	8.200	3 232.93	70.42	2 923.62	238.89	26 510.03
26	3-316 换	人行道 3cm 细石混凝土 C30(40)	$10m^3$	0.280	3 451.80	973.70	2 256.42	221.68	966.50
27	3-358 换	预制混凝土人行道、锚锭板，现浇现拌混凝土 C30(40)	$10m^3$	0.746	4 232.07	1 599.50	2 383.71	248.86	3 157.12
28	3-479	小型构件人行道板安装	$10m^3$	0.746	893.90	893.90	0.00	0.00	666.85
29	1-304	双轮车运输小型构件，运距 50m	$10m^3$	0.746	233.73	233.73	0.00	0.00	174.36
30	3-288 换	板梁间混凝土灌缝，现浇现拌混凝土 C40(40)	$10m^3$	2.327	4 776.55	1 198.40	3 351.88	226.27	11 115.03
本页小计									726 298.52

单位(专业)工程名称：市政-桥梁　　　　第3页　共3页

序号	编号	名称	单位	数量	单价/元	单价组成/元			合价/元
						人工费	材料费	机械费	
31	3-318 换	混凝土桥头搭板，现浇现拌混凝土 C30(40)	$10m^3$	15.704	3 325.08	876.40	2 229.74	218.94	52 217.06
32	3-222 换	浇筑混凝土浇筑横梁，现浇现拌混凝土 C30(40)	$10m^3$	0.472	3 363.31	798.00	2 246.81	318.50	1 587.48
33	3-304	浇筑混凝土地梁、侧石、平石 C25(40)	$10m^3$	1.440	3 981.20	1 548.40	2 191.80	241.00	5 732.93
34	3-491	板式橡胶支座安装	$100cm^3$	179.550	5.80	1.40	4.40	0.00	1 041.39
35	3-513	沥青木丝板沉降缝安装	$10m^2$	1.548	505.77	30.80	474.97	0.00	782.93
36	3-502	塑料管泄水孔安装	10m	5.800	238.92	49.00	189.92	0.00	1 385.74
37	3-503	梳型钢板伸缩缝安装	10m	12.983	1 252.38	569.80	369.04	313.54	16 259.65
38	3-179	钻孔桩钢筋笼制作、安装	t	94.123	4 945.38	679.00	3 938.18	328.20	465 474.00
39	3-177	现浇混凝土圆钢制作、安装	t	14.844	4 841.57	816.20	3 969.53	55.84	71 868.27
40	3-178	现浇混凝土螺纹钢制作、安装	t	66.564	4 570.58	567.70	3 913.27	89.61	304 236.09
41	3-175	预制混凝土圆钢制作、安装	t	28.421	4 904.20	865.90	3 972.79	65.51	139 382.27
42	3-176	预制混凝土螺纹钢制作、安装	t	19.922	4 546.68	550.20	3 910.09	86.39	90 578.96
43	3-193	后张法群锚，束长 40m 以内，7 孔以内	t	21.118	7 195.09	786.10	6 194.53	214.46	151 945.91
44	3-202	安装压浆管道波纹管	100m	44.939	1 486.86	435.40	1 051.46	0.00	66 817.70
45	3-203	管道压浆	$10m^3$	1.106	10 155.45	3 703.00	4 408.67	2 043.78	11 231.93
本页小计									1 380 542.31
合　计									4 076 631.97

表 7-11 工程预算书(技术措施)

单位(专业)工程名称：市政-桥梁　　　　第 1 页 共 1 页

序号	编号	名称	单位	数量	单价/元	单价组成/元			合价/元
						人工费	材料费	机械费	
1	1-323	轻型井点降水安装	10 根	25.000	1 320.17	645.82	379.61	294.74	33 004.25
2	1-324	轻型井点降水拆除	10 根	25.000	410.67	230.37	0.00	180.30	10 266.75
3	1-325	使用轻型井点降水	套·天	40.000	335.57	140.00	29.41	166.16	13 422.80
4	1-182	编织袋围堰	$100m^3$	5.508	7 945.32	2 573.55	5 107.66	264.11	43 762.82
本页小计									100 456.62
合　计									100 456.62

表 7-12 主要材料价格表

单位(专业)工程名称：市政-桥梁　　　　第 1 页 共 1 页

序号	材料编码	材料(设备)名称	规格、型号等	单位	数量	单价/元	合价/元
1		YM15-4 锚具	YM15-4	套	456.001	15	6 840.01
2	0101001	螺纹钢	Ⅱ级综合	t	173.679	3 780	656 508.15
3	0107001	钢绞线		t	21.963	5 640	123 869.74
4	0109001	圆钢	(综合)	t	54.763	3 850	210 837.38
5	0401031	水泥	42.5	kg	765 182.262	0.33	252 510.15
6	0403043	黄砂(净砂)	综合	t	2 173.459	62.5	135 841.21
7	0405001	碎石	综合	t	4 124.327	49	202 092.01
8	0433062	非泵送水下商品混凝土	C25	m^3	2 315.064	329	761 656.06
9	j3115031	电(机械)		kW·h	215 290.115	0.854	183 857.76
10	0409481	黏土		m^3	512.244	25	12 806.10
11	8021221	现浇现拌混凝土	C25(40)	m^3	1 949.917	207.370 5	404 355.16
12	8021271	现浇现拌混凝土	C50(40)-水泥 52.5	m^3	552.475	266.104	147 015.71
合　计							3 098 189.44

表 7-13 主要工日价格表

单位(专业)工程名称：市政-桥梁　　　　第 1 页 共 1 页

序号	工　种	单位	数　量	单价/元
1	一类人工	工日	163.824	65
2	二类人工	工日	12 272.540	70
3	人工(机械)	工日	1 869.466	70

表 7-14　主要机械台班价格表

单位(专业)工程名称：市政-桥梁　　　　第 1 页 共 1 页

序号	机械设备名称	单　位	数　量	单价/元
1	履带式推土机 90kW	台班	2.719	732.633 5
2	履带式单斗挖掘机(液压)1m^3	台班	4.409	1 105.38
3	内燃光轮压路机 8t	台班	1.607	295.336 5
4	内燃光轮压路机 15t	台班	1.607	505.822 5
5	电动夯实机 20～62kg · m	台班	43.483	21.796 4
6	沥青混凝土推铺机 8t	台班	0.795	843.950 5
7	转盘钻孔机ϕ1 500	台班	255.733	477.594 9
8	履带式电动起重机 5t	台班	328.882	171.71
9	自卸汽车 12t	台班	41.956	698.776 5
10	驳船 50t	台班	11.071	131.4
11	预应力拉伸机 YCW－150	台班	16.472	80.4
12	电动卷扬机单筒慢速 50kN	台班	69.695	120.744 4
13	电动卷扬机单筒慢速 100kN	台班	4.953	182.522
14	双锥反转出料混凝土搅拌机 350L	台班	165.549	123.726 1
15	灰浆搅拌机 200L	台班	8.250	85.572 9
16	钢筋切断机ϕ40	台班	56.625	38.823 4
17	钢筋弯曲机ϕ40	台班	93.650	20.951 2
18	电动多级离心清水泵 H<180m	台班	14.250	400.579 5
19	污水泵ϕ100	台班	14.250	116.51
20	泥浆泵ϕ100	台班	331.358	210.528 4
21	高压油泵 80MPa	台班	16.472	194.543 3
22	射流井点泵最大抽吸深度 9.5m	台班	120.000	55.387 9
23	交流弧焊机 32kV · A	台班	350.821	90.356 6
24	对焊机容量 75kV · A	台班	8.649	123.056 6
25	电动空气压缩机 1m^3/min	台班	10.446	49.996 2
26	液压注浆泵 HYB50/50-1 型	台班	7.454	80.928
27	汽车式起重机 75t	台班	5.661	2 666.051 5
28	混凝土振捣器平板式 BLL	台班	118.497	17.556
29	混凝土振捣器插入式	台班	386.399	4.826
30	泥浆运输车 5t	台班	332.353	347.984

思考题与习题

一、简答题

1. 桥梁打桩工程，送桩高度超过4m，套用定额时如何调整？
2. 桥梁打桩工程，送桩工程量计算时，如何确定“界限”？
3. 钻孔灌注桩成孔工程量计算时，如何确定成孔长度？
4. 钻孔灌注桩混凝土灌注工程量计算时，如何确定加灌长度？
5. 钻孔灌注桩钢护筒无法拔出时，如何进行定额换算套用？
6. 钻孔灌注桩钢筋笼钢筋的圆钢、螺纹钢的含量与定额不同时，如何进行定额换算套用？
7. 板与板梁如何界定？
8. 现浇混凝土墙、板上有预留孔洞，如何计算现浇混凝土墙、板的混凝土工程量及模板工程量？
9. 桥梁工程现浇混凝土模板的工程量应如何计算？
10. 嵌石混凝土中块石含量与定额不同时，如何换算套用定额？
11. 桥梁预制混凝土工程的模板工程量如何计算？
12. 计算预制空心板梁混凝土体积时，是否要计入堵头板的体积？
13. 箱涵顶进空顶工程量如何计算？
14. 箱涵顶进土方工程量如何计算？
15. 桥涵工程安装预制构件定额，是否包括了构件场内运输？
16. 如何界定划分陆上支架平台、水上支架平台？
17. 钻孔灌注桩支架平台项目套用定额时，如何确定打桩机锤重？

二、计算题

1. 某桥梁现浇实心板梁，原地面至梁底的平均高度为12m，采用现浇现拌C30(40)混凝土，确定板梁混凝土及模板套用的定额子目与基价。

2. 某桥梁陆上起重机安装板梁，提升高度为12m，梁长18m，确定套用的定额子目与基价。

3. 某桥在支架上打钢筋混凝土方桩共36根，桩截面积为0.4m×0.4m，设计桩顶标高为0.000m，施工期间最高潮水位标高为5.500m。计算该工程送桩的工程量，确定套用的定额子目及基价，并计算该工程送桩所消耗的人工用量。

4. 某桥梁采用钻孔灌桩基础，桩径为1m，采用回旋转机陆上成孔，已知南侧桥台下共有10根桩、设计桩顶标高为0.000m，桩底标高为-25.000m，南侧原地面平均标高为3.500m；北侧桥台下共有10根桩，设计桩顶标高为0.000m，桩底标高为-25.500m，北侧原地面平均标高为3.800m，要求钻孔灌注桩入岩80cm，桩径为1m。试计算该桩基础工程的成孔工程量、灌注混凝土工程量、入岩工程量。

5. 某桥梁采用钻孔灌桩基础，桩径1.2m，水上施工时，钢护筒无法拔出，确定钢护筒套用的定额子目及基价。

6. 某桥梁钻孔灌桩工程，钢筋笼总重为900kg，其中圆钢重126kg，螺纹钢重774kg，确定钢筋笼套用的定额子目及基价。

7. 某桥梁现浇毛石混凝土基础，采用现浇现拌C15(40)混凝土，块石含量为25%，确定套用的定额子目及基价。

8. 某工程采用钢筋混凝土方桩20根，桩截面为0.4m×0.4m，桩长为28m，分两段预制。试计算钢筋混凝土方桩预制时模板的工程量。

9. 某两跨桥梁，跨径为10m+12m，两侧桥台均采用双排ϕ800钻孔灌注桩12根，桩距为1.5m，排距为1.2m；中间桥台采用单排ϕ1 000钻孔灌注桩6根，桩距为1.5m。试计算钻孔灌注桩施工时搭拆陆上工作平台的工程量，并确定套用的定额子目及基价。

10. 某桥梁工程水上打桩，采用桩长12m的钢筋混凝土方桩，截面面积为0.122 5m^2，确定搭拆桩基础支架平台套用的定额子目及基价。

市政工程清单计价模式下的计量与计价

第8章 工程量清单与清单计价的基本知识

本章学习要点

1. 工程量清单的概念。
2. 招标工程量清单的编制依据、组成及格式、编制要求、编制步骤。
3. 工程量清单计价的概念。
4. 工程量清单投标报价的编制依据、组成及格式、编制要求。

引言

某公司参加一个工程的招投标活动，该工程采用清单计价模式。招标单位向其发放了工程施工图样、招标文件以及招标工程量清单。该公司按照招标文件的要求进行了工程量清单计价，编制了商务标，并编制了技术标、资信标。什么是工程量清单？什么是工程量清单计价？它们的格式是怎样的？有什么不同？编制工程量清单、编制工程量清单计价文件有什么要求？

8.1 概　述

从 2003 年开始，国家开始推行工程量清单计价模式，我国工程造价的计价模式由传统的预算定额计价模式向国际上通行的工程量清单计价模式转变，于 2003 年 7 月 1 日起实施《建设工程工程量清单计价规范》(GB 50500—2003)，于 2008 年 12 月 1 日起实施《建设工程工程量清单计价规范》(GB 50500—2008)。

全面推行工程量清单计价模式，完善工程量清单计价相关制度，有利于促进政府职能转变、充分发挥市场在工程建设资源配置中的作用、促进建设市场公开、公正、公平秩序的建立，提高投资效益。为了进一步从宏观上规范政府工程造价管理行为，从微观上规范承发包双方的工程造价计价行为，为工程造价全过程管理、精细化管理提供标准和依据，中华人民共和国住房和城乡建设部、中华人民共和国质量监督检验检疫总局联合颁布第 1567 号公告，于 2013 年 7 月 1 日起实施《建设工程工程量清单计价规范》(GB 50500—2013)、《市政工程工程量计算规范》(GB 50857—2013)。

知识链接

根据浙江省住房和城乡建设厅于 2013 年 10 月 21 日发布的建建发[2013]273 号文——关于贯彻《建设工程工程量清单计价规范》(GB 50500—2013)等国家标准的通知，规定浙江省自 2014 年 1 月 1 日起实施《建设工程工程量清单计价规范》(GB 50500—2013)。同时，通知做出了以下调整:

(1) 措施项目清单按浙江省计价规则分为施工技术措施项目清单、施工组织措施项目清单。

(2) 施工技术措施项目清单按《市政工程工程量计算规范》(GB 50857—2013)进行编制。

(3) 施工组织措施项目清单按浙江省计价依据编制，并按建标[2013]44 号文要求取消检验试验费项目(检验试验费并入企业管理费)，增加工程定位复测费、特殊地区施工增加费两个措施清单项目。

(4) 按建标[2013]44号文要求，浙江省现行规费中取消“意外伤害保险费”项目，“意外伤害保险费”作为企业管理费的内容单独列项计算。

使用国有资金投资的建设工程发承包，必须采用工程量清单计价。国有资金是指国家财政性预算内或预算外资金，国家机关、国有企事业单位或社会团体的自有资金及借贷资金，国家通过对内发行政府债券或向外国政府及国际金融机构举借主权外债所筹集的资金。

工程量清单应采用桩单价计价。国有资金投资的建设工程招标，招标人必须编制招标控制价。招标控制价是指招标人根据国家或省级、行业建设主管部门颁发的有关计价依据和办法，以及拟定的招标文件和招标工程量清单，结合工程具体情况编制的招标工程的最高投标限价。

非国有资金投资的建设工程发承包，宜采用工程量清单计价。

8.2 工程量清单的基本知识

8.2.1 工程量清单的概念

工程量清单是载明建设工程的分部分项工程项目、措施项目、其他项目名称和相应数量，以及规费、税金项目内容的明细清单。

知识链接

工程量清单分为招标工程量清单、已标价工程量清单。

招标工程量清单是招标人依据国家标准、招标文件、设计文件以及施工现场实际情况编制的，随招标文件发布供投标报价的工程量清单，包括其说明和表格。

已标价工程量清单是构成合同文件组成部分的投标文件中已标明价格，经算术性错误修正(如有)且承包人已确认的工程量清单，包括其说明和表格。

8.2.2 招标工程量清单的编制依据

(1) 《建设工程工程量清单计价规范》(GB 50500—2013)、《市政工程工程量计算规范》(GB 50857—2013)。

(2) 国家或省级、行业建设主管部门颁发的计价定额和办法。

(3) 建设工程设计文件及相关资料。

(4) 与建设工程有关的标准、规范、技术资料。

(5) 拟定的招标文件。

(6) 施工现场情况、地勘水文资料、工程特点及常规施工方案。

8.2.3 招标工程量清单的组成及格式

工程量清单由以下内容组成：封面，扉页、总说明，分部分项工程项目清单，措施项目清单，其他项目清单及相关明细表，规费和税金项目清单。

【参考图文】

工程量清单采用统一格式。

知识链接

暂列金额是指招标人在工程量清单中暂定并包括在合同价款中的一笔款项。用于工程合同签订时尚未确定或者不可预见的所需材料、工程设备、服务的采购，施工中可能发生的工程变更、合同约定调整因素出现时的合同价款调整，以及发生的索赔、现场签证确认等的费用。

暂估价是指招标人在工程量清单中提供的用于必然发生但暂时不能确定价格的材料、工程设备的单价以及专业工程的金额。

计日工是指在施工过程中，承包人完成发包人提出的工程合同范围外的零星项目或工作，按合同约定的单价计价的一种方式。

总承包服务费是指为配合协调发包人进行的专业工程分包，对发包人自行采购的材料、工程设备等进行保管以及施工现场管理、竣工资料汇总整理等服务所需的费用。

8.2.4 招标工程量清单的编制要求

1. 一般规定

(1) 招标工程量清单应由具有编制能力的招标人或受其委托、具有相应资质的工程造价咨询人编制。

具有编制能力的招标人是指招标人应具有与招标项目规模和复杂程度相适应的工程技术、管理、造价方面的专业技术人员，且必须是招标人的专职人员，造价工程师的注册单位应与招标人一致。

(2) 招标工程量清单必须作为招标文件的组成部分，其准确性和完整性由招标人负责。

(3) 若拟建工程无须发生其他项目时，其他项目清单与计价汇总表及相关明细表仍由招标人以空白表格形式放入招标工程量清单。

(4) 编制工程量清单出现《市政工程工程量计算规范》(GB 50857—2013)附录中未包括的项目，编制人应做补充，并报省级或行业工程造价管理机构备案，省级或行业工程造价管理机构应汇总报住房和城乡建设部标准定额研究所。

补充项目的编码由代码 04 与 B 和三位阿拉伯数字组成，并应从 04B001 起顺序编制。工程量清单需附有补充项目的名称、项目特征、计量单位、工程量计算规则、工作内容；不能计量的措施项目，需附有补充项目的的名称、工作内容及包含范围。

(5) 同一招标工程的项目不得重码。

2. 工程量清单的编制要求

1) 封面、扉页

应按统一格式规定的内容填写、签字、盖章。由造价员编制的工程量清单应有负责审核的造价工程师签字、盖章。委托编制的工程量清单，应有造价工程师签字、盖章以及工程造价咨询人盖章。

2) 清单编制说明

清单编制说明应包括以下内容。

(1) 工程概况：包括建设规模、工程特征(结构形式、基础类型等)、计划工期、施工现场情况、交通运输情况、自然地理条件、环境保护要求等。

(2) 工程招标和专业工程分包范围。

(3) 工程量清单编制依据。

(4) 工程质量、材料、施工等的特殊要求。

(5) 招标人自行采购材料(工程设备)的名称、规格型号、数量等。

(6) 其他项目清单中暂列金额、材料或专业工程暂估价等。

(7) 其他需要说明的问题。

3) 分部分项工程量清单

分部分项工程量清单应根据《市政工程工程量计算规范》(GB 50857—2013)附录规定的项目编码、项目名称、项目特征、计量单位和工程量计算规则进行编制。

分部分项工程量清单编制采用规范规定的、统一的项目编码、项目名称、计量单位和工程量计算规则，这是分部分项工程量清单编制的“四统一”原则。

特别提示

分部分项工程量清单是不可调整的闭口清单，投标人对招标文件中所提供的分部分项工程量清单逐一计价，对清单所列内容不允许做任何更改变动。投标人如认为清单内容有不妥或遗漏，只能通过质疑的方式由招标人做统一的修改更正，并将修正后的工程量清单发给所有投标人。

分部分项工程量清单编制程序如图 8.1 所示。

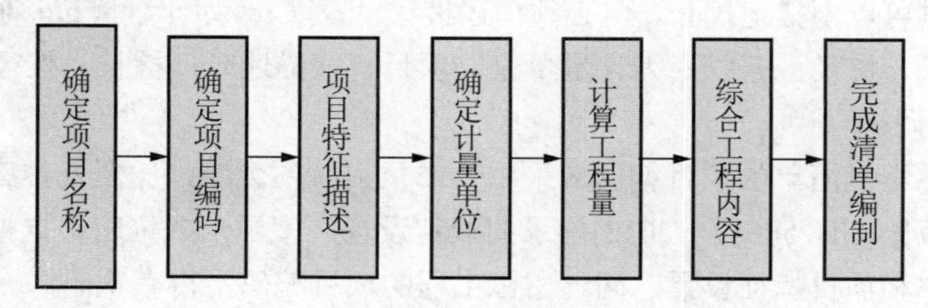

图 8.1 分部分项工程量清单编制程序

(1) 项目名称。

项目名称应按《市政工程工程量计算规范》(GB 50857—2013)附录中的项目名称结合拟建工程的实际确定。

(2) 项目特征。

在编制工程量清单时，必须对项目特征进行准确和全面的描述。项目特征应按《市政工程工程量计算规范》(GB 50857—2013)附录中规定的项目特征，结合拟建工程项目的实际予以描述，应能满足确定综合单价的需要。

工程量清单项目特征描述时应注意：

① 涉及正确计量的内容必须描述，如道路塘渣放坡铺设还是垂直铺设，放坡的话坡度是多少等，直接关系到工程量的计算。

② 涉及正确计价的内容必须描述，如混凝土的强度等级、砂浆的强度等级及种类、管道的管材及直径、管道接口的连接方式等，均与工程量清单计价有着直接关系。C20、C30混凝土的强度等级不同、单价也不同；M10、M7.5砂浆的强度等级不同，水泥砂浆与干混砂浆种类不同，单价不同；*D*400混凝土管与*DN*400 HDPE管单价不同；*D*800混凝土管采用橡胶圈接口与采用水泥砂浆接口，单价不同。

③ 对计量、计价没有实质影响的可以不描述，如桥梁承台的长、宽、高可以不描述，因为桥梁承台混凝土是按m^3计算的。

④ 应由投标人根据施工方案确定的可以不描述，如泥浆护壁成孔灌注桩的成孔方法，可由投标人在施工方案中确定，自主报价。

⑤ 无法准确描述的可不详细描述，如由于地质条件变化比较大，清单编制人无法准确描述土壤类别的话，可注明由投标人根据地质勘探资料自行确定土壤类别，自主报价。

⑥ 如土石方工程中的取土运距、弃土运距等，可不详细描述，但在项目特征中应注明由投标人自行确定。

⑦ 如施工图纸或标准图集能够满足项目特征描述的要求，可直接描述为详见××图号或××图集××页号。

⑧ 《市政工程工程量计算规范》(GB 50857—2013)中有多个计量单位时，清单编制人可以根据具体情况选择。如“泥浆护壁成孔灌注桩”计量单位有m、m^3、根，清单编制人可以选择其中之一作为计量单位。附录中“泥浆护壁成孔灌注桩”有5个项目特征：地层情况、空桩长度及桩长、桩径、成孔方法、混凝土种类及强度等级，若以m为计量单位，项目特征描述时可以不描述桩长，但必须描述桩径；若以m^3为计量单位，项目特征描述时可以不描述桩长、桩径；若以根为计量单位，项目特征描述时，桩长、桩径都必须描述。

(3) 项目编码。

分部分项工程量清单的项目编码应采用十二位阿拉伯数字，一至九位应按《市政工程工程量计算规范》(GB 50857—2013)附录的规定设置，十至十二位应根据拟建工程的工程量清单项目名称和项目特征设置，同一招标工程的项目编码不得有重码。

十二位项目编码按5级编码设置：

① 第一级编码：一至二位，为专业工程编码。建筑工程为01，装饰装修工程为02，安装工程为03，市政工程为04，园林绿化工程为05。

② 第二级编码：三至四位，为《市政工程工程量计算规范》(GB 50857—2013)附录的

编排顺序编码，附录A为01，附录B为02，附录C为03，依次类推。

③ 第三级编码：五至六位，为《市政工程工程量计算规范》(GB 50857—2013)附录中的分部工程顺序码。

④ 第四级编码：七至九位，为《市政工程工程量计算规范》(GB 50857—2013)附录分部工程中各分项工程顺序码。

⑤ 第五级编码：十至十二位，为具体清单项目码，由001开始由清单编制人按顺序编制。

其中，一、二、三、四级编码须按《市政工程工程量计算规范》(GB 50857—2013)附录统一编制，第五级编码需根据附录中的项目名称和项目特征设置，结合拟建工程的实际情况进行编制，由工程量清单编制人自行编制，由001开始顺序编制。

以040203007001为例，各级项目编码划分、含义如下所示。

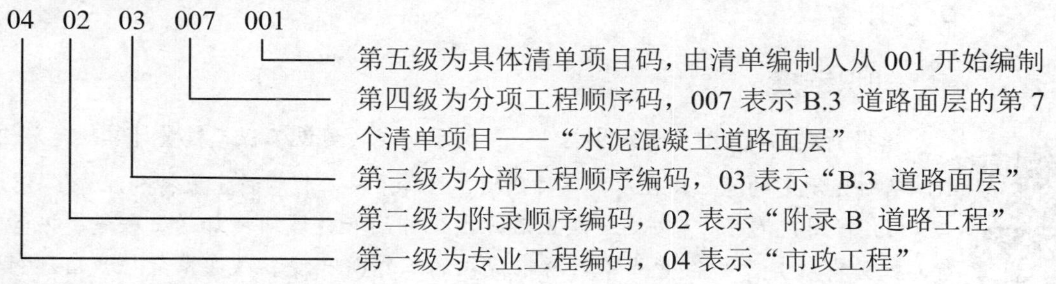

特别提示

同一招标项目的项目编码不得有重码。如果项目名称相同，则一、二、三、四级项目编码是相同的；如果项目特征有一项及以上不同，则第五级项目编码不同，由001开始顺序编制。

【例8-1】 某市政道路工程，道路面层自上而下采用3cm厚细粒式沥青混凝土、5cm厚中粒式沥青混凝土、7cm厚粗粒式沥青混凝土，确定该道路面层清单项目名称及项目编码。

【解】 该工程道路面层分为3层，均采用沥青混凝土，《市政工程工程量计算规范》(GB 50857—2013)中的项目名称均为“沥青混凝土”，但3层的2个项目特征“厚度、石料粒径”不同，所以3层路面的具体的清单项目码不同，应该有3个具体的清单项目。清单项目名称分别为“3cm细粒式沥青混凝土”“5cm中粒式沥青混凝土”“7cm粗粒式沥青混凝土”。这3个清单项目的前4级编码相同。但3个清单项目的项目特征不同，所以这3个清单项目的第五级编码不同，从001开始按顺序编制。

该道路面层清单项目名称及项目编码如下:

项目名称	项目特征	项目编码
沥青混凝土道路面层	3cm，细粒式	040203006001
沥青混凝土道路面层	5cm，中粒式	040203006002
沥青混凝土道路面层	7cm，粗粒式	040203006003

(4) 计量单位。

计量单位应按《市政工程工程量计算规范》(GB 50857—2013)中规定的计量单位确定。

除专业有特殊规定以外，按以下单位计量：

① 以质量计算的项目：吨(t)或千克(kg)。

② 以体积计算的项目：立方米(m^3)。

③ 以面积计算的项目：平方米(m^2)。

④ 以长度计算的项目：米(m)。

⑤ 以自然计量单位计算的项目：个、块、套、台等。

(5) 工程数量。

工程数量应按《市政工程工程量计算规范》(GB 50857—2013)规定的工程量计算规则计算。

知识链接

【参考图文】

根据浙建站计[2013] 63 号文件——关于印发《建设工程工程量计算规范》(2013)浙江省补充规定的通知，在清单项目列项、计算清单工程量时，应特别注意：

(1) 将因挖沟槽、基坑、一般土石方因工作面和放坡所增加的工程量并入各土石方工程量中计算。如各专业工程清单提供的工作面宽度和放坡系数与我省现行预算定额不一致，按定额有关规定执行。

(2) 对于技术措施项目清单，工程数量可以计算或有专项设计的，必须按设计有关内容计算并提供工程数量；否则，对可由施工单位自行编制施工组织设计方案，且无须组织专家论证的，按以下原则处理：

① 其工程数量在编制工程量清单时可为暂估量，并在编制说明中注明。办理结算时，按批准的施工组织设计方案计算。

② 以“项”增补计量单位，由投标人根据施工组织设计方案自行报价。

(3) 对应现浇混凝土的模板项目，要按照浙建站计[2013]63 号文件规定的原则执行。

4) 措施项目清单

措施项目包括施工技术措施、施工组织措施。

措施项目设置，首先应参考拟建工程的施工组织设计，以确定安全文明施工、材料的二次搬运等项目。其次参阅工程施工技术方案，以确定夜间施工，大型机械进出场及安拆，脚手架，混凝土模板与支架，施工排水、降水等项目。另外，还可参阅相关的施工规范及施工验收规范，以确定施工技术方案没有表述，但为了达到施工规范及施工验收规范要求而必须发生的技术措施。措施项目还包括招标文件中提出的某些必须通过一定的技术措施才能实现的要求，设计文件中一些不足以写进技术方案但是需通过一定的技术措施才能实现的内容。市政工程常见的措施项目详见表 8-1。

表 8-1 市政工程措施项目表

类别	序号	措施项目名称
组织措施项目	1	安全文明施工
	2	冬季、雨季施工
	3	夜间施工
	4	二次搬运
	5	已完工程及设备保护
	6	行车、行人干扰
	7	地上、地下设施、建筑物的临时保护设施
	8	提前竣工措施
	9	优质工程增加措施
技术措施项目	10	大型机械设备进出场及安拆
	11	施工排水、降水
	12	围堰
	13	便道、便桥
	14	混凝土模板及支架
	15	脚手架
	16	便道
	17	便桥
	18	洞内临时设施
	19	处理、监测、监控

知识链接

根据浙建站计[2013]64 号文件——关于《浙江省建设工程费用定额》(2010 版)费用项目及费率调整的通知，在施工组织措施费项目中增加工程定位复测费项目和特殊地区增加费项目。

根据浙建站计[2014] 31 号文件——关于印发《建设工程工程量计算规范》(2013 版)浙江省补充规定(二)的通知，市政专业工程补充了以下措施清单项目：提前竣工措施、工程定位复测、特殊地区施工增加措施、优质工程增加措施。

【参考图文】

根据建建发[2015] 517 号文件——关于规范建设工程安全文明施工费计取的通知，在《浙江省建设工程施工费用定额》(2010 版)中安全文明施工费(以下简称“基本费”)的基础上增加施工扬尘污染防治增加费、创安全文明施工标准化工地增加费(以下简称“创标化工地增加费”)，基本费、施工扬尘污染防治增加费和创标化工地增加费三项费用合并为安全文明施工费。

特别提示

措施项目清单为可调整清单。对招标文件中所列措施项目，投标人可根据企业自身特点做适当的变更增减。投标人要对拟建工程可能发生的措施项目和措施费用整体考虑，清单计价一经报出，即被认为包括了所有应该发生的措施项目的全部费用。如果报出的清单中没有列项，而施工中又必须发生的项目，业主有权认为其已综合在分部分项工程量清单的综合单价中。将来措施项目发生时，投标人不得以任何借口提出索赔或调整。

5) 其他项目清单及相关明细表

其他项目清单中的项目应根据拟建工程的具体情况列项。

(1) 暂列金额：应根据工程特点按有关计价规定估算。

(2) 材料(工程设备)暂估价：应根据工程造价信息或参照市场价格估算。

知识链接

【参考图文】

工程造价信息是工程造价管理机构根据调查和测算发布的建设工程人工、材料、工程设备、施工机械台班的价格信息，以及各类工程的造价指数、指标。

工程造价指数是反映一定时期的工程造价相对于某一固定时期的工程造价变化程度的比值或比率，包括按单位或单项工程划分的造价指数，按工程造价构成要素划分的人工、材料、机械等价格指数。

(3) 专业工程暂估价：应分不同专业，按有关计价规定估算。

(4) 计日工：应列出项目名称、计量单位和暂估数量。

(5) 总承包服务费：应列出服务项目及其内容。

8.2.5 招标工程量清单的编制步骤

(1) 按《建设工程工程量清单计价规范》(GB 50500—2013)的规定，根据拟定的招标文件、建设工程设计文件及相关资料，根据施工现场情况、地勘水文资料、工程特点及常规施工方案，列出分部分项清单项目，并确定清单项目的项目特征，明确清单项目编码。

(2) 按照《市政工程工程量计算规范》(GB 50857—2013)规定的计算规则、计量单位计算分部分项清单项目的工程量。

(3) 按分部分项工程量清单与计价表的统一格式，编制该清单。

(4) 结合工程的实际情况，根据常规的施工方案，列出施工技术措施清单项目，并确定清单项目的项目特征，明确清单项目编码。

(5) 按照《市政工程工程量计算规范》(GB 50857—2013)规定的计算规则、计量单位计算技术措施清单项目的工程量。

(6) 按施工技术措施项目清单与计价表的统一格式，编制该清单。

(7) 结合工程的实际情况，根据相关的施工规范及有关规定，列出施工组织措施清单项目，并确定清单项目编码。

(8) 按施工组织措施项目清单与计价表的统一格式，编制该清单。

(9) 按照拟定的招标文件要求，明确暂列金额、材料或专业工程暂估价、计日工的项目及数量、总承包服务的内容等，并按统一格式编制其他项目清单与计价表及相关的明细表。

(10) 编制工程量清单说明、扉页、封面。

8.3 工程量清单计价的基本知识

8.3.1 工程量清单计价的概念

工程量清单计价是指计算完成工程量清单所需的全部费用，包括分部分项工程项目费、措施项目费、其他项目费、规费、税金。

建设工程工程量清单计价涵盖了建设工程发承包及实施阶段从招投标活动开始到工程竣工结算办理的全过程，包括：工程量清单招标控制价的编制、工程量清单投标报价的编制、工程合同价款的确定、工程计量与价款支付、工程价款的调整、合同价款中期支付、工程竣工结算及支付、合同解除的价款结算及支付、合同价款争议的解决等。

8.3.2 工程量清单投标报价的编制依据

投标报价是指投标人投标时响应招标文件要求所报出的对已标价工程量清单汇总后标明的总价。

(1) 现行工程计量、计价规范。

(2) 国家或省级、行业建设主管部门颁发的计价办法。

(3) 企业定额，国家或省级、行业建设主管部门颁发的计价定额和计价办法。

(4) 招标文件、招标工程量清单及其补充通知、答疑纪要。

(5) 建设工程设计文件及相关资料。

(6) 施工现场情况、工程特点及投标时拟定的施工组织设计或施工方案。

(7) 与建设项目相关的标准、规范等技术资料。

(8) 市场价格信息或工程造价管理机构发布的工程造价信息。

(9) 其他相关资料。

8.3.3 工程量清单投标报价文件的组成及格式

工程量清单投标报价文件应采用统一格式，由下列内容组成：封面，扉页，说明，工程项目投标报价汇总表，单项工程投标报价汇总表、单位工程投标报价计算表，分部分项工程量清单与计价表，工程量清单综合单价计算表，施工技术措施项目清单与计价表、组织措施

项目清单与计价表，措施项目清单综合单价计算表，其他项目清单与计价汇总表，暂列金额明细表、材料暂估价表、专业工程暂估价表、计日工表、总承包服务费计价表，主要工日价格表、主要材料价格表、主要机械台班价格表。

【参考图文】

工程量清单投标报价各组成内容的具体格式可扫二维码查阅。

特别提示

编制工程量清单、工程量清单计价时，“分部分项工程量清单与计价表”的表格样式是相同的，在编制工程量清单时，只需填写清单项目编码、项目名称、项目特征、计量单位、工程量；在编制工程量清单计价时，需计算项目单价、项目合价以及其中人工费及机械费。

8.3.4 工程量清单投标报价的编制要求

1．一般规定

(1) 投标报价应由投标人或受其委托具有相应资质的工程造价咨询人编制。

(2) 投标人应根据规范的规定自主确定投标报价。

(3) 投标报价不得低于成本价。

(4) 投标人必须按招标工程量清单填报价格，项目编码、项目名称、项目特征、计量单位、工程量必须与招标工程量清单一致。

(5) 投标人的投标报价高于招标控制价的应予废标。

(6) 招标工程量清单与计价表中列明的所有需要填写单价和合价的项目，投标人均应填写且只允许填写一个报价。未填写单价和合价的项目，可视为此项费用已包含在已标价工程量清单中其他项目的单价和合价中。

(7) 投标总价应当与分部分项工程费、措施项目费、其他项目费、规费、税金的合计金额一致。

知识链接

招标控制价是招标人根据国家或省级、行业建设行政主管部门颁发的计价依据、计价方法以及拟定的招标文件和招标工程量清单，结合工程具体情况编制的招标工程的最高投标限价。

招标控制价编制的一般规定如下。

(1) 国有资金投资的建设工程招标，招标人必须编制招标控制价。

(2) 招标控制价应由具有编制能力的招标人或受其委托具有相应资质的工程造价咨询人编制和复核。

(3) 工程造价咨询人接受招标人委托编制招标控制价，不得再就同一工程接受投标人委托编制投标报价。

(4) 招标控制价应依据国家或省级、行业建设行政主管部门颁发的计价定额、计价方法、工程造价管理机构发布的工程造价信息(当工程造价信息没有发布时，参照市场价)、建设工程设计文件及相关资料、拟建的招标文件及招标工程量清单、与拟建项目相关的标准规范及技术资料、施工现场情况、工程特点及常规施工方案等编制，不得上调或下浮。

(5) 当招标控制价超过批准的概算时，招标人应将其报原概算审批部门审核。

(6) 招标人应当在发布招标文件时公布招标控制价，同时应将招标控制价及有关资料报送工程所在地或有该工程管辖权的行业管理部门工程造价管理机构备查。

2. 工程量清单报价的编制要求

1) 封面、扉页

应按统一格式规定的内容填写、签字、盖章，出承包人自行编制的投标报价外，受委托编制的投标报价，由造价员编制的应由负责审核的造价工程师签字、盖章，并由工程造价咨询人盖章。

投标总价金额分别按小写、大写格式填写。工程名称按招标文件中工程的名称填写。

2) 总说明

投标报价总说明应包括下列内容。

(1) 投标报价包括的工程内容。

(2) 编制依据，并明确取费基数、工程类别、各项费率、人工材料机械价格取定等。

(3) 工程质量等级、投标工期、环境保护要求等。

(4) 拟定的主要施工方案，优越于招标文件中技术标准的备选方案的说明。

(5) 其他需说明的问题。

3) 工程项目投标报价汇总表

(1) 表头工程名称按招标文件的招标项目名称填写。

(2) 表中单项/单位工程名称应按单项/单位工程投标报价汇总表表头的工程名称填写。

(3) 表中金额按单项/单位工程投标报价汇总表的合计金额填写。

4) 单位工程投标报价计算表

(1) 表头的工程名称为单位工程名称。

(2) 表中的金额分别按分部分项工程量清单与计价表、措施项目清单与计价表、其他项目清单与计价表的合计金额填写，规费、税金按《浙江省建设工程施工费用定额》(2010版)规定程序计算的金额填写。

5) 分部分项工程量清单与计价表

(1) 分部分项工程项目应根据招标文件和招标工程量清单项目中的特征描述确定综合单价计算。

(2) 综合单价中应包括招标文件中划分的应由投标人承担的风险范围及其费用，招标文件中没有明确的，应提请招标人明确。

(3) 招标工程量清单中提供了暂估单价的材料或工程设备，按暂估的单价计入综合单价。

(4) 表中的综合单价应与工程量清单综合单价计算表或工料机分项表中相应项目的综合单价一致。

(5) 表中的合价=清单项目工程数量×相应的综合单价。

6) 工程量清单综合单价计算表及工料机分析表

清单项目的项目名称、项目编码、计量单位、工程数量应与招标工程量清单一致，并根据招标工程量清单中的项目特征确定清单项目的组合工作内容，按规范要求计算综合单价。

知识链接

综合单价计算步骤如下所述。

(1) 根据工程量清单项目名称和项目特征，结合拟建工程的具体情况，结合施工方案或施工组织设计，根据套用的预算定额或企业定额，参照《浙江省建设工程工程量清单计价指引》(市政工程)，分析确定清单项目所包括的全部组合工作内容，并确定各项组合工作内容套用的定额子目。

(2) 计算清单项目各项组合工作内容工程量，按套用的预算定额或企业定额的工程量计算规则进行计算。

(3) 根据套用的预算定额或企业定额，确定各项组合工作内容人工、材料、施工机械台班的消耗量。

(4) 依据市场价格或参照省、市工程造价管理机构发布的价格信息，结合工程实际分析确定人工、材料、施工机械台班的单价。

(5) 计算各组合工作内容1个定额计量单位的人工费、材料费、施工机具使用费。

(6) 根据《浙江省建设工程施工费用定额》(2010版)，并结合工程实际情况、市场竞争情况，确定企业管理费、利润、风险的费率，计算各组合工作内容1个定额计量单位的企业管理费、利润、风险费用。

企业管理费、利润、风险费用均按取费基数乘以相应的管理费费率、利润率、风险费率计算。

取费基数为“人工费+机械费”。

(7) 合计清单项目各组合工作内容的人工费，除以清单项目的工程量，计算出1个规定计量单位清单项目的人工费。

各组合工作内容的人工费等于该组合工作内容1个计量单位的人工费乘以其(定额)工程量。

(8) 按同样的方法计算出1个规定计量单位清单项目的材料费、机械使用费、企业管理费、利润、风险费用。

(9) 合计1个规定计量单位清单项目的人工费、材料费，施工机具使用费，以及企业管理费、利润、风险费用，即为该清单项目的综合单价。

【例8-2】 某道路工程，为城市支路，招标工程量清单中提供的“挖一般土方(三类土)”清单项目的工程量为8 707.1m^3，计算该清单项目的综合单价。

【解】 按照综合单价的计算步骤进行计算。

(1) 确定施工方案，确定该清单项目包括的组合工作内容及套用的定额子目

若某投标单位施工方案考虑主要采用挖掘机挖土并装车，占总方量的95%，余下的5%用人工开挖。

则该清单项目应该由 2 项组合工作内容：挖掘机挖土并装车(三类土)、人工挖土方(三类土)，其套用的定额子目分别为[1-60]、[1-2]

(2) 计算各组合工作内容工程量

挖掘机挖土并装车工程量=8 707.1×95%≈8 271.75(m^3)

人工挖土方工程量=8 707.1×95%≈435.36(m^3)

(3) 确定组合工作内容人、材、机的消耗量及单价

该某投标单位按《浙江省市政工程预算定额》(2010 版)确定人、材、机的消耗量及单价。

(4) 计算各组合工作内容 1 个定额计量单位的人工费、材料费、施工机具使用费见表 8-2。

其中，挖掘机挖土并装车(三类土) 定额计量单位为 1 000m^3

所需的人工费=192.00 元

所需的材料费=0.00 元

所需的机械费=3 620.08 元

人工挖土方(三类土) 定额计量单位为 100m^3

所需的人工费=681.60 元

所需的材料费=0.00 元

所需的机械费=0.00 元

(5) 确定企业管理费、利润、风险的费率，计算各组合工作内容 1 个定额计量单位的企业管理费、利润、风险费用。

查《浙江省建设工程费用定额》(2010 版)可知城市支路为三类道路工程，企业管理费的费率弹性范围为 16.98%～22.63%，利润的费率弹性范围为 9.00%～15.00%。

该投标单位自主确定企业管理费的费率为 20%，利润的费率为 15%，风险费用的费率为 3%。

见表 8-2。

其中，挖掘机挖土并装车(三类土) 定额计量单位为 1 000m^3

管理费=(192.00+3 620.08)×20%=762.42(元)

利润=(192.00+3 620.08)×15%=571.81(元)

风险费用=(192.00+3 620.08)×3%=114.36(元)

人工挖土方(三类土) 定额计量单位为 100m^3

管理费=(681.60+0.00)×20%=136.32(元)

利润=(681.60+0.00)×15%=102.24(元)

风险费用=(681.60+0.00)×3%=20.45(元)

(6) 合计清单项目各组合工作内容的人工费，除以清单项目的工程量，计算出 1 个规定计量单位清单项目的人工费。并按同样的方法计算出 1 个规定计量单位清单项目的人工费、材料费、机械费、管理费、利润、风险费用见表 8-2。

① 该清单项目合计的人工费=192×8.271 75+681.60×4.353 6=4 555.59(元)

挖一般土方 1m^3 的人工费=$\frac{4\,555.59}{8\,707.10}$=0.52(元)

② 该清单项目合计的材料费=0.00 元

挖一般土方 $1m^3$ 的材料费 0.00 元

③ 该清单项目合计的机械费=3 620.08×8.271 75+0.00×4.353 6=29 944.40(元)

挖一般土方 $1m^3$ 的机械费=$\frac{29\,944.40}{8\,707.10}$=3.44(元)

④ 该清单项目合计的管理费=762.42×8.271 75+136.32×4.353 6=6 900.03 (元)

挖一般土方 $1m^3$ 的管理费=$\frac{6\,900.03}{8\,707.10}$=0.79(元)

或　挖一般土方 $1m^3$ 的管理费=(0.52+3.44)×20%=0.79(元)

⑤ 该清单项目合计的利润=571.81×8.271 75+102.24×4.353 6=5 174.98 (元)

挖一般土方 $1m^3$ 的利润=$\frac{5\,174.98}{8\,707.10}$=0.59(元)

或　挖一般土方 $1m^3$ 的利润=(0.52+3.44)×15%=0.59(元)

⑥ 该清单项目合计的风险费用=114.36×8.271 75+20.45×4.353 6=1 034.99 (元)

挖一般土方 $1m^3$ 的风险费用=$\frac{1\,034.99}{8\,707.10}$=0.12(元)

或　挖一般土方 $1m^3$ 的风险费用=(0.52+3.44)×3%=0.12(元)

(7) 合计 1 个规定计量单位清单项目的人工费、材料费、施工机具使用费以及企业管理费、利润、风险费用，即为该清单项目的综合单价

挖一般土方清单综合单价=0.52+0.00+3.44+0.79+0.59+0.12=5.46 (元)

表 8-2　工程量清单综合单价计算表

单位(专业)工程名称：某城市支路工程　　　　第 1 页　共 1 页

序号	编号	名称	计量单位	数量	综合单价/元						
					人工费	材料费	机械费	管理费	利润	风险费用	小计
1	040101001001	挖一般土方	m^3	8 707.1	0.52	0.00	3.44	0.79	0.59	0.12	5.46
	1-60	挖掘机挖土并装车(三类土)	1 000 m^3	8.271 75	192.00	0.00	3 620.08	762.42	571.81	114.36	5 260.67
	1-2	人工挖土方(三类土)	100 m^3	4.353 6	681.60	0.00	0.00	136.32	102.24	20.45	940.61

7) 施工技术措施项目清单与计价表、组织措施项目清单与计价表

招标工程量清单中招标人提出的措施项目清单是根据一般情况确定的，而各投标人的施工技术水平、采用的施工方法、拥有的施工装备等有所差异，投标人投标时应根据自身编制的投标施工组织设计或施工方案确定措施项目，对招标人提供的措施项目进行调整，可增加措施项目，但不得删除不发生的措施项目。投标人增加的措施项目，应填写在相应的措施项目之后，并在序号栏中以“增××”表示，“××”为增加的措施项目序号，自

01开始顺序编号；不发生的措施项目，金额以零计。

(1) 施工技术措施项目应根据招标文件和招标工程量清单项目中的特征描述确定综合单价计算。其综合单价的计算方法与分部分项清单项目综合单价的计算方法相同。

(2) 组织措施项目金额应根据招标文件及投标施工组织设计或施工方案，按规范规定自主确定。

8) 措施项目清单综合单价计算表及工料机分析表

编制要求与工程量清单综合单价计算表及工料机分析表相同。

9) 其他项目清单与计价表及相关明细表

(1) 暂列金额应按招标工程量清单中列出的金额填写。

(2) 材料、工程设备暂估价应按招标工程量清单中列出的单价计入综合单价。

(3) 专业工程暂估价按招标工程量清单中列出的金额填写。

(4) 计日工应按招标工程量清单中列出的项目和数量，自主确定综合单价并计算计日工金额。

(5) 表中总承包服务费应根据招标工程量清单中列出的内容和提出的要求自主确定。

8.3.5 工程量清单投标报价的编制步骤

工程量清单投标报价编制的主要步骤为：分部分项工程量清单计价→技术(单价)措施项目清单计价→组织措施项目清单计价→其他项目清单计价→合计工程造价。

1．分部分项工程量清单计价

分部分项工程量清单计价应根据招标工程量清单进行。由于分部分项工程量清单是不可调整的闭口清单，分部分项工程量清单与计价表中各清单项目的项目名称、项目编码、工程数量等必须与招标工程量清单中的分部分项工程量清单完全一致。

分部分项工程量清单计价的关键是确定分部分项工程量清单项目的综合单价。

分部分项工程量清单项目综合单价的计算步骤如上“知识链接”所述。计算完成后形成分部分项清单项目综合单价计算表。

清单项目的工程量是按清单的计算规则计算的，清单项目组合工作内容的工程量是按定额的计算规则计算的，两者要注意区别。另外，清单工程量与定额(报价)工程量的计量单位有可能是不同的，也要注意区别。

分部分项工程量清单项目综合单价计算完成后，可进行分部分项工程量清单费用的计算，形成分部分项工程量清单与计价表。

分部分项工程量清单项目费=∑分部分项工程量清单项目合价

=∑(分部分项工程量清单项目的工程数量×综合单价)(8-1)

2．措施项目清单计价

措施项目清单计价应根据招标文件提供的措施项目清单进行。由于措施项目清单是可调整的清单，所以在措施项目清单计价时，企业可根据工程实际情况、施工方案等增列措施项目；不发生的措施项目，金额以零计价。

措施项目清单计价分为施工技术(单价)措施项目计价和施工组织(总价)措施项目计价。

1) 施工技术(单价)措施项目计价

施工技术措施清单项目工程量计算及其综合单价的计算确定，是技术措施项目清单计价的关键。

施工技术措施项目清单计价的步骤如下。

(1) 参照措施项目清单，根据工程实际情况及施工方案，确定施工技术措施清单项目。

如某水泥混凝土路面工程施工方案考虑道路挖方主要采用挖掘机施工、人工辅助开挖，填方采用压路机碾压密实，水泥混凝土路面浇筑时采用钢模板。那么，该道路工程施工时，施工技术措施项目有挖掘机、压路机等大型机械进出场及安拆、混凝土路面模板。

(2) 根据《市政工程工程量计算规范》(GB 50857—2013)和《浙江省建设工程工程量清单计价指引》(2010 版)，结合施工方案，确定施工技术措施清单项目所包含的工程内容及其对应的定额子目，按定额计算规则计算施工技术措施项目所包含的工程内容的定额工程量(报价工程量)。

如某水泥混凝土路面工程按施工方案考虑计取挖掘机、压路机进出场各 1 个台次，混凝土路面模板工程量按定额计算规则计算模板与路面混凝土的接触面积。

(3) 确定人工、材料、机械单价。

人工、材料、机械单价可由企业参照市场价、信息价自主确定。

(4) 确定企业管理费、利润费率，并考虑风险费用。

先确定工程类别，然后参照《浙江省建设工程施工费用定额》(2010 版)确定企业管理费、利润费率，并根据企业自身情况考虑风险费用。

(5) 计算施工技术措施清单项目综合单价。

施工技术措施清单项目综合单价计算方法与分部分项工程量清单项目综合单价计算方法相同。

计算完成后形成施工技术措施项目清单综合单价计算表。

(6) 合计施工技术措施清单项目费用。

施工技术措施清单项目费=∑施工技术措施清单项目合价

=∑(施工技术措施清单项目的工程数量×综合单价) (8-2)

计算完成后形成施工技术措施项目清单与计价表。

2) 施工组织(总价)措施项目计价

施工组织(总价)措施项目费用按取费基数乘以相应费率计算。

(1) 计算取费基数。

取费基数=分部分项工程量清单项目费中的人工费+
分部分项工程量清单项目费中的机械费+
施工技术措施项目清单费中的人工费+
施工技术措施项目清单费中的机械费

(2) 根据工程实际情况、参照《浙江省建设工程施工费用定额》(2010版)由投标单位自行确定各项施工组织措施的费率。

特别提示

投标报价时，各项组织措施费的费率是由投标单位自行确定的，但必须遵守相关的计价规则、计价规定。如安全文明施工费必须计取且不得低于《浙江省建设工程施工费用定额》(2010版)的下限报价。

编制招标控制价时，各项组织措施费的费率按《浙江省建设工程施工费用定额》(2010版)的中值编制。

(3) 计算各项组织措施费用、合计。

$$\begin{aligned}\text{施工组织措施清单项目费} &= \sum \text{各项施工组织措施费} \\ &= \sum (\text{取费基数} \times \text{各项施工组织措施费费率})\end{aligned} \tag{8-3}$$

计算完成后，形成施工组织措施项目清单与计价表。

合计施工技术措施清单项目费用、施工组织措施清单项目费用，形成措施项目清单计价表。

3．其他项目清单计价

其他项目清单与计价表中各项费用按如下计算或填写。

(1) 表中暂列金额应按招标人提供的暂列金额明细表的数额填写。

(2) 表中专业工程暂估价金额应按招标人提供的专业工程暂估价表的数额填写。

(3) 表中总承包服务费金额应按总承包服务费计价表中的合计金额填写。

(4) 表中计日工金额应按计日工表中的合计金额填写。

(5) 总承包服务费计价表。

根据分包专业工程或分包人供应材料的服务内容，确定相应的费率，并计算相应的费用金额。

(6) 计日工表。

① 表头的工程名称以及表中的序号、名称、计量单位、数量应按业主提供的计日工表的相应内容填写。

② 表中的综合单价参照分部分项工程量清单项目综合单价的计算方法确定。

③ 表中合价=数量×综合单价。

计算完成后，形成其他项目清单与计价表及相关明细表。

4．合计工程造价

按《浙江省建设工程施工费用定额》(2010 版)规定的费用计算程序计算规费、税金，并合计工程造价。

(1)
$$\text{规费} = \text{取费基数} \times \text{费率} \tag{8-4}$$

规费的取费基数与施工组织措施费的取费基数相同。

规费费率按照《浙江省建设工程施工费用定额》(2010版)规定计取。

(2) 税金=(分部分项工程量清单项目费+措施项目清单费+其他项目清单费+规费)×费率

(8-5)

税金费率根据《浙江省建设工程施工费用定额》(2010版)规定计取。

(3) 工程造价=分部分项工程量清单项目费+措施项目清单费+其他项目清单费+规费+税金 (8-6)

计算完成后，形成单位(专业)工程投标报价计算表、工程项目投标报价汇总表。

5．编制投标报价说明

6．编制投标报价封面、扉页

按规定格式编制投标报价封面、扉页，完成投标报价文件的编制。

思考题与习题

1. 什么是工程量清单？

2. 什么是招标工程量清单？什么是已标价工程量清单？两者有何区别？

3. 招标工程量清单由哪几部分组成？

4. 清单项目的项目编码由几位数字组成？可分为几级编码？

5. 进行清单项目编码时，应注意什么？

6. 清单项目的项目特征重要吗？描述项目特征时应注意什么？

7. 措施清单项目分为哪两类？这两类措施清单项目在编制招标工程量清单时，要求一样吗？

8. 简述招标工程量清单编制的基本步骤。

9. 招标工程量清单的编制说明应包括哪些内容？

10. 什么是工程量清单计价？

11. 什么是投标报价？什么是招标控制价？

12. 工程量清单投标报价文件由哪几部分组成？

13. 工程量清单投标报价时，是否可以根据工程实际情况调整招标文件中的分部分项工程量清单与计价表？

14. 工程量清单投标报价时，是否可以根据工程实际情况调整招标文件中的措施项目清单与计价表？

15. 工程量清单投标报价时，如何计算清单项目的综合单价？

16. 工程量清单投标报价文件的编制说明应包括哪些内容？

17. 某城市次干路工程，采用250mm×250mm×50mm人行道板、2cmM7.5砂浆垫层，下设12cm厚C15人行道混凝土基础，施工时采用现浇现拌混凝土，拌和后，混凝土用机动翻斗车运至施工点，平均运输距离为200m。“人行道块料铺设”清单项目的编码、工程量见表8-3，它的三项组合工作内容：人行道板安砌、人行道基础、混凝土(熟料)场内运输的工程量、套用的定额子目见表8-3，计算该清单项目的综合单价。

人、材、机的单价均按预算定额的单价计取，管理费、利润的费率按城市次干路工程弹性费率范围的中值计取，风险费用的费率为5%。

表 8-3 工程量清单综合单价计算表

单位(专业)工程名称：某城市次干路工程　　　　第 1 页　共 1 页

序号	编号	名称	计量单位	数量	综合单价/元						
					人工费	材料费	机械费	管理费	利润	风险费用	小计
1	040204002001	人行道块料铺设	m^2	2 000							
	2-215	250mm×250mm×50mm 人行道板安砌、2cmM7.5 砂浆垫层	$100m^2$	19.00							
	2-211 + 2-212×2	12cm 厚人行道混凝土基础(C15 现浇现拌混凝土)	$100m^2$	19.00							
	1-319	机动翻斗车运输混凝土，运距 200m	$10m^3$	22.8							

第9章 土石方工程清单计量与计价

本章学习要点

1. 土石方工程清单项目的工程量计算规则、计算方法。
2. 定额计价模式下土石方工程的计量与计价的步骤、方法。
3. 清单计价模式下土石方工程的计量与计价的步骤、方法。

引言

某段雨水管道平面图、管道基础图如下，管道沟槽开挖采用挖掘机在沟槽边挖土，土质为三类土，沟槽边坡取1∶0.5。计算Y1~Y4管道挖沟槽土方的清单工程量、定额工程量。该段管道挖沟槽土方的清单工程量、定额工程量相等吗？挖沟槽土方的清单工程量、定额工程量的计算规则有什么区别？

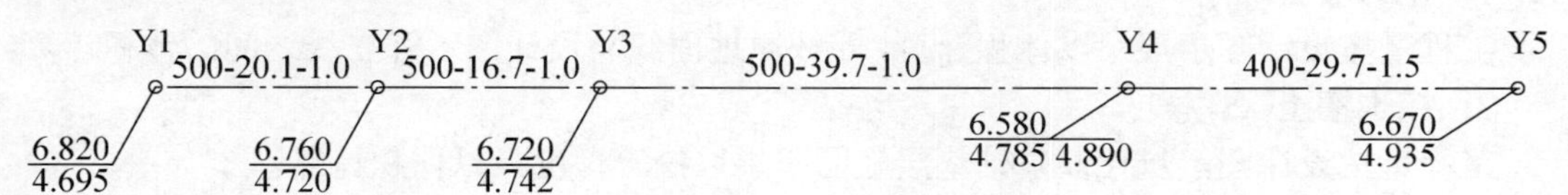

某段雨水管道平面图

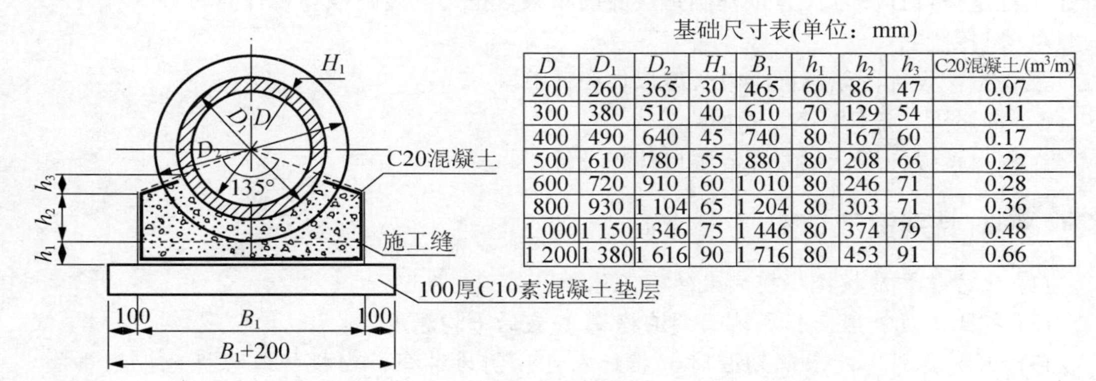

基础尺寸表(单位：mm)

D	D_1	D_2	H_1	B_1	h_1	h_2	h_3	C20混凝土/(m^3/m)
200	260	365	30	465	60	86	47	0.07
300	380	510	40	610	70	129	54	0.11
400	490	640	45	740	80	167	60	0.17
500	610	780	55	880	80	208	66	0.22
600	720	910	60	1 010	80	246	71	0.28
800	930	1 104	65	1 204	80	303	71	0.36
1 000	1 150	1 346	75	1 446	80	374	79	0.48
1 200	1 380	1 616	90	1 716	80	453	91	0.66

某段雨水管道基础图

9.1 土石方工程分部分项清单项目

9.1.1 土石方工程清单项目设置及清单项目适用范围

1. 土石方工程清单项目设置

《市政工程工程量计算规范》(GB 50857—2013)附录A土石方工程中，设置了3个小节共10个清单项目：挖一般土方、挖沟槽土方、挖基坑土方、暗挖土方、挖淤泥流砂、挖一般石方、挖沟槽石方、挖基坑石方、回填方、余方弃置。

各清单项目名称、项目编码、项目特征、计量单位、工程量计算规则、工作内容、可组合的主要内容、对应的定额子目可参见本书附录。

2. 清单项目适用范围

沟槽、基坑、一般土(石)方的划分如下：

① 底宽≤7m 且底长>3 倍底宽为沟槽；

② 底长≤3 倍底宽且底面积≤150m^2 为基坑；

③ 超过以上范围，为一般土(石)方。

9.1.2 土石方工程清单项目工程量计算规则

1．挖一般土(石)方

工程量按设计图示尺寸以体积计算，即按原地面线与设计图示开挖线之间的体积计算。

2．挖沟槽土(石)方

工程量按设计图示尺寸以基础垫层底面积乘以挖土深度，以体积计算。

3．挖基坑土(石)方

工程量按设计图示尺寸以基础垫层底面积乘以挖土深度，以体积计算。

4．暗挖土方

工程量按设计图示断面乘以长度以体积计算。

5．挖淤泥、流砂

工程量按设计图示位置、界限以体积计算。

特别提示

(1) 土方体积应按挖掘前的天然密实体积计算。

(2) 挖土深度一般是指原地面到沟槽/基坑底的平均深度。

(3) 土壤类别不能准确划分时，招标人可注明为综合，由投标人根据地勘报告决定报价。

(4) 挖方清单项目的工作内容包括了土方场内平衡所需的运输费用，如需土方外运，按“余方弃置”项目编码列项。

(5) 石方爆破按《爆破工程工程量计算规范》(GB 50862—2013)相关项目编码列项。

(6) 挖方因工作面和放坡增加的工程量，是否并入各挖方工程量中，按各省、自治区、直辖市或行业建设行政主管部门的规定实施。

知识链接

根据浙建站计[2013] 63 号文件，浙江省在具体贯彻实施时，应按照计算规范有关规定，将因挖沟槽、基坑、一般土石方因工作面和放坡所增加的工程量并入各土石方工程量中计算。如各专业工程清单提供的工作面宽度和放坡系数与我省现行预算定额不一致，按定额有关规定执行。

6．回填方

(1) 工程量按挖方清单项目工程量加原地面至设计要求标高间的体积，减去基础、构筑物等埋入体积计算。

本条计算规则适用于沟槽、基坑等开挖后再进行回填方的清单项目。当原地面线高于设计要求标高时，其体积为负值。

(2) 工程量按设计图示尺寸以体积计算。

本条计算规则适用于场地填方。

特别提示

回填方总工程量中若包括场内平衡和缺方内运两部分时，应分别编码列项。

回填方如需缺方内运，且填方材料品种为土方时，是否在综合单价中计入购买土方的费用，由投标人根据工程实际情况自行考虑。

回填方运距可以不描述，但应注明由投标人根据工程实际情况自行考虑。

7. 余方弃置

工程量按挖方清单项目工程量减利用回填方体积(正数)计算。

特别提示

余方弃置运距可以不描述，但应注明由投标人根据工程实际情况自行考虑。

【例 9-1】 某段 $D500$ 钢筋混凝土管道沟槽放坡开挖如图 9.1 所示，已知混凝土基础宽度 B=0.88m，每侧工作面宽度 b=0.5m，沟槽边坡为 1∶0.5，沟槽长 L=30m，沟槽底平均标高 h=1.000m，原地面平均标高 H=4.000m。试分别计算该段管道沟槽挖方清单工程量、定额工程量。

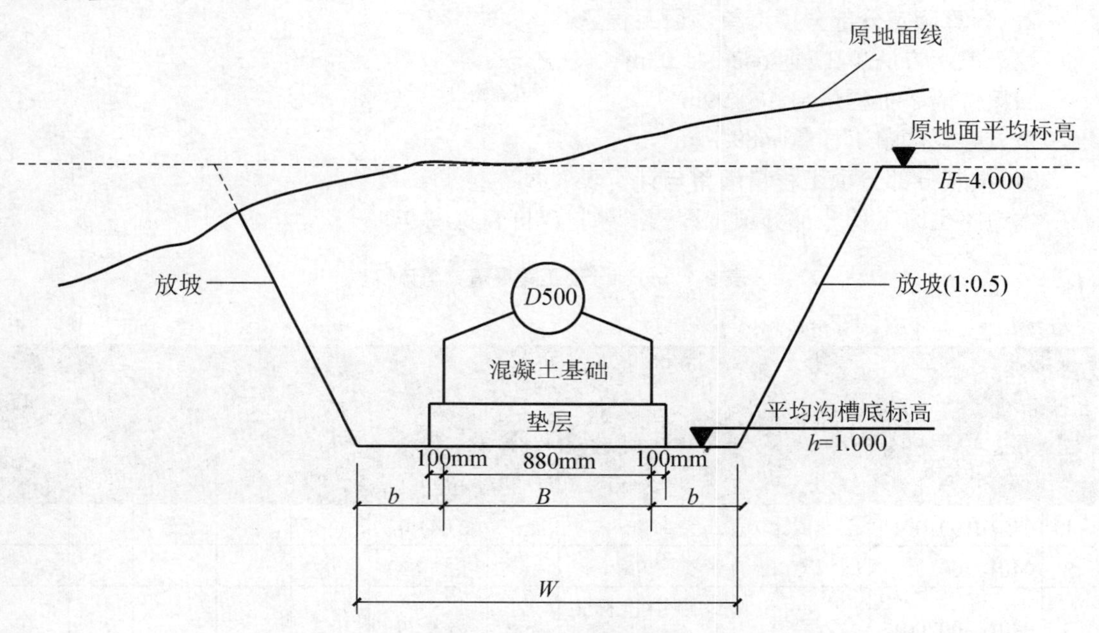

图 9.1 管道沟槽放坡开挖示意图

【解】 根据浙江省补充规定，因工作面和放坡所增加的工程量并入土方工程量中，所以该沟槽挖方清单工程量与定额工程量相等。

沟槽底宽 $W=B+2b=0.88+2\times0.5=1.88$(m)

沟槽边坡为 1∶m=1∶0.5

沟槽平均挖深=$H-h$=4.000−1.000=3.000(m)

沟槽挖方 $V=[W+m(H-h)]\times(H-h)\times L$

$=[1.88+0.5\times(4.000-1.000)]\times(4.000-1.000)\times30=304.2$

9.2 土石方工程招标工程量清单编制实例

【例 9-2】 某市风华路土方工程，起讫桩号为 0+040～0+180，该路段内有填方、也有挖方，施工横断面如图 4.12 所示。于 2016 年 3 月 17 日—3 月 20 日招标，土质为三类土，余方要求外运，填方密实度要求达到 95%。根据工程图纸，编制该土石方工程的招标工程量清单。

1．分部分项清单项目列项、编码

根据工程实际情况，确定有 3 个分部分项清单项目：挖一般土方(040101001001)、回填方(040103001001)、余方弃置(040103002001)。

2．计算确定分部分项清单项目工程量

挖一般土方清单工程量=2 041.03m^3

回填方清单工程量=1 174.99m^3

余方弃置清单工程量=689.79m^3

3．编制分部分项工程量清单与计价表

本道路土方工程分部分项工程量清单与计价表见表 9-1。

表 9-1　分部分项工程量清单与计价表

单位及专业工程名称：某市风华路土方工程　　　　第 1 页　共 1 页

序号	项目编码	项目名称	项目特征	计量单位	工程量	综合单价/元	合价/元	其中/元		备注
								人工费	机械费	
1	040101001001	挖一般土方	三类土	m^3	2 041.03					
2	040103001001	回填方	密实度 95%	m^3	1 174.99					
3	040103002001	余方弃置	运距由投标人自行考虑	m^3	689.79					
本页小计										
合　计										

4．施工技术措施项目列项，编码

本土方工程挖土主要采用挖掘机进行，填方密压采用压路机进行，技术措施主要考虑大型机械进出场。

大型机械进出场($1m^3$挖掘机)，项目编码：041106001001

大型机械进出场(压路机)，项目编码：041106001002

5．编制施工技术措施项目清单与计价表

施工技术措施项目清单与计价表见表9-2。

表9-2 施工技术措施项目清单与计价表

单位及专业工程名称：某市风华路土方工程　　　　第1页 共1页

序号	项目编码	项目名称	项目特征	计量单位	工程量	综合单价/元	合价/元	其中/元		备注
								人工费	机械费	
1	041106001001	大型机械进出场	$1m^3$挖掘机	台·次						
2	041106001002	大型机械进出场	压路机	台·次						
本页小计										
合　计										

6．组织措施项目列项、编码

考虑以下组织措施项目，项目名称、项目编码如下：

安全文明施工费(含施工扬尘污染防治增加费)，项目编码041109001001

工程定位复测费，项目编码Z041109009001

夜间施工增加费，项目编码041109002001

已完工程及设备保护费，项目编码041109007001

行车、行人干扰增加费，项目编码041109005001

7．编制组织措施项目清单与计价表

组织措施项目清单与计价表见表9-3。

表9-3 施工组织措施项目清单与计价表

单位及专业工程名称：某市风华路土方工程　　　　第1页 共1页

序号	项目名称	计算基础	费率/%	金额/元
1	安全文明施工费	人工费+机械费		
2	施工扬尘污染防治增加费	人工费+机械费		
3	工程定位复测费	人工费+机械费		
4	夜间施工增加费	人工费+机械费		
5	已完工程及设备保护费	人工费+机械费		
6	行车、行人干扰增加费	人工费+机械费		
合　计				

8．其他项目清单与计价表以及相关明细表格

本例中，其他项目暂不考虑，其他项目清单与计价表以及相关明细表格按空白表格形式编制，表格格式参见第 8 章。

9．编制工程量清单说明及封面

表 9-4　招标工程量清单封面

某市风华路土方工程

工 程 量 清 单

招　标　人：	(单位盖章)	工程造价咨询人：	(单位资质专用章)
法定代表人或其授权人：	(签字或盖章)	法定代表人或其授权人：	(签字或盖章)
编　制　人：	(造价人员签字盖专用章)	复　核　人：	(造价工程师签字盖专用章)
编制时间：		复核时间：	

表 9-5　招标工程量清单总说明

总说明

工程名称：某市风华路土方工程　　　　第 1 页　共 1 页

一、工程概况及工程量清单编制范围

某市风华路土方工程，起讫桩号为 0+040～0+180，该路段内有填方、也有挖方，土质为三类土，余方要求外运，填方密实度要求达到 95%。

二、工程量清单编制依据

1．《建设工程工程量清单计价规范》(GB 50500—2013)。

2．《浙江省建设工程工程量清单计价指引》(市政工程)。

3．《市政工程工程量计算规范》(GB 50857—2013)。

4．市政道路工程施工相关规范。

5．某市风华路土方工程施工图。

三、编制说明

多余的土方外运、运距由投标人自行考虑；场内平衡的土方运输方式由投标人自行考虑。

四、其他

1．本工程风险费用暂不考虑，农民工工伤保险费、危险作业意外伤害保险费暂不考虑，本工程无创标化工程要求，本工程不得分包，本工程无暂列金额、计日工。

2．安全文明施工费按市区一般工程考虑。

9.3 土石方工程清单计价(投标报价)实例

【例 9-4】 某市风华路土方工程，起讫桩号为 0+040～0+180，该路段内有填方、也有挖方，施工横断面如图 4.12 所示。于 2016 年 3 月 17 日—3 月 25 日招标，土质为三类土，余方要求外运，填方密实度要求达到 95%。根据工程图纸及招标工程量清单，编制该土石方工程的投标报价。本工程风险费用暂不考虑，农民工工伤保险费、危险作业意外伤害保险费暂不考虑，本工程无创标化工程要求，本工程不得分包，本工程无暂列金额、计日工。

工程量清单计价(投标报价)的关键是分析确定各清单项目综合单价，首先要确定施工方案，从而确定各清单项目的组合工作内容，并按照各工作内容对应的定额计算规则计算定额(报价)工程量，再根据工程类别和《浙江省建设工程施工费用定额》(2010 版)确定管理费、利润的费率，确定人工、材料、机械台班单价，最后计算各清单项目的综合单价。然后根据《浙江省建设工程施工费用定额》(2010 版)的费用计算程序计算分部分项工程量清单项目费、措施项目清单费、其他项目清单费、规费、税金，最后合计得到工程造价。

1．确定施工方案

同土石方工程定额计量与计价实例，即【例 4-30】。

2．人材机单价及管理费、利润、风险费率及施工组织措施各项费率的取定

同土石方工程定额计量与计价实例，即【例 4-30】。

3．确定清单项目组合工作内容

参照《浙江省建设工程工程量清单计价指引——市政工程》，结合工程实际情况，根据工程施工方案确定各清单项目的组合工作内容，并确定套用的定额子目，见表 9-6。

4．计算各组合工作内容的定额(报价)工程量

按照相应的定额计算规则计算各组合工作内容的工程量，即报价工程量，见表 9-6。

表 9-6 清单项目组合工作内容及其定额(报价)工程量表

清单项目	组合工作内容	定额子目	报价工程量/m^3
挖一般土方(三类土)	人工挖土方(三类土)	1-2	102.05
	挖掘机挖土并装车(三类土)	1-60	1 938.98
填方	机动翻斗车运土(运距 180m 内)	1-32	1 351.24
	填土压路机碾压密实	1-82	1 174.99
余方弃置(运距 5km)	自卸车运土(运距 5km)	1-68+1-69×4	689.79
大型机械进出场	$1m^3$ 以内挖掘机场外运输	3001	1 台次
大型机械进出场	压路机场外运输	3010	1 台次

5．计算分部分项清单各清单项目的综合单价

填表计算分部分项工程量清单各清单项目的综合单价，见表 9-7。

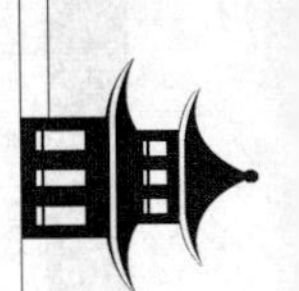

表 9-7　工程量清单综合单价计算表

单位及专业工程名称：某市风华路土方工程　　　　第 1 页　共 1 页

序号	编号	名称	计量单位	数量	综合单价/元							合计/元
					人工费	材料费	机械费	管理费	利润	风险费用	小计	
1	040101001001	挖一般土方(三类土)	m^3	2 041.03	0.52	0.00	3.44	0.79	0.40	0.00	5.15	10 511.30
	1-2	人工挖土方三类土	$100m^3$	1.020 5	681.60	0.00	0.00	136.32	68.16	0.00	886.08	904.24
	1-60	挖掘机挖三类土，装车	$1\,000m^3$	1.938 98	192.00	0.00	3 620.08	762.42	381.21	0.00	4 955.71	9 609.02
2	040103001001	回填方	m^3	1 174.99	4.35	0.01	12.23	3.32	1.66	0.00	21.57	25 344.53
	1-82	内燃压路机，填土碾压	$1\,000m^3$	1.174 99	192.00	14.75	2 143.45	467.09	233.55	0.00	3 050.84	3 584.71
	1-32	机动翻斗车运土，运距 200m 内	$100m^3$	13.512 4	361.60	0.00	876.74	247.67	123.83	0.00	1 609.84	21 752.80
3	040103002001	余方弃置(运距 5km)	m^3	689.79	0.00	0.04	10.29	2.06	1.03	0.00	13.42	9 256.98
	1-68+1-69×4	自卸汽车运土，运距 5km 以内	$1\,000m^3$	0.689 79	0.00	35.40	10 288.41	2 057.68	1 028.84	0.00	13 410.33	9 250.31
	合　计											45 112.81

如清单项目挖一般土方(三类土)综合单价组成中的各项费用计算如下：

$$人工费=\frac{681.60\times1.020\,5+192.00\times1.938\,98}{2\,041.03}\approx0.52(元)$$

$$材料费=\frac{0.00\times1.020\,5+0.00\times1.938\,98}{2\,041.03}\approx0.00(元)$$

$$机械费=\frac{0.00\times1.020\,5+3\,620.08\times1.938\,98}{2\,041.03}\approx3.44(元)$$

$$企业管理费=\frac{136.32\times1.020\,5+762.42\times1.938\,98}{2\,041.03}\approx0.79(元)$$

或：企业管理费=(0.52+3.44)×20% ≈ 0.79(元)

$$利润=\frac{68.16\times1.020\,5+381.21\times1.938\,98}{2\,041.03}\approx0.40(元)$$

或：利润=(0.52+3.44)×10% ≈ 0.40(元)

风险费用=0.00

综合单价=0.52+0.00+3.44+0.79+0.40+0.00=5.15(元/m^3)

6．计算分部分项工程量清单项目费

填表计算分部分项工程量清单项目费，见表 9-8。

表 9-8　分部分项工程量清单与计价表

单位及专业工程名称：某市风华路土方工程　　　　第 1 页　共 1 页

序号	项目编码	项目名称	项目特征	计量单位	工程量	综合单价/元	合价/元	其中/元	
								人工费	机械费
1	040101001001	挖一般土方	三类土	m^3	2 041.03	5.15	10 511.30	1 067.85	7 019.26
2	040103001001	回填方	密实度 95%	m^3	1 174.99	21.57	25 344.53	5 111.68	14 365.39
3	040103002001	余方弃置	运距 5km	m^3	689.79	13.42	9 256.98	0.00	7 096.84
本页小计							45 112.81	6 179.53	28 481.49
合　计							45 112.81	6 179.53	28 481.49

表中：(1) 综合单价根据分部分项工程量清单综合单价计算表填写。

(2) 分部分项清单项目项目合价=分部分项工程量清单项目的工程数量×综合单价　(9-1)

(3) 分部分项清单项目费=∑ 分部分项工程量清单项目合价　(9-2)

7．计算施工技术措施清单项目综合单价

施工技术措施项目综合单价的计算方法与分部分项工程量清单项目综合单价的计算方法相同。

本道路土方工程施工技术措施考虑大型机械进出场，主要是 1m^3 以内的履带式挖掘机 1 个台次、压路机 1 个台次，其综合单价计算见表 9-9。

8．计算施工技术措施项目清单费

施工技术措施项目清单费=∑(技术措施清单项目的工程数量×综合单价)　(9-3)

施工技术措施项目清单费见表 9-10。

表 9-9　措施项目清单综合单价计算表

单位及专业工程名称：某市风华路土方工程　　　　第 1 页　共 1 页

序号	编号	名称	计量单位	数量	综合单价/元							合计/元
					人工费	材料费	机械费	管理费	利润	风险费用	小计	
1	041106001001	特、大型机械进出场费	台·次	1	516.00	1 115.31	1 323.27	367.85	183.93	0.00	3 506.36	3 506.36
	3001	履带式挖掘机 $1m^3$ 以内场外运输费用	台班	1	516.00	1 115.31	1 323.27	367.85	183.93	0.00	3 506.36	3 506.36
2	041106001002	特、大型机械进出场费	台·次	1	215.00	1 022.05	1 323.27	307.65	153.83	0.00	3 021.81	3 021.81
	3010	压路机场外运输费用	台班	1	215.00	1 022.05	1 323.27	307.65	153.83	0.00	3 021.81	3 021.81
合　计												6 528.17

表 9-10　技术措施项目清单与计价表

单位及专业工程名称：某市风华路土方工程　　　　第 1 页　共 1 页

序号	项目编码	项目名称	项目特征	计量单位	工程量	综合单价/元	合价/元	其中/元		备注
								人工费	机械费	
1	041106001001	特、大型机械进出场费	$1m^3$ 履带式挖掘机	台·次	1	3 506.36	3 506.36	516.00	1 323.27	
2	041106001002	特、大型机械进出场费	压路机	台·次	1	3 021.81	3 021.81	215.00	1 323.27	
本页小计							6 528.17	731	2 646.54	
合　计							6 528.17	731	2 646.54	

9．计算施工组织措施项目清单费

各项施工组织措施项目费用=取费基数×施工组织措施费率　(9-4)

施工组织措施项目清单费=∑(取费基数×各项施工组织措施费率)　(9-5)

取费基数为分部分项清单项目中的人工费、机械费与施工技术措施清单项目中的人工费、机械费之和。

取费基数=6 179.53+28 481.49+731+2 646.54=38 038.56(元)

本道路土方工程各项施工组织措施费费率按《浙江省建设工程施工费用定额》(2010版)规定的费率范围中值计取。

施工组织措施费计算见表9-11。

表9-11　措组织施项目清单与计价表

单位及专业工程名称：某市风华路土方工程　　第1页　共1页

序号	项目名称	计算基数	费率/%	金额/元
1	安全文明施工费	人工+机械	10.61	4 035.89
2	施工扬尘污染防治增加费	人工+机械	2.00	760.77
3	工程定位复测费		0.04	15.22
4	夜间施工增加费	人工+机械	0.03	11.41
5	已完工程及设备保护费	人工+机械	0.04	15.22
6	行车、行人干扰增加费	人工+机械	2.50	950.96
合　计				5 789.47

10．计算其他项目清单费

本道路土方工程其他项目暂不考虑，故其他项目清单费为0元。

11．计算规费、税金，并计算工程造价

规费=取费基数×费率　(9-6)

税金=(分部分项清单项目费+措施项目清单费+其他项目清单费+规费)×费率　(9-7)

工程造价=分部分项清单项目费+措施项目清单费+其他项目清单费+规费+税金　(9-8)

本道路土方工程造价计算见表9-12。

表9-12　单位(专业)工程投标报价计算表

单位及专业工程名称：某市风华路土方工程　　第1页　共1页

序号	费用名称	计算公式	金额/元
一	工程量清单分部分项工程费	Σ(分部分项工程量×综合单价)	45 112.81
其中	1．人工费+机械费	Σ(分部分项人工费+分部分项机械费)	34 661.02
二	措施项目费	(一)+(二)	12 317.64
2.1	(一) 施工技术措施项目费	Σ(技术措施项目工程量×综合单价)	6 528.17
其中	2．人工费+机械费	Σ(技措项目人工费+技措项目机械费)	3 377.54
2.2	(二) 施工组织措施项目费	3+4+5+6+7+8	5 789.47

续表

序号	费用名称	计算公式	金额/元
	3．安全文明施工费	(1+2)×10.61%	4 035.89
	4．施工扬尘污染防治增加费	(1+2)×2.00%	760.77
	5．工程定位复测费	(1+2)×0.04%	15.22
	6．夜间施工增加费	(1+2)×0.03%	11.41
	7．已完工程及设备保护费	(1+2)×0.04%	15.22
	8．行车、行人干扰增加费	(1+2)×2.50%	950.96
三	其他项目费	—	0.00
四	规费	9+10	2 776.81
	9．排污费、社保费、公积金	(1+2)×7.30%	2 776.81
	10．农民工工伤保险费	—	0.00
五	危险作业意外伤害保险费	—	0.00
六	税金	(一+二+三+四+五)×3.577%	2 153.61
七	合计	1+2+3+4+5	62 360.87

特别提示

从上述土石方工程分别采用定额计价模式、清单计价模式的计算过程可以得出：如果定额相同，人材机的单价相同，组织措施项目、企业管理费、利润、风险等各项费用的费率相同，则两种模式的计算结果是相同的。这也说明了定额计价模式、清单计价模式下建筑安装工程费用的组成在本质上是相同的。

思考题与习题

一、简答题

1. 市政土石方工程设置了哪几个分部分项清单项目？
2. 清单项目中的挖沟槽土方、挖基坑土方、挖一般土方应如何区分？
3. 挖一般土方清单项目的工程量计算方法有哪些？
4. 挖一般土方清单项目与相应定额子目的工程量计算规则相同吗？
5. 挖沟槽(基坑)土方时，因放坡、工作面增加的土方量如何处理？
6. 挖沟槽土方清单项目通常包括哪些组合工作内容？
7. 清单计价模式下，工程造价计算的基本步骤是什么？
8. 如何确定清单项目的组合工作内容？

二、计算题

已知 Y2～Y3 雨水管道，管径为 *D*500，采用钢筋混凝土承插管、135° 钢筋混凝土条形基础，基础结构如图 9.2 所示。该段管道沟槽采用大开挖施工，已知 Y2 处原地面标高为

4.000m，沟槽底标高为 1.500m；Y3 处原地面标高为 3.800m，沟槽底标高为 1.410m，Y2～Y3 管段长 30m。

沟槽开挖采用挖掘机在槽边作业，距离槽底 30cm 用人工辅助清底，土质类别为三类土。试计算：

(1) 该管道沟槽开挖的定额工程量。

(2) 该管道沟槽开挖的清单工程量。

(3) 该清单项目“挖沟槽土方(三类土、挖深 4m 内)”的综合单价，人、材、机单价按 2010 版预算定额取定，各项费率自行考虑。

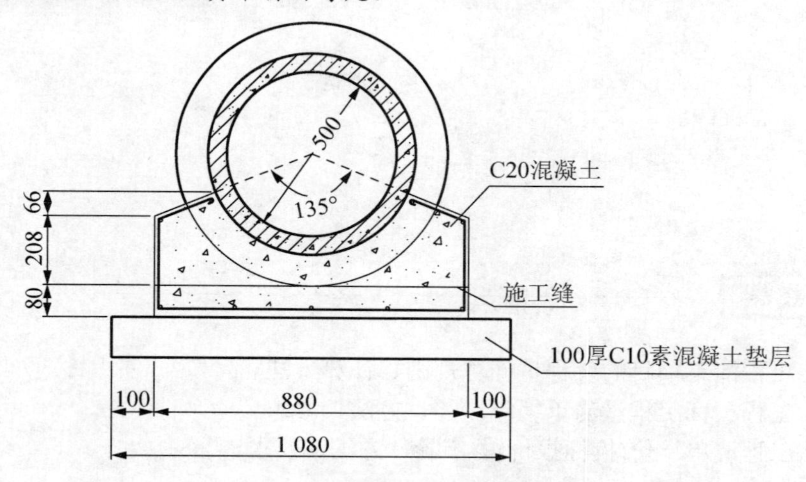

图 9.2 管道基础图(单位：mm)

第10章 道路工程清单计量与计价

本章学习要点

1. 道路工程清单项目的工程量计算规则、计算方法。
2. 道路工程招标工程量清单编制步骤、方法、要求。
3. 道路工程清单计价(投标报价)的步骤、方法、要求。

引言

某道路工程，长200m，道路横断面为4m人行道+18m车行道+4m人行道，车行道采用水泥混凝土路面，路面板块划分示意图、伸缩缝结构图如下。计算水泥混凝土路面的相关清单工程量、定额工程量。清单工程量、定额工程量相等吗？有什么区别？

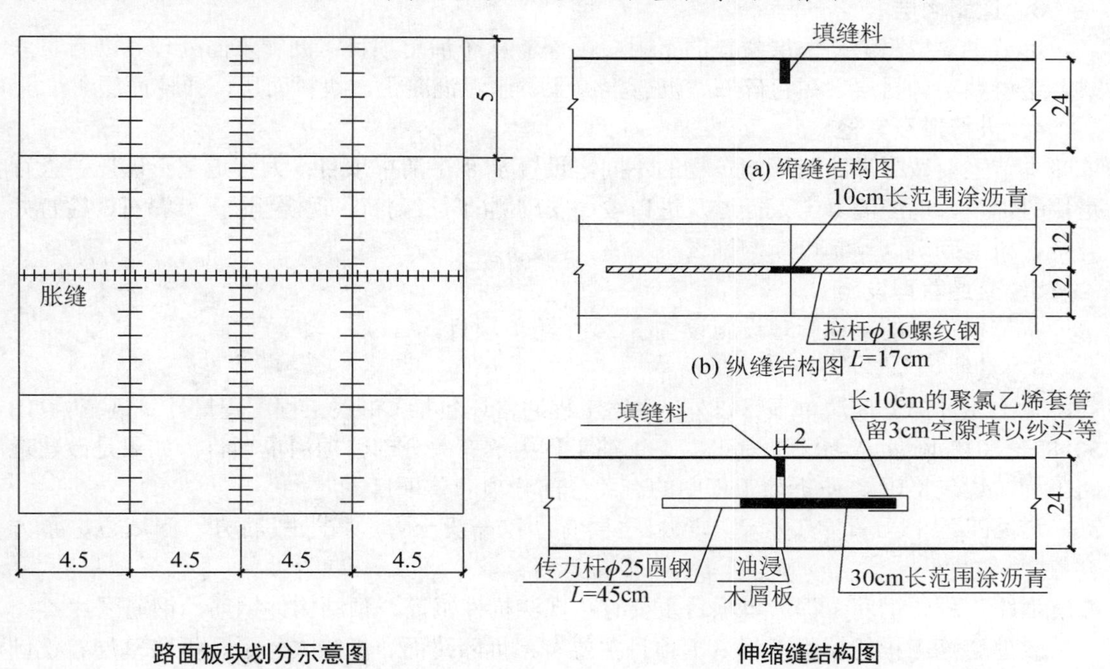

路面板块划分示意图　　　　伸缩缝结构图

10.1 道路工程清单项目

10.1.1 道路工程分部分项清单项目

《市政工程工程量计算规范》(GB 50587—2013)附录B道路工程中，设置了5个小节80个清单项目，5个小节分别为：路基处理、道路基层、道路面层、人行道及其他、交通管理设施。

1．路基处理

本节主要按照路基处理方式的不同，设置了23个清单项目：预压地基、强夯地基、振冲密实(不填料)、掺石灰、掺干土、掺石、抛石挤淤、袋装砂井、塑料排水板、振冲密实(填料)、砂石桩、水泥粉煤灰碎石桩、深层水泥搅拌桩、粉喷桩、高压水泥旋喷桩、石灰桩、灰土挤密桩、柱锤冲扩桩、地基注浆、褥垫层、土工合成材料、排(截)水沟、盲沟。

2．道路基层

本节主要按照基层材料的不同，设置了16个清单项目：路床(槽)整形、石灰稳定土、水泥稳定土、石灰粉煤灰土、石灰碎石土、石灰粉煤灰碎(砾)石、粉煤灰、矿渣、砂砾石、卵石、碎石、块石、山皮石、粉煤灰三渣、水泥稳定碎(砾)石、沥青稳定碎石。

3．道路面层

本节主要按照道路面层材料的不同，设置了9个清单项目：沥青表面处理、沥青贯入式、透层粘层、封层、黑色碎石、沥青混凝土、水泥混凝土、块料面层、弹性面层。

4．人行道及其他

本节主要按照道路附属构筑物的不同，设置了8个清单项目：人行道整形碾压、人行道块料铺设、现浇混凝土人行道及进口坡、安砌侧(平、缘)石、现浇侧(平、缘)石、检查井升降、树池砌筑、预制电缆沟铺设。

5．交通管理设施

本节按不同的交通管理设施设置了24个清单项目。

6．其他

除上述分部分项清单项目以外，道路工程通常还包括《市政工程工程量计算规范》(GB 50587—2013)附录A 土石方工程、J 钢筋工程中的有关分部分项清单项目。如果是改建道路工程，还包括附录K 拆除工程中的有关分部分项清单项目。

道路工程的土石方工程清单项目主要有：挖一般土方、挖一般石方、回填方、余方弃置。

道路工程的钢筋工程清单项目主要有：现浇构件钢筋、预制构件钢筋、钢筋网片。

改建道路工程的拆除工程清单项目主要有：拆除路面、拆除人行道、拆除基层、铣刨路面、拆除侧、平(缘)石、拆除混凝土结构、拆除电杆等。

各清单项目名称、项目编码、项目特征、计量单位、工程量计算规则、工作内容、可组合的主要内容、对应的定额子目可参见本书附录。

10.1.2 道路工程分部分项清单项目工程量计算规则

1．路基处理

路基处理方法不同，清单项目工程量计算规则及工程量计量单位不同。

(1) 预压地基、强夯地基、振冲密实(不填料)、土工合成材料：按设计图示尺寸以加固面积计算，计量单位为m^2。

(2) 掺石灰、掺干土、掺石、抛石挤淤：按设计图示尺寸以体积计算，计量单位为m^3。

(3) 袋装砂井、塑料排水板、排(截)水沟、盲沟：按设计图示尺寸以长度计算，计量单位为m。

(4) 深层水泥搅拌桩、粉喷桩、高压水泥旋喷桩、石灰桩、灰土挤密桩、柱锤冲扩桩：按设计图示尺寸以桩长(包括桩尖)计算，计量单位为m。

(5) 振冲密实(填料)：按设计图示尺寸以桩长计算，计量单位为m；或者按设计桩截面乘以桩长以体积计算，计量单位为m^3。

(6) 砂石桩：按设计图示尺寸以桩长(包括桩尖)计算，计量单位为 m；或者按设计桩截面乘以桩长(包括桩尖)以体积计算，计量单位为 m^3。

(7) 地基注浆：按设计图示尺寸以深度计算，计量单位为 m；或者按设计图示尺寸以加固体积计算，计量单位为 m^3。

(8) 褥垫层：按设计图示尺寸以铺设面积计算，计量单位为 m^2；或者按设计图示尺寸以铺设体积计算，计量单位为 m^3。

2．道路基层

(1) 路床(槽)整形：按设计道路底基层图示尺寸以面积计算，不扣除各类井所占面积，计量单位为 m^2。

【例 10-1】 某道路工程采用水泥混凝土路面，现施工 K0+000 ~ K0+200 段，道路平面图、横断面图如图 10.1 所示，试计算其路床整形清单工程量。

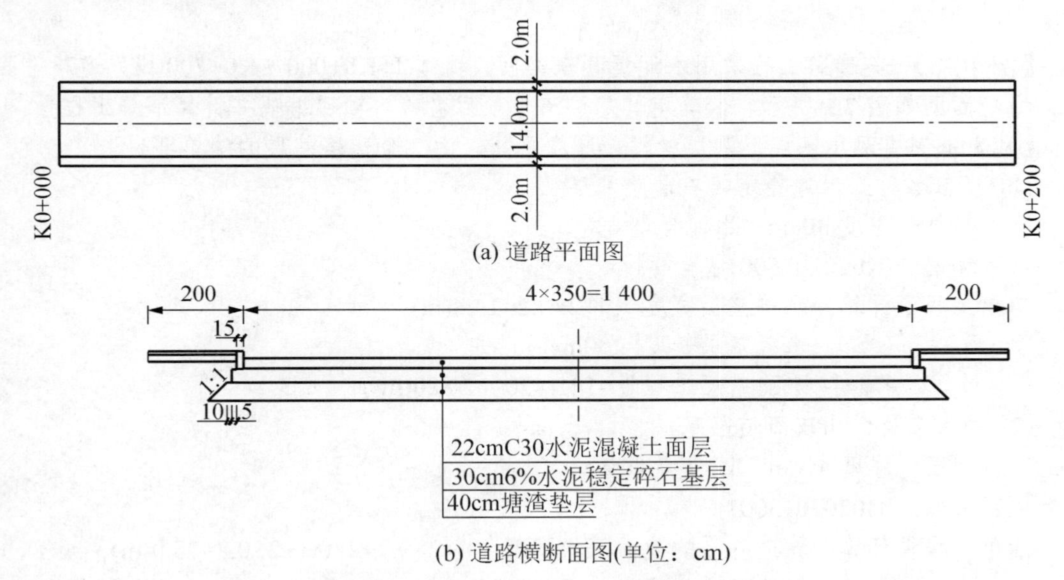

图 10.1 水泥混凝土道路平面、横断面图

【解】 路床宽度=14+2×(0.2+0.1+0.4)=15.4(m)

路床长度=200m

路床整形清单工程量=15.4×200=3 080(m^2)

【例 10-2】 某道路工程采用水泥混凝土路面，现施工 K0+000 ~ K0+200 段，道路平面图、横断面图如图 7.1 所示，试计算其路床整形定额工程量。

【解】 根据《浙江省市政工程预算定额》(2010 版)第二册《道路工程》工程量计算规则规定，路床整形碾压宽度按设计道路底层宽度加加宽值计算，加宽值无明确规定时，按底层两侧各加 25cm 计算。

路床宽度=[14+2×(0.2+0.1+0.4)]+2×0.25=15.9(m)

路床长度=200m

路床整形定额工程量=15.9×200=3 180(m^2)

特别提示

从上述计算可知，由于路床整形项目清单工程量计算规则与定额工程量计算规则不同，其清单工程量与定额工程量是不同的。

(2) 道路基层。

不同材料的道路基层，工程量计算规则相同，均按设计图示尺寸以面积计算，不扣除各种井所占面积，计量单位为 m^2。

特别提示

道路基层设计截面为梯形时，应按其截面平均宽度计算面积，并在项目特征中对截面参数加以描述。

【例 10-3】 某道路工程采用水泥混凝土路面，现施工 K0+000～K0+200 段，道路平面图、横断面图如图 7.1 所示，试确定其基层清单项目名称、项目编码并计算清单工程量。

【解】 本例有两层基层，基层材料、厚度不同，由 2 个道路基层的清单项目。

(1) 项目名称：水泥稳定碎石道路基层

项目特征：厚度 30cm、水泥含量 6%

项目编码：040202015001

清单工程量计算：水稳基层宽度=14+2×0.2=14.4(m)

水稳基层长度=200m

水稳基层工程量=14.4×200=2 880(m^2)

(2) 项目名称：山皮石道路基层

项目特征：厚度 40cm、1∶1 放坡铺设

项目编码：040202013001

清单工程量计算：塘渣基层的截面平均宽度=14+2×0.2+2×0.1+2×0.2=15.0(m)

塘渣基层长度=200m

塘渣基层工程量=15.0×200=3 000(m^2)

3. 道路面层

不同材料的道路面层，工程量计算规则相同，均按设计图示面层尺寸以面积计算，不扣除各种井所占面积，带平石的面层应扣除平石所占面积，计量单位为 m^2。

特别提示

水泥混凝土路面中的传力杆、拉杆及角隅加强钢筋的制作、安装均不包括在“水泥混凝土道路面层”清单项目中，应按“钢筋工程”中的相关项目编码列项。

【例 10-4】 某道路工程采用水泥混凝土路面，现施工 K0+000～K0+200 段，道路平面图、横断面图如图 10.1 所示，试计算其面层清单工程量。

【解】 面层宽度=14m

面层长度=200m

面层面积=14×200=2 800(m^2)

【例 10-5】 某道路工程采用沥青混凝土路面，现施工 K0+000 ~ K0+200 段，道路平面图、横断面图如图 10.2 所示，试计算其面层清单工程量。

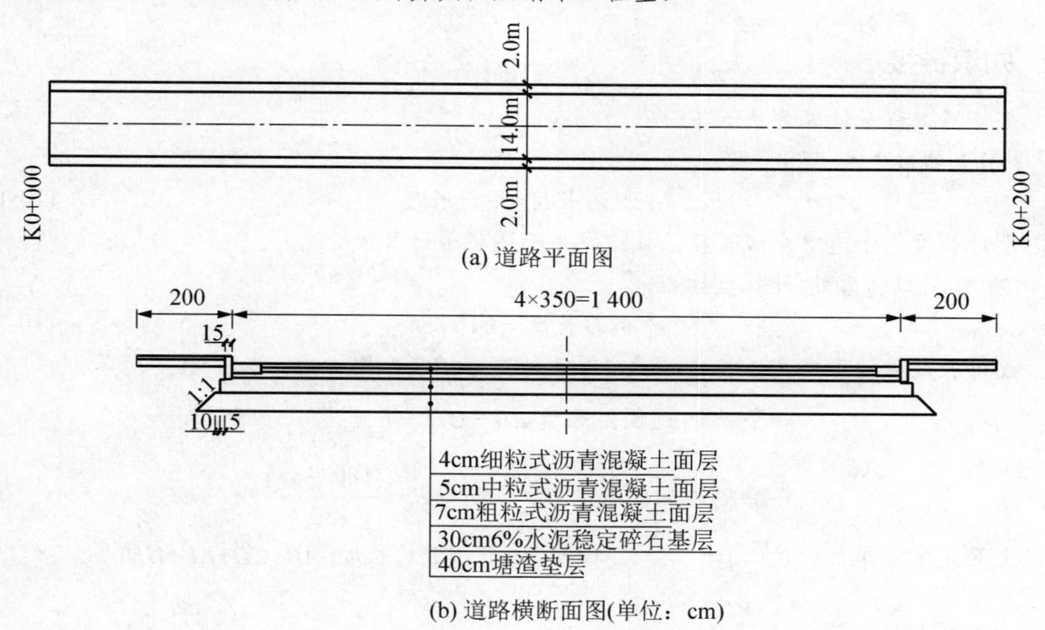

图 10.2 沥青混凝土道路平面、横断面图

【解】面层宽度=14−0.5×2=13(m)

面层长度=200m

面层面积=13×200=2 600(m^2)

4．人行道、平侧石及其他

(1) 人行道整形碾压：按设计人行道图示尺寸以面积计算，不扣除侧石、树池和各类井所占面积，计量单位为 m^2。

特别提示

人行道整形碾压项目清单工程量计算规则与定额工程量计算规则不同，定额工程量计算时要计入加宽值，清单工程量计算时不考虑加宽。

(2) 人行道块料铺设、现浇混凝土人行道及进口坡：按设计图示尺寸以面积计算，不扣除各种井所占面积，但应扣除侧石、树池所占面积，计量单位为 m^2。

【例 10-6】 某交叉道路如图 10.3 所示，两条道路斜交，交角为 60°，已知交叉口一侧人行道外侧半径 R_1=12m，人行道内侧半径 R_2=9m，人行道宽 3m，侧石宽 15cm，试计算交叉口转弯处该侧人行道面积。

【解】该侧转弯处人行道实际铺设宽度=3−0.15=2.85(m)

$$人行道设计长度=\frac{(12+9)}{2}\times\frac{60^\circ}{180^\circ}\pi \approx 11.00(m)$$

该侧转弯处人行道面积=2.85×11=31.35(m^2)

(3) 安砌侧(平、缘)石、现浇侧(平、缘)石：按设计图示中心线长度计算，计量单位为 m。

知识链接

平侧石工程量计算方法如下。

(1) 直线段：

$$平侧石长度=设计长度 \tag{10-1}$$

设计长度等于道路中线长度，按道路平面图桩号计算。

(2) 交叉口转弯处(计算至切点)：

$$平侧石长度=设计长度 \tag{10-2}$$

设计长度按转弯处圆弧长度计算，等于转弯半径乘以圆心角，如图 10.4 所示。

$$半径 R_1 处圆弧长度 AB = GH = R_1\pi\frac{\alpha}{180^\circ}$$

$$半径 R_2 处圆弧长度 CD = EF = R_2\pi\frac{(180^\circ-\alpha)}{180^\circ}$$

上两式中 α 单位以度(°)计，交叉口转弯处平侧石总长度=$AB+CD+EF+GH$。

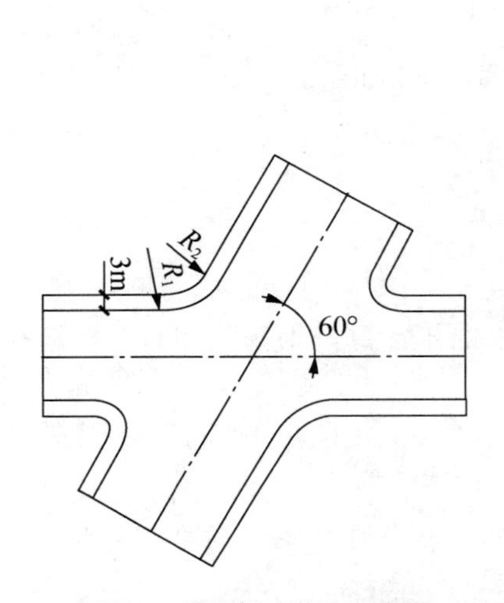

图 10.3　某交叉道路示意图

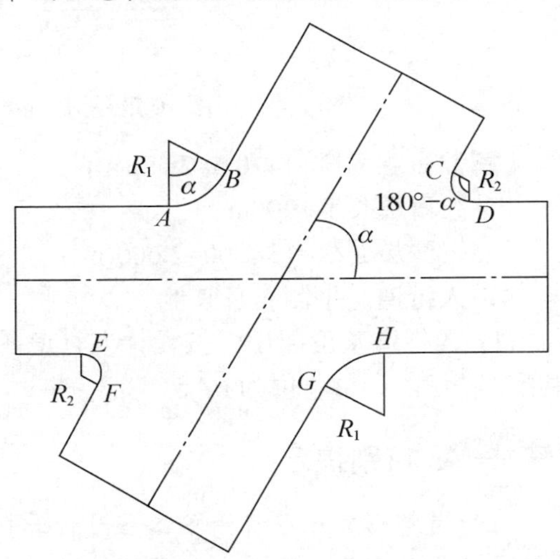

图 10.4　交叉口转弯处平侧石长度计算示意图

(4) 检查井升降：按设计图示路面标高与原有的检查井发生正负高差的检查井的数量计算，计量单位为座。

(5) 树池砌筑：按设计图示数量计算，计量单位为个。

(6) 预制电缆沟铺设：按设计图示中心线长度计算，计量单位为 m。

5．交通管理设施

(1) 人(手)孔井、值警亭：按设计图示数量计算，计量单位为座。

(2) 电缆保护管、隔离护栏、架空走线、管内配线、减速垄：按设计图示数量计算，计量单位为m。

(3) 标杆、警示柱：按设计图示数量计算，计量单位为根。

(4) 标志板：按设计图示数量计算，计量单位为块。

(5) 视线诱导器：按设计图示数量计算，计量单位为只。

(6) 标线：按设计图示长度计算，计量单位为m；或者，按设计图示尺寸以面积计算，计量单位为m^2。

(7) 标记：按设计图示数量计算，计量单位为个；或者，按设计图示尺寸以面积计算，计量单位为m^2。

(8) 横道线、清除标线：按设计图示尺寸以面积计算，计量单位为m^2。

(9) 环形检测线圈、防撞筒(墩)：按设计图示数量计算，计量单位为个。

(10) 信号灯、数码相机、道闸机、可变信息情报板：按设计图示数量计算，计量单位为套。

(11) 设备控制机箱、监控摄像机：按设计图示数量计算，计量单位为台。

(12) 交通智能系统调试：按设计图示数量计算，计量单位为系统。

10.1.3 道路工程技术措施清单项目

根据道路工程的特点及常规的施工组织设计，道路工程通常可能有以下技术措施清单项目。

1. 大型机械设备进出场及安拆

工程量按使用机械设备的数量计算，计量单位为台·次。

具体包括哪些大型机械的进出场及安拆，须结合工程的实际情况、结合工程的施工组织设计确定。

2. 其他现浇构件模板

工程量按混凝土与模板接触面积计算，计量单位为m^2。

其他现浇构件模板包括道路工程中的水泥混凝土道路面层的模板、现浇混凝土人行道模板、现浇侧混凝土(平)石模板、现浇侧(平)石坞塝混凝土模板等。

3. 便道

工程量按设计图示尺寸以面积计算，计量单位为m^2。

10.2 道路工程招标工程量清单编制实例

【例10-7】 某市风华路道路工程，为城市次干道，于2016年3月10日—3月16日进行工程招投标活动。风华路起讫桩号为0+560～0+800，于桩号0+630处与风情路正交，风

情路实施至切点外 20m，风华路路幅宽为 34m，风情路路幅宽 26m，详见图 5.9 道路平面图、图 5.10 道路标准横断面图。风华路道路结构层采用沥青混凝土面层、粉煤灰三渣基层、塘渣垫层，详见图 5.11 道路结构图，风情路道路结构同风华路。已知该道路工程挖方量为 2 900m^3，填方量为 1 200m^3，土质类别为三类土。

根据工程图纸，编制该道路工程的招标工程量清单。

【解】 1. 根据施工图纸，依据《市政工程工程量计算规范》(GB 50857—2013)，参考《浙江省建设工程工程量清单计价指引》(市政工程)，确定分部分项清单项目的项目名称、项目特征、项目编码，并计算其清单工程量，见表 10-1。

该道路工程的基础数据的计算同【例 5-16】。

表 10-1　分部分项清单项目及其工程量计算表

序号	项目编码	分部分项清单项目名称	项目特征	计量单位	计算公式	工程量
1	040101001001	挖一般土方	三类土	m^3	已知	2 900
2	040103001001	回填方	三类土、场内平衡运距 200m 内	m^3	已知	1 200
3	040103002001	余方弃置	运距由投标人自行考虑	m^3	2 900−1 200×1.15	1 520
4	040202001001	路床整形	车行道	m^2	6 737.40+1 167.36×(0.15+0.1+0.1+0.4)	7 612.92
5	040202013001	山皮石基层	40cm 厚，1∶1 放坡铺设	m^2	6 737.40+1 167.36×(0.15+0.1+0.1+0.2)	7 379.45
6	040202014001	粉煤灰三渣基层	30cm 厚，顶面洒水养护	m^2	6 737.40+1 167.36×(0.15+0.1)×$\frac{20}{30}$	6 931.96
7	040203003001	透层	乳化沥青，喷油量 1.1kg/m^2	m^2	6 737.40−1 167.36×0.3	6 387.19
8	040203003002	粘层	乳化沥青，喷油量 0.52kg/m^2	m^2	6 387.19×2	12 774.38
9	040203006001	沥青混凝土面层	7cm、粗粒式	m^2	同透层油面积	6 387.19
10	040203006002	沥青混凝土面层	4cm、中粒式	m^2	同透层油面积	6 387.19
11	040203006003	沥青混凝土面层	3cm、细粒式	m^2	同透层油面积	6 387.19
12	040204001001	人行道整形碾压	人行道	m^2	同基础数据中的人行道面积	1 554.27
13	040204002001	人行道块料铺设	250mm×250mm×50mm 人行道板人字纹安装、3cm 厚 M7.5 水泥砂浆、12cm 厚 C15 混凝土基础	m^2	1 554.27−522.80×0.15	1 475.85
14	040204004001	安砌侧石	15mm×37mm×100mm C30 混凝土侧石、2cmM7.5 水泥砂浆垫层	m	522.80+644.56	1 167.36
15	040204004002	安砌平石	30mm×30mm×12mm C30 混凝土平石、2cmM7.5 水泥砂浆垫层	m	522.80+644.56	1 167.36

2. 根据工程图纸、结合相关的施工技术规范要求及常规的施工方法，确定施工技术措施清单项目的项目名称、项目特征、项目编码，并计算其清单工程量，见表10-2。

表10-2 施工技术措施清单项目及其工程量计算表

序号	项目编码	技术措施清单项目名称	项目特征	计量单位	计算公式	工程量
1	041102037001	其他现浇构件模板	粉煤灰三渣基层	m^2	1 167.36×0.3	350.21
2	041102037002	其他现浇构件模板	人行道混凝土基础	m^2	$(240+240-60+\frac{2\pi\times17}{4}\times2+20\times2)\times0.12$	61.61
3	041106001001	大型机械设备进出场及安拆	$1m^3$履带式挖掘机	台·次		1
4	041106001002	大型机械设备进出场及安拆	90kW 内履带式推土机	台·次		1
5	041106001003	大型机械设备进出场及安拆	压路机	台·次		2

3. 根据工程实际情况，确定施工组织措施清单项目的项目名称、项目编码，见表10-3。

表10-3 施工组织措施清单项目及其工程量计算表

序号	项目编码	组织措施清单项目名称		
1	041109001001	安全文明施工费		
2	041109002001	夜间施工增加费		
3	Z041109009001	工程定位复测费		
4	041109005001	行车、行人干扰增加费		
5	041109007001	已完工程及设备保护费		

4. 编制本工程的招标工程量清单，见表10-4～表10-9。

表10-4 招标工程量清单封面

某市风华路道路工程

____

工 程 量 清 单

招 标 人：______________　　工 程 造 价 咨 询 人：______________

(单位盖章)　　(单位资质专用章)

法定代表人
或其授权人：______________　　法定代表人
或其授权人：______________

(签字或盖章)　　(签字或盖章)

编　制　人：______________　　复　核　人：______________

(造价人员签字盖专用章)　　(造价工程师签字盖专用章)

编制时间：　　复核时间：

表 10-5　招标工程量清单总说明

总说明

工程名称：某市风华路道路工程　　第 1 页　共 1 页

一、工程概况及工程量清单编制范围

某市风华路道路工程，为城市次干道，风华路起讫桩号为 0+560～0+800，于桩号 0+630 处与风情路正交，风情路实施至切点外 20m，风华路路幅宽为 34m，风情路路幅宽 26m。风华路道路结构层采用沥青混凝土面层、粉煤灰三渣基层、塘渣垫层，风情路道路结构同风华路。

二、工程量清单编制依据

1．《建设工程工程量清单计价规范》(GB 50500—2013)。

2．《浙江省建设工程工程量清单计价指引》(市政工程)。

3．《市政工程工程量计算规范》(GB 50857—2013)。

4．市政道路工程施工相关规范。

5．某市风华路道路工程施工图。

三、编制说明

1．该道路工程挖方量为 2 900m^3，填方量为 1 200m^3，土质类别为三类土。

2．多余的土方外运、运距由投标人自行考虑；场内平衡的土方运输方式由投标人自行考虑。

3．沥青混凝土、人行道板、平石、侧石均采用成品。

四、其他

1．本工程风险费用暂不考虑，农民工工伤保险费、危险作业意外伤害保险费暂不考虑，本工程无创标化工程要求，本工程不得分包，本工程无暂列金额、计日工。

2．安全文明施工费按市区一般工程考虑。

表 10-6　分部分项工程量清单与计价表

单位(专业)工程名称：道路工程-市政　　　　第1页　共1页

序号	项目编码	项目名称	项目特征	计量单位	工程量	综合单价/元	合价/元	其中/元		备注
								人工费	机械费	
1	040101001001	挖一般土方	三类土	m^3	2 900.00					
2	040103001001	回填方	三类土、场内平衡运距200m内	m^3	1 200.00					
3	040103002001	余方弃置	运距由投标人自行考虑	m^3	1 520.00					
4	040202001001	路床(槽)整形	车行道	m^2	7 612.92					
5	040202013001	山皮石	40cm厚，1∶1放坡铺设	m^2	7 379.45					
6	040202014001	粉煤灰三渣	30cm厚，厂拌，顶面洒水养护	m^2	6 931.96					
7	040203003001	透层	乳化沥青，喷油量1.1kg/m^2	m^2	6 387.19					
8	040203003002	粘层	乳化沥青，喷油量0.52kg/m^2	m^2	1 2774.38					
9	040203006001	沥青混凝土	7cm、粗粒式	m^2	6 387.19					
10	040203006002	沥青混凝土	4cm、中粒式	m^2	6 387.19					
11	040203006003	沥青混凝土	3cm、细粒式	m^2	6 387.19					
12	040204001001	人行道整形碾压	人行道	m^2	1 554.27					
13	040204002001	人行道块料铺设	250mm×250mm×50mm 人行道板人字纹安装、3cm厚M7.5水泥砂浆、12cm厚C15混凝土基础	m^2	1 475.85					
14	040204004001	安砌侧石	15mm×37mm×100mm C30 混凝土侧石、2cmM7.5水泥砂浆垫层	m	1 167.36					
15	040204004002	安砌平石	30mm×30mm×12mm C30混凝土平石、2cmM7.5水泥砂浆垫层	m	1 167.36					
			本页小计							
			合　计							

表 10-7　施工技术措施项目清单与计价表

单位(专业)工程名称：道路工程-市政　　　　　　　　　　　　　　　第 1 页　共 1 页

序号	项目编码	项目名称	项目特征	计量单位	工程量	综合单价/元	合价/元	其中/元		备注
								人工费	机械费	
1	041102037001	其他现浇构件模板	粉煤灰三渣基层	m^2	350.21					
2	041102037002	其他现浇构件模板	人行道混凝土基础	m^2	61.61					
3	041106001001	大型机械设备进出场及安拆	$1m^3$ 履带式挖掘机	台·次	1					
4	041106001002	大型机械设备进出场及安拆	90kW 内履带式推土机	台·次	1					
5	041106001003	大型机械设备进出场及安拆	压路机	台·次	2					
本页小计										
合计										

表 10-8 施工组织措施项目清单与计价表

单位(专业)工程名称：道路工程-市政　　　　第1页　共1页

序号	项目名称	计算基数	费率/%	金额/元
1	安全文明施工费	人工费+机械费		
2	冬雨季施工增加费	人工费+机械费		
3	夜间施工增加费	人工费+机械费		
4	已完工程及设备保护费	人工费+机械费		
5	二次搬运费	人工费+机械费		
6	行车、行人干扰增加费	人工费+机械费		
7	提前竣工增加费	人工费+机械费		
8	工程定位复测费	人工费+机械费		
9	特殊地区施工增加费	人工费+机械费		
10	其他施工组织措施费	按相关规定计算		
合　计				

表 10-9 其他项目清单汇总表

工程名称：市政　　　　第1页　共1页

序号	项 目 名 称	计量单位	金额/元	备注
1	暂列金额	元	0.00	
2	暂估价	元	0.00	
2.1	材料暂估价	元	0.00	
2.2	专业工程暂估价	元	0.00	
3	计日工			
4	总承包服务费			
合　计				

注：本工程无其他清单项目，其他项目清单包括的明细清单均为空白表格。本例不再放入空白的明细清单的表格。

10.3 道路工程清单计价(投标报价)实例

【例 10-8】 某市风华路道路工程，为城市次干道，于 2016 年 3 月 10 日—3 月 16 日进行工程招投标活动。风华路起讫桩号为 0+560～0+800，于桩号 0+630 处与风情路正交，风情路实施至切点外 20m，风华路路幅宽为 34m，风情路路幅宽 26m，详见图 5.9 道路平面

图、图 5.10 道路标准横断面图。风华路道路结构层采用沥青混凝土面层、粉煤灰三渣基层、塘渣垫层，详见图 5.11 道路结构图，风情路道路结构同风华路。已知该道路工程挖方量为 2 900m^3，填方量为 1 200m^3，土质类别为三类土。

根据工程图纸和招标工程量清单，试按清单计价模式采用综合单价法编制该道路工程的投标报价。

本工程风险费用暂不考虑，农民工工伤保险费、危险作业意外伤害保险费暂不考虑，本工程无创标化工程要求，本工程不得分包，本工程无暂列金额、计日工。

知识链接

清单计价模式下编制投标报价，需根据招标图纸、招标工程量清单，结合工程的施工方案进行，每个投标单位考虑的施工方案不同、投标报价也会不同。

本例题中道路工程的施工方案，与定额计价模式下编制投标报价相同，具体可见【例 5-16】。

【解】1. 根据招标工程量清单中的分部分项工程量清单、工程图纸，结合施工方案，参考《浙江省建设工程工程量清单计价指引》(市政工程)，确定分部分项清单项目的组合工作内容，计算各组合工作内容的定额工程量，并确定其套用的定额子目，见表 10-10。

2. 根据招标工程量清单中的施工技术措施项目清单、工程图纸，结合施工方案，参考《浙江省建设工程工程量清单计价指引》(市政工程)，确定技术措施清单项目的组合工作内容，计算各组合工作内容的定额工程量，并确定其套用的定额子目，见表 10-11。

3. 确定人、材、机单价，判定工程类别、确定各项费率。

(1) 粉煤灰三渣基层单价为 120 元/m^3，塘渣垫层单价为 35 元/t，30mm×30mm×12mm C30 混凝土平石单价为 13 元/m，一类人工工日单价为 65 元，二类人工工日单价为 70 元，其他人、材、机单价按《浙江省市政工程预算定额》(2010 版)计取。

(2) 城市次干道为二类道路工程。

(3) 企业管理费、利润、各项组织措施费的费率按《浙江省建设工程施工费用定额》(2010 版)及浙江省有关规定的费率范围的低值计取；规费、税金按《浙江省建设工程施工费用定额》(2010 版)的规定计取。

4. 计算清单计价模式下，本道路工程的工程造价，详见表 10-12～表 10-24。

表 10-10 分部分项清单项目的组合工作内容工程量计算表

序号	分部分项清单项目名称	清单工程量	分部分项清单项目所包含的组合工作内容			
			组合工作内容名称	组合工作内容定额工程量计算式	工程量	定额子目
1	挖一般土方(三类土)	2 900m^3	挖掘机挖土并装车(三类土)	2 900−1 200×1.15	1 520m^3	1−60
			挖掘机挖土不装车(三类土)	1 200×1.15	1 380m^3	1−57
2	回填方(三类土、场内平衡运距 200m 内)	1 200m^3	机动翻斗车运土(运距 200m 内)	1 200×1.15	1 380m^3	1−32
			填土碾压(内燃压路机)	已知条件	1 200m^3	1−82
3	余方弃置(运距由投标人自行考虑)	1 520m^3	自卸车运土方(运距 5km)	2 900−1 200×1.15	1 520m^3	1−68+1−69×4
4	路床(槽)整形	7 612.92m^2	路床碾压检验	6 737.40+1 167.36×(0.15+0.1+0.1+0.4+0.25)	7 904.76m^2	2−1
5	山皮石(40cm 厚，1∶1 放坡铺设)	7 379.45m^2	40cm 厚塘渣垫层	6 737.40+1 167.36×(0.15+0.1+0.1+0.2)	7 379.45m^2	2−101×4−2−100×3
6	粉煤灰三渣(30cm 厚，厂拌，顶面洒水养护)	6 931.96m^2	30cm 粉煤灰三渣基层	$6\ 737.40+1\ 167.36\times(0.15+0.1)\times\frac{20}{30}$	6 931.96m^2	[2−47−2−48×5]×2
			三渣基层顶面洒水养护	等于车行道面积(含平石)	6 737.40m^2	2−51
7	透层(乳化沥青，喷油量 1.1kg/m^2)	6 787.19m^2	透层油(乳化沥青，1.10kg/m^2)	6 737.40−1 167.36×0.3	6 387.19m^2	2−148$_H$
8	粘层(乳化沥青，喷油量 0.52kg/m^2)	12 774.38m^2	粘层油(乳化沥青，0.52kg/m^2)	6 387.19×2	12 774.38m^2	2−150$_H$
9	沥青混凝土(7cm 粗粒式)	6 387.19m^2	7cm 粗粒式沥青混凝土面层	同透层油面积	6 387.19m^2	2−175+2−176
10	沥青混凝土(4cm 中粒式)	6 387.19m^2	4cm 中粒式沥青混凝土面层	同透层油面积	6 387.19m^2	2−183
11	沥青混凝土(3cm 细粒式)	6 387.19m^2	3cm 细粒式沥青混凝土面层	同透层油面积	6 387.19m^2	2−191
12	人行道整形碾压	1 554.27m^2	人行道整形碾压	1 554.27+522.80×0.25	1 684.97m^2	2−2

续表

序号	分部分项清单项目名称	清单工程量	分部分项清单项目所包含的组合工作内容			
			组合工作内容名称	组合工作内容定额工程量计算式	工程量	定额子目
13	人行道块料铺设(250mm×250mm×50mm 人行道板人字纹安装、3cm 厚 M7.5 水泥砂浆、12cm 厚 C15 混凝土基础)	1 475.85m²	人行道 12cm 厚 C15 混凝土基础	1 554.27−522.80×0.15	1 475.85m²	2−211+2−212×2
			机动翻斗车运输混凝土(200m)	1 475.85×0.12	177.10m³	1−319
			250mm×250mm×50mm 人行道板人字纹安装(3cm 厚 M7.5 水泥砂浆)	1 554.27−522.80×0.15	1 475.85m²	$2-215_H$
14	安砌侧石(15mm×37mm×100mm C30 混凝土侧石、2cmM7.5 水泥砂浆垫层)	m	15mm×37mm×100mm C30 混凝土侧石安砌	522.80+644.56	1 167.36m	2−228
			侧平石垫层(2cmM7.5 水泥砂浆)	1 167.36×0.15×0.02	3.50m³	2−227
15	安砌平石(30mm×30mm×12mm C30 混凝土平石、2cmM7.5 水泥砂浆垫层)	m	30mm×30mm×12mm C30 混凝土平石安砌	522.80+644.56	1 167.36m	2−230
			侧平石垫层(2cmM7.5 水泥砂浆)	1 167.36×0.3×0.02	7.00m³	2−227

表 10-11　施工技术措施清单项目的组合工作内容工程量计算表

序号	技术措施清单项目名称	清单工程量	技术措施清单项目所包含的组合工作内容			
			组合工作内容名称	组合工作内容定额工程量计算式	工程量	定额子目
1	其他现浇构件模板(粉煤灰三渣基层)	350.21m²	粉煤灰三渣基层模板	1 167.36×0.3	350.21	2−197
2	其他现浇构件模板(人行道混凝土基础)	61.61m²	人行道基础混凝土模板	$\left(240+240-60+\frac{2\pi\times17}{4}\times2+20\times2\right)\times0.12$	61.61	2−197
3	大型机械设备进出场及安拆(1m³ 履带式挖掘机)	1 台·次	1m³ 履带式挖掘机进出场	根据施工方案确定	1	3001
4	大型机械设备进出场及安拆(90kW 内履带式推土机)	1 台·次	90kW 内履带式推土机进出场	根据施工方案确定	1	3003
5	大型机械设备进出场及安拆(压路机)	2 台·次	压路机进出场	根据施工方案确定	2	3010

表 10-12 投标报价封面

投 标 总 价

招　　标　　人：

工　程　名　称：　某市风华路道路工程

投标总价(小写)：　1 674 375 元

(大写)：　壹佰陆拾柒万肆仟叁佰柒拾伍元

投　　标　　人：

(单位盖章)

法 定 代 表 人
或 其 授 权 人：

(签字或盖章)

编　　制　　人：

(造价人员签字盖专用章)

编制时间：

表 10-13 总说明

工程名称：某市风华路道路工程　　　　第 1 页　共 1 页

一、工程概况

某市风华路道路工程，为城市次干道，风华路起讫桩号为 0+560～0+800，于桩号 0+630 处与风情路正交，风情路实施至切点外 20m，风华路路幅宽为 34m，风情路路幅宽 26m。

风华路道路结构层采用沥青混凝土面层、粉煤灰三渣基层、塘渣垫层，风情路道路结构同风华路。已知该道路工程挖方量为 2 900m^3，填方量为 1 200m^3，土质类别为三类土。

二、工程施工方案

1．挖方采用挖掘机进行，多余的土方直接装车用自卸车外运、运距为 5km；场内平衡的土方用机动翻斗运至需回填的路段用于回填。填方用内燃压路机碾压密实。

2．塘渣垫层采用人机配合铺筑。

3．粉煤灰三渣基层施工时两侧支立钢模板，顶面采用洒水养护。

4．人行道基础混凝土采用现场拌和，拌和机设在桩号 0+700 处，拌制后混凝土采用机动翻斗车运至施工点，混凝土浇筑时支立钢模板。

5．水泥砂浆采用砂浆搅拌机在施工点就地拌制。

6．沥青混凝土、人行道板、平石、侧石均采用成品。

7．沥青混凝土采用沥青摊铺机摊铺。

8．配备以下大型机械：1m^3 履带式挖掘机 1 台、90kW 内履带式推土机 1 台、压路机 2 台。

三、人、材、机价格取定

粉煤灰三渣基层单价为 120 元/m^3，塘渣垫层单价为 35 元/t，30mm×30mm×12mm C30 混凝土平石单价为 13 元/m，一类人工工日单价为 65 元，二类人工工日单价为 70 元，其他人、材、机单价按《浙江省市政工程预算定额》(2010 版)计取。

四、费率取定

企业管理费、利润、各项组织措施费的费率按《浙江省建设工程施工费用定额》(2010 版)及浙江省有关规定的费率范围的低值计取；规费、税金按《浙江省建设工程施工费用定额》(2010 版)的规定计取。

五、编制依据

1．《浙江省市政工程预算定额》(2010 版)。

2．《浙江省建设工程施工费用定额》(2010 版)。

3．浙建站计[2013]64 号——关于《浙江省建设工程费用定额》(2010 版)费用项目及费率调整的通知。

4. 建建发[2015]517 号——关于规范建设工程安全文明施工费计取的通知。
5.《建设工程工程量清单计价规范》(GB 50500—2013)。
6.《浙江省建设工程工程量清单计价指引》(市政工程)。
7. 浙江省造价管理机构发布的信息价。

表 10-14 工程项目投标报价汇总表

工程名称：某市风华路道路工程　　　　第 1 页　共 1 页

序号	单位工程名称	金额/元
1	道路工程	1 674 375.13
1.1	市政	1 674 375.13
合　计		1 674 375.13

表 10-15 单位工程投标报价计算表

单位(专业)工程名称：道路工程-市政　　　　第 1 页　共 1 页

序号	汇总内容	计算公式	金额/元
一	工程量清单分部分项工程费	Σ(分部分项工程量×综合单价)	1 528 654.55
其中	1. 人工费+机械费	Σ(分部分项人工费+分部分项机械费)	247 092.22
二	措施项目费		68 581.38
2.1	(一) 施工技术措施项目费	按综合单价计算	32 596.95
其中	2. 人工费+机械费	Σ(技措项目人工费+技措项目机械费)	17 499.12
2.2	(二) 施工组织措施项目费	按项计算	35 984.43
	3. 安全文明施工费(含扬尘污染增加费)	(1+2)×11.54%	30 533.84
	4. 冬雨季施工增加费	(1+2)×0%	0.00
	5. 夜间施工增加费	(1+2)×0.01%	26.46
	6. 已完工程及设备保护费	(1+2)×0.02%	52.92
	7. 二次搬运费	(1+2)×0%	0.00
	8. 行车、行人干扰增加费	(1+2)×2%	5 291.83
	9. 提前竣工增加费	(1+2)×0%	0.00
	10. 工程定位复测费	(1+2)×0.03%	79.38
	11. 特殊地区施工增加费	(1+2)×0%	0.00
三	其他项目费	按清单计价要求计算	0.00
四	规费	12+13	19 315.17
	12. 排污费、社保费、公积金	(1+2)×7.3%	19 315.17
	13. 农民工工伤保险费	按各市有关规定计算	0.00
五	危险作业意外伤害保险费	按各市有关规定计算	0.00
六	单列费用	单列费用	0.00
七	税金	(一+二+三+四+五+计税不计费)×3.577%	57 824.03
八	下浮率	(一+二+三+四+五+六+七)×0%	0.00
九	建设工程造价	一+二+三+四+五+六+七−八	1 674 375.13

表 10-16 分部分项工程量清单与计价表

单位(专业)工程名称：道路工程-市政　　　　第1页　共1页

序号	项目编码	项目名称	项目特征	计量单位	工程量	综合单价/元	合价/元	其中/元		备注
								人工费	机械费	
1	040101001001	挖一般土方	三类土	m^3	2 900.00	4.19	12 151.00	899.00	8 642.00	
2	040103001001	回填方	三类土、场内平衡运距 200m 内	m^3	1 200.00	24.56	29 472.00	8 484.00	14 676.00	
3	040103002001	余方弃置	运距由投标人自行考虑	m^3	1 520.00	13.13	19 957.60	0.00	15 640.80	
4	040202001001	路床(槽)整形	车行道	m^2	7 612.92	1.64	12 485.19	1 827.10	7 993.57	
5	040202013001	山皮石	40cm 厚，1∶1 放坡铺设	m^2	7 379.45	32.82	242 193.55	6 715.30	16 382.38	
6	040202014001	粉煤灰三渣	30cm 厚，厂拌，顶面洒水养护	m^2	6 931.96	47.71	330 723.81	49 216.92	8 179.71	
7	040203003001	透层	乳化沥青，喷油量 1.1kg/m^2	m^2	6 387.19	5.39	34 426.95	191.62	766.46	
8	040203003002	粘层	乳化沥青，喷油量 0.52kg/m^2	m^2	12 774.38	2.68	34 235.34	1 021.95	1 149.69	
9	040203006001	沥青混凝土	7cm、粗粒式	m^2	6 387.19	45.05	287 742.91	4 918.14	17 756.39	
10	040203006002	沥青混凝土	4cm、中粒式	m^2	6 387.19	29.01	185 292.38	3 449.08	9 644.66	
11	040203006003	沥青混凝土	3cm、细粒式	m^2	6 387.19	24.43	156 039.05	3 385.21	9 453.04	
12	040204001001	人行道整形碾压	人行道	m^2	1 554.27	1.66	2 580.09	1 834.04	186.51	
13	040204002001	人行道块料铺设	250mm×250mm×50mm 人行道板人字纹安装、3cm 厚 M7.5 水泥砂浆、12cm 厚 C15 混凝土基础	m^2	1 475.85	86.03	126 967.38	38 121.21	3 483.01	
14	040204004001	安砌侧石	15mm×37mm×100mm C30 混凝土侧石、2cmM7.5 水泥砂浆垫层	m	1 167.36	26.95	31 460.35	8 241.56	0.00	
15	040204004002	安砌平石	30mm×30mm×12mm C30 混凝土平石、2cmM7.5 水泥砂浆垫层	m	1 167.36	19.64	22 926.95	4 832.87	0.00	
	本页小计						1 528 654.55	133 138.00	113 954.22	
合　计							1 528 654.55	133 138.00	113 954.22	

表 10-17　分部分项工程量清单综合单价计算表

单位(专业)工程名称：道路工程-市政　　　　第 1 页　共 4 页

序号	编号	名称	计量单位	数量	综合单价/元							合计/元
					人工费	材料费	机械费	管理费	利润	风险费用	小计	
1	040101001001	挖一般土方：三类土	m^3	2 900.00	0.31	0.00	2.98	0.60	0.30	0.00	4.19	12 151.00
	1-60	挖掘机挖三类土，装车	1 000m^3	1.52	312.00	0.00	3 620.07	715.64	353.89	0.00	5 001.60	7 602.43
	1-57	挖掘机挖三类土，不装车	1 000m^3	1.38	312.00	0.00	2 265.54	469.11	231.98	0.00	3 278.63	4 524.51
2	040103001001	回填方：三类土，场内平衡运距 200m 内	m^3	1 200.00	7.07	0.01	12.23	3.51	1.74	0.00	24.56	29 472.00
	1-32	机动翻斗车运土，运距 200m 内	100m^3	13.8	587.60	0.00	876.75	266.51	131.79	0.00	1 862.65	25 704.57
	1-82	内燃压路机，填土碾压	1 000m^3	1.2	312.00	14.75	2 143.41	446.88	220.99	0.00	3 138.03	3 765.64
3	040103002001	余方弃置：运距由投标人自行考虑	m^3	1 520.00	0.00	0.04	10.29	1.87	0.93	0.00	13.13	19 957.60
	1-68+1-69×4_H	自卸汽车运土，运距 5km	1 000m^3	1.52	0.00	35.40	10 288.35	1 872.48	925.95	0.00	13 122.18	19 945.71
4	040202001001	路床(槽)整形：车行道	m^2	7 612.92	0.24	0.00	1.05	0.23	0.12	0.00	1.64	12 485.19
	2-1	路床碾压检验	100m^2	79.047 6	22.68	0.00	100.87	22.49	11.12	0.00	157.16	12 423.12
5	040202013001	山皮石：40cm 厚，1∶1 放坡铺设	m^2	7 379.45	0.91	28.84	2.22	0.57	0.28	0.00	32.82	242 193.55
	2-101×$J4_H$	人机配合铺装塘渣底层，厚度 25cm，J*4	100m^2	73.794 5	273.00	7 210.76	546.59	149.17	73.76	0.00	8 253.28	609 046.67
	2-100×$J\text{-}3_H$	人机配合铺装塘渣底层，厚度 20cm，J*-3	100m^2	73.794 5	-181.65	-4 326.41	-324.91	-92.19	-45.59	0.00	-4 970.75	-366 814.01

单位(专业)工程名称：道路工程-市政　　　　第2页　共4页

序号	编号	名称	计量单位	数量	综合单价/元							合计/元
					人工费	材料费	机械费	管理费	利润	风险费用	小计	
6	040202014001	粉煤灰三渣：30cm 厚，厂拌，顶面洒水养护	m^2	6 931.96	7.10	37.17	1.18	1.51	0.75	0.00	47.71	330 723.81
	$2-47+2-48\times-5_H$	粉煤灰三渣基层，厂拌，厚度 15cm	$100m^2$	69.319 6	352.80	1 856.30	51.50	73.58	36.39	0.00	2 370.57	164 326.96
	$2-47+2-48\times-5_H$	粉煤灰三渣基层，厂拌，厚度 15cm	$100m^2$	69.319 6	352.80	1 856.30	51.50	73.58	36.39	0.00	2 370.57	164 326.96
	2-51	洒水车洒水	$100m^2$	67.374	4.90	4.35	15.32	3.68	1.82	0.00	30.07	2 025.94
7	040203003001	透层：乳化沥青，喷油量 $1.1kg/m^2$	m^2	6 387.19	0.03	5.20	0.12	0.03	0.01	0.00	5.39	34 426.95
	$2-148_H$	透层乳化沥青，半刚性基层	$100m^2$	63.871 9	2.52	519.96	12.29	2.70	1.33	0.00	538.80	34 414.18
8	040203003002	粘层：乳化沥青，喷油量 $0.52kg/m^2$	m^2	12 774.38	0.08	2.46	0.09	0.03	0.02	0.00	2.68	34 235.34
	$2-150_H$	粘层乳化沥青，沥青层	$100m^2$	127.743 8	8.40	245.85	8.56	3.09	1.53	0.00	267.43	34 162.52
9	040203006001	沥青混凝土：7cm、粗粒式	m^2	6 387.19	0.77	40.53	2.78	0.65	0.32	0.00	45.05	287 742.91
	$2-175+2-176\times1_H$	机械摊铺粗粒式沥青混凝土路面，厚度 7(cm)	$100m^2$	63.871 9	76.65	4 053.26	278.22	64.59	31.94	0.00	4 504.66	287 721.19
10	040203006002	沥青混凝土：4cm、中粒式	m^2	6 387.19	0.54	26.41	1.51	0.37	0.18	0.00	29.01	185 292.38
	2-183	机械摊铺中粒式沥青混凝土路面，厚度 4cm	$100m^2$	63.871 9	53.90	2 640.80	150.76	37.25	18.42	0.00	2 901.13	185 300.69
11	040203006003	沥青混凝土：3cm、细粒式	m^2	6 387.19	0.53	21.87	1.48	0.37	0.18	0.00	24.43	156 039.05
	2-191	机械摊铺细粒式沥青混凝土路面，厚度 3cm	$100m^2$	63.871 9	53.20	2 187.33	148.48	36.71	18.15	0.00	2 443.87	156 094.62

单位(专业)工程名称：道路工程-市政　　　　第3页　共4页

序号	编号	名称	计量单位	数量	综合单价/元							合计/元
					人工费	材料费	机械费	管理费	利润	风险费用	小计	
12	040204001001	人行道整形碾压：人行道	m^2	1 554.27	1.18	0.00	0.12	0.24	0.12	0.00	1.66	2 580.09
	2-2	人行道整形碾压	$100m^2$	16.849 7	108.50	0.00	11.48	21.84	10.80	0.00	152.62	2 571.60
13	040204002001	人行道块料铺设：250mm×250mm×50mm人行道板人字纹安装、3cm厚M7.5水泥砂浆、12cm厚C15混凝土基础	m^2	1 475.85	25.83	50.17	2.36	5.13	2.54	0.00	86.03	126 967.38
	$2\text{-}215_H$	人行道板安砌水泥砂浆垫层，厚度3cm，人行道板如采用异型板	$100m^2$	14.758 5	1 609.30	2 604.64	30.75	298.49	147.60	0.00	4 690.78	69 228.88
	2-211+2-212×2	人行道混凝土基础，厚度12cm	$100m^2$	14.758 5	850.92	2 411.88	151.93	182.52	90.26	0.00	3 687.51	54 422.12
	1-319	机动翻斗车运水泥混凝土(熟料)，运距200m	$10m^3$	17.71	102.20	0.00	44.22	26.65	13.18	0.00	186.25	3 298.49
14	040204004001	安砌侧石：15mm×37mm×100mm C30混凝土侧石、2cmM7.5水泥砂浆垫层	m	1 167.36	7.06	17.97	0.00	1.28	0.64	0.00	26.95	31 460.35
	2-228	混凝土侧石安砌	100m	11.673 6	676.90	1 745.47	0.00	123.20	60.92	0.00	2 606.49	30 427.12
	2-227	人工铺装侧平石，砂浆黏结层	m^3	3.502 08	95.76	172.70	0.00	17.43	8.62	0.00	294.51	1 031.40
15	040204004002	安砌平石：30mm×30mm×12mm C30混凝土平石、2cmM7.5水泥砂浆垫层	m	1 167.36	4.14	14.38	0.00	0.75	0.37	0.00	19.64	22 926.95

单位(专业)工程名称：道路工程-市政　　　　第4页　共4页

序号	编号	名称	计量单位	数量	综合单价/元							合计/元
					人工费	材料费	机械费	管理费	利润	风险费用	小计	
	$2\text{-}230_H$	混凝土平石安砌	100m	11.673 6	357.00	1 334.63	0.00	64.97	32.13	0.00	1 788.73	20 880.92
	2-227	人工铺装侧平石，砂浆黏结层	m^3	7.004 16	95.76	172.70	0.00	17.43	8.62	0.00	294.51	2 062.80
合　计												1 528 654.55

表 10-18　施工技术措施项目清单与计价表

单位(专业)工程名称：道路工程-市政　　　　第1页　共1页

序号	项目编码	项目名称	项目特征	计量单位	工程量	综合单价/元	合价/元	其中/元		备注
								人工费	机械费	
1	041102037001	其他现浇构件模板	粉煤灰三渣基层	m^2	350.21	47.00	16 459.87	7 795.67	917.55	
2	041102037002	其他现浇构件模板	人行道混凝土基础	m^2	61.61	47.00	2 895.67	1 371.44	161.42	
3	041106001001	大型机械设备进出场及安拆	$1m^3$ 履带式挖掘机	台·次	1	3 947.97	3 947.97	840.00	1 323.26	
4	041106001002	大型机械设备进出场及安拆	90kW 内履带式推土机	台·次	1	2 925.06	2 925.06	420.00	1 323.26	
5	041106001003	大型机械设备进出场及安拆	压路机	台·次	2	3 184.19	6 368.38	700.00	2 646.52	
本页小计							32 596.95	11 127.11	6 372.01	
合　计							32 596.95	11 127.11	6 372.01	

表 10-19　施工技术措施项目清单综合单价计算表

单位(专业)工程名称：道路工程-市政　　　　第 1 页　共 1 页

序号	编号	名称	计量单位	数量	综合单价/元							合计/元
					人工费	材料费	机械费	管理费	利润	风险费用	小计	
1	041102037001	其他现浇构件模板：粉煤灰三渣基层	m^2	350.21	22.26	15.35	2.62	4.53	2.24	0.00	47.00	16 459.87
	2-197	水泥混凝土路面，道路模板	$100m^2$	3.502 1	2 226.00	1 535.01	262.01	452.82	223.92	0.00	4 699.76	16 459.03
2	041102037002	其他现浇构件模板：人行道混凝土基础	m^2	61.61	22.26	15.35	2.62	4.53	2.24	0.00	47.00	2 895.67
	2-197	水泥混凝土路面，道路模板	$100m^2$	0.616 1	2 226.00	1 535.01	262.01	452.82	223.92	0.00	4 699.76	2 895.52
3	041106001001	大型机械设备进出场及安拆：$1m^3$ 履带式挖掘机	台·次	1	840.00	1 196.31	1 323.26	393.71	194.69	0.00	3 947.97	3 947.97
	3001	履带式挖掘机，$1m^3$ 以内	台班	1	840.00	1 196.31	1 323.26	393.71	194.69	0.00	3 947.97	3 947.97
4	041106001002	大型机械设备进出场及安拆：90kW 内履带式推土机	台·次	1	420.00	707.64	1 323.26	317.27	156.89	0.00	2 925.06	2 925.06
	3003	履带式推土机，90kW 以内	台班	1	420.00	707.64	1 323.26	317.27	156.89	0.00	2 925.06	2 925.06
5	041106001003	大型机械设备进出场及安拆：压路机	台·次	2	350.00	1 055.81	1 323.26	304.53	150.59	0.00	3 184.19	6 368.38
	3010	压路机	台班	2	350.00	1 055.81	1 323.26	304.53	150.59	0.00	3 184.19	6 368.38
合计												32 596.95

表 10-20　施工组织措施项目清单与计价表

单位(专业)工程名称：道路工程-市政　　　　第1页　共1页

序号	项 目 名 称	计算基数	费率/%	金额/元
1	安全文明施工费(含扬尘污染增加费)	人工费+机械费	11.54	30 533.84
2	其他组织措施费			5 450.59
2.1	冬雨季施工增加费	人工费+机械费	0	0.00
2.2	夜间施工增加费	人工费+机械费	0.01	26.46
2.3	已完工程及设备保护费	人工费+机械费	0.02	52.92
2.4	二次搬运费	人工费+机械费	0	0.00
2.5	行车、行人干扰费增加费	人工费+机械费	2	5 291.83
2.6	提前竣工增加费	人工费+机械费	0	0.00
2.7	工程定位复测费	人工费+机械费	0.03	79.38
2.8	特殊地区施工增加费	人工费+机械费	0	0.00
合　计				35 984.43

表 10-21　其他项目清单与计价表汇总表

工程名称：市政　　　　第1页　共1页

序号	项 目 名 称	计量单位	金额/元	备注
1	暂列金额	元	0.00	
2	暂估价	元	0.00	
2.1	专业工程暂估价	元	0.00	
3	计日工	元	0.00	
4	总承包服务费	元	0.00	
合　计			0.00	

注：本工程无其他清单项目，其他项目清单包括的明细清单中金额均为零。本例不再放入相应的明细清单。

表 10-22　主要工日价格表

单位(专业)工程名称：道路工程-市政　　　　第1页　共1页

序号	工 种	单位	数 量	单价/元
1	一类人工	工日	144.432	65
2	二类人工	工日	1 927.090	70

表 10-23　主要材料价格表

单位(专业)工程名称：道路工程-市政　　　　第 1 页　共 1 页

序号	编码	材料名称	规格型号	单位	数量	单价/元	备注
1	0401031	水泥	42.5	kg	49 429.178	0.33	
2	0403043	黄砂(净砂)	综合	t	253.149	62.5	
3	0407001	塘渣		t	6 027.830	35	
4	0407071	厂拌粉煤灰三渣		m^3	2 121.180	120	
5	0433071	细粒式沥青商品混凝土		m^3	193.532	713	
6	0433072	中粒式沥青商品混凝土		m^3	258.042	648	
7	0433073	粗粒式沥青商品混凝土		m^3	451.574	568	
8	1155031	乳化沥青		kg	14 286.356	4.5	
9	3305061	人行道板	250mm×250mm×50mm	m^2	1 520.126	20	
10	3307001	混凝土平石	500mm×500mm×120mm	m	1 184.870	13	
11	j1201011	柴油(机械)		kg	8 172.200	6.35	
12	8021201	现浇现拌混凝土	C15(40)	m^3	179.759	183.249 5	

表 10-24　主要机械台班价格表

单位(专业)工程名称：道路工程-市政　　　　第 1 页　共 1 页

序号	机械设备名称	单位	数 量	单价/元
1	其他机械费	元	689.817	1
2	履带式推土机 75kW	台班	7.585	576.516 5
3	履带式推土机 90kW	台班	2.708	705.633 5
4	平地机 90kW	台班	13.800	459.544
5	履带式单斗挖掘机(液压)1m^3	台班	6.230	1 078.38
6	内燃光轮压路机 8t	台班	30.730	268.336 5
7	内燃光轮压路机 12t	台班	24.511	382.671 5
8	内燃光轮压路机 15t	台班	55.892	478.822 5
9	汽车式沥青喷洒机 4 000L	台班	1.916	620.473
10	沥青混凝土推铺机 8t	台班	19.928	789.950 5
11	汽车式起重机 5t	台班	4.453	330.21
12	载货汽车 4t	台班	0.659	282.438
13	自卸汽车 12t	台班	23.712	644.776 5
14	平板拖车组 40t	台班	4.000	993.049 5
15	机动翻斗车 1t	台班	131.700	109.730 5

续表

序号	机械设备名称	单位	数 量	单价/元
16	洒水汽车 4 000L	台班	4.327	383.056
17	双锥反转出料混凝土搅拌机 350L	台班	5.889	96.726 1
18	灰浆搅拌机 200L	台班	7.748	58.572 9
19	木工圆锯机 ϕ500	台班	19.479	25.386
20	木工平刨床 300mm	台班	19.479	12.774 4
21	混凝土振捣器平板式 BLL	台班	5.889	17.556

思考题与习题

一、简答题

1.《计价规范》中，道路工程主要列了哪些清单项目？

2. 路床(槽)整形清单项目与定额子目的工程量计算规则相同吗？

3. 人行道整形清单项目与定额子目的工程量计算规则相同吗？

4. 树池砌筑清单项目与定额子目的工程量计算规则相同吗？

5. 现浇侧(平)石清单项目与定额子目的工程量计算规则相同吗？

6. 道路基层设计截面为梯形时，如何计算清单项目工程量？与定额的工程量计算规则相同吗？

7. 如何区分透层油与粘层油？

8. 道路面层清单项目工程量计算时，需注意哪些事项？

9. “水泥混凝土面层”清单项目通常包含哪些组合工作内容？

10. 水泥混凝土面层的钢筋是否包含在“水泥混凝土面层”清单项目中？编制工程量清单时，如何处理钢筋？

11. 水泥混凝土面层施工时的模板是否包含在“水泥混凝土面层”清单项目中？编制工程量清单时，如何处理其模板？

12. 新建的水泥混凝土面层工程通常包括哪些分部分项清单项目？

13. 新建的沥青混凝土面层工程通常包括哪些分部分项清单项目？

二、计算题

某道路工程车行道结构如图 10.5 所示，已知车行道宽 16m，道路长 600m，试确定该道路车行道工程清单项目及项目编码，计算各清单项目工程量，并计算各清单项目的组合工作内容定额工程量。

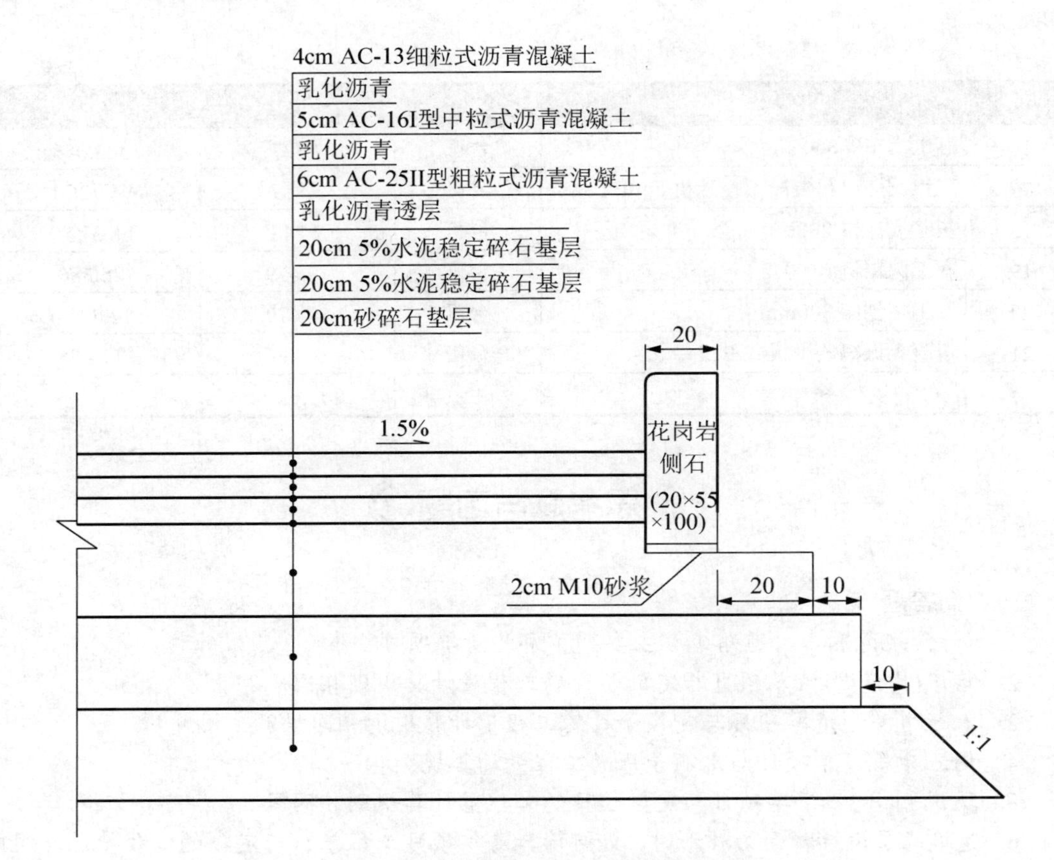

图 10.5　某道路工程车行道结构示意图

第11章 排水管网工程清单计量与计价

本章学习要点

1. 排水管网工程清单项目的工程量计算规则、计算方法。
2. 排水管网工程招标工程量清单编制步骤、方法、要求。
3. 排水管网工程清单计价(投标报价)的步骤、方法、要求。

引言

某管道平面图如下图所示，已知Y1、Y2、Y3、Y5为1 100mm×1 100mm溜槽井(非落底井)，Y4为1 100mm×1 100mm落底井。该管道工程的检查井清单工程量、定额工程量相等吗？有什么不同？

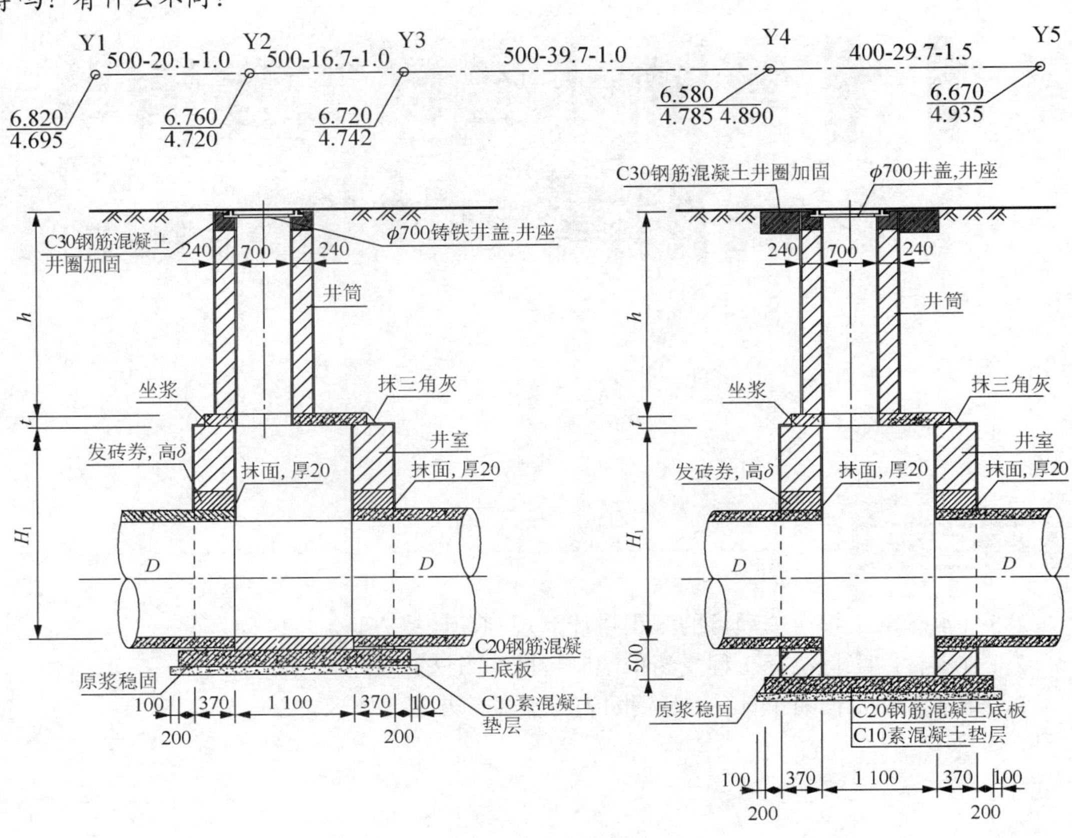

管道平面图

11.1 排水管网工程清单项目

11.1.1 排水管网工程分部分项清单项目

《市政工程工程量计算规范》(GB 50587—2013)附录E管网工程中，设置了4个小节51个清单项目，4个小节分别为：管道铺设、管件阀门及附件安装、支架制作及安装、管道附属构筑物。管网工程包括了市政排水、给水、燃气、供热等管网工程，本章主要介绍市政排水管网工程相关内容。

1. 管道铺设

本节根据管(渠)道材料、铺设方式的不同，设置了20个清单项目：混凝土管铺设、钢管铺设、铸铁管铺设、塑料管铺设、砌筑方沟、混凝土方沟、砌筑渠道、混凝土渠道、水平导向钻进、夯管、顶管、顶(夯)管工作坑、预制混凝土工作坑、隧道(沟、管)内管道铺设、直埋式预制保温管铺设、管道架空跨越、临时放水管线、新旧管连接、土壤加固、警示(示踪)带铺设。

其中铸铁管铺设、直埋式预制保温管铺设、管道架空跨越、临时放水管线等清单项目主要存在于给水、燃气、供热等管网工程。

特别提示

管道铺设项目的做法如为标准设计，可在项目特征中标注标准图集号及页码。

管道铺设项目特征中的检验及实验要求应根据专业的施工验收规范及设计要求，对已完管道工程进行的严密性试验、闭水试验、吹扫、冲洗消毒、强度试验等内容进行描述。

2. 管件、阀门及附件安装

本节主要是给水工程、燃气、供热管网工程的清单项目。

3. 支架制作及安装

本节主要是给水工程、燃气、供热管网工程的清单项目。

4. 管道附属构筑物

本节共设置了9个清单项目：砌筑井、混凝土井、塑料检查井、砖砌井筒、预制混凝土井筒、砌体出水口、混凝土出水口、雨水口、整体化粪池。

特别提示

管道附属构筑物为标准定型构筑物时，在项目特征中应标注标准图集编号及页码。

5. 其他

除上述分部分项清单项目以外，排水管网工程通常还包括《市政工程工程量计算规范》(GB 50587—2013)附录A土石方工程、J钢筋工程中的有关分部分项清单项目。如果是改建排水管网工程，还包括附录K拆除工程中的有关分部分项清单项目。

排水管网工程的土石方工程清单项目主要有：挖沟槽土方、挖沟槽石方、回填方、余方弃置。

排水管网工程的钢筋工程清单项目主要有：现浇构件钢筋、预制构件钢筋、预埋铁件。

改建排水管网工程的拆除工程清单项目主要有：拆除管道、拆除砖石结构、拆除混凝土结构、拆除井。

各清单项目的项目名称、项目编码、项目特征、计量单位、工程内容、工程量计算规则、可组合的主要内容可参见本书附录。

11.1.2 排水管网工程分部分项清单项目工程量计算规则

本章主要介绍市政排水管网工程常见的分部分项清单项目的工程量计算规则。

1．管道铺设

常见的清单项目包括：混凝土管道铺设、塑料管道铺设、水平导向钻进、顶管、顶管工作坑、砌筑渠道、混凝土渠道等。

(1) 混凝土管道铺设、塑料管道铺设：按设计图示中线长度以延长米计算，不扣除井、阀门所占长度，计量单位为m。

知识链接

$$管道铺设清单工程量=设计图示井中至井中的距离 \tag{11-1}$$

$$渠道铺设清单工程量=设计图示渠道长度 \tag{11-2}$$

在计算管道铺设清单工程量时，要根据具体工程的施工图样，结合管道铺设清单项目的项目特征，划分不同的清单项目，分别计算其工程量。

如“混凝土管铺设”清单项目的特征有7点，需结合工程实际加以区别：

① 垫层、基础材质及厚度;

② 管座材质;

③ 规格，即管内径;

④ 接口形式：区分平(企)接口、承插接口、套环接口等形式;

⑤ 铺设深度;

⑥ 混凝土强度等级;

⑦ 管道检验及试验要求：是否要求做管道严密性试验。

如果上述7个项目特征有1个不同，就应是1个不同的具体的清单项目，其管道铺设的工程量应分别计算。

【例11-1】 某段雨水管道平面图如图11.1所示，管道均采用钢筋混凝土管，承插式橡胶圈接口，基础均采用钢筋混凝土条形基础，管道基础结构如图11.2所示。试计算该段雨水管道清单项目名称、项目编码及其工程量。

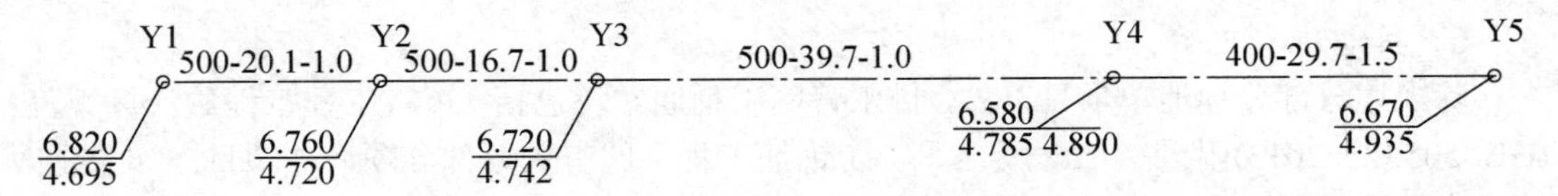

图11.1　某段雨水管道平面图

基础尺寸表

D	D_1	D_2	H_1	B_1	h_1	h_2	h_3	C20混凝土/(m³/m)
200	260	365	30	465	60	86	47	0.07
300	380	510	40	610	70	129	54	0.11
400	490	640	45	740	80	167	60	0.17
500	610	780	55	880	80	208	66	0.22
600	720	910	60	1 010	80	246	71	0.28
800	930	1 104	65	1 204	80	303	71	0.36
1 000	1 150	1 346	75	1 446	80	374	79	0.48
1 200	1 380	1 616	90	1 716	80	453	91	0.66

图11.2　管道基础结构图

【解】由管道平面图可知，该段管道有两种规格：*D*400 管道、*D*500 管道，所以有两个管道铺设的清单项目，工程量分开计算。

(1) 项目名称：*D*400 混凝土管道铺设(橡胶圈接口、C20 钢筋混凝土条形基础、C10 素混凝土垫层)

项目编码：040501001001

清单工程量=29.7m

(2) 项目名称：*D*500 混凝土管道铺设(橡胶圈接口、C20 钢筋混凝土条形基础、C10 素混凝土垫层)

项目编码：040501001002

清单工程量=20.1+16.7+39.7=76.5(m)

特别提示

(1) 管道铺设清单项目包括：垫层、管道基础(平基、管座)混凝土浇筑、管道铺设、管道接口、井壁(墙)凿洞、混凝土管截断、闭水试验等内容。

【例 11-1】中，*D*400 混凝土管道铺设清单项目包括：C10 素混凝土垫层、C20 钢筋混凝土平基、*D*400 管道铺设、C20 混凝土管座、橡胶圈接口、管道闭水试验。

(2) 管道铺设清单项目不包括管道基础钢筋的制作安装，钢筋制作安装按附录 J 钢筋工程另列清单项目计算。管道基础混凝土浇筑时模板的安拆可列入施工技术措施项目计算，也可作为管道铺设清单项目的组合工作内容。

(2) 水平导向钻进：按设计图示长度以延长米计算，扣除附属构筑物(检查井)所占长度，计量单位为 m。

(3) 顶管：按设计图示长度以延长米计算，扣除附属构筑物(检查井)所占长度，计量单位为 m。

(4) 顶管工作坑：按设计图示数量计算，计量单位为座。

(5) 砌筑渠道、混凝土渠道：按放水管线长度以延长米计算，不扣除管件、阀门所占长度。

2. 管道附属构筑物

常见的清单项目包括：砌筑井、混凝土井、塑料检查井、雨水口、砌体出水口、混凝土出水口。

1) 工程量计算规则

按设计图示以数量计算，计量单位为座。

2) 工程量计算方法

$$管道附属构筑物工程量=附属构筑物的数量 \tag{11-3}$$

【例 11-2】 某段雨水管道平面图如图 11.1 所示，已知 Y1、Y2、Y3、Y4、Y5 均为 1 100mm×1 100mm 砖砌检查井，其中落底井落底为 50cm，试计算该段管道检查井清单项目名称、项目编码及清单工程量。

【解】由管道平面图可知：Y1、Y2、Y3、Y5 均为雨水流槽井、Y4 为雨水落底井。

另外，根据平面图所示标高计算各井的井深如下。

Y1 井井深=2.125m　　　　　　　Y2 井井深=2.040m

Y3 井井深=1.978m　　　　　　　Y5 井井深=1.735m

Y1、Y2、Y3、Y5 平均井深=1.97m

Y4 井井深=2.4m

该段雨水管道检查井根据井的结构、尺寸、井深等项目特征，可设置两个具体的清单项目。

(1) 项目名称：1 100mm×1 100mm 砖砌雨水检查井(不落底井、平均井深 1.97m)。

项目编码：040504001001

清单工程量=4 座

(2) 项目名称：1 100mm×1 100mm 砖砌雨水检查井(不落底井、井深 2.4m)。

项目编码：040504001002

清单工程量=1 座

特别提示

在计算工程量时，要根据具体工程的施工图样，结合检查井清单项目的项目特征，划分不同的具体清单项目，分别计算其工程量。

(1) 检查井、雨水口清单项目一般包括以下组合工作内容：井垫层铺筑、井底板混凝土浇筑、井身砌筑、井身勾缝、抹灰、井内爬梯制作安装、盖板制作安装、过梁制作安装、井圈制作安装、井盖(箅)座制作安装。

(2) 检查井、雨水口清单项目不包括井底板、盖板、过梁、井圈等钢筋混凝土结构中钢筋的制作安装，钢筋制作安装按附录 J 钢筋工程另列清单项目计算。

(3) 检查井、雨水口的井底板、盖板、过梁、井圈等钢筋混凝土浇筑时，模板的安拆可列入施工技术措施项目计算，也可作为检查井、雨水口清单项目的组合工作内容。

(4) 检查井、雨水口清单项目不包括井深大于 1.5m 砌筑时所需的井字架工程、不包括砌筑高度超过 1.2m 及抹灰高度超过 1.5m 所需脚手架工程。井字架、脚手架均列入施工技术措施项目计算。

11.2 排水管道工程招标工程量清单编制实例

【例 11-3】 某市中华路排水管道工程，于 2016 年 3 月 1 日—3 月 5 日进行工程招投标活动。雨水管道实施的起讫井号为 Y1 ~ Y3，污水管道实施的起讫井号为 W1 ~ W4，均不包括沿线的支管及支管井、不包括雨水口及连接管。管径 $D \leqslant 400$mm 采用承插式 UPVC 管、砂基础；管径 $D \geqslant 500$mm 采用承插式钢筋混凝土管、钢筋混凝土条形基础，雨污水均采用砖砌矩形或方形检查井。管道平面图、纵断面图、结构图如图 6.7 ~ 图 6.22 所示。

砂基础；管径 $D\geqslant500$mm 采用承插式钢筋混凝土管、钢筋混凝土条形基础，雨污水均采用砖砌矩形或方形检查井。管道平面图、纵断面图、结构图如图 6.7 ~ 图 6.22 所示。

已知本工程沿线土质为砂性土，地下水位于地表以下 1.3 ~ 1.5m。

根据工程图纸，编制该道路工程的招标工程量清单。

【解】 1. 根据施工图纸，根据《市政工程工程量计算规范》(GB 50857—2013)，参考《浙江省建设工程工程量清单计价指引》(市政工程)，确定分部分项清单项目的项目名称、项目特征、项目编码，并计算其清单工程量，见表 11-1。

该排水管道工程的基础数据的计算同【例 6-14】。

表 11-1　分部分项清单项目及其工程量计算表

序号	项目编码	分部分项清单项目名称	项目特征	计量单位	计算式	工程量
1	040101002001	挖沟槽土方	一、二类土，4m 以内	m^3	同定额计价模式的工程量	1 143.60
2	040103001001	回填方	一、二类土，场内平衡	m^3		862.30
3	040103002001	余方弃置	运距由投标人自行考虑	m^3		151.96
4	040501001001	混凝土管道铺设	*D*500，10cm 厚 C10 素混凝土垫层，C20 钢筋混凝土条形基础，承插式橡胶圈接口，闭水试验，含混凝土模板	m	45+45	90
5	040501004001	塑料管道铺设	*DN*400，砂基础，承插式橡胶圈接口，闭水试验	m	27+30+30	87
6	040504001001	砌筑井	1 100mm×1 100mm 砖砌污水流槽井，平均井深 3.098m，10cm 厚 C10 素混凝土垫层，20cm 厚 C20 钢筋混凝土底板，M10 水泥砂浆砌 MU10 机砖，1∶2 水泥砂浆抹面，C20 钢筋混凝土井室盖板，C30 钢筋混凝土井圈，ϕ700 铸铁井盖、座，含混凝土模板	座	4	4
7	040504001002	砌筑井	1 100mm×1 100mm 砖砌雨水落底井，井深 2.991m，10cm 厚 C10 素混凝土垫层，20cm 厚 C20 钢筋混凝土底板，M10 水泥砂浆砌 MU10 机砖，1∶2 水泥砂浆抹面，C20 钢筋混凝土井室盖板，C30 钢筋混凝土井圈，ϕ700 铸铁井盖、座，含混凝土模板	座	1	1
8	040504001003	砌筑井	1 100mm×1 250mm 砖砌雨水落底井，井深 3.201m，10cm 厚 C10 素混凝土垫层，20cm 厚 C20 钢筋混凝土底板，M10 水泥砂浆砌 MU10 机砖，1∶2 水泥砂浆抹面，C20 钢筋混凝土井室盖板，C30 钢筋混凝土井圈，ϕ700 铸铁井盖、座，含混凝土模板	座	1	1

续表

序号	项目编码	分部分项清单项目名称	项目特征	计量单位	计算式	工程量
9	040504001004	砌筑井	1 100mm×1 100mm 砖砌流槽井，井深 2.521m，10cm 厚 C10 素混凝土垫层，20cm 厚 C20 钢筋混凝土底板，M10 水泥砂浆砌 MU10 机砖，1∶2 水泥砂浆抹面，C20 钢筋混凝土井室盖板，C30 钢筋混凝土井圈，ϕ700 铸铁井盖、座，含混凝土模板	座	1	1
10	040901001001	现浇构件钢筋	圆钢	t	765.091/1 000	0.765
11	040901001001	现浇构件钢筋	螺纹钢	t	380.759/1 000	0.381
12	040901002001	预制构件钢筋	圆钢	t	36.166/1 000	0.036
13	040901002001	预制构件钢筋	圆钢	t	163.682/100	0.164

2. 根据工程图纸、结合相关的施工技术规范要求及常规的施工方法，确定施工技术措施清单项目的项目名称、项目特征、项目编码，并计算其清单工程量，见表 11-2。

表 11-2 施工技术措施清单项目及其工程量计算表

序号	项目编码	技术措施清单项目名称	项目特征	计量单位	计算公式	工程量
1	041107002001	排水、降水	轻型井点降水	昼夜	7+10	17
2	041101005001	井字架	4m 以内	座	4+3	7
3	041106001001	大型机械设备进出场及安拆	1m³ 履带式挖掘机	台・次	1	1

3. 根据工程实际情况，确定施工组织措施清单项目的项目名称、项目编码，见表 11-3。

表 11-3 施工组织措施清单项目及其工程量计算表

序号	项目编码	组织措施清单项目名称		
1	041109001001	安全文明施工费		
2	041109002001	夜间施工增加费		
3	Z041109009001	工程定位复测费		
4	041109005001	行车、行人干扰增加费		
5	041109007001	已完工程及设备保护费		
6	041109004001	冬雨季施工增加费		

4. 编制本工程的招标工程量清单，见表 11-4～表 11-9。

表 11-4 招标工程量清单封面

某市中华路排水管道工程

工 程 量 清 单

招 标 人：＿＿＿＿＿＿＿＿ 工程造价咨询人：＿＿＿＿＿＿＿＿

(单位盖章) (单位资质专用章)

法定代表人或其授权人：＿＿＿＿＿＿＿＿ 法定代表人或其授权人：＿＿＿＿＿＿＿＿

(签字或盖章) (签字或盖章)

编 制 人：＿＿＿＿＿＿＿＿ 复 核 人：＿＿＿＿＿＿＿＿

(造价人员签字盖专用章) (造价工程师签字盖专用章)

编制时间： 复核时间：

表 11-5 招标工程量清单总说明

工程名称：某市中华路排水管道工程 第 1 页 共 1 页

一、工程概况及实施范围

某市中华路排水管道工程雨水管道实施的起讫井号为 Y1～Y3，污水管道实施的起讫井号为 W1～W4，均不包括沿线的支管及支管井、不包括雨水口及连接管。管径 D≤400mm 采用承插式 UPVC 管、砂基础；管径 D≥500mm 采用承插式钢筋混凝土管、钢筋混凝土条形基础，雨污水均采用砖砌矩形或方形检查井。工程沿线土质为砂性土，地下水位于地表以下 1.3～1.5m。

二、工程量清单编制依据

1.《建设工程工程量清单计价规范》(GB 50500—2013)。

2.《浙江省建设工程工程量清单计价指引》(市政工程)。

3.《市政工程工程量计算规范》(GB 50857—2013)。

4. 市政给水排水管道工程施工相关规范。

5. 某市中华路排水管道工程施工图。

三、编制说明

多余的土方外运、运距由投标人自行考虑；场内平衡的土方运输方式由投标人自行考虑。

四、其他

1. 本工程风险费用暂不考虑，农民工工伤保险费、危险作业意外伤害保险费暂不考虑，本工程无创标化工程要求，本工程不得分包，本工程无暂列金额、计日工。

2. 安全文明施工费按市区一般工程考虑。

表 11-6　分部分项工程量清单与计价表

单位(专业)工程名称：排水工程-市政　　　　第 1 页　共 2 页

序号	项目编码	项目名称	项目特征	计量单位	工程量	综合单价/元	合价/元	其中/元		备注
								人工费	机械费	
1	040101002001	挖沟槽土方	一、二类土，4m 以内	m^3	1 143.60					
2	040103001001	回填方	一、二类土，场内平衡	m^3	862.30					
3	040103002001	余方弃置	运距由投标人自行确定	m^3	151.96					
4	040501001001	混凝土管	*D*500，C10 混凝土垫层，C20 钢筋混凝土基础，承插式橡胶圈接口，闭水试验，含混凝土模板	m	90.00					
5	040501004001	塑料管	*DN*400，砂基础，承插式橡胶圈接口，闭水试验	m	87.00					
6	040504001001	砌筑井	1 100mm×1 100mm 砖砌污水流槽井，平均井深 3.098m，C10 素混凝土垫层，C20 钢筋混凝土底板，M10 水泥砂浆砌筑 MU10 机砖，砖砌流槽，1∶2 水泥砂浆抹面，C20 钢筋混凝土井室盖板，C30 钢筋混凝土井圈，ϕ700 铸铁井盖、座，含混凝土模板	座	4					
7	040504001004	砌筑井	1 100mm×1 100mm 砖砌雨水流槽井，井深 2.521m，C10 素混凝土垫层，C20 钢筋混凝土底板，M10 水泥砂浆砌筑 MU10 机砖，砖砌流槽，1∶2 水泥砂浆抹面，C20 钢筋混凝土井室盖板，C30 钢筋混凝土井圈，ϕ700 铸铁井盖、座，含混凝土模板	座	1					
			本页小计							

单位(专业)工程名称：排水工程-市政　　　　第2页　共2页

序号	项目编码	项目名称	项目特征	计量单位	工程量	综合单价/元	合价/元	其中/元		备注
								人工费	机械费	
8	040504001002	砌筑井	1 100mm×1 100mm 砖砌雨水落底井，井深 2.991m，C10 素混凝土垫层，C20 钢筋混凝土底板，M10 水泥砂浆砌筑 MU10 机砖，1∶2 水泥砂浆抹面，C20 钢筋混凝土井室盖板，C30 钢筋混凝土井圈，ϕ700 铸铁井盖、座，含混凝土模板	座	1					
9	040504001003	砌筑井	1 100mm×1 250mm 砖砌雨水落底井，井深 3.201m，C10 素混凝土垫层，C20 钢筋混凝土底板，M10 水泥砂浆砌筑 MU10 机砖，1∶2 水泥砂浆抹面，C20 钢筋混凝土井室盖板，C30 钢筋混凝土井圈，ϕ700 铸铁井盖、座，含混凝土模板	座	1					
10	040901001001	现浇构件钢筋	圆钢	t	0.765					
11	040901001002	现浇构件钢筋	螺纹钢	t	0.381					
12	040901002001	预制构件钢筋	圆钢	t	0.036					
13	040901002002	预制构件钢筋	螺纹钢	t	0.164					
			本页小计							
			合　计							

表 11-7　施工技术措施项目清单与计价表

单位(专业)工程名称：排水工程-市政　　　　第 1 页　共 1 页

序号	项目编码	项目名称	项目特征	计量单位	工程量	综合单价/元	合价/元	其中/元		备注
								人工费	机械费	
1	041107002001	排水、降水	轻型井点降水	昼夜	17					
2	041101005001	井字架	4m 以内	座	7					
3	041106001001	大型机械设备进出场及安拆	$1m^3$ 履带式挖掘机	台·次	1					
本页小计										
合计										

表 11-8　施工组织措施项目清单与计价表

单位(专业)工程名称：道路工程-市政　　　　第 1 页　共 1 页

序号	项目名称	计算基数	费率/%	金额/元
1	安全文明施工费	人工费+机械费		
2	冬雨季施工增加费	人工费+机械费		
3	夜间施工增加费	人工费+机械费		
4	已完工程及设备保护费	人工费+机械费		
5	二次搬运费	人工费+机械费		
6	行车、行人干扰增加费	人工费+机械费		
7	提前竣工增加费	人工费+机械费		
8	工程定位复测费	人工费+机械费		
9	特殊地区施工增加费	人工费+机械费		
10	其他施工组织措施费	按相关规定计算		
合　计				

表 11-9　其他项目清单汇总表

工程名称：市政　　　　第 1 页　共 1 页

序号	项 目 名 称	计量单位	金额/元	备注
1	暂列金额	元	0.00	
2	暂估价	元	0.00	
2.1	材料暂估价	元	0.00	
2.2	专业工程暂估价	元	0.00	
3	计日工			
4	总承包服务费			
合　计				

注：本工程无其他清单项目，其他项目清单包括的明细清单均为空白表格。本例不再放入空白的明细清单的表格。

11.3 排水管道工程清单计价(投标报价)实例

【例 11-4】 某市中华路排水管道工程，于 2016 年 3 月 1 日—3 月 5 日进行工程招投标活动。雨水管道实施的起讫井号为 Y1 ~ Y3，污水管道实施的起讫井号为 W1 ~ W4，均不包括沿线的支管及支管井、不包括雨水口及连接管。管径 $D \leqslant 400$mm 采用承插式 UPVC 管、砂基础；管径 $D \geqslant 500$mm 采用承插式钢筋混凝土管、钢筋混凝土条形基础，雨污水均采用砖砌矩形或方形检查井。管道平面图、纵断面图、结构图如图 6.7 ~ 图 6.22 所示。

已知本工程沿线土质为砂性土，地下水位于地表以下 1.3 ~ 1.5m。

根据工程图纸和招标工程量清单，试按清单计价模式采用综合单价法编制该道路工程的投标报价。

本工程风险费用暂不考虑，农民工工伤保险费、危险作业意外伤害保险费暂不考虑，本工程无创标化工程要求，本工程不得分包，本工程无暂列金额、计日工。

本例题中排水管道工程的施工方案，与定额计价模式下编制投标报价相同，具体可见【例 6-14】。

【解】1. 根据招标工程量清单中的分部分项工程量清单、工程图纸，结合施工方案，参考《浙江省建设工程工程量清单计价指引》(市政工程)，确定分部分项清单项目的组合工作内容，计算各组合工作内容的定额工程量，并确定其套用的定额子目，见表 11-10。

2. 根据招标工程量清单中的施工技术措施项目清单、工程图纸，结合施工方案，参考《浙江省建设工程工程量清单计价指引》(市政工程)，确定技术措施清单项目的组合工作内容，计算各组合工作内容的定额工程量，并确定其套用的定额子目，见表 11-11。

3. 确定人、材、机单价，判定工程类别、确定各项费率。

(1) *DN*400UPVC 管道橡胶圈单价为 20 元/只，圆钢单价为 3 400 元/t，螺纹钢单价为 3 300 元/t，*DN*400 UPVC 管道单价为 95 元/m，D500 钢筋混凝土管道单价为 150 元/m，砖块单价为 400 元/千块；一类人工工日单价为 65 元，二类人工工日单价为 70 元；其他人、材、机单价按《浙江省市政工程预算定额》(2010 版)计取。

(2) 本管道工程为三类排水工程。

(3) 企业管理费、利润、各项组织措施费的费率按《浙江省建设工程施工费用定额》(2010 版)及浙江省有关规定的费率范围的低值计取；规费、税金按《浙江省建设工程施工费用定额》(2010 版)的规定计取。

4. 计算清单计价模式下，本道路工程的工程造价，详见表 11-12 ~ 表 11-24。

表 11-10 分部分项清单项目的组合工作内容工程量计算表

序号	分部分项清单项目名称	清单工程量	分部分项清单项目所包含的组合工作内容			
			组合工作内容名称	组合工作内容定额工程量计算式	工程量	定额子目
1	挖沟槽土方(一、二类土，4m以内)	1 143.60m³	挖掘机挖土并装车(一、二类土)	1 051.31−899.36	151.96m³	1−59
			挖掘机挖土不装车(一、二类土)	862.30×1.15−92.29	899.36m³	1−56
			人工挖沟槽土方 (一二类土、4m 以内、辅助清底)	92.29	92.29	$1-5_H$
2	回填方(一、二类土，场内平衡)	151.96m³	槽坑填土夯实	$V_{填}=V_{挖}-\sum V_{扣}$=92.29+1 051.31−281.30 =862.30	151.96m³	1−87
3	余方弃置(运距由投标人自行考虑)	862.30m³	自卸车运土方(运距 5km)	2 900−1 200×1.15	151.96m³	1−68+ 1−69×4
4	混凝土管道铺设(*D*500)	90m	C10 素混凝土垫层	4.74+4.74	9.48m³	6−268
			C20 混凝土平基	6.74+6.74	13.48m³	$6-276_H$
			*D*500 混凝土管道铺设(人工)	45−1.1+45−1.1	87.8m³	6−27
			*D*500 管承插式橡胶圈接口	14+14	28 个口	6−179
			*D*500 管道闭水试验	45+45	90m	6−212
			现浇管道混凝土垫层模板	0.1×(45−1.1)×2×2	17.56m²	6−1044
			现浇管道平基模板	0.08×(45−1.1)×2×2	14.05m²	6−1094
			现浇管道管座模板	0.208×(45−1.1)×2×2	36.52m²	6−1096
5	塑料管道铺设(*DN*400)	87m	砂垫层	4.95+5.53+5.53	16.01m³	6−266
			沟槽回填砂	40.79+45.51+45.51	131.81m³	6−286
			*DN*400 UPVC 管道铺设	27−1.1+30−1.1+30−1.1	83.7m	6−46
			*DN*400UPVC 管橡胶圈接口	4+4+4	12 个口	6−194
			*DN*400 管道闭水试验	27+30+30	87m	6−211

续表

序号	分部分项清单项目名称	清单工程量	分部分项清单项目所包含的组合工作内容			
			组合工作内容名称	组合工作内容定额工程量计算式	工程量	定额子目
6	砌筑井(1 100mm×1 100mm砖砌污水流槽井，平均井深3.098m)	4座	C10井垫层	(2.04+2×0.1)×(2.04+2×0.1)×0.1×4	2.01m^3	$6\text{-}229_H$
			C20井底板	2.04×2.04×0.2×4	3.33m^3	$6\text{-}276_H$
			井室砌筑(矩形、M10砂浆)	2.18×1.845×4+0.35×4	17.49m^3	$6\text{-}231_H$
			井筒砌筑(圆形、M10砂浆)	0.71×0.843×4	2.39m^3	$6\text{-}230_H$
			井壁抹灰	(11.76×1.845+5.91×0.843)×4	106.72m^2	6-237
			流槽抹灰	2.14×4	8.56m^2	6-239
			C20井室盖板预制	0.197×4	0.79m^3	6-337
			C20井室盖板安装	0.197×4	0.79m^3	6-348
			C30井圈预制	0.182×4	0.73m^3	$6\text{-}249_H$
			C30井圈安装	0.182×4	0.73m^3	6-353
			ϕ700铸铁井盖、座安装	4	4套	6-252
			现浇井垫层模板	2.24×0.1×4×4	3.58m^2	6-1044
			现浇井底板模板	2.04×0.2×4×4	6.53m^2	6-1094
			预制井室盖板模板	0.179×4	0.79m^3	6-1111
			预制井圈模板	0.182×4	0.73m^3	6-1121
7	砌筑井(1 100mm×1 100mm砖砌雨水落底井，井深2.991m)	1座	C10井垫层	(2.04+2×0.1)×(2.04+2×0.1)×0.1	0.50m^3	$6\text{-}229_H$
			C20井底板	2.04×2.04×0.2	0.83m^3	$6\text{-}276_H$
			井室砌筑(矩形、M10砂浆)	2.18×2.3	5.01m^3	$6\text{-}231_H$
			井筒砌筑(圆形、M10砂浆)	0.71×0.281	0.20m^3	$6\text{-}230_H$
			井壁抹灰	11.76×2.3+5.91×0.281	28.71m^2	6-237
			C20井室盖板预制	0.197×1	0.20m^3	6-337
			C20井室盖板安装	0.197×1	0.20m^3	6-348

续表

序号	分部分项清单项目名称	清单工程量	分部分项清单项目所包含的组合工作内容			
			组合工作内容名称	组合工作内容定额工程量计算式	工程量	定额子目
7	砌筑井(1 100mm×1 100mm 砖砌雨水落底井，井深 2.991m)	1座	C30 井圈预制	0.182×1	0.18m^3	6-249_H
			C30 井圈安装	0.182×1	0.18m^3	6-353
			ϕ700 铸铁井盖、座安装	1	1套	6-252
			现浇井垫层模板	2.24×0.1×4	0.90m^2	6-1044
			现浇井底板模板	2.04×0.2×4	1.63m^2	6-1094
			预制井室盖板模板	0.197	0.20m^3	6-1111
			预制井圈模板	0.182	0.18m^3	6-1121
8	砌筑井(1 100mm×1 250mm 砖砌雨水落底井，井深 3.201m)	1座	C10 井垫层	(2.04+2×0.1)×(2.19+2×0.1)×0.1	0.54m^3	6-229_H
			C20 井底板	2.04×2.19×0.2	0.89m^3	6-276_H
			井室砌筑(矩形、M10 砂浆)	$2.29\times2.3-\frac{\pi0.93^2}{4}\times0.37$	5.02m^3	6-231_H
			井筒砌筑(圆形、M10 砂浆)	0.71×0.491	0.35m^3	6-230_H
			井壁抹灰	12.36×2.3+5.91×0.491	31.33m^2	6-237
			C20 井室盖板预制	0.224×1	0.22m^3	6-337
			C20 井室盖板安装	0.224×1	0.22m^3	6-348
			C30 井圈预制	0.182×1	0.18m^3	6-249_H
			C30 井圈安装	0.182×1	0.18m^3	6-353
			ϕ700 铸铁井盖、座安装	1	1套	6-252
			现浇井垫层模板	2.24×0.1×2+2.39×0.1×2	0.93m^2	6-1044
			现浇井底板模板	2.04×0.2×2+2.19×0.2×2	1.69m^2	6-1094
			预制井室盖板模板	0.22	0.22m^3	6-1111
			预制井圈模板	0.182	0.18m^3	6-1121

续表

序号	分部分项清单项目名称	清单工程量	分部分项清单项目所包含的组合工作内容			
			组合工作内容名称	组合工作内容定额工程量计算式	工程量	定额子目
9	砌筑井(1 100mm×1 100mm 砖砌雨水流槽井，井深 2.521m)	1座	C10 井垫层	(2.04+2×0.1)×(2.04+2×0.1)×0.1	0.50m³	$6\text{-}229_H$
			C20 井底板	2.04×2.04×0.2	0.83m³	$6\text{-}276_H$
			井室砌筑(矩形、M10 砂浆)	2.18×1.875+0.35	4.44m³	$6\text{-}231_H$
			井筒砌筑(圆形、M10 砂浆)	0.71×0.236	0.17m³	$6\text{-}230_H$
			井壁抹灰	11.76×1.875+5.91×0.236	23.44m³	6-237
			流槽抹灰	2.14×1	2.14m³	6-239
			C20 井室盖板预制	0.197×1	0.20m³	6-337
			C20 井室盖板安装	0.197×1	0.20m³	6-348
			C30 井圈预制	0.182×1	0.18m³	$6\text{-}249_H$
			C30 井圈安装	0.182×1	0.18m³	6-353
			ϕ700 铸铁井盖、座安装	1	1 套	6-252
			现浇井垫层模板	2.24×0.1×4	0.90m²	6-1044
			现浇井底板模板	2.04×0.2×4	1.63m²	6-1094
			预制井室盖板模板	0.197	0.20m³	6-1111
			预制井圈模板	0.182	0.18m³	6-1121
10	现浇构件钢筋(圆钢)	0.765t	现浇构件钢筋，圆钢(混凝土条形基础)	$0.006\,17\times10^2\times(5+4)\times(45-1.1)\times2+0.006\,17\times8^2\times8.005\times(45-1.1)\times2$	0.765	6-1124
11	现浇构件钢筋(螺纹钢)	0.381t	现浇构件钢筋，螺纹钢(井底板)	53.754×6+58.233×1	0.381	6-1125
12	预制构件钢筋(圆钢)	0.036t	预制构件钢筋，圆钢(井圈)	$0.006\,17\times6^2\times(5.38+7.64+3.44)\times7+0.006\,17\times4^2\times15.30\times7$	0.036	6-1126
13	预制构件钢筋(螺纹钢)	0.164t	预制构件钢筋，螺纹钢(井室盖板)	23.232×6+24.290×1	0.164	6-1127

表 11-11　施工技术措施清单项目的组合工作内容工程量计算表

序号	技术措施清单项目名称	清单工程量	技术措施清单项目所包含的组合工作内容			
			组合工作内容名称	组合工作内容定额工程量计算式	工程量	定额子目
1	排水、降水(轻型井点降水)	17 昼夜	轻型井点井点管安装	(27+30+30+20)÷1.2+(45+45+20)÷1.2	183 根	1-323
			轻型井点井点管拆除	(27+30+30+20)÷1.2+(45+45+20)÷1.2	183 根	1-324
			井点使用	2×7+2×10	34 套·天	1-325
2	井字架(4m 以内)	7 座	钢管井字架(4m 以内)	根据施工方案确定	7	6-1138
3	大型机械设备进出场及安拆(1m^{3}履带式挖掘机)	1 台·次	1m^{3}挖掘机进出场	根据施工方案确定	1	3001

表 11-12　投标报价封面

投 标 总 价

招　标　人：________________

工 程 名 称：某市中华路排水管道工程

投标总价(小写)：183 595.00 元

(大写)：壹拾捌万叁仟伍佰玖拾伍元整

投　标　人：________________

(单位盖章)

法定代表人
或其授权人：________________

(签字或盖章)

编　制　人：________________

(造价人员签字盖专用章)

编制时间：

表 11-13　总说明

工程名称：某市中华路排水管道工程　　　　第1页　共1页

一、工程概况

某市中华路排水管道工程雨水管道实施的起讫井号为 Y1～Y3，污水管道实施的起讫井号为 W1～W4，均不包括沿线的支管及支管井、不包括雨水口及连接管。管径 D≤400mm 采用承插式 UPVC 管、砂基础；管径 D≥500mm 采用承插式钢筋混凝土管、钢筋混凝土条形基础，雨污水均采用砖砌矩形或方形检查井。工程沿线土质为砂性土，地下水位于地表以下 1.3～1.5m。

二、施工方案

1．本工程土质为砂性土，地下水位高于沟槽底标高，考虑采用轻型井点降水，在雨水、污水管道沟槽一侧设置单排井点，井点管间距为 1.2m，井点管布设长度超出沟槽两端各 10m。

2．沟槽挖方采用挖掘机在槽边作业、放坡开挖，边坡根据土质情况确定为 1∶0.5；距离槽底 30cm 的土方用人工辅助清底。W1～W4 三段管道一起开挖，Y1～Y3 两端管道一起开挖，先施工污水管道，再施工雨水管道。

3．沟槽所挖土方就近用于沟槽回填，多余的土方直接装车用自卸车外运、运距为 5km。

4．管道均采用人工下管。

5．混凝土、砂浆均采用现场拌制。

6．钢筋混凝土条形基础、井底板混凝土施工时采用钢模，其他部位混凝土施工时采用木模或复合木模。

7．检查井施工时均搭设钢管井字架。检查井砌筑、抹灰时不考虑脚手架。

8．配备 1m^3 履带式挖掘机 1 台。

三、人、材、机单价的取定

*DN*400 UPVC 管道橡胶圈单价为 20 元/只，圆钢单价为 3 400 元/t，螺纹钢单价为 3 300 元/t，*DN*400 UPVC 管道单价为 95 元/m，*D*500 钢筋混凝土管道单价为 150 元/m，砖块单价为 400 元/千块；一类人工工日单价为 65 元，二类人工工日单价为 70 元；其他人、材、机单价按《浙江省市政工程预算定额》(2010 版)计取。

四、费率的取定

企业管理费、利润、各项组织措施费的费率按《浙江省建设工程施工费用定额》(2010 版)及浙江省有关规定的费率范围的低值计取；规费、税金按《浙江省建设工程施工费用定额》(2010 版)的规定计取。

五、编制依据

1．《浙江省市政工程预算定额》(2010 版)。

2．《浙江省建设工程施工费用定额》(2010 版)。

3．浙建站计[2013]64 号——关于《浙江省建设工程费用定额》(2010 版)费用项目及费率调整的通知。

4．建建发[2015]517 号——关于规范建设工程安全文明施工费计取的通知。

5．某市中华路排水管道工程招标工程量清单及工程图纸。

表 11-14　工程项目投标报价汇总表

工程名称：某市中华路排水管道工程　　　　第1页　共1页

序号	单位工程名称	金额/元
1	排水工程	183 595.00
1.1	市政	183 595.00
合　计		183 595

表 11-15　单位工程投标报价计算表

单位(专业)工程名称：排水工程-市政　　　　第 1 页　共 1 页

序号	汇总内容	计算公式	金额/元
一	工程量清单分部分项工程费	Σ(分部分项工程量×综合单价)	106 150.48
其中	1．人工费+机械费	Σ(分部分项人工费+分部分项机械费)	36 105.79
二	措施项目费		65 676.00
2.1	(一) 施工技术措施项目费	按综合单价计算	55 488.99
其中	2．人工费+机械费	Σ(技措项目人工费+技措项目机械费)	38 251.95
2.2	(二) 施工组织措施项目费	按项计算	10 187.01
	3．安全文明施工费	(1+2)×11.54%	8 580.88
	4．冬雨季施工增加费	(1+2)×0.1%	74.36
	5．夜间施工增加费	(1+2)×0.01%	7.44
	6．已完工程及设备保护费	(1+2)×0.02%	14.87
	7．二次搬运费	(1+2)×0%	0.00
	8．行车、行人干扰增加费	(1+2)×2%	1 487.15
	9．提前竣工增加费	(1+2)×0%	0.00
	10．工程定位复测费	(1+2)×0.03%	22.31
	11．特殊地区施工增加费	(1+2)×0%	0.00
三	其他项目费	按清单计价要求计算	0.00
四	规费	13+14	5 428.12
	13．排污费、社保费、公积金	(1+2)×7.3%	5 428.12
	14．农民工工伤保险费	按各市有关规定计算	0.00
五	危险作业意外伤害保险费	按各市有关规定计算	0.00
六	单列费用	单列费用	0.00
七	税金	(一+二+三+四+五+计税不计费)×3.577%	6 340.40
八	下浮率	(一+二+三+四+五+六+七)×0%	0.00
九	建设工程造价	一+二+三+四+五+六+七−八	183 595.00

表 11-16 分部分项工程量清单与计价表

单位(专业)工程名称：排水工程-市政　　　　第1页　共2页

序号	项目编码	项目名称	项目特征	计量单位	工程量	综合单价/元	合价/元	其中/元		备注
								人工费	机械费	
1	040101002001	挖沟槽土方	一、二类土，4m 以内	m^3	1 143.60	5.02	5 740.87	2 481.61	2 264.33	
2	040103001001	回填方	一、二类土，场内平衡	m^3	862.30	10.79	9 304.22	6 191.31	1 500.40	
3	040103002001	余方弃置	运距由投标人自行确定	m^3	151.96	13.53	2 056.02	0.00	1 694.35	
4	040501001001	混凝土管	*D*500，C10 混凝土垫层，C20 钢筋混凝土基础，承插式橡胶圈接口，闭水试验，含混凝土模板	m	90.00	326.14	29 352.60	6 494.40	515.70	
5	040501004001	塑料管	*DN*400，砂基础，承插式橡胶圈接口，闭水试验	m	87.00	279.56	24 321.72	4 316.94	113.97	
6	040504001001	砌筑井	1 100mm×1 100mm 砖砌污水流槽井，平均井深 3.098m，C10 素混凝土垫层，C20 钢筋混凝土底板，M10 水泥砂浆砌筑 MU10 机砖，砖砌流槽，1∶2 水泥砂浆抹面，C20 钢筋混凝土井室盖板，C30 钢筋混凝土井圈，ϕ700 铸铁井盖、座，含混凝土模板	座	4	4 206.83	16 827.32	5 066.48	404.20	
7	040504001004	砌筑井	1 100mm×1 100mm 砖砌雨水流槽井，井深 2.521m，C10 素混凝土垫层，C20 钢筋混凝土底板，M10 水泥砂浆砌筑 MU10 机砖，砖砌流槽，1∶2 水泥砂浆抹面，C20 钢筋混凝土井室盖板，C30 钢筋混凝土井圈，ϕ700 铸铁井盖、座，含混凝土模板	座	1	3 971.24	3 971.24	1 172.46	94.94	
			本页小计				91 573.99	25 723.20	6 587.89	

单位(专业)工程名称：排水工程-市政　　　　第2页　共2页

序号	项目编码	项目名称	项目特征	计量单位	工程量	综合单价/元	合价/元	其中/元		备注
								人工费	机械费	
8	040504001002	砌筑井	1 100mm×1 100mm 砖砌雨水落底井，井深 2.991m，C10 素混凝土垫层，C20 钢筋混凝土底板，M10 水泥砂浆砌筑 MU10 机砖，1∶2 水泥砂浆抹面，C20 钢筋混凝土井室盖板，C30 钢筋混凝土井圈，ϕ700 铸铁井盖、座，含混凝土模板	座	1	4 279.89	4 279.89	1 278.30	101.46	
9	040504001003	砌筑井	1 100mm×1 250mm 砖砌雨水落底井，井深 3.201m，C10 素混凝土垫层，C20 钢筋混凝土底板，M10 水泥砂浆砌筑 MU10 机砖，1∶2 水泥砂浆抹面，C20 钢筋混凝土井室盖板，C30 钢筋混凝土井圈，ϕ700 铸铁井盖、座，含混凝土模板	座	1	4 467.70	4 467.70	1 358.58	107.72	
10	040901001001	现浇构件钢筋	圆钢	t	0.765	4 513.83	3 453.08	592.80	37.28	
11	040901001002	现浇构件钢筋	螺纹钢	t	0.381	4 054.53	1 544.78	170.95	28.42	
12	040901002001	预制构件钢筋	圆钢	t	0.036	4 653.25	167.52	29.38	4.94	
13	040901002002	预制构件钢筋	螺纹钢	t	0.164	4 045.86	663.52	69.45	15.42	
本页小计							14 576.49	3 499.46	295.24	
合计							106 150.48	29 222.66	6 883.13	

表 11-17　工程量清单综合单价计算表

单位(专业)工程名称：排水工程-市政　　　　第1页　共8页

序号	编号	名称	计量单位	数量	综合单价/元							合计/元
					人工费	材料费	机械费	管理费	利润	风险费用	小计	
1	040101002001	挖沟槽土方：一、二类土，4m以内	m^3	1143.60	2.17	0.00	1.98	0.54	0.33	0.00	5.02	5 740.87
	1-56	挖掘机挖一、二类土，不装车	$1000m^3$	0.899 36	312.00	0.00	1 981.59	298.17	183.49	0.00	2 775.25	2 495.95
	1-59	挖掘机挖一、二类土，装车	$1000m^3$	0.151 96	312.00	0.00	3 140.82	448.87	276.23	0.00	4 177.92	634.88
	1-5 换	人工挖沟槽、基坑土方，深4m以内，一、二类土，人工辅助开挖(包括切边、修整底边)	$100m^3$	0.922 9	2 331.88	0.00	0.00	303.14	186.55	0.00	2 821.57	2 604.03
2	040103001001	回填方：一、二类土，场内平衡	m^3	862.30	7.18	0.00	1.74	1.16	0.71	0.00	10.79	9 304.22
	1-87	槽、坑，填土夯实	$100m^3$	8.623	717.60	0.00	173.94	115.90	71.32	0.00	1 078.76	9 302.15
3	040103002001	余方弃置：运距由投标人自行确定	m^3	151.96	0.00	0.04	11.15	1.45	0.89	0.00	13.53	2 056.02
	1-68+1-69×4_H	自卸汽车运土，运距5km	$1000m^3$	0.151 96	0.00	35.40	11 146.95	14 49.10	891.76	0.00	13 523.21	2 054.99
4	040501001001	混凝土管：*D*500，C10混凝土垫层，C20钢筋混凝土基础，承插式橡胶圈接口，闭水试验，含混凝土模板	m	90.00	72.16	231.89	5.73	10.13	6.23	0.00	326.14	29 352.60
	6-268	现浇现拌混凝土垫层，C10(40)	$10m^3$	0.948	842.80	1 814.57	93.56	121.73	74.91	0.00	2 947.57	2 794.30
	6-276 换	渠(管)道混凝土平基，现浇现拌混凝土，C20(40)	$10m^3$	0.618	1 190.70	2 055.77	192.11	179.77	110.62	0.00	3 728.97	2 304.50
	6-282 换	混凝土管座，现浇现拌混凝土，C20(40)	$10m^3$	1.348	1 362.20	2141.71	173.50	199.64	122.86	0.00	3999.91	5391.88

单位(专业)工程名称：排水工程-市政　　　　第2页　共8页

序号	编号	名称	计量单位	数量	综合单价/元							合计/元
					人工费	材料费	机械费	管理费	利润	风险费用	小计	
	6-27	承插式混凝土管道铺设，人工下管，管径500mm以内	100m	0.878	1 267.00	15 150.00	0.00	164.71	101.36	0.00	16 683.07	14 647.74
	6-179	排水管道，混凝土管胶圈(承插)接口，管径500mm以内	10个口	2.8	114.10	169.44	0.00	14.83	9.13	0.00	307.50	861.00
	6-212	管道闭水试验，管径500mm以内	100m	0.9	160.30	146.76	0.00	20.84	12.82	0.00	340.72	306.65
	6-1044	混凝土管道垫层木模	$100m^2$	0.175 6	860.16	1 851.93	41.92	117.27	72.17	0.00	2 943.45	516.87
	6-1094	现浇混凝土管、渠道平基钢模	$100m^2$	0.140 5	1 905.75	1 497.73	133.10	265.05	163.11	0.00	3 964.74	557.05
	6-1096	现浇混凝土管座钢模	$100m^2$	0.365 2	3 090.78	1 501.09	133.10	419.10	257.91	0.00	5 401.98	1 972.80
5	040501004001	塑料管：*DN*400，砂基础，承插式橡胶圈接口，闭水试验	m	87.00	49.62	217.94	1.31	6.62	4.07	0.00	279.56	24 321.72
	6-266	砂垫层	$10m^3$	1.601	329.00	727.15	17.44	45.04	27.72	0.00	1 146.35	1 835.31
	6-286	黄砂沟槽回填	$10m^3$	13.181	242.90	711.86	6.50	32.42	19.95	0.00	1 013.63	13 360.66
	6-46	塑料排水管铺设，管径400mm以内	100m	0.837	422.80	9 654.73	0.00	54.96	33.82	0.00	10 166.31	8 509.20
	6-194	塑料排水管，承插式橡胶圈接口，管径400mm以内	10个口	1.2	110.60	208.40	0.00	14.38	8.85	0.00	342.23	410.68
	6-211	管道闭水试验，管径400mm以内	100m	0.87	116.90	95.05	0.00	15.20	9.35	0.00	236.50	205.76

单位(专业)工程名称：排水工程-市政　　第3页　共8页

序号	编号	名称	计量单位	数量	综合单价/元							合计/元
					人工费	材料费	机械费	管理费	利润	风险费用	小计	
6	040504001001	砌筑井：1 100mm×1 100mm 砖砌污水流槽井，平均井深3.098m，C10 素混凝土垫层，C20 钢筋混凝土底板，M10 水泥砂浆砌筑 MU10 机砖，砖砌流槽，1：2 水泥砂浆抹面，C20 钢筋混凝土井室盖板，C30 钢筋混凝土井圈，ϕ700 铸铁井盖、座，含混凝土模板	座	4	1 266.62	2 551.95	101.05	177.80	109.41	0.00	4 206.83	16 827.32
	6-229 换	混凝土井垫层，现浇现拌混凝土 C10(40)	10m^3	0.201	973.00	1 839.54	193.02	151.58	93.28	0.00	3 250.42	653.33
	6-276 换	井底板现浇现拌混凝土，C20(40)	10m^3	0.333	1 190.70	2 055.77	192.11	179.77	110.62	0.00	3 728.97	1 241.75
	6-231 换	矩形井砖砌，水泥砂浆，M10.0	10m^3	1.749	797.23	2 611.59	71.98	113.00	69.54	0.00	3 663.34	6 407.18
	6-230 换	圆形井砖砌，水泥砂浆，M10.0	10m^3	0.239	1 060.99	2 672.10	101.05	151.07	92.96	0.00	4 078.17	974.68
	6-237	砖墙井壁抹灰	100m^2	1.067 2	1 650.11	505.18	67.54	223.29	137.41	0.00	2 583.53	2 757.14
	6-239	砖墙流槽抹灰	100m^2	0.085 6	1 389.99	505.18	67.54	189.48	116.60	0.00	2 268.79	194.21
	6-337	钢筋混凝土井室盖板预制，C20(40)	10m^3	0.079	1 947.40	2 239.24	191.70	278.08	171.13	0.00	4 827.55	381.38
	6-348	钢筋混凝土井室矩形盖板安装，每块体积在 0.3m^3 以内	10m^3	0.079	1 056.58	270.79	185.10	161.42	99.33	0.00	1 773.22	140.08
	6-249 换	钢筋混凝土井圈制作，现浇现拌混凝土，C30(40)	10m^3	0.073	1 277.50	2 290.01	192.60	191.11	117.61	0.00	4 068.83	297.02

单位(专业)工程名称：排水工程-市政　　　　第 4 页　共 8 页

序号	编号	名称	计量单位	数量	综合单价/元							合计/元
					人工费	材料费	机械费	管理费	利润	风险费用	小计	
	6-353	井圈安装，体积 $0.5m^3$ 以内	$10m^3$	0.073	1 383.62	307.76	185.10	203.93	125.50	0.00	2 205.91	161.03
	6-252	铸铁检查井井盖安装	10 套	0.4	348.60	6 585.77	0.00	45.32	27.89	0.00	7 007.58	2 803.03
	6-1044	井垫层木模	$100m^2$	0.035 8	860.16	1 851.93	41.92	117.27	72.17	0.00	2 943.45	105.38
	6-1094	井底板钢模	$100m^2$	0.065 3	1 905.75	1 497.73	133.10	265.05	163.11	0.00	3 964.74	258.90
	6-1111	预制井室盖板复合木模	$10m^3$	0.079	945.56	502.96	63.50	131.18	80.72	0.00	1 723.92	136.19
	6-1121	预制混凝土井圈木模	$10m^3$	0.073	1 993.74	1 900.40	13.52	260.94	160.58	0.00	4 329.18	316.03
7	040504001004	砌筑井：1 100mm×1 100mm 砖砌雨水流槽井，井深 2.521m，C10 素混凝土垫层，C20 钢筋混凝土底板，M10 水泥砂浆砌筑 MU10 机砖，砖砌流槽，1∶2 水泥砂浆抹面，C20 钢筋混凝土井室盖板，C30 钢筋混凝土井圈，ϕ700 铸铁井盖、座，含混凝土模板	座	1	1 172.46	2 437.69	94.94	164.76	101.39	0.00	3 971.24	3 971.24
	6-229 换	混凝土井垫层，现浇现拌混凝土，C10(40)	$10m^3$	0.05	973.00	1 839.54	193.02	151.58	93.28	0.00	3 250.42	162.52
	6-276 换	井底板现浇现拌混凝土，C20(40)	$10m^3$	0.083	1 190.70	2 055.77	192.11	179.77	110.62	0.00	3 728.97	309.50
	6-231 换	矩形井砖砌，水泥砂浆 M10.0	$10m^3$	0.444	797.23	2 611.59	71.98	113.00	69.54	0.00	3 663.34	1 626.52
	6-230 换	圆形井砖砌，水泥砂浆 M10.0	$10m^3$	0.017	1 060.99	2 672.10	101.05	151.07	92.96	0.00	4 078.17	69.33
	6-237	砖墙井壁抹灰	$100m^2$	0.234 4	1 650.11	505.18	67.54	223.29	137.41	0.00	2 583.53	605.58
	6-239	砖墙流槽抹灰	$100m^2$	0.021 4	1 389.99	505.18	67.54	189.48	116.60	0.00	2 268.79	48.55

单位(专业)工程名称：排水工程-市政　　　　第5页　共8页

序号	编号	名称	计量单位	数量	综合单价/元							合计/元
					人工费	材料费	机械费	管理费	利润	风险费用	小计	
	6-337	钢筋混凝土井室盖板预制，C20(40)	$10m^3$	0.02	1 947.40	2 239.24	191.70	278.08	171.13	0.00	4 827.55	96.55
	6-348	钢筋混凝土井室矩形盖板安装，每块体积在 $0.3m^3$ 以内	$10m^3$	0.02	1 056.58	270.79	185.10	161.42	99.33	0.00	1 773.22	35.46
	6-249 换	钢筋混凝土井圈制作，现浇现拌混凝土，C30(40)	$10m^3$	0.018	1 277.50	2 290.01	192.60	191.11	117.61	0.00	4 068.83	73.24
	6-353	井圈安装，体积 $0.5m^3$ 以内	$10m^3$	0.018	1 383.62	307.76	185.10	203.93	125.50	0.00	2 205.91	39.71
	6-252	铸铁检查井井盖安装	10 套	0.1	348.60	6 585.77	0.00	45.32	27.89	0.00	7 007.58	700.76
	6-1044	井垫层木模	$100m^2$	0.009	860.16	1 851.93	41.92	117.27	72.17	0.00	2 943.45	26.49
	6-1094	井底板钢模	$100m^2$	0.016 3	1 905.75	1 497.73	133.10	265.05	163.11	0.00	3 964.74	64.63
	6-1111	预制井室盖板复合木模	$10m^3$	0.02	945.56	502.96	63.50	131.18	80.72	0.00	1 723.92	34.48
	6-1121	预制混凝土井圈木模	$10m^3$	0.018	1 993.74	1 900.40	13.52	260.94	160.58	0.00	4 329.18	77.93
8	040504001002	砌筑井：1 100mm×1 100mm 砖砌雨水落底井，井深 2.991m，C10 素混凝土垫层，C20 钢筋混凝土底板，M10 水泥砂浆砌筑 MU10 机砖，1∶2 水泥砂浆抹面，C20 钢筋混凝土井室盖板，C30 钢筋混凝土井圈，ϕ700 铸铁井盖、座，含混凝土模板	座	1	1 278.30	2 610.38	101.46	179.37	110.38	0.00	4 279.89	4 279.89
	6-229 换	混凝土井垫层，现浇现拌混凝土，C10(40)	$10m^3$	0.05	973.00	1 839.54	193.02	151.58	93.28	0.00	3 250.42	162.52

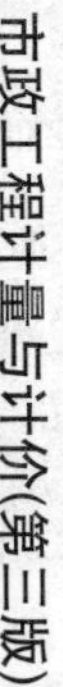

单位(专业)工程名称：排水工程-市政　　　　第 6 页 共 8 页

序号	编号	名称	计量单位	数量	综合单价/元							合计/元
					人工费	材料费	机械费	管理费	利润	风险费用	小计	
	6-276 换	渠(管)道，混凝土平基，现浇现拌混凝土，C20(40)	$10m^3$	0.083	1 190.70	2 055.77	192.11	179.77	110.62	0.00	3 728.97	309.50
	6-231 换	矩形井砖砌，水泥砂浆，M10.0	$10m^3$	0.501	797.23	2 611.59	71.98	113.00	69.54	0.00	3 663.34	1 835.33
	6-230 换	圆形井砖砌，水泥砂浆，M10.0	$10m^3$	0.02	1 060.99	2 672.10	101.05	151.07	92.96	0.00	4 078.17	81.56
	6-237	砖墙井壁抹灰	$100m^2$	0.287 1	1 650.11	505.18	67.54	223.29	137.41	0.00	2 583.53	741.73
	6-337	钢筋混凝土井室盖板预制，C20(40)	$10m^3$	0.02	1 947.40	2 239.24	191.70	278.08	171.13	0.00	4 827.55	96.55
	6-348	钢筋混凝土井室矩形盖板安装，每块体积在 $0.3m^3$ 以内	$10m^3$	0.02	1 056.58	270.79	185.10	161.42	99.33	0.00	1 773.22	35.46
	6-249 换	钢筋混凝土井圈制作，现浇现拌混凝土，C30(40)	$10m^3$	0.018	1 277.50	2 290.01	192.60	191.11	117.61	0.00	4 068.83	73.24
	6-353	井圈安装，体积 $0.5m^3$ 以内	$10m^3$	0.018	1 383.62	307.76	185.10	203.93	125.50	0.00	2 205.91	39.71
	6-252	铸铁检查井井盖安装	10 套	0.1	348.60	6 585.77	0.00	45.32	27.89	0.00	7 007.58	700.76
	6-1044	井垫层木模	$100m^2$	0.009	860.16	1 851.93	41.92	117.27	72.17	0.00	2 943.45	26.49
	6-1094	井底板钢模	$100m^2$	0.016 3	1 905.75	1 497.73	133.10	265.05	163.11	0.00	3 964.74	64.63
	6-1111	预制井室盖板复合木模	$10m^3$	0.02	945.56	502.96	63.50	131.18	80.72	0.00	1 723.92	34.48
	6-1121	预制混凝土井圈木模	$10m^3$	0.018	1 993.74	1 900.40	13.52	260.94	160.58	0.00	4 329.18	77.93
9	040504001003	砌筑井：1 100mm×1 250mm 砖砌雨水落底井，井深 3.201m，C10 素混凝土垫层，C20 钢筋混凝土底板，M10 水泥砂浆砌筑 MU10 机砖，1∶2 水泥砂浆抹面，C20 钢筋混凝土井室盖板，C30 钢筋混凝土井圈，ϕ700 铸铁井盖、座，含混凝土模板	座	1	1 358.58	2 693.48	107.72	190.62	117.30	0.00	4 467.70	4 467.70

单位(专业)工程名称：排水工程-市政 第7页 共8页

序号	编号	名称	计量单位	数量	综合单价/元							合计/元
					人工费	材料费	机械费	管理费	利润	风险费用	小计	
	6-229换	混凝土井垫层，现浇现拌混凝土，C10(40)	$10m^3$	0.054	973.00	1 839.54	193.02	151.58	93.28	0.00	3 250.42	175.52
	6-276换	渠(管)道，混凝土平基，现浇现拌混凝土，C20(40)	$10m^3$	0.089	1 190.70	2 055.77	192.11	179.77	110.62	0.00	3 728.97	331.88
	6-231换	矩形井砖砌，水泥砂浆，M10.0	$10m^3$	0.502	797.23	2 611.59	71.98	113.00	69.54	0.00	3 663.34	1 839.00
	6-230换	圆形井砖砌，水泥砂浆，M10.0	$10m^3$	0.035	1 060.99	2 672.10	101.05	151.07	92.96	0.00	4 078.17	142.74
	6-237	砖墙井壁抹灰	$100m^2$	0.313 3	1 650.11	505.18	67.54	223.29	137.41	0.00	2 583.53	809.42
	6-337	钢筋混凝土井室盖板预制，C20(40)	$10m^3$	0.022	1 947.40	2 239.24	191.70	278.08	171.13	0.00	4 827.55	106.21
	6-348	钢筋混凝土井室矩形盖板安装，每块体积在$0.3m^3$以内	$10m^3$	0.022	1 056.58	270.79	185.10	161.42	99.33	0.00	1 773.22	39.01
	6-249换	钢筋混凝土井圈制作，现浇现拌混凝土，C30(40)	$10m^3$	0.018	1 277.50	2 290.01	192.60	191.11	117.61	0.00	4 068.83	73.24
	6-353	井圈安装，体积$0.5m^3$以内	$10m^3$	0.018	1 383.62	307.76	185.10	203.93	125.50	0.00	2 205.91	39.71
	6-252	铸铁检查井井盖安装	10套	0.1	348.60	6 585.77	0.00	45.32	27.89	0.00	7 007.58	700.76
	6-1044	井垫层木模	$100m^2$	0.009 3	860.16	1 851.93	41.92	117.27	72.17	0.00	2 943.45	27.37
	6-1094	井底板钢模	$100m^2$	0.016 9	1 905.75	1 497.73	133.10	265.05	163.11	0.00	3 964.74	67.00
	6-1111	预制井室盖板复合木模	$10m^3$	0.022	945.56	502.96	63.50	131.18	80.72	0.00	1 723.92	37.93
	6-1121	预制混凝土井圈木模	$10m^3$	0.018	1 993.74	1 900.40	13.52	260.94	160.58	0.00	4 329.18	77.93
10	040901001001	现浇构件钢筋：圆钢	t	0.765	774.90	3 517.24	48.73	107.07	65.89	0.00	4 513.83	3 453.08
	6-1124	现浇构件钢筋(圆钢)，直径$\phi10$、$\phi8$	t	0.765	774.90	3 517.24	48.73	107.07	65.89	0.00	4 513.83	3 453.08

单位(专业)工程名称：排水工程-市政　　第 8 页 共 8 页

序号	编号	名称	计量单位	数量	综合单价/元							合计/元
					人工费	材料费	机械费	管理费	利润	风险费用	小计	
11	040901001002	现浇构件钢筋：螺纹钢	t	0.381	448.70	3 421.34	74.60	68.03	41.86	0.00	4 054.53	1 544.78
	6-1125	现浇构件钢筋(螺纹钢)，直径 $\phi 10$	t	0.381	448.70	3 421.34	74.60	68.03	41.86	0.00	4 054.53	1 544.78
12	040901002001	预制构件钢筋：圆钢	t	0.036	816.20	3 499.76	137.10	123.93	76.26	0.00	4 653.25	167.52
	6-1126	预制构件钢筋(圆钢)，直径 $\phi 4$、$\phi 6$	t	0.036	816.20	3 499.76	137.10	123.93	76.26	0.00	4 653.25	167.52
13	040901002002	预制构件钢筋：螺纹钢	t	0.164	423.50	3 419.63	94.05	67.28	41.40	0.00	4 045.86	663.52
	6-1127	预制构件钢筋(螺纹钢)，直径 $\phi 10$、$\phi 12$	t	0.164	423.50	3 419.63	94.05	67.28	41.40	0.00	4 045.86	663.52
合　计												106 150.48

表 11-18　施工技术措施项目清单与计价表

单位(专业)工程名称：排水工程-市政　　第 1 页　共 1 页

序号	项目编码	项目名称	项目特征	计量单位	工程量	综合单价/元	合价/元	其中/元		备注
								人工费	机械费	
1	041107002001	排水、降水	轻型井点降水	昼夜	17	2 968.37	5 0462.29	2 0794.23	1 4342.73	
2	041101005001	井字架	4m 以内	座	7	156.37	1 094.59	870.73	0.00	
3	041106001001	大型机械设备进出场及安拆	$1m^3$ 履带式挖掘机	台·次	1	3 932.11	3 932.11	840.00	1 404.26	
本页小计							55 488.99	22 504.96	15 746.99	
合　计							55 488.99	22 504.96	15 746.99	

表 11-19 措施项目清单综合单价计算表

单位(专业)工程名称：排水工程-市政　　　　第 1 页　共 1 页

序号	编号	名称	计量单位	数量	综合单价/元							合计/元
					人工费	材料费	机械费	管理费	利润	风险费用	小计	
1	041107002001	排水、降水：轻型井点降水	昼夜	17	1 223.19	467.46	843.69	268.69	165.34	0.00	2 968.37	50 462.29
	1-323	轻型井点降水安装	10 根	18.3	645.82	379.61	294.74	122.27	75.24	0.00	1 517.68	27 773.54
	1-324	轻型井点降水拆除	10 根	18.3	230.37	0.00	180.30	53.39	32.85	0.00	496.91	9 093.45
	1-325	使用轻型井点降水	套·天	34	140.00	29.41	166.16	39.80	24.49	0.00	399.86	13 595.24
2	041101005001	井字架：4m 以内	座	7	124.39	5.86	0.00	16.17	9.95	0.00	156.37	1 094.59
	6-1138	钢管井字架，井深 4m 以内	座	7	124.39	5.86	0.00	16.17	9.95	0.00	156.37	1 094.59
3	041106001001	大型机械设备进出场及安拆：$1m^3$ 履带式挖掘机	台·次	1	840.00	1 216.56	1 404.26	291.75	179.54	0.00	3 932.11	3 932.11
	3001	履带式挖掘机，$1m^3$ 以内	台班	1	840.00	1 216.56	1 404.26	291.75	179.54	0.00	3 932.11	3 932.11
合计												55 488.99

表 11-20 施工组织措施项目清单与计价表

单位(专业)工程名称：排水工程-市政　　第 1 页　共 1 页

序号	项 目 名 称	计算基数	费率/%	金额/元
1	安全文明施工费	人工费+机械费	11.54	8 580.88
2	其他组织措施费			1 606.13
2.1	冬雨季施工增加费	人工费+机械费	0.1	74.36
2.2	夜间施工增加费	人工费+机械费	0.01	7.44
2.3	已完工程及设备保护费	人工费+机械费	0.02	14.87
2.4	二次搬运费	人工费+机械费	0	0.00
2.5	行车、行人干扰费增加费	人工费+机械费	2	1 487.15
2.6	提前竣工增加费	人工费+机械费	0	0.00
2.7	工程定位复测费	人工费+机械费	0.03	22.31
2.8	特殊地区施工增加费	人工费+机械费	0	0.00
2.9	其他施工组织措施费	按相关规定计算	0	0.00
合　计				10 187.01

表 11-21 其他项目清单与计价表

工程名称：市政　　第 1 页　共 1 页

序号	项 目 名 称	计量单位	金额/元	备注
1	暂列金额	元	0.00	
2	暂估价	元	0.00	
2.1	专业工程暂估价	元	0.00	
3	计日工	元	0.00	
4	总承包服务费	元	0.00	
合　计			0.00	

注：本工程无其他清单项目，其他项目清单包括的明细清单中金额均为零。本例不再放入相应的明细清单。

表 11-22 主要工日价格表

单位(专业)工程名称：排水工程-市政　　第 1 页　共 1 页

序号	工　种	单位	数　量	单价/元
1	一类人工	工日	133.353	65
2	二类人工	工日	615.070	70
3	人工(机械)	工日	38.177	70

表 11-23 主要材料价格表

单位(专业)工程名称：排水工程-市政　　　　第 1 页　共 1 页

序号	编码	材料名称	规格型号	单位	数量	单价/元	备注
1	0101001	螺纹钢	Ⅱ级综合	t	0.556	3 300	
2	0109001	圆钢	(综合)	t	0.817	3 400	
3	0403045	黄砂(毛砂)	综合	t	348.034	40	
4	0413091	混凝土实心砖	240mm×115mm×53mm	千块	19.193	400	
5	1431437	UPVC 双壁波纹排水管	*DN*400	m	84.956	95	
6	1445021	钢筋混凝土承插管	ϕ500×4 000mm	m	88.678	150	
7	3301031	铸铁井盖	ϕ700 轻型	套	7.000	649	
8	j3115031	电(机械)		kW · h	13 769.765	0.854	
9	0205605	橡胶圈	*DN*400	只	12.180	20	
10	8021211	现浇现拌混凝土	C20(40)	m^3	27.354	192.937	
11	9908042	射流井点泵	最大抽吸深度 9.5m	台班	102.000	55.387 9	

表 11-24 主要机械台班价格表

单位(专业)工程名称：排水工程-市政　　　　第 1 页　共 1 页

序号	机械设备名称	单位	数 量	单价/元
1	履带式推土机 90kW	台班	0.360	732.633 5
2	履带式单斗挖掘机(液压)$1m^3$	台班	1.806	1 105.38
3	电动夯实机 20～62kg・m	台班	70.092	21.796 4
4	履带式电动起重机 5t	台班	19.215	171.71
5	汽车式起重机 5t	台班	1.212	357.21
6	载货汽车 5t	台班	0.215	344.136 5
7	自卸汽车 12t	台班	2.371	698.776 5
8	平板拖车组 40t	台班	1.000	1 047.049 5
9	机动翻斗车 1t	台班	4.481	136.730 5
10	洒水汽车 4 000L	台班	0.091	410.056
11	电动卷扬机单筒慢速 50kN	台班	0.332	120.744 4
12	双锥反转出料混凝土搅拌机 350L	台班	2.355	123.726 1
13	灰浆搅拌机 200L	台班	1.370	85.572 9
14	钢筋切断机ϕ40	台班	0.139	38.823 4
15	钢筋弯曲机ϕ40	台班	0.280	20.951 2
16	木工圆锯机ϕ500	台班	0.089	25.386
17	木工压刨床单面 600mm	台班	0.029	33.414 4
18	电动多级离心清水泵 H<180m	台班	10.431	400.579 5
19	污水泵ϕ100	台班	10.431	116.51
20	射流井点泵最大抽吸深度 9.5m	台班	102.000	55.387 9

续表

序号	机械设备名称	单位	数量	单价/元
21	直流弧焊机 32kW	台班	0.227	94.274 4
22	对焊机容量 75kV · A	台班	0.038	123.056 6
23	点焊机长臂 75kV · A	台班	0.049	175.914
24	混凝土振捣器平板式 BLL	台班	7.076	17.556
25	混凝土振捣器插入式	台班	2.393	4.826

思考题与习题

一、简答题

1. 《建设工程工程量清单计价规范》中，市政管网工程主要列了哪些清单项目？

2. “钢筋混凝土管道铺设”清单项目与定额子目的工程量计算规则相同吗？

3. “混凝土管道铺设”清单项目通常包括哪些组合工作内容？

4. 混凝土管道的混凝土基础施工时，模板的安拆否包含在“混凝土管道铺设”清单项目中？编制工程量清单时，如何处理其模板？

5. “塑料管道铺设”清单项目通常包括哪些组合工作内容？

6. “砌筑检查井”清单项目通常包括哪些组合工作内容？

7. 砌筑检查井的混凝土基础底板、垫层施工时，模板的安拆否包含在“砌筑检查井”清单项目中？编制工程量清单时，如何处理其模板？

8. “砌筑检查井”清单项目是否包括检查井施工时搭设的脚手架、井字架？

二、计算题

某段雨水管道平面图、基础图如图 11.3 所示，试确定“管道铺设”清单项目及项目编码、计算各清单项目工程量，并确定其组合工作内容、计算其定额工程量。

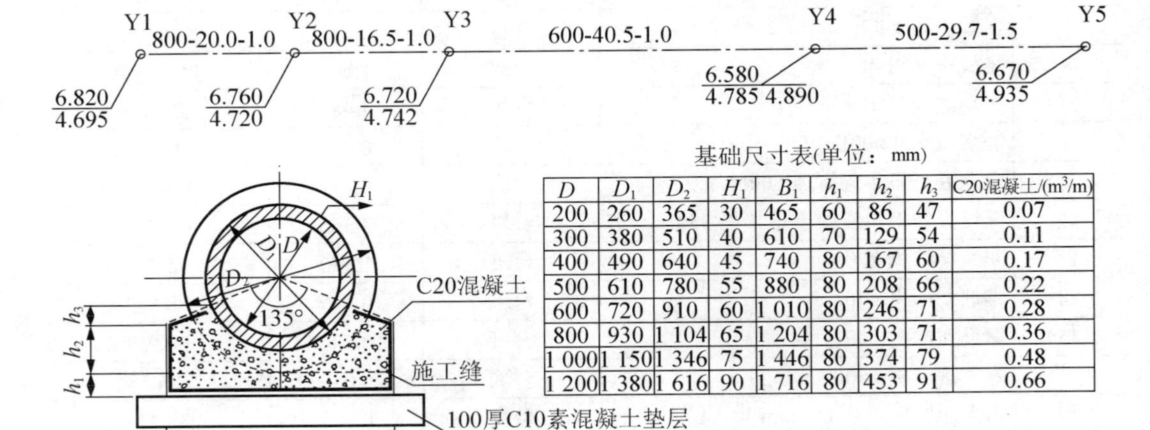

基础尺寸表(单位：mm)

D	D_1	D_2	H_1	B_1	h_1	h_2	h_3	C20混凝土/(m³/m)
200	260	365	30	465	60	86	47	0.07
300	380	510	40	610	70	129	54	0.11
400	490	640	45	740	80	167	60	0.17
500	610	780	55	880	80	208	66	0.22
600	720	910	60	1 010	80	246	71	0.28
800	930	1 104	65	1 204	80	303	71	0.36
1 000	1 150	1 346	75	1 446	80	374	79	0.48
1 200	1 380	1 616	90	1 716	80	453	91	0.66

图 11.3 某段雨水管道的平面图、基础图

第12章 桥涵工程清单计量与计价

本章学习要点

1. 桥涵工程清单项目的工程量计算规则、计算方法。
2. 桥涵工程招标工程量清单编制步骤、方法、要求。
3. 桥涵工程清单计价(投标报价)的步骤、方法、要求。

引言

某桥梁采用钻孔灌注桩基础，如下图所示。灌注桩直径为1m，共28根，入岩0.5m，钻孔灌注桩采用回旋钻机成孔，计算钻孔灌注桩相关的清单工程量、定额工程量。清单工程量、定额工程量相同吗？有什么区别？

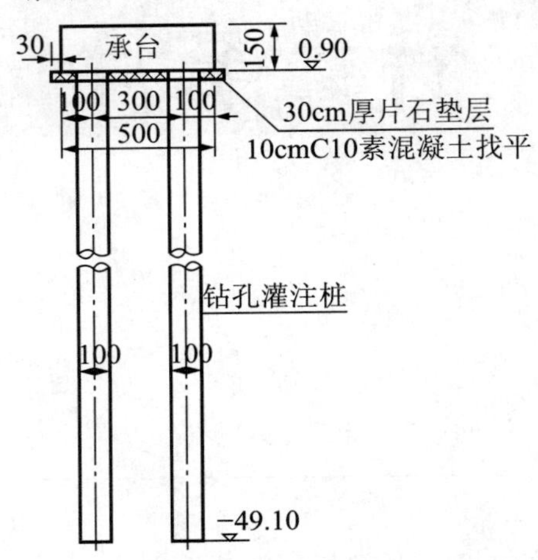

某桥梁采用钻孔灌注桩基础示意图

12.1 桥涵工程清单项目

12.1.1 桥梁工程分部分项清单项目设置

《市政工程工程量计算规范》(GB 50587—2013)附录桥涵工程中，设置了9个小节105个清单项目，9个小节分别为：桩基、基坑及边坡支护、现浇混凝土构件、预制混凝土构件、砌筑、立交箱涵、钢结构、装饰、其他。

本节主要介绍桩基、现浇混凝土构件、预制混凝土构件、砌筑、装饰、其他等小节中清单项目的设置。

1．桩基

本小节根据不同的桩基形式设置了22个清单项目：预制钢筋混凝土方桩、预制钢筋混凝土方管桩、钢管桩、泥浆护壁成孔灌注桩、沉管灌注桩、干作业成孔灌注桩、挖孔桩土(石)方、人工挖孔灌注桩、钻孔压浆桩、灌注桩后注浆、截桩头、声测管。

特别提示

桩基陆上工作平台搭拆工作内容包括在相应的清单项目中，若为水上工作平台搭拆，应按措施项目单独编码列项。

2．现浇混凝土构件

本小节根据桥涵工程现浇混凝土构件的不同结构部位设置了24个清单项目：混凝土垫层、基础、承台、墩(台)帽、墩(台)身、支撑梁及横梁、墩(台)盖梁、拱桥拱座、拱桥拱肋、拱上构件、箱梁、连续板、板梁、拱板、挡墙墙身、挡墙压顶、楼梯、防撞护栏、桥面铺装、桥头搭板、桥塔身、连系梁、其他构件、钢管拱混凝土。

特别提示

台帽、台盖梁均应包括耳墙、背墙。

3．预制混凝土构件

本小节根据桥涵工程预制混凝土构件的不同结构类型设置了5个清单项目：预制混凝土梁、立柱、板、挡土墙墙身、其他构件。

特别提示

浙江省补充规定：对于基础、柱、梁、板、墙等结构混凝土，混凝土模板应按措施项目单独列项。

预制混凝土构件清单项目均包括构件的场内运输。

4．砌筑

本小节按砌筑的方式、部位不同设置了5个清单项目：垫层、干砌块料、浆砌块料、砖砌体、护坡。

5．装饰

本小节按不同的装饰材料设置了5个清单项目：水泥砂浆抹面、剁斧石饰面、镶贴面层、涂料、油漆。

6．其他

本小节主要是桥梁栏杆、支座、伸缩缝、泄水管等附属结构相关的清单项目，共设置了10个清单项目：金属栏杆、石质栏杆、混凝土栏杆、橡胶支座、钢支座、盆式支座、桥梁伸缩装置、隔声屏障、桥面排(泄)水管、防水层。

各小节清单项目的项目名称、项目编码、项目特征、计量单位、工程内容、工程量计算规则、可组合的主要内容可参见本书附录。

特别提示

除上述清单项目以外，常规的桥梁工程的分部分项清单项目一般还包括《建设工程工程量清单计价规范》(GB 50500—2013)附录A土石方工程、附录J钢筋工程中的相关清单项目，如果是改建的桥梁工程，还应包括附录K拆除工程中的有关清单项目。

附录 J 钢筋工程中与桥涵工程相关的清单项目主要有：现浇构件钢筋、预制构件钢筋、钢筋笼、先张法预应力钢筋、后张法预应力钢筋、预埋铁件等。

附录 K 拆除工程中与桥涵工程相关的清单项目主要有：拆除混凝土结构。

12.1.2 桥涵工程分部分项清单项目工程量计算规则

本节重点介绍桥涵工程中常见的清单项目的计算规则及计算方法。

1．桩基

(1) 预制钢筋混凝土方桩：以米计量，按设计图示尺寸以桩长(包括桩尖)计算；或以立方米计量，按设计图示桩长(包括桩尖)乘以桩的断面积计算；或以根计量，按设计图示数量计算。

知识链接

在计算工程量时，要根据具体工程的施工图，结合桩基清单项目的项目特征，划分不同的清单项目，分别计算其工程量。

如“钢筋混凝土方桩”项目特征有 5 个，需结合工程实际加以区别。

(1) 地层情况。

(2) 送桩深度、桩长。

(3) 桩截面。

(4) 桩倾斜度。

(5) 混凝土强度等级。

如果上述 5 个项目特征有 1 个不同，就应是 1 个不同的具体的清单项目，其钢筋混凝土方桩的工程量应分别计算。

【例 12-1】 某单跨小型桥梁，采用轻型桥台、钢筋混凝土方桩基础，桥梁桩基础如图 12.1 所示，试计算桩基清单工程量。

【解】 根据图 12.1 可知，该桥梁两侧桥台下均采用 C30 钢筋混凝土方桩，均为直桩。但两侧桥台下方桩截面尺寸不同，即有 1 个项目特征不同，所以该桥梁工程桩基有 2 个清单项目，应分别计算其工程量。

(1) C30 钢筋混凝土方桩(400mm×400mm)，项目编码：040301001001

清单工程量=15×6=90(m)

(2) C30 钢筋混凝土方桩(500mm×500mm)，项目编码：040301001002

清单工程量=15.5×6=93(m)

特别提示

(1) 打入桩清单项目包括以下工程内容：搭拆桩基础支架平台(陆上)、打桩、送桩、接桩；但不包括桩机进出场及安拆，桩机进出场及安拆单列施工技术措施项目计算。

(2) 本节所列的各种桩均指作为桥梁基础的永久桩，是桥梁结构的一个组成部分，不是临时的工具桩。《浙江省市政工程预算定额》(2010版)第一册《通用项目》中的“打拔工具桩”，均指临时的工具桩，不是永久桩，要注意两者的区别。

(3) 各类预制桩均按成品构件编制，购置费用应计入综合单价，如采用现场预制，包括预制构件制作的所有费用。

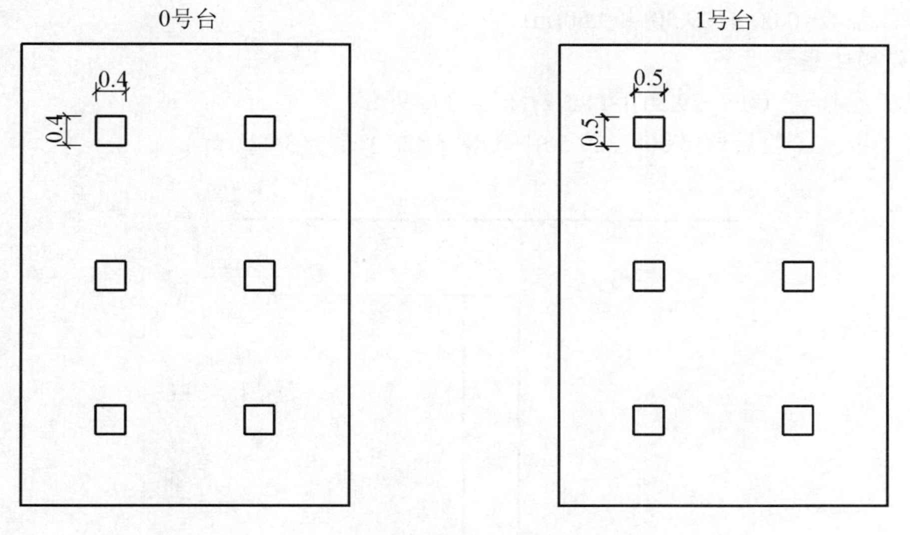

(a) 桩基础平面图

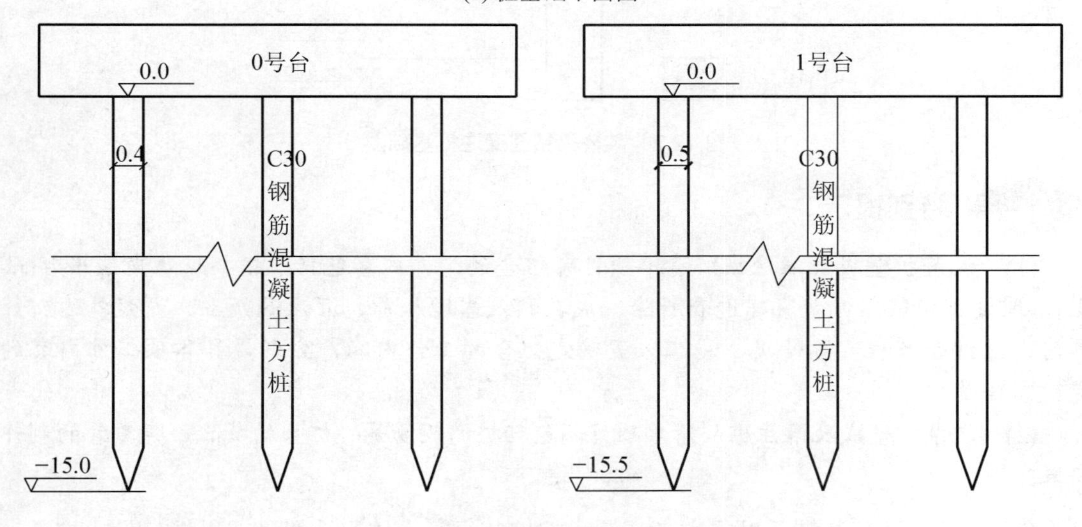

(b) 桩基础横剖面图

图 12.1 桥梁桩基础图(单位：m)

(2) 泥浆护壁成孔灌注桩：以米计量，按设计图示尺寸以桩长(包括桩尖)计算；或以立方米计量，按不同截面在桩长范围内以体积计算；或以根计量，按设计图示数量计算。

【例 12-2】 某桥梁钻孔灌注桩基础如图 12.2 所示，采用回旋钻机施工，桩径为 1.2m，桩顶设计标高为 0.00m，桩底设计标高为−29.50m，桩底要求入岩，桩身采用 C25 水下混凝

土。试计算桩基(1 根)清单工程量和定额工程量(成孔、灌注混凝土的工程量)。

【解】(1) 清单项目名称：泥浆护壁成孔灌注桩(ϕ1 200、桩长 29.5m，回旋钻机，C25 水下混凝土)

项目编码：040301004001

清单工程量=0.00−(−29.50)=29.50(m)

(2) 定额工程量

成孔工程量=$[1.00-(-29.50)]\times(1.2/2)^2\pi\approx34.49(m^3)$

灌注混凝土工程量=$\{[0.00-(-29.50)]+0.8\}\times(1.2/2)^2\pi\approx34.27(m^3)$

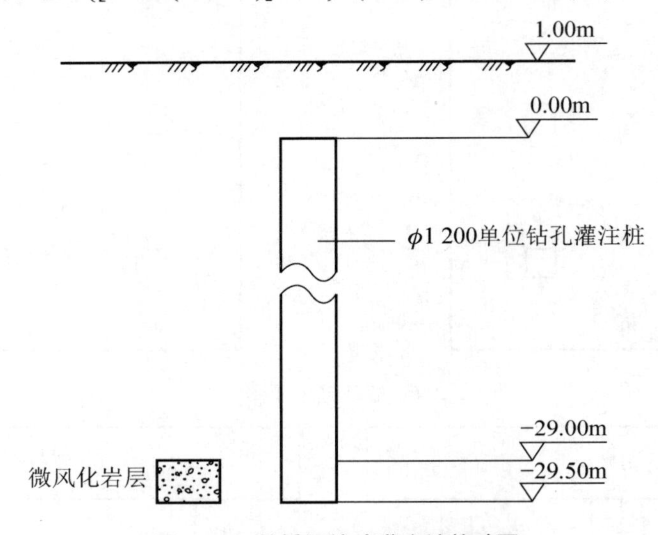

图 12.2　某桥梁钻孔灌注桩基础图

特别提示

(1) “泥浆护壁成孔灌注桩”清单项目可组合的工作内容包括：搭拆桩基支架平台(陆上)、埋设钢护筒、泥浆池建造和拆除、成孔、入岩增加费、灌注混凝土、泥浆外运。计算时，应结合工程实际情况、施工方案确定组合的工作内容，分别计算各项工作内容的定额工程量。

(2) “泥浆护壁成孔灌注桩”清单项目不包括桩的钢筋笼、桩头的截除、声测管的制作安装。

(3) 人工挖孔灌注桩：以立方米计量，按桩芯混凝土体积计算；或以根计量，按设计图示数量计算。

人工挖孔灌注桩可组合的主要内容为：安装混凝土护壁、灌注混凝土。

(4) 挖孔桩土(石)方：按设计图示尺寸(含护壁)截面积乘以挖孔深度，以立方米为单位计算。

(5) 截桩头：以立方米计量，按设计桩截面乘以桩头长度以体积计算；或以根计量，按设计图示数量计算。

截桩头可组合的主要内容包括：截桩头、废料弃置。

(6) 声测管：按设计图示尺寸以质量计算；或按设计图示尺寸以长度计算。

2．现浇混凝土

(1) 混凝土防撞护栏：按设计图示尺寸以长度计算，计量单位为m。

(2) 桥面铺装：按设计图示尺寸以面积计算，计量单位为m^2。

(3) 混凝土楼梯：以平方米计量，按设计图示尺寸以水平投影面积计算；或以立方米计量，按设计图示尺寸以体积计算。

(4) 其他现浇混凝土结构：按设计图示尺寸以体积计算，计量单位为m^3。

特别提示

(1) 桥涵工程现浇混凝土清单项目应区别现浇混凝土的结构部位、混凝土强度等级等项目特征，划分并设置不同的清单项目，分别计算相应的工程量。

(2) 现浇混凝土清单项目的组合工作内容不包括混凝土结构的钢筋制作安装。

(3) 浙江省补充规定：对于基础、柱、梁、板、墙等结构混凝土，混凝土模板应按措施项目单独列项。

3．预制混凝土

预制混凝土清单项目工程量均按设计图示尺寸以体积计算，计量单位为m^3。

特别提示

(1) 桥涵工程预制混凝土清单项目应区别预制混凝土的结构部位、混凝土强度等级等项目特征，划分并设置不同的清单项目，分别计算工程量。

(2) 预制混凝土清单项目包括的组合工作内容主要有：混凝土浇筑，构件场内运输、构件安装、构件连接、接头灌浆等；不包括混凝土结构的钢筋制作安装。

(3) 浙江省补充规定：对于基础、柱、梁、板、墙等结构混凝土，混凝土模板应按措施项目单独列项。

4．砌筑

(1) 垫层、干砌块料、浆砌块料、砖砌体工程量按设计图示尺寸以体积计算，计量单位为m^3。

(2) 护坡工程量按设计图示尺寸以面积计算，计量单位为m^2。

特别提示

砌筑清单项目应区别砌筑的结构部位、材料品种、规格、砂浆强度等项目特征，划分设置不同的具体清单项目，并分别计算工程量。

5．装饰

装饰清单项目工程量均按设计图示尺寸以面积计算，计量单位为m^2。

6．其他

(1) 金属栏杆：按设计图示尺寸以质量计算，计量单位为t；或按设计图示尺寸以延长米计算，计量单位为m。

(2) 石质栏杆、混凝土栏杆：设计图示尺寸以长度计算，计量单位为m。

(3) 橡胶支座、钢支座、盆式支座：按设计图示数量计算，计量单位为个。

(4) 桥梁伸缩装置：按设计图示尺寸以延长米计算，计量单位为m。

(5) 桥面排(泄)水管：按设计图示尺寸以长度计算，计量单位为m。

(6) 防水层：按设计图示尺寸以面积计算，计量单位为m^2。

7．钢筋工程

现浇构件钢筋、预制构件钢筋、钢筋笼、先张法预应力钢筋、后张法预应力钢筋、预埋铁件：按设计图示尺寸以质量计算，计量单位为t。

12.1.3 桥涵工程技术措施清单项目

根据桥涵工程的特点及常规的施工组织设计，桥涵工程通常可能有以下技术措施清单项目。

1．大型机械设备进出场及安拆

工程量按使用机械设备的数量计算，计量单位为台·次。

具体包括哪些大型机械的进出场及安拆，需结合工程的实际情况、结合工程的施工组织设计确定。

2．混凝土模板(基础、柱、梁、板、墙等结构混凝土)

工程量按混凝土与模板接触面积计算，计量单位为m^2。

混凝土模板应区别现浇或预制混凝土的不同结构部位、支模高度等项目特征，划分并设置不同的清单项目。

3．脚手架

(1) 墙面脚手架：工程量按墙面水平线长度乘以墙面砌筑高度计算，计量单位为m^2。

(2) 柱面脚手架：工程量按柱结构外围周长乘以柱砌筑高度计算，计量单位为m^2。

(3) 仓面脚手：工程量按仓面水平面积计算，计量单位为m^2。

4．便道

工程量按设计图示尺寸以面积计算，计量单位为m^2。

5．便桥

工程量按设计图示数量计算，计量单位为座。

6．围堰

工程量以立方米计量，按设计图示围堰体积计算；或以米计量，按设计图示围堰中心线长度计算。

7．排水、降水

工程量按排、降水日历天计算，计量单位为昼夜。

12.2 桥涵工程招标工程量清单编制实例

【例 12-3】 某工程在 K8+260 处跨越现状月牙河时建设桥梁一座，于 2016 年 3 月 1 日—3 月 7 日进行工程招投标活动。月牙河桥与道路中线斜交 70°，上部结构采用 20m 跨径的预应力空心板简支梁，下部结构采用重力式桥台，ϕ100cm 钻孔灌注桩基础。桥面铺装采用 3cm 细粒式沥青混凝土和水泥混凝土。采用 GJZ100×150 板式橡胶支座，支座总厚度为 21mm。桥梁工程施工图如图 7.13 ~ 图 7.34 所示。本桥梁工程混凝土模板、桥梁栏杆不在本次计算范围，已知桥台基坑开挖方量(一、二类土)为 2 579.90m^3，其中人工辅助清底为 257.90m^3，其余用挖掘机挖土；基坑回填土方量为 544.90m^3，台背回填砂砾石 1 387.03m^3。已知原地面平均标高为 3.690m。

根据工程图纸，编制该桥涵工程的招标工程量清单。

【解】1. 根据施工图纸，依据《市政工程工程量计算规范》(GB 50857—2013)，参考《浙江省建设工程工程量清单计价指引》(市政工程)，确定分部分项清单项目的项目名称、项目特征、项目编码，并计算其清单工程量，见表 12-1。

表 12-1 分部分项清单项目及其工程量计算表

序号	项目编码	分部分项清单项目名称	项目特征	计量单位	计算公式	工程量
1	040101001001	挖基坑土方	一二类土，4m 以内	m^3	已知	2 579.9
2	040103001001	回填方	一二类土、场内平衡	m^3	已知	544.9
	040103001002	回填方	台背砂砾回填	m^3	已知	1 387.03
3	040103002001	余方弃置	运距由投标人自行考虑	m^3	2 579.9-544.9×1.15	1 953.27
4	040301004001	泥浆护壁成孔灌注桩	ϕ1 000，设计桩长 50m、回旋钻机成孔，C25 水下商品混凝土	根	24×2	48
5	040301011001	截桩头	钻孔灌注桩，C25 混凝土	根	24×2	48
6	040303001001	混凝土垫层	10cm，C10	m^3	64.915×(5+0.3×2)×0.1×2	72.70
7	040305001001	垫层	30cm，片石	m^3	查图 7.16	220.1
8	040303003001	混凝土承台	C25 混凝土	m^3	查图 7.16	1 035.0
9	040303005001	混凝土台身	C25 混凝土	m^3	835.7+36	871.7
10	040303004001	混凝土台帽	C30 混凝土	m^3	查图 7.16	140.2
11	040303019001	桥面铺装	C30 混凝土厚 8cm、细粒式沥青混凝土桥面铺装 4cm	m^2	8×20×2+12.5×20×2	820.00

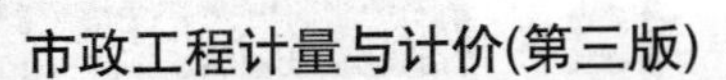

续表

序号	项目编码	分部分项清单项目名称	项目特征	计量单位	计算公式	工程量
12	040303020001	混凝土桥头搭板	C30 混凝土	m^3	11.97×8+15.32×4	157.04
13	040303021001	混凝土枕梁	C30 混凝土	m^3	0.8×8+1.02×4	4.72
14	040303024001	混凝土其他构件	C40 小石子混凝土铰缝	m^3	0.431×(11+14+29)	23.27
15	040303024001	混凝土其他构件	C25 现浇人行道梁、侧石	m^3	6.4+8	14.40
16	040304001001	预制混凝土梁	C50，20m 预应力空心板梁	m^3	10.6×4+9.47×53	544.31
17	040304005001	预制混凝土其他构件	C30，人行道板	m^3	查图 7.33	7.46
18	040309004001	橡胶支座	GJZ100×150 板式橡胶支座，支座总厚度为 21mm	个	57	57
19	040309007001	桥梁伸缩缝装置	SPF 伸缩缝	m	64.195×2	129.83
20	040309009001	泄水管	ϕ10PVC 管	m	20×1.45×2	58
21	040901004001	钢筋笼	钻孔灌注桩	t	(1 712.1+214.9+33.9)×48/1 000	94.123
22	040901001001	现浇构件钢筋	圆钢	t	(2 567×2+28.4×12+37.7×54+8 780.6−1 022.8−277.8−146.5)/1 000	14.844
23	040901001002	现浇构件钢筋	螺纹钢	t	(1 5109.2×2+1 309.5×2+(816.0+429.3+850.6+447.9)×4+(660.6+347.6+667.7+350.9+217.4)×8+242.9×12+30.4×54)/1 000	66.564
24	040901002001	预制构件钢筋	圆钢	t	(474.1×53+461.7×4+1 022.8+277.8+146.5)/1 000	28.421
25	040901002002	预制构件钢筋	螺纹钢	t	(193.5×53+208.9×4+112.14×57+52.85×4+41.73×53)/1 000	19.922
26	040901006001	后张法预应力钢筋	ϕ15.24 钢绞线，YM15-4 锚具，波纹管压浆管道	t	370.49×57/1 000	21.118

2. 根据工程图纸、结合相关的施工技术规范要求及常规的施工方法，确定施工技术措施清单项目的项目名称、项目特征、项目编码，并计算其清单工程量，见表 12-2。

表 12-2　施工技术措施清单项目及其工程量计算表

序号	项目编码	技术措施清单项目名称	项目特征	计量单位	计算公式	工程量
1	041103001001	围堰	编织袋围堰	m^3	550.80	550.80
2	041107002001	排降水	轻型井点降水	昼夜	8	8

3. 根据工程实际情况，确定施工组织措施清单项目的项目名称、项目编码，见表 12-3。

表 12-3　施工组织措施清单项目及其工程量计算表

序号	项目编码	组织措施清单项目名称		
1	041109001001	安全文明施工费		
2	041109002001	夜间施工增加费		
3	Z041109009001	工程定位复测费		
4	041109005001	行车、行人干扰增加费		
5	041109007001	已完工程及设备保护费		

4. 编制本工程的招标工程量清单，见表 12-4 ~ 表 12-9。

表 12-4　招标工程量清单封面

某道路月牙河桥工程

工 程 量 清 单

(单位盖章)　　　　(单位资质专用章)

法定代表人
或其授权人：　　　　法定代表人
或其授权人：

(签字或盖章)　　　　(签字或盖章)

编　制　人：　　　　复　核　人：

(造价人员签字盖专用章)　　　　(造价工程师签字盖专用章)

编制时间：　　　　复核时间：

表 12-5　总说明

工程名称：某道路月牙河桥工程　　　　　　　　　　　　　　　　　　第 1 页 共 1 页

一、工程概况

月牙河桥与道路中线斜交 70°，上部结构采用 20m 跨径的预应力空心板简支梁，下部结构采用重力式桥台，有 100cm 钻孔灌注桩基础。桥面铺装采用 3cm 细粒式沥青混凝土和水泥混凝土。本桥梁工程混凝土模板、桥梁栏杆不在本次招标范围。已知桥台基坑开挖方量(一、二类土)2 579.90m^3，其中人工辅助清底为 257.90m^3，其余用挖掘机挖土；基坑回填土方量为 544.90m^3，台背回填砂砾石 1 387.03m^3。已知原地面平均标高为 3.69m。

二、施工方案

1．钻孔灌注桩：采用回旋转机成孔、商品水下混凝土。

2．梁板：现场预制。

3．施工机械中的履带式挖掘机、履带式推土机、压路机的进出场费在道路工程预算中考虑，本桥梁工程不计。

4．桥台施工过程中采用轻型井点降水，共计安装井点管 250 根，使用 8 天。

5．桥梁施工时设置编织袋围堰，堰顶高于设计水位 0.5m，围堰体积为 550.80m^3。

三、工程量清单编制依据

1．《建设工程工程量清单计价规范》(GB 50500—2013)。

2．《浙江省建设工程工程量清单计价指引》(市政工程)。

3．《市政工程工程量计算规范》(GB 50857—2013)。

4．市政道路工程施工相关规范。

5．某道路月牙河桥工程施工图。

四、编制说明

多余的土方、泥浆外运、运距由投标人自行考虑；场内平衡的土方运输方式由投标人自行考虑。

五、其他

1．本工程风险费用暂不考虑，农民工工伤保险费、危险作业意外伤害保险费暂不考虑，本工程无创标化工程要求，本工程不得分包，本工程无暂列金额、计日工。

2．安全文明施工费按市区一般工程考虑。

表 12-6　分部分项工程量清单与计价表

单位(专业)工程名称：桥梁-市政　　　　第 1 页　共 2 页

序号	项目编码	项目名称	项目特征	计量单位	工程量	综合单价/元	合价/元	其中/元		备注
								人工费	机械费	
1	040101003001	挖基坑土方	一、二类土，4m 以内	m^3	2 579.90					
2	040103001001	回填方	一、二类土，场内平衡	m^3	544.90					
3	040103001002	回填方	台背砂砾回填	m^3	1 387.03					
4	040103002001	余方弃置	运距由投标人自行考虑	m^3	1 953.27					
5	040301004001	泥浆护壁成孔灌注桩	ϕ1 000，设计桩长 50m、回旋钻机成孔，C25 水下商品混凝土	根	48					
6	040301011001	截桩头	钻孔灌注桩，C25 混凝土	根	48					
7	040303001001	混凝土垫层	10cm，C10	m^3	72.70					
8	040305001001	垫层	30cm，片石	m^3	220.10					
9	040303003001	混凝土承台	C25 混凝土	m^3	1 035.00					
10	040303005001	混凝土墩(台)身	C25 混凝土	m^3	835.70					
11	040303004001	混凝土墩(台)帽	C30 混凝土	m^3	140.20					
12	040304001001	预制混凝土梁	C50，20m 预应力空心板梁	m^3	544.31					
13	040304005001	预制混凝土其他构件	C30，人行道板	m^3	7.46					
14	040303019001	桥面铺装	C30 混凝土厚 8cm、细粒式沥青混凝土桥面铺装 4cm	m^2	820.00					
15	040303020001	混凝土桥头搭板	C30 混凝土	m^3	157.04					
			本页小计							

单位(专业)工程名称：桥梁-市政 第2页 共2页

序号	项目编码	项目名称	项目特征	计量单位	工程量	综合单价/元	合价/元	其中/元		备注
								人工费	机械费	
16	040303021001	混凝土搭板枕梁	C30 混凝土	m^3	4.72					
17	040303024001	混凝土其他构件	C40 小石子混凝土铰缝	m^3	23.27					
18	040303024002	混凝土其他构件	C25 现浇人行道梁、侧石	m^3	14.40					
19	040309004001	橡胶支座	GJZ100×150 板式橡胶支座，支座总厚度为21mm	个	57					
20	040309007001	桥梁伸缩装置	SPF 伸缩缝	m	129.83					
21	040309009001	桥面排(泄) 水管	ϕ10PVC 管	m	58.00					
22	040901004001	钢筋笼	钻孔灌注桩	t	94.123					
23	040901001001	现浇构件钢筋	圆钢	t	14.844					
24	040901001002	现浇构件钢筋	螺纹钢	t	66.564					
25	040901002001	预制构件钢筋	圆钢	t	28.421					
26	040901002002	预制构件钢筋	螺纹钢	t	19.922					
27	040901006001	后张法预应力钢筋(钢丝束、钢绞线)	ϕ15.24 钢绞线，YM15-4 锚具，波纹管压浆管道	t	21.118					
			本页小计							
			合　计							

表 12-7 施工技术措施项目清单与计价表

单位(专业)工程名称：桥梁-市政　　　　第 1 页　共 1 页

序号	项目编码	项目名称	项目特征	计量单位	工程量	综合单价/元	合价/元	其中/元		备注
								人工费	机械费	
1	041103001001	围堰	编织袋围堰	m^3	550.80					
2	041107002001	排水、降水	轻型井点降水	昼夜	8					
本页小计										
合计										

表 12-8 施工组织措施项目清单与计价表

单位(专业)工程名称：桥梁-市政　　　　第 1 页　共 1 页

序号	项目名称	计算基数	费率/%	金额/元
1	安全文明施工费	人工费+机械费		
2	冬雨季施工增加费	人工费+机械费		
3	夜间施工增加费	人工费+机械费		
4	已完工程及设备保护费	人工费+机械费		
5	二次搬运费	人工费+机械费		
6	行车、行人干扰增加费	人工费+机械费		
7	提前竣工增加费	人工费+机械费		
8	工程定位复测费	人工费+机械费		
9	特殊地区施工增加费	人工费+机械费		
10	其他施工组织措施费	按相关规定计算		
合　计				

表 12-9 其他项目清单汇总表

工程名称：市政　　　　第 1 页　共 1 页

序号	项 目 名 称	计量单位	金额/元	备注
1	暂列金额	元	0.00	
2	暂估价	元	0.00	
2.1	材料暂估价	元	0.00	详见附表
2.2	专业工程暂估价	元	0.00	
3	计日工			
4	总承包服务费			
合　计				

注：本工程无其他清单项目，其他项目清单包括的明细清单均为空白表格。本例不再放入空白的明细清单的表格。

12.3 桥涵工程清单计价(投标报价)实例

【例 12-4】 某工程在 K8+260 处跨越现状月牙河时建设桥梁一座，于 2016 年 3 月 1 日—3 月 7 日进行工程招投标活动。月牙河桥与道路中线斜交 70°，上部结构采用 20m 跨径的预应力空心板简支梁，下部结构采用重力式桥台，ϕ100cm 钻孔灌注桩基础。桥面铺装采用 3cm 细粒式沥青混凝土和水泥混凝土。采用 GJZ100×150 板式橡胶支座，支座总厚度为 21mm。桥梁工程施工图如图 7.13～图 7.34 所示。本桥梁工程混凝土模板、桥梁栏杆不在本次计算范围，已知桥台基坑开挖方量(一、二类土)为 2 579.90m^3，其中人工辅助清底为 257.90m^3，其余用挖掘机挖土；基坑回填土方量为 544.90m^3，台背回填砂砾石 1 387.03m^3。已知原地面平均标高为 3.690m。

根据工程图纸和招标工程量清单，试按清单计价模式采用综合单价法编制该道路工程的投标报价。

本工程风险费用暂不考虑，农民工工伤保险费、危险作业意外伤害保险费暂不考虑，本工程无创标化工程要求，本工程不得分包，本工程无暂列金额、计日工。

【解】本例题桥梁工程的施工方案，与定额计价模式下编制投标报价相同，具体可见【例 7-24】。

1. 根据招标工程量清单中的分部分项工程量清单、工程图纸，结合施工方案，参考《浙江省建设工程工程量清单计价指引》(市政工程)，确定分部分项清单项目的组合工作内容，计算各组合工作内容的定额工程量，并确定其套用的定额子目。

2. 根据招标工程量清单中的施工技术措施项目清单、工程图纸，结合施工方案，参考《浙江省建设工程工程量清单计价指引》(市政工程)，确定技术措施清单项目的组合工作内容，计算各组合工作内容的定额工程量，并确定其套用的定额子目。

3. 确定人、材、机单价，判定工程类别、确定各项费率。

(1) 围堰所需黏土外购单价为 25 元/m^3，YM15-4 为 15 元/套，一类人工工日单价为 65 元，二类人工工日单价为 70 元，其他人、材、机单价按浙江省市政工程预算定额(2010 版)计取。

(2) 根据工程类别划分，本工程为三类桥梁工程。

(3) 企业管理费、利润、各项组织措施费的费率按《浙江省建设工程施工费用定额》(2010 版)及浙江省有关规定的费率范围的低值计取；规费、税金按《浙江省建设工程施工费用定额》(2010 版)的规定计取。

4. 计算清单计价模式下，本桥梁工程的工程造价，详见表 12-10～表 12-22。

表 12-10 投标报价封面

投 标 总 价

招　　标　　人：

工　程　名　称：某道路月牙河桥工程

投标总价(小写)：5 060 650.18 元

(大写)：伍佰零陆万零陆佰伍拾元壹角捌分

(单位盖章)

法 定 代 表 人
或 其 授 权 人：

(签字或盖章)

编　　制　　人：

(造价人员签字盖专用章)

编制时间：

表 12-11 总说明

工程名称：某道路月牙河桥工程　　　　第 1 页　共 1 页

一、工程概况

月牙河桥与道路中线斜交 70°，上部结构采用 20m 跨径的预应力空心板简支梁，下部结构采用重力式桥台，ϕ100cm 钻孔灌注桩基础。桥面铺装采用 3cm 细粒式沥青混凝土和水泥混凝土。桥梁工程施工图如图 7.13～图 7.34 所示。本桥梁工程混凝土模板、桥梁栏杆不在本次计价范围，已知桥台基坑开挖方量(一、二类土)为 2 579.90m^3，其中人工辅助清底为 257.90m^3，其余用挖掘机挖土；基坑回填土方量为 544.90m^3，台背回填砂砾石 1 387.03m^3。已知原地面平均标高为 3.69m。

二、施工方案

1．钻孔灌注桩：采用回旋转机成孔、商品水下混凝土。

2．梁板：现场预制。

3．施工机械中的履带式挖掘机、履带式推土机、压路机的进出场费在道路工程预算中考虑，本桥梁工程不计。

4．桥台施工过程中采用轻型井点降水，共计安装井点管 250 根，使用 8 天。

5．桥梁施工时设置编织袋围堰，堰顶高于设计水位 0.5m，围堰体积为 550.80m^3。

6．多余土方用自卸车外运，运距 8km；泥浆外运运距 10km。

三、人、材、机价格确定

一类人工工日单价为 65 元，二类人工工日单价为 70 元，围堰所需黏土外购单价为 25 元/m^3，YM15-4 为 15 元/套，其他人、材、机单价按《浙江省市政工程预算定额》(2010 版)计取。

四、工程类别及费率取定

本工程为三类桥梁工程。企业管理费、利润、各项组织措施费的费率按《浙江省建设工程施工费用定额》(2010 版)及浙江省有关规定的费率范围的低值计取；规费、税金按《浙江省建设工程施工费用定额》(2010 版)的规定计取。

五、编制依据

1．月牙河桥工程招标图纸。

2．《浙江省市政工程预算定额》(2010 版)。

3．《浙江省建设工程施工费用定额》(2010 版)。

4．浙建站计[2013]64 号——关于《浙江省建设工程费用定额》(2010 版)费用项目及费率调整的通知。

5．建建发[2015]517 号——关于规范建设工程安全文明施工费计取的通知。

表 12-12 工程项目投标报价汇总表

工程名称：某道路月牙河桥工程 第1页 共1页

序号	单位工程名称	金额/元
1	桥梁	5 060 650.18
1.1	市政	5 060 650.18
合 计		5 060 650.18

表 12-13 工程项目投标报价汇总表

单位(专业)工程名称：桥梁-市政 第1页 共1页

序号	汇总内容	计算公式	金额/元
一	工程量清单部分分项工程费	Σ(分部分项工程量×综合单价)	4 469 338.26
其中	1．人工费+机械费	Σ(分部分项人工费+分部分项机械费)	1 365 748.05
二	措施项目费		312 343.21
2.1	(一) 施工技术措施项目费	按综合单价计算	118 215.88
其中	2．人工费+机械费	Σ(技措项目人工费+技措项目机械费)	61 658.82
2.2	(二) 施工组织措施项目费	按项计算	194 127.33
	3．安全文明施工费	(1+2)×11.54%	164 722.75
	4．冬雨季施工增加费	(1+2)×0%	0.00
	5．夜间施工增加费	(1+2)×0.01%	142.74
	6．已完工程及设备保护费	(1+2)×0.02%	285.48
	7．二次搬运费	(1+2)×0%	0.00
	8．行车、行人干扰增加费	(1+2)×2%	28 548.14
	9．提前竣工增加费	(1+2)×0%	0.00
	10．工程定位复测费	(1+2)×0.03%	428.22
	11．特殊地区施工增加费	(1+2)×0%	0.00
	12．其他施工组织措施费	按相关规定计算	0.00
三	其他项目费	按清单计价要求计算	0.00
四	规费	13+14	104 200.70
	13．排污费、社保费、公积金	(1+2)×7.3%	104 200.70
	14．农民工工伤保险费	按各市有关规定计算	0.00
五	危险作业意外伤害保险费	按各市有关规定计算	0.00
六	单列费用	单列费用	0.00
七	税金	(一+二+三+四+五+计税不计费)×3.577%	174 768.01
八	下浮率	(一+二+三+四+五+六+七)×0%	0.00
九	建设工程造价	一+二+三+四+五+六+七−八	5 060 650.18

表 12-14　分部分项工程量清单与计价表

单位(专业)工程名称：桥梁-市政　　　　第1页　共2页

序号	项目编码	项目名称	项目特征	计量单位	工程量	综合单价/元	合价/元	其中/元		备注
								人工费	机械费	
1	040101003001	挖基坑土方	一、二类土，4m 以内	m^3	2 579.90	6.79	1 7517.52	6 733.54	6 862.53	
2	040103001001	回填方	一、二类土，场内平衡	m^3	544.90	11.48	6 255.45	3 912.38	948.13	
3	040103001002	回填方	台背砂砾回填	m^3	1 387.03	82.66	114 651.90	1 1359.78	1 220.59	
4	040103002001	余方弃置	运距由投标人自行考虑	m^3	1 953.27	19.69	3 8459.89	0.00	2 9806.90	
5	040301004001	泥浆护壁成孔灌注桩	ϕ1 000，设计桩长 50m、回旋钻机成孔，C25 水下商品混凝土	根	48	3 3951.99	162 9 695.52	310 363.20	325 800.96	
6	040301011001	截桩头	钻孔灌注桩，C25 混凝土	根	48	123.40	5 923.20	4 032.48	522.24	
7	040303001001	混凝土垫层	10cm，C10	m^3	72.70	307.96	22 388.69	5 048.29	2 258.06	
8	040305001001	垫层	30cm，片石	m^3	220.10	143.62	31 610.76	10 060.77	0.00	
9	040303003001	混凝土承台	C25 混凝土	m^3	1 035.00	349.84	362 084.40	76 217.40	32 964.75	
10	040303005001	混凝土墩(台)身	C25 混凝土	m^3	835.70	415.17	346 957.57	90 247.24	35 425.32	
11	040303004001	混凝土墩(台)帽	C30 混凝土	m^3	140.20	383.92	53 825.58	12 493.22	4 942.05	
12	040304001001	预制混凝土梁	C50，20m 预应力空心板梁	m^3	544.31	552.79	300 889.12	69 688.01	36 060.54	
13	040304005001	预制混凝土其他构件	C30，人行道板	m^3	7.46	764.16	5 700.63	2 307.08	247.75	
14	040303019001	桥面铺装	C30 混凝土厚 8cm、细粒式沥青混凝土桥面铺装 4cm	m^2	820.00	77.60	63 632.00	8 798.60	4 050.80	
15	040303020001	混凝土桥头搭板	C30 混凝土	m^3	157.04	364.04	57 168.84	13 762.99	3 437.61	
			本页小计				305 6761.07	625 024.98	484 548.23	

单位(专业)工程名称：桥梁-市政　　　　第2页　共2页

序号	项目编码	项目名称	项目特征	计量单位	工程量	综合单价/元	合价/元	其中/元		备注
								人工费	机械费	
16	040303021001	混凝土搭板枕梁	C30 混凝土	m^3	4.72	368.48	1 739.23	376.66	150.33	
17	040303024001	混凝土其他构件	C40 小石子混凝土铰缝	m^3	23.27	491.13	1 1428.60	2 788.68	526.60	
18	040303024002	混凝土其他构件	C25 现浇人行道梁、侧石	m^3	14.40	449.66	6 475.10	2 229.70	347.04	
19	040309004001	橡胶支座	GJZ100×150 板式橡胶支座，支座总厚度为21mm	个	57	19.53	1 113.21	251.37	0.00	
20	040309007001	桥梁伸缩装置	SPF 伸缩缝	m	129.83	156.82	20 359.94	7 445.75	4 070.17	
21	040309009001	桥面排(泄) 水管	ϕ10PVC 管	m	58.00	25.30	1 467.40	284.20	0.00	
22	040901004001	钢筋笼	钻孔灌注桩	t	94.123	5 235.46	492 777.20	63 909.52	30 891.17	
23	040901001001	现浇构件钢筋	圆钢	t	14.844	5 092.71	75 596.19	12 115.67	828.89	
24	040901001002	现浇构件钢筋	螺纹钢	t	66.564	4 759.88	316 836.65	37 788.38	5 964.80	
25	040901002001	预制构件钢筋	圆钢	t	28.421	5 172.44	147 005.92	24 609.74	1 861.86	
26	040901002002	预制构件钢筋	螺纹钢	t	19.922	4 730.02	94 231.46	10 961.08	1 721.06	
27	040901006001	后张法预应力钢筋(钢丝束、钢绞线)	ϕ15.24 钢绞线，YM15-4 锚具，波纹管压浆管道	t	21.118	11 532.64	243 546.29	40 262.73	6 789.44	
本页小计							1 412 577.19	203 023.48	53 151.36	
合　计							4 469 338.26	828 048.46	537 699.59	

表 12-15 工程量清单综合单价计算表(分部分项)

单位(专业)工程名称：桥梁-市政 第1页 共5页

序号	编号	名称	计量单位	数量	综合单价/元							合计/元
					人工费	材料费	机械费	管理费	利润	风险费用	小计	
1	040101003001	挖基坑土方：一、二类土，4m以内	m^3	2 579.90	2.61	0.00	2.66	1.10	0.42	0.00	6.79	17 517.52
	1-5 换	人工挖沟槽、基坑土方，深4m以内，一、二类土，人工辅助开挖(包括切边、修整底边)	$100m^3$	2.579	2 331.88	0.00	0.00	485.03	186.55	0.00	3 003.46	7 745.92
	1-56	挖掘机挖一、二类土，不装车	$1\,000m^3$	0.368 73	312.00	0.00	1 981.59	477.07	183.49	0.00	2 954.15	1 089.28
	1-59	挖掘机挖一、二类土，装车	$1\,000m^3$	1.953 27	312.00	0.00	3 140.82	718.19	276.23	0.00	4 447.24	8 686.66
2	040103001001	回填方：一、二类土，场内平衡	m^3	544.90	7.18	0.00	1.74	1.85	0.71	0.00	11.48	6 255.45
	1-87	槽、坑，填土夯实	$100m^3$	5.449	717.60	0.00	173.94	185.44	71.32	0.00	1 148.30	6 257.09
3	040103001002	回填方：台背砂砾回填	m^3	1 387.03	8.19	70.97	0.88	1.89	0.73	0.00	82.66	114 651.90
	2-25	台背回填砂砾	$10m^3$	138.703	81.90	709.68	8.78	18.86	7.25	0.00	826.47	114 633.87
4	040103002001	余方弃置：运距由投标人自行考虑	m^3	1 953.27	0.00	0.04	15.26	3.17	1.22	0.00	19.69	38 459.89
	1-68+1-69×7 换	自卸汽车运土，运距 8km	$1\,000m^3$	1.953 27	0.00	35.40	15 255.75	3 173.20	1 220.46	0.00	19 684.81	38 449.75
5	040301004001	泥浆护壁成孔灌注桩：ϕ1 000，设计桩长 50m、回旋钻机成孔，C25 水下商品混凝土	根	48	6 465.90	16 881.59	6 787.52	2 756.68	1 060.30	0.00	33 951.99	1 629 695.52
	3-516	搭、拆桩基础陆上支架平台，锤重 1 800kg	$100m^2$	13.838 9	2 196.60	416.34	0.00	456.89	175.73	0.00	3 245.56	44 914.98
	3-107	钻孔灌注桩埋设钢护筒，陆上 $\phi \leq 1\,000$	10m	9.6	1 370.60	177.57	75.55	300.80	115.69	0.00	2 040.21	19 586.02

单位(专业)工程名称：桥梁-市政　　　　第2页　共5页

序号	编号	名称	计量单位	数量	综合单价/元							合计/元
					人工费	材料费	机械费	管理费	利润	风险费用	小计	
	3-128	回旋钻孔机成孔，桩径ϕ1 000以内	10m^3	199.014	719.60	148.61	884.24	333.60	128.31	0.00	2 214.36	440 688.64
	3-144	泥浆池建造、拆除	10m^3	199.014	25.20	19.13	0.34	5.31	2.04	0.00	52.02	10 352.71
	3-145+3-146×5 换	泥浆运输，运距10km	10m^3	199.014	312.20	0.00	661.13	202.45	77.87	0.00	1 253.65	249 493.90
	3-150	回旋钻孔，灌注商品混凝土	10m^3	192.922	292.60	3 988.49	90.49	79.68	30.65	0.00	4 481.91	864 659.04
6	040301011001	截桩头：钻孔灌注桩，C25混凝土	根	48	84.01	1.18	10.88	19.74	7.59	0.00	123.40	5 923.20
	3-548	凿除钻孔灌注桩顶钢筋混凝土	10m^3	4.522	891.80	12.48	115.49	209.52	80.58	0.00	1 309.87	5 923.23
7	040303001001	混凝土垫层：10cm，C10	m^3	72.70	69.44	178.51	31.06	20.91	8.04	0.00	307.96	22 388.69
	3-208 换	铺设混凝土垫层，现浇现拌混凝土，C10(40)	10m^3	7.27	694.40	1 785.11	310.64	209.05	80.40	0.00	3 079.60	22 388.69
8	040305001001	垫层：30cm，片石	m^3	220.10	45.71	84.74	0.00	9.51	3.66	0.00	143.62	31 610.76
	3-207	铺设碎石垫层	10m^3	22.01	457.10	847.41	0.00	95.08	36.57	0.00	1 436.16	31 609.88
9	040303003001	混凝土承台：C25混凝土	m^3	1 035.00	73.64	213.97	31.85	21.94	8.44	0.00	349.84	362 084.40
	3-215 换	浇筑混凝土承台，现浇现拌混凝土，C25(40)	10m^3	103.5	736.40	2 139.74	318.50	219.42	84.39	0.00	3 498.45	362 089.58
10	040303005001	混凝土墩(台)身：C25混凝土	m^3	835.70	107.99	221.48	42.39	31.28	12.03	0.00	415.17	346 957.57
	3-285 换	现浇混凝土浇筑挡墙，现浇现拌混凝土，C25(40)	10m^3	3.6	725.90	2 118.18	337.37	221.16	85.06	0.00	3 487.67	12 555.61
	3-225 换	浇筑混凝土浇筑轻型桥台，现浇现拌混凝土，C25(40)	10m^3	83.57	1 048.60	2 123.58	409.41	303.27	116.64	0.00	4 001.50	334 405.36
11	040303004001	混凝土墩(台)帽：C30混凝土	m^3	140.20	89.11	223.74	35.25	25.87	9.95	0.00	383.92	53 825.58
	3-243 换	浇筑混凝土浇筑台帽，现浇现拌混凝土，C30(40)	10m^3	14.02	891.10	2 237.36	352.51	258.67	99.49	0.00	3 839.13	53 824.60

单位(专业)工程名称：桥梁-市政　　　　第3页　共5页

序号	编号	名称	计量单位	数量	综合单价/元							合计/元
					人工费	材料费	机械费	管理费	利润	风险费用	小计	
12	040304001001	预制混凝土梁：C50，20m预应力空心板梁	m^3	544.31	128.03	302.56	66.25	40.41	15.54	0.00	552.79	300 889.12
	3-343换	预制混凝土空心板梁(预应力)，现浇现拌混凝土，C50(40)-水泥52.5	$10m^3$	54.431	941.50	2 803.78	368.59	272.50	104.81	0.00	4 491.18	244 459.42
	3-371	预制构件场内运输，构件重40t以内，运距100m	$10m^3$	54.431	273.70	221.78	16.61	60.38	23.22	0.00	595.69	32 424.00
	3-438	起重机陆上安装板梁起重机$L\leqslant 20m$	$10m^3$	54.431	65.10	0.00	277.27	71.21	27.39	0.00	440.97	24 002.44
13	040304005001	预制混凝土其他构件：C30，人行道板	m^3	7.46	309.26	323.06	33.21	71.23	27.40	0.00	764.16	5 700.63
	3-358换	预制混凝土人行道，现浇现拌混凝土，C30(40)	$10m^3$	0.746	1 599.50	2 383.71	248.86	384.46	147.87	0.00	4 764.40	3 554.24
	1-304	双轮车运输小型构件，运距50m	$10m^3$	0.746	233.73	0.00	0.00	48.62	18.70	0.00	301.05	224.58
	3-479	小型构件人行道板安装	$10m^3$	0.746	893.90	0.00	0.00	185.93	71.51	0.00	1 151.34	858.90
	3-316换	桥面铺装，混凝土面层，现浇现拌混凝土，C30(40)	$10m^3$	0.28	973.70	2 256.42	221.68	248.64	95.63	0.00	3 796.07	1 062.90
14	040303019001	桥面铺装：C30混凝土厚8cm、细粒式沥青混凝土桥面铺装4cm	m^2	820.00	10.73	57.42	4.94	3.26	1.25	0.00	77.60	63 632.00
	3-314换	桥面铺装，混凝土基础，现浇现拌混凝土，C30(40)	$10m^3$	9.68	779.10	2 241.07	216.10	207.00	79.62	0.00	3 522.89	34 101.58

单位(专业)工程名称：桥梁-市政　　　　第4页　共5页

序号	编号	名称	计量单位	数量	综合单价/元							合计/元
					人工费	材料费	机械费	管理费	利润	风险费用	小计	
	2-207	水泥混凝土路面塑料膜养护	100m^2	12.1	56.00	117.23	0.00	11.65	4.48	0.00	189.36	2 291.26
	2-191+2-192×2 换	机械摊铺细粒式沥青混凝土路面，厚度 4cm	100m^2	8.2	70.42	2 923.62	238.89	64.34	24.74	0.00	3 322.01	27 240.48
15	040303020001	混凝土桥头搭板：C30 混凝土	m^3	157.04	87.64	222.97	21.89	22.78	8.76	0.00	364.04	57 168.84
	3-318 换	混凝土桥头搭板，现浇现拌混凝土，C30(40)	10m^3	15.704	876.40	2 229.74	218.94	227.83	87.63	0.00	3 640.54	57 171.04
16	040303021001	混凝土搭板枕梁：C30 混凝土	m^3	4.72	79.80	224.68	31.85	23.22	8.93	0.00	368.48	1 739.23
	3-222 换	浇筑混凝土浇筑横梁，现浇现拌混凝土，C30(40)	10m^3	0.472	798.00	2 246.81	318.50	232.23	89.32	0.00	3 684.86	1 739.25
17	040303024001	混凝土其他构件：C40 小石子混凝土铰缝	m^3	23.27	119.84	307.63	22.63	29.63	11.40	0.00	491.13	11 428.60
	3-288 换	板梁间混凝土灌缝，现浇现拌混凝土，C30(40)	10m^3	2.327	1 198.40	3 076.28	226.27	296.33	113.97	0.00	4 911.25	11 428.48
18	040303024002	混凝土其他构件：C25 现浇人行道梁、侧石	m^3	14.40	154.84	219.18	24.10	37.22	14.32	0.00	449.66	6 475.10
	3-304	浇筑混凝土地梁、侧石、平石，C25(40)	10m^3	1.44	1 548.40	2 191.80	241.00	372.20	143.15	0.00	4 496.55	6 475.03
19	040309004001	橡胶支座：GJZ100×150 板式橡胶支座，支座总厚度为21mm	个	57	4.41	13.86	0.00	0.91	0.35	0.00	19.53	1 113.21
	3-491	板式橡胶支座安装	100cm^3	179.55	1.40	4.40	0.00	0.29	0.11	0.00	6.20	1 113.21
20	040309007001	桥梁伸缩装置：SPF 伸缩缝	m	129.83	57.35	42.57	31.35	18.45	7.10	0.00	156.82	20 359.94

单位(专业)工程名称：桥梁-市政　　　　第5页　共5页

序号	编号	名称	计量单位	数量	综合单价/元							合计/元
					人工费	材料费	机械费	管理费	利润	风险费用	小计	
	3-503	梳型钢板伸缩缝安装	10m	12.983	569.80	369.04	313.54	183.73	70.67	0.00	1 506.78	19 562.52
	3-513	沥青木丝板沉降缝安装	$10m^2$	1.548	30.80	474.97	0.00	6.41	2.46	0.00	514.64	796.66
21	040309009001	桥面排(泄)，水管：ϕ10PVC 管	m	58.00	4.90	18.99	0.00	1.02	0.39	0.00	25.30	1 467.40
	3-502	塑料管泄水孔安装	10m	5.8	49.00	189.92	0.00	10.19	3.92	0.00	253.03	1 467.57
22	040901004001	钢筋笼：钻孔灌注桩	t	94.123	679.00	3 938.18	328.20	209.50	80.58	0.00	5 235.46	492 777.20
	3-179	钻孔桩钢筋笼制作、安装	t	94.123	679.00	3 938.18	328.20	209.50	80.58	0.00	5 235.46	492 777.20
23	040901001001	现浇构件钢筋：圆钢	t	14.844	816.20	3 969.53	55.84	181.38	69.76	0.00	5 092.71	75 596.19
	3-177	现浇混凝土圆钢制作、安装	t	14.844	816.20	3 969.53	55.84	181.38	69.76	0.00	5 092.71	75 596.19
24	040901001002	现浇构件钢筋：螺纹钢	t	66.564	567.70	3 913.27	89.61	136.72	52.58	0.00	4 759.88	316 836.65
	3-178	现浇混凝土螺纹钢制作、安装	t	66.564	567.70	3 913.27	89.61	136.72	52.58	0.00	4 759.88	316 836.65
25	040901002001	预制构件钢筋：圆钢	t	28.421	865.90	3 972.79	65.51	193.73	74.51	0.00	5 172.44	147 005.92
	3-175	预制混凝土圆钢制作、安装	t	28.421	865.90	3 972.79	65.51	193.73	74.51	0.00	5 172.44	147 005.92
26	040901002002	预制构件钢筋：螺纹钢	t	19.922	550.20	3 910.09	86.39	132.41	50.93	0.00	4 730.02	94 231.46
	3-176	预制混凝土螺纹钢制作、安装	t	19.922	550.20	3 910.09	86.39	132.41	50.93	0.00	4 730.02	94 231.46
27	040901006001	后张法预应力钢筋(钢丝束、钢绞线)ϕ15.24 钢绞线，YM15-4 锚具，波纹管压浆管道	t	21.118	1 906.56	8 662.91	321.50	463.43	178.24	0.00	1 1532.64	243 546.29
	3-193	后张法群锚 束长 40m 以内，7 孔以内	t	21.118	786.10	6 194.53	214.46	208.12	80.04	0.00	7 483.25	158 031.27
	3-202	安装压浆管道波纹管	100m	44.938 8	435.40	1 051.46	0.00	90.56	34.83	0.00	1 612.25	72 452.58
	3-203	管道压浆	$10m^3$	1.106	3 703.00	4 408.67	2 043.78	1 195.33	459.74	0.00	1 1810.52	13 062.44
合计												4 469 338.26

表 12-16　施工技术措施项目清单与计价表

单位(专业)工程名称：桥梁-市政　　　　第 1 页　共 1 页

序号	项目编码	项目名称	项目特征	计量单位	工程量	综合单价/元	合价/元	其中/元		备注
								人工费	机械费	
1	041103001001	围堰	编织袋围堰	m^3	550.80	87.63	48 266.60	14 177.59	1 454.11	
2	041107002001	排水、降水		昼夜	8	8 743.66	69 949.28	27 504.72	18 522.40	
本页小计							118 215.88	41 682.31	19 976.51	
合　计							118 215.88	41 682.31	19 976.51	

表 12-17　施工技术措施项目综合单价计算表

单位(专业)工程名称：桥梁-市政　　　　第 1 页　共 1 页

序号	编号	名称	计量单位	数量	综合单价/元							合计/元
					人工费	材料费	机械费	管理费	利润	风险费用	小计	
1	041103001001	围堰：编织袋围堰	m^3	550.80	25.74	51.08	2.64	5.90	2.27	0.00	87.63	48 266.60
	1-182	编织袋围堰	$100m^3$	5.508	2 573.55	5 107.66	264.11	590.23	227.01	0.00	8 762.56	48 264.18
2	041107002001	排水、降水	昼夜	8	3 438.09	1 333.33	2 315.30	1 196.71	460.23	0.00	8 743.66	69 949.28
	1-323	轻型井点降水安装	10 根	25	645.82	379.61	294.74	195.64	75.24	0.00	1 591.05	39 776.25
	1-324	轻型井点降水拆除	10 根	25	230.37	0.00	180.30	85.42	32.85	0.00	528.94	13 223.50
	1-325	使用轻型井点降水	套·天	40	140.00	29.41	166.16	63.68	24.49	0.00	423.74	16 949.60
合　计												118 215.88

表 12-18　施工组织措施项目清单与计价表

单位(专业)工程名称：桥梁-市政　　第 1 页　共 1 页

序号	项 目 名 称	计算基数	费率/%	金额/元
1	安全文明施工费	人工费+机械费	11.54	164 722.75
2	其他组织措施费			29 404.58
2.1	冬雨季施工增加费	人工费+机械费	0	0.00
2.2	夜间施工增加费	人工费+机械费	0.01	142.74
2.3	已完工程及设备保护费	人工费+机械费	0.02	285.48
2.4	二次搬运费	人工费+机械费	0	0.00
2.5	行车、行人干扰费增加费	人工费+机械费	2	28 548.14
2.6	提前竣工增加费	人工费+机械费	0	0.00
2.7	工程定位复测费	人工费+机械费	0.03	428.22
2.8	特殊地区施工增加费	人工费+机械费	0	0.00
2.9	其他施工组织措施费	按相关规定计算	0	0.00
合　计				194 127.33

表 12-19　其他项目清单与计价汇总表

工程名称：市政　　第 1 页　共 1 页

序号	项 目 名 称	计量单位	金额/元	备注
1	暂列金额	元	0.00	
2	暂估价	元	0.00	
2.1	专业工程暂估价	元	0.00	
3	计日工	元	0.00	
4	总承包服务费	元	0.00	
合　计			0.00	

注：本工程无其他清单项目，其他项目清单包括的明细清单中金额均为零。本例不再放入相应的明细清单。

表 12-20　主要工日价格表

单位(专业)工程名称：桥梁-市政　　第 1 页　共 1 页

序号	工　种	单位	数　量	单价/元
1	一类人工	工日	163.824	65
2	二类人工	工日	12 272.540	70
3	人工(机械)	工日	1 869.466	70

表 12-21　主要材料表

单位(专业)工程名称：桥梁-市政　　　　第 1 页　共 1 页

序号	编码	材料名称	规格型号	单位	数量	单价/元	备注
1		YM15-4 锚具		套	456.001	15	
2	0101001	螺纹钢	II 级综合	t	173.679	3 780	
3	0107001	钢绞线		t	21.963	5 640	
4	0109001	圆钢	(综合)	t	54.763	3 850	
5	0401031	水泥	42.5	kg	762 796.738	0.33	
6	0403043	黄砂(净砂)	综合	t	2 175.609	62.5	
7	0405001	碎石	综合	t	4 124.563	49	
8	0433062	非泵送水下商品混凝土	C25	m^3	2 315.064	329	
9	j3115031	电(机械)		kW・h	215 290.115	0.854	
10	0409481	黏土		m^3	512.244	25	
11	8021221	现浇现拌混凝土	C25(40)	m^3	1 949.917	207.370 5	
12	8021271	现浇现拌混凝土	C50(40)-水泥 52.5	m^3	552.475	266.104	

表 12-22　主要机械台班表

单位(专业)工程名称：桥梁-市政

序号	机械设备名称	单位	数 量	单价/元
1	履带式推土机 90kW	台班	2.719	732.633 5
2	履带式单斗挖掘机(液压)1m^3	台班	4.409	1 105.38
3	内燃光轮压路机 8t	台班	1.607	295.336 5
4	内燃光轮压路机 15t	台班	1.607	505.822 5
5	电动夯实机 20～62kg・m	台班	43.483	21.796 4
6	沥青混凝土推铺机 8t	台班	0.795	843.950 5
7	转盘钻孔机ϕ1 500	台班	255.733	477.594 9
8	履带式电动起重机 5t	台班	328.882	171.71
9	自卸汽车 12t	台班	41.956	698.776 5
10	驳船 50t	台班	11.071	131.4
11	预应力拉伸机 YCW-150	台班	16.472	80.4
12	电动卷扬机单筒慢速 50kN	台班	69.695	120.744 4
13	电动卷扬机单筒慢速 100kN	台班	4.953	182.522
14	双锥反转出料混凝土搅拌机 350L	台班	165.549	123.726 1
15	灰浆搅拌机 200L	台班	8.250	85.572 9
16	钢筋切断机ϕ40	台班	56.625	38.823 4
17	钢筋弯曲机ϕ40	台班	93.650	20.951 2

续表

序号	机械设备名称	单位	数 量	单价/元
18	电动多级离心清水泵 H<180m	台班	14.250	400.579 5
19	污水泵ϕ100	台班	14.250	116.51
20	泥浆泵ϕ100	台班	331.358	210.528 4
21	高压油泵 80MPa	台班	16.472	194.543 3
22	射流井点泵最大抽吸深度 9.5m	台班	120.000	55.387 9
23	交流弧焊机 32kV · A	台班	350.821	90.356 6
24	对焊机容量 75kV · A	台班	8.649	123.056 6
25	电动空气压缩机 1m^3/min	台班	10.446	49.996 2
26	液压注浆泵 HYB50/50-1 型	台班	7.454	80.928
27	汽车式起重机 75t	台班	5.661	2 666.051 5
28	混凝土振捣器平板式 BLL	台班	118.497	17.556
29	混凝土振捣器插入式	台班	386.399	4.826
30	泥浆运输车 5t	台班	332.353	347.984

思考题与习题

1. 《建设工程工程量清单计价规范》中，桥涵工程主要列了哪些清单项目？

2. “钻孔灌注柱”清单项目与相应的定额项目计算规则相同吗？

3. “泥浆护壁成孔灌注柱”清单项目可组合的工作内容是否包括钢筋笼？是否包括截桩头？

4. “泥浆护壁成孔灌注柱”清单项目可组合的工作内容是否包括钢筋笼？是否包括截桩头？

5. “泥浆护壁成孔灌注柱”清单项目可组合的工作内容是否包括陆上支架平台的搭拆？是否包括水上支架平台的搭拆？

6. 桥涵工程现浇混凝土的模板在编制工程量清单的时候，如何处理？

7. “泥浆护壁成孔灌注柱”清单项目可组合的工作内容是否包括声测管的制作、安装？

8. “预制混凝土梁”清单项目可组合的工作内容有哪些？

9. 新建的简支梁桥(轻型桥台、钻孔灌注桩基础)工程通常包括哪些分部分项清单项目？

10. 改建的简支梁桥(轻型桥台、钻孔灌注桩基础)工程通常包括哪些分部分项清单项目？

附录　市政工程清单项目及其计算规则、组合工作内容

1．土石方工程

(1) 土方工程，见附表-1。

附表-1　土方工程(编码：040101)

项目编号	项目名称	项目特征	计量单位	工程量计算规则	工程内容	可组合的主要内容
040101001	挖一般土方	1．土壤类别 2．挖土深度	m^3	按设计图示尺寸以体积计算	1．排地表水 2．土方开挖 3．围护(挡土板)及拆除 4．基底钎探 5．场内运输	1．人工挖土方
						2．机械挖土方
						3．打拔工具桩
						4．木、竹、钢挡土板
						5．人工装、运土方
						6．推土机推土
						7．装载机装松散土、装运土方
						8．自卸车运土
040101002	挖沟槽土方	1．土壤类别 2．挖土深度	m^3	按设计图示尺寸以基础垫层底面积乘以挖土深度计算	1．排地表水 2．土方开挖 3．围护(挡土板)及拆除 4．基底钎探 5．场内运输	1．人工挖沟槽、基坑土方
						2．机械挖沟槽、基坑土方
						3．打拔工具桩
						4．木、竹、钢挡土板
						5．人工装、运土方
						6．推土机推土
						7．装载机装松散土、装运土方
						8．自卸车运土
040101003	挖基坑土方	1．土壤类别 2．挖土深度	m^3	按设计图示尺寸以基础垫层底面积乘以挖土深度计算	1．排地表水 2．土方开挖 3．围护(挡土板)及拆除 4．基底钎探 5．场内运输	1．人工挖沟槽、基坑土方
						2．机械挖沟槽、基坑土方
						3．打拔工具桩
						4．木、竹、钢挡土板
						5．人工装、运土方

续表

项目编号	项目名称	项目特征	计量单位	工程量计算规则	工程内容	可组合的主要内容
040101003	挖基坑土方	1．土壤类别 2．挖土深度	m^3	按设计图示尺寸以基础垫层底面积乘以挖土深度计算	1．排地表水 2．土方开挖 3．围护(挡土板)及拆除 4．基底钎探 5．场内运输	6．推土机推土 7．装载机装松散土、装运土方 8．自卸车运土
040101004	暗挖土方	1．土壤类别 2．平洞、斜洞(坡度) 3．运距	m^3	按设计图示断面乘以长度以体积计算	1．排地表水 2．土方开挖 3．场内运输	
040101005	挖淤泥、流砂	1．挖掘深度 2．运距	m^3	按设计图示位置、界限以体积计算	1．开挖 2．运输	1．人工挖淤泥、流砂 2．机械挖淤泥、流砂 3．人工运淤泥、流砂

(2) 石方工程，见附表-2。

附表-2 石方工程(编码：040102)

项目编号	项目名称	项目特征	计量单位	工程量计算规则	工程内容	可组合的主要内容
040102001	挖一般石方	1．岩石类别 2．开凿深度	m^3	按设计图示尺寸以体积计算	1．排地表水 2．石方开凿 3．修整底、边 4．场内运输	1．人工、机械凿石 2．明挖石方运输 3．推土机推石渣 4．挖掘机挖石渣 5．自卸汽车运石渣
040102002	挖沟槽石方	1．岩石类别 2．开凿深度	m^3	按设计图示尺寸以基础垫层底面乘以挖石深度计算	1．排地表水 2．石方开凿 3．修整底、边 4．场内运输	1．人工、机械凿石 2．明挖石方运输 3．推土机推石渣 4．挖掘机挖石渣 5．自卸汽车运石渣
040102003	挖基坑石方	1．岩石类别 2．开凿深度	m^3	按设计图示尺寸以基础垫层底面乘以挖石深度计算	1．排地表水 2．石方开凿 3．修整底、边 4．场内运输	1．人工、机械凿石 2．明挖石方运输 3．推土机推石渣 4．挖掘机挖石渣 5．自卸汽车运石渣

(3) 回填方及土石方运输，见附表-3。

附表-3　回填方及土石方运输(编码：040103)

项目编号	项目名称	项目特征	计量单位	工程量计算规则	工程内容	可组合的主要内容
040103001	回填方	1．密实度 2．填方材料品种 3．填方粒径要求 4．填方来源、运距	m^3	1．按挖方清单项目工程量加原地面线至设计要求标高间的体积，减去基础、构筑物等埋入体积计算 2．按设计图示尺寸以体积计算	1．运输 2．填方 3．压实	1．人工装、运土方 2．装载机装松散土、装运土方 3．自卸汽车运土 4．明挖石方运输 5．挖掘机挖石渣 6．自卸汽车运石渣 7．人工填土、夯实 8．机械填土碾压 9．机械填土夯实 10．路基填筑砂、塘渣、粉煤灰
040103002	余方弃置	1．废弃料品种 2．运距	m^3	按挖方清单项目工程量减利用回填方体积(正数)计算	余方点装料运输至弃置点	1．人工装、运土方 2．推土机推土 3．装载机装松散土、装运土方 4．自卸汽车运土 5．明挖石方运输 6．挖掘机挖石渣 7．自卸汽车运石渣

(4) 挖方应按天然密实度体积计算，填方应按压实后体积计算。

(5) 沟槽、基坑、一般土石方的划分应符合下列规定。

① 底宽 7m 以内，且底长大于底宽 3 倍以上应按沟槽计算。

② 底长小于底宽 3 倍以下，且底面积在 $150m^2$ 以内应按基坑计算。

③ 超过上述范围，应按一般土石方计算。

2．道路工程

(1) 路基处理，见附表-4。

附表-4　路基处理(编码：040201)

项目编号	项目名称	项目特征	计量单位	工程量计算规则	工程内容	可组合的主要内容
040201001	预压地基	1．排水竖井种类、断面尺寸、排列方式、间距、深度 2．预压方法 3．预压荷载、时间 4．砂垫层厚度	m^2	按设计图示尺寸以面积计算	1．设置排水竖井、盲沟、滤水管 2．铺设砂垫层、密封膜 3．堆载、卸载或抽气设备安拆、抽真空 4．材料运输	
040201002	强夯地基	1．夯击能量 2．夯击遍数 3．地耐力要求 4．夯填材料种类	m^2		1．铺设夯填材料 2．强夯 3．夯填材料运输	
040201003	振冲密实(不填料)	1．地层情况 2．振密深度 3．孔距 4．振冲器功率	m^2		1．振冲加密 2．泥浆运输	
040201004	掺石灰	含灰量	m^3	按设计图示尺寸以体积计算	1．掺石灰 2．夯实	1．掺石灰 2．消解石灰
040201005	掺干土	1．密实度 2．掺土率	m^3		1．掺干土 2．夯实	
040201006	掺石	1．密实度 2．掺石率	m^3		1．掺石 2．夯实	改换片石
040201007	抛石挤淤	材料品种、规格	m^3		1．抛石挤淤 2．填塞垫平、压实	抛石挤淤
040201008	袋装砂井	1．直径 2．填充料品种 3．深度	m	按设计图示尺寸以长度计算	1．制作砂袋 2．定位沉管 3．下砂袋 4．拔管	袋装砂井
040201009	塑料排水板	材料品种、规格	m		1．安装排水板 2．沉管插板 3．拔管	塑料排水板
040201010	振冲桩(填料)	1．地层情况 2．空桩长度、桩长 3．桩径 4．填充材料种类	1．m 2．m^3	1．以米计量，按设计图示尺寸以桩长计算 2．以立方米计量，按设计桩截面乘以桩长以体积计算	1．振冲成孔、填料、振实 2．材料运输 3．泥浆运输	碎石振冲桩

续表

项目编号	项目名称	项目特征	计量单位	工程量计算规则	工程内容	可组合的主要内容
040201011	砂石桩	1. 地层情况 2. 空桩长度、桩长 3. 桩径 4. 成孔方法 5. 材料种类、级配	1. m 2. m^3	1. 以米计量，按设计图示尺寸以桩长计算 2. 以立方米计量，按设计桩截面乘以桩长(包括桩尖)以体积计算	1. 成孔 2. 填充、振实 3. 材料运输	
040201012	水泥粉煤灰碎石桩	1. 地层情况 2. 空桩长度、桩长 3. 桩径 4. 成孔方法 5. 混合料强度等级	m	按设计图示尺寸以桩长(包括桩尖)计算	1. 成孔 2. 混合料制作、灌注、养护 3. 材料运输	
040201013	深层水泥搅拌桩	1. 地层情况 2. 空桩长度、桩长 3. 桩截面尺寸 4. 水泥强度等级、掺量	m		1. 预搅下钻、水泥浆制作、喷浆搅拌提升成桩 2. 材料运输	水泥搅拌桩(喷浆)
040201014	粉喷桩	1. 地层情况 2. 空桩长度、桩长 3. 桩径 4. 粉体种类、掺量 5. 水泥强度等级、石灰粉要求	m	按设计图示尺寸以桩长计算	1. 预搅下钻、喷粉搅拌提升成桩 2. 材料运输	水泥搅拌桩(喷粉)
040201015	高压水泥旋喷桩	1. 地层情况 2. 空桩长度、桩长桩截面 3. 桩截面 4. 旋喷类型、方法 5. 水泥强度等级、掺量	m		1. 成孔 2. 水泥浆制作、高压旋喷注浆 3. 材料运输	1. 钻孔 2. 喷浆
040201016	石灰桩	1. 地层情况 2. 空桩长度、桩长 3. 桩径 4. 成孔方法 5. 掺和料种类、配合比	m	按设计图示尺寸以桩长(包括桩尖)计算	1. 成孔 2. 混合料制作、运输、夯填	1. 石灰砂桩 2. 消解石灰
040201017	灰土(土)挤密桩	1. 地层情况 2. 空桩长度、桩长 3. 桩径 4. 成孔方法 5. 灰土级配	m	按设计图示尺寸以桩长(包括桩尖)计算	1. 成孔 2. 灰土拌和、运输、填充、夯实	

续表

项目编号	项目名称	项目特征	计量单位	工程量计算规则	工程内容	可组合的主要内容
040201018	柱锤冲扩桩	1．地层情况 2．空桩长度、桩长 3．桩径 4．成孔方法 5．桩体材料种类、配合比	m	按设计图示尺寸以桩长计算	1．安拔套管 2．冲孔、填料、夯实 3．桩体材料制作、运输	
040201019	地基注浆	1．地层情况 2．成孔深度、间距 3．浆液种类及配合比 4．注浆方法 5．水泥强度等级、用量	1．m 2．m^3	1．以米计量，按设计图示尺寸以深度计算 2. 以立方米计量，按设计图示尺寸以加固体积计算	1．成孔 2．注浆导管制作、安装 3．浆液制作、压浆 4．材料运输	1．分层注浆 2．压密注浆
040201020	褥垫层	1．厚度 2．材料品种、规格及比例	1．m^2 2．m^3	1. 以平方米计量，按设计图示尺寸以铺设面积计算 2. 以立方米计量，按设计图示尺寸以铺设体积计算	1．材料拌合、运输 2．铺设 3．压实	
040201021	土工合成材料	1．材料品种、规格 2．搭接方式	m^2	按设计图示尺寸以面积计算	1．基层整平 2．铺设 3．固定	1．土工布 2．土工格栅
040201022	排水沟截水沟	1．断面尺寸 2．基础、垫层：材料品种、厚度 3．砌体材料 4．砂浆强度等级 5．伸缩缝填塞 6．盖板材质、规格	m	按设计图示尺寸以长度计算	1. 模板制作、安装、拆除 2．基础、垫层铺筑 3．混凝土拌和、运输、浇筑 4．侧墙浇捣或砌筑 5．勾缝、抹面 6．盖板安装	1．垫层 2．基础 3．混凝土浇捣 4．砌筑 5．抹面 6．勾缝 7．沉降缝 8．盖板制作、安装
040201023	盲沟	1．材料品种、规格 2．断面尺寸	m		铺筑	1．砂石盲沟 2．滤管盲沟

(2) 道路基层，见附表-5。

附表-5　道路基层(编码：040202)

项目编号	项目名称	项目特征	计量单位	工程量计算规则	工程内容	可组合的主要内容
040202001	路床(槽)整形	1．部位 2．范围	m^2	按设计道路底基层图示尺寸以面积计算，不扣除各类井所占面积	1．放样 2．修整路拱 3．碾压成型	路床(槽)整形
040202002	石灰稳定土	1．水泥含量 2．厚度	m^2	按设计图示尺寸以面积计算，不扣除各种井所占面积	1．拌和 2．运输 3．铺筑 4．找平 5．碾压 6．养护	
040202003	水泥稳定土	1．水泥含量 2．厚度	m^2			1．水泥稳定土 2．顶层多合土养生
040202004	石灰、粉煤灰、土	1．配合比 2．厚度	m^2			1．石灰、粉煤灰、土基层 2．顶层多合土养生
040202005	石灰、碎石、土	1．配合比 2．碎石规格 3．厚度	m^2			1．石灰、碎石、土基层 2．顶层多合土养生
040202006	石灰、粉煤灰、碎(砾)石	1．配合比 2．碎(砾)石规格 3．厚度	m^2			1. 石灰、粉煤灰、碎(砾)石基层 2．顶层多合土养生
040202007	粉煤灰	厚度	m^2			
040202008	矿渣	厚度	m^2			矿渣底层
040202009	砂砾石	1．石料规格 2．厚度	m^2			砂砾石底层
040202010	卵石	1．石料规格 2．厚度	m^2			卵石底层
040202011	碎石	1．石料规格 2．厚度	m^2	按设计图示尺寸以面积计算，不扣除各种井所占面积	1．拌和 2．运输 3．铺筑 4．找平 5．碾压 6．养护	碎石底层
040202012	块石	1．石料规格 2．厚度	m^2			块石底层
040202013	山皮石	1．石料规格 2．厚度	m^2			塘渣底层
040202014	粉煤灰三渣	1．配合比 2．厚度	m^2			1．粉煤灰三渣基层 2．顶层多合土养生
040202015	水泥稳定碎(砾)石	1．水泥含量 2．石料规格 3．厚度	m^2			1．水泥稳定碎石基层 2．水泥稳定碎石砂基层 3．顶层多合土养生
040202016	沥青稳定碎石	1．沥青品种 2．石料粒径 3．厚度	m^2			沥青稳定碎石

(3) 道路面层，见附表-6。

附表-6 道路面层(编码：040203)

项目编号	项目名称	项目特征	计量单位	工程量计算规则	工程内容	可组合的主要内容	
040203001	沥青表面处理	1. 沥青品种 2. 层数	m^2	按设计图示尺寸以面积计算，不扣除各种井所占面积，带平石的面层应扣除平石所占面积	1. 喷油、布料 2. 碾压	沥青表面处治	
040203002	沥青贯入式	1. 沥青品种 2. 厚度	m^2		1. 摊铺碎石 2. 喷油、布料 3. 碾压	沥青贯入式路面	
040203003	透层、粘层	1. 材料品种 2. 喷油量	m^2		1. 清理下承层 2. 喷油、布料	1. 透层 2. 粘层	
040203004	封层	1. 材料品种 2. 喷油量 3. 厚度	m^2		1. 清理下承层 2. 喷油、布料 3. 压实	封层	
040203005	黑色碎石	1. 沥青品种 2. 石料规格 3. 厚度	m^2		1. 清理下承面 2. 拌和、运输 3. 摊铺、整形 4. 压实	黑色碎石路面	
040203006	沥青混凝土	1. 沥青品种 2. 沥青混凝土种类 3. 石料粒径 4. 掺和料 5. 厚度	m^2	按设计图示尺寸以面积计算，不扣除各种井所占面积，带平石的面层应扣除平石所占面积	1. 清理下承面 2. 拌和、运输 3. 摊铺、整形 4. 压实	沥青混凝土路面	粗粒式 中粒式 细粒式
040203007	水泥混凝土	1. 混凝土强度等级 2. 掺和料 3. 厚度 4. 嵌缝材料	m^2		1. 模板制作、安装、拆除 2. 混凝土拌和、运输、浇筑 3. 拉毛 4. 痕或刻防滑槽 5. 伸缝 6. 缩缝 7. 锯缝、嵌缝 8. 路面养护	1. 水泥混凝土路面 2. 伸缩缝嵌缝、锯缝 3. 混凝土路面刻防滑槽 4. 水泥混凝土路面养生	
040203008 040203007	块料面层	1. 块料品种、规格 2. 垫层：材料品种、厚度、强度等级	m^2		1. 铺筑垫层 2. 铺砌块料 3. 嵌缝、勾缝	1. 铺筑垫层 2. 块料铺贴	
040203009	弹性面层	1. 材料品种 2. 厚度	m^2		1. 配料 2. 铺贴		

(4) 人行道及其他，见附表-7。

附表-7　人行道及其他(编码：040204)

项目编号	项目名称	项目特征	计量单位	工程量计算规则	工程内容	可组合的主要内容
040204001	人行道整形碾压	1．部位 2．范围	m^2	按设计人行道图示尺寸以面积计算，不扣除侧石、树池和各类井所占面积	1．放样 2．碾压	人行道路整形碾压
040204002	人行道块料铺设	1．块料品种、规格 2．垫层、基础：材料品种、厚度 3．图形	m^2	按设计图示尺寸以面积计算，不扣除各类井所占面积，但应扣除侧石、树池所占面积	1．基础、垫层铺筑 2．块料铺设	1．人行道混凝土基础 2．人行道块料铺设
040204003	现浇混凝土人行道及进口坡	1．混凝土强度等级 2．厚度 3．基础、垫层：材料品种、厚度	m^2		1．模板制作、安装、拆除 2．基础、垫层铺筑 3．混凝土拌和、运输、浇筑	
040204004	安砌侧(平、缘)石	1．材料品种、规格 2．基础、垫层：材料品种、厚度	m	按设计图示中心线长度计算	1．开槽 2．基础、垫层铺筑 3．侧(平、缘)石安砌	1．侧、平石垫层 2．侧、平石安砌
040204005	现浇侧(平、缘)石	1．材料品种 2．尺寸 3．形状 4．混凝土强度等级 5．基础、垫层：材料品种、厚度	m		1．模板制作、安装、拆除 2．开槽 3．基础、垫层铺筑 4．侧(平、缘)石安砌	1．侧平石垫层 2.现浇侧、平石
040204006	检查井升降	1．材料品种 2．检查井规格 3．平均升(降)高度	座	按设计图示路面标高与原有的检查井发生正负高差的检查井的数量计算	1．提升 2．降低	1．拆除砖砌检查井 2．砖砌检查井筒 3．砖墙井抹灰、勾缝
040204007	树池砌筑	1．材料品种、规格 2．树池尺寸 3．树池盖材料品种	个	按设计图示以数量计算	1．基础、垫层铺筑 2．树池砌筑 3．盖面材料运输、安装	1．砌筑树池 2．树池盖制作、安装
040204008	预制电缆沟铺设	1．材料品种 2．规格尺寸 3．基础、垫层：材料品种、厚度 4．盖板品种、规格	m	按设计图示中心线长度计算	1．基础、垫层铺筑 2．预制电缆沟安装 3．盖面安装	

3．桥涵护岸工程

(1) 桩基，见附表-8。

附表-8 桩基(编码：040301)

项目编号	项目名称	项目特征	计量单位	工程量计算规则	工程内容	可组合的主要内容
040301001	预制钢筋混凝土方桩	1．地层情况 2．送桩深度、桩长 3．桩截面 4．桩倾斜度 5．混凝土强度等级	1．m 2．m³ 3．根	1．以米计量，按设计图示尺寸以桩长(包括桩尖)计算 2．以立方米计量，按设计图示桩长(包括桩尖)乘以桩的断面面积计算 3．以根计量，按设计图示数量计算	1．工作平台搭拆 2．桩就位 3．桩机移位 4．沉桩 5．接桩 6．送桩	1．搭拆桩基础支架平台 2．打桩 3．接桩 4．送桩
040301002	预制钢筋混凝土管桩	1．地层情况 2．送桩深度、桩长 3．桩外径、壁厚 4．桩倾斜度 5．桩尖设置及类型 6．混凝土强度等级 7．填充材料种类	1．m 2．m³ 3．根		1．工作平台搭拆 2．桩就位 3．桩机移位 4．桩尖安装 5．沉桩 6．接桩 7．送桩 8．桩芯填充	1．搭拆桩基础支架平台 2．打桩 3．接桩 4．送桩 5．桩芯填充
040301003	钢管桩	1．地层情况 2．送桩深度、桩长 3．材质 4．管径、壁厚 5．桩倾斜度 6．填充材料种类 7．防护材料种类	1．t 2．根	1．以吨计量，按设计图示尺寸以质量计算 2．以根计量，按设计图示数量计算	1．工作平台搭拆 2．桩就位 3．桩机移位 4．沉桩 5．接桩 6．送桩 7．切割钢管、精割盖帽 8．管内取土、余土弃置 9．管内填芯、刷防护材料	1．搭拆桩基础支架平台 2．打桩 3．接桩 4．送桩 5．切割钢管、精割盖帽 6．管内取土 7．管内填芯
040301004	泥浆护壁成孔灌注桩	1．地层情况 2．空桩长度、桩长 3．桩径 4．成孔方法 5．混凝土种类、强度等级	1．m 2．m³ 3．根	1．以米计量，按设计图示尺寸以桩长(包括桩尖)计算 2．以立方米计量，按不同截面在桩长范围内以体积计算 3．以根计量，按设计图示数量计算	1．工作平台搭拆 2．桩机移位 3．护筒埋设 4．成孔、固壁 5．混凝土制作、运输、灌注、养护 6．土方、废浆外运 7．打桩场地硬化及泥浆池、泥浆沟	1．工作平台搭拆 2．埋设钢护筒 3．回旋钻孔 4．泥浆池建造和拆除 5．泥浆外运 6．灌注混凝土

续表

项目编号	项目名称	项目特征	计量单位	工程量计算规则	工程内容	可组合的主要内容
040301005	沉管灌注桩	1. 地层情况 2. 空桩长度、桩长 3. 复打长度 4. 桩径 5. 沉管方法 6. 桩尖类型 7. 混凝土种类、强度等级	1. m 2. m^3 3. 根	1. 以米计量，按设计图示尺寸以桩长(包括桩尖)计算 2. 以立方米计量，按设计图示桩长(包括桩尖)乘以桩的断面面积计算 3. 以根计量，按设计图示数量计算	1. 工作平台搭拆 2. 桩机移位 3. 打(沉)拔钢管 4. 桩尖安装 5. 混凝土制作、运输、灌注、养护	
040301006	干作业成孔灌注桩	1. 地层情况 2. 空桩长度、桩长 3. 桩径 4. 扩孔直径、高度 5. 成孔方法 6. 混凝土种类、强度等级	1. m 2. m^3 3. 根		1. 工作平台搭拆 2. 桩机移位 3. 成孔、扩孔 4. 混凝土制作、运输、灌注、振捣、养护	
040301007	挖孔桩土(石)方	1. 土(石)类别 2. 挖孔深度 3. 弃土(石)运距	m^3	按设计图示尺寸(含护壁)截面积乘以挖孔深度以立方米为单位计算	1. 排地表水 2. 挖土、凿石 3. 基底钎探 4. 土(石)方外运	1. 人工挖孔 2. 挖淤泥、流砂增加费 3. 挖岩石增加费
040301008	人工挖孔灌注桩	1. 桩芯长度 2. 桩芯直径、扩底直径、扩底高度 3. 护壁厚度、高度 4. 护壁材料种类、强度等级 5. 桩芯混凝土种类、强度等级	1. m^3 2. 根	1. 以立方米计量，按桩芯混泥土体积计算 2. 以根计量，按设计图示数量计算	1. 护壁制作、安装 2. 混凝土制作、运输、灌注、振捣、养护	1. 安装混凝土护壁 2. 灌注混凝土
040301009	钻孔压浆桩	1. 地层情况 2. 桩长 3. 钻孔直径 4. 骨料品种、规格 5. 水泥强度等级	1. m 2. 根	1. 以米计量，按设计图示尺寸以桩长计算 2. 以根计量，按设计图示数量计算	1. 钻孔、下注浆管、投放骨料 2. 浆液制作、运输、压浆	
040301010	灌注桩后注浆	1. 注浆导管材料、规格 2. 注浆导管长度 3. 单孔注浆量 4. 水泥强度等级	孔	按设计图示以注浆孔数计算	1. 注浆导管制作、安装 2. 浆液制作、运输、压浆	

续表

项目编号	项目名称	项目特征	计量单位	工程量计算规则	工程内容	可组合的主要内容
040301011	截桩头	1. 桩类型 2. 桩头截面、高度 3. 混凝土强度等级 4. 有无钢筋	1. m^3 2. 根	1. 以立方米计量，按设计桩截面乘以桩头长度以体积计算 2. 以根计量，按设计图示数量计算	1. 截桩头 2. 凿平 3. 废料外运	1. 截桩头 2. 废料弃置
040301012	声测管	1. 材质 2. 规格、型号	1. t 2. m	1. 按设计图示尺寸以质量计算 2. 按设计图示尺寸以长度计算	1. 检测管截断、挂头 2. 套管制作、焊接 3. 定位、固定	声测管制作、安装

(2) 基坑与边坡支护，见附表-9。

附表-9　桩基(编码：040302)

项目编号	项目名称	项目特征	计量单位	工程量计算规则	工程内容	可组合的主要内容
040302001	圆木桩	1. 地层情况 2. 桩长 3. 材质 4. 尾径 5. 桩倾斜度	1. m 2. 根	1. 以米计量，按设计图示尺寸以桩长(包括桩尖)计算 2. 以根计量，按设计图示数量计算	1. 工作平台搭拆 2. 桩机移位 3. 桩制作、运输、就位 4. 桩靴安装 5. 沉桩	1. 搭拆桩基础支架平台 2. 打基础圆木桩
040302002	预制钢筋混凝土板桩	1. 地层情况 2. 送桩深度、桩长 3. 桩截面 4. 混凝土强度等级	1. m^3 2. 根	1. 以立方米计量，按设计图示桩长(包括桩尖)乘以桩的断面面积计算 2. 以根计量，按设计图示数量计算	1. 工作平台搭拆 2. 桩就位 3. 桩机移位 4. 沉桩 5. 接桩 6. 送桩	1. 搭拆桩基础支架平台 2. 打桩 3. 送桩
040302003	地下连续墙	1. 地层情况 2. 导墙类型、截面 3. 墙体厚度 4. 成槽深度 5. 混凝土种类、强度等级 6. 接头形式	m^3	按设计图示墙中心线长乘以厚度乘以槽深，以体积计算	1. 工导墙挖填、制作、安装、拆除 2. 挖土成槽、固壁、清底置换 3. 混凝土制作、运输、灌注、养护 4. 接头处理 5. 土方、废浆外运 6. 打桩场地硬化及泥浆池、泥浆沟	1. 导墙开挖及制作 2. 挖土成槽 3. 土方外运 4. 接头处理 5. 清底置换 6. 浇筑混凝土 7. 泥浆池建造和拆除 8. 泥浆外运

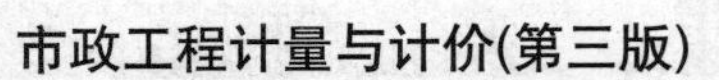

续表

项目编号	项目名称	项目特征	计量单位	工程量计算规则	工程内容	可组合的主要内容
040302004	咬合灌注桩	1. 地层情况 2. 桩长 3. 桩径 4. 混凝土种类、强度等级 5. 部位	1. m 2. 根	1. 以米计量，按设计图示尺寸以桩长计算 2. 以根计量，按设计图示数量计算	1. 桩机移位 2. 成孔、固壁 3. 混凝土制作、运输、灌注、养护 4. 套管压拔 5. 土方、废浆外运 6. 打桩场地硬化及泥浆池、泥浆沟	
040302005	型钢水泥土搅拌墙	1. 深度 2. 桩径 3. 水泥掺量 4. 型钢材料、规格 5. 是否拔出	m^3	按设计图示尺寸以体积计算	1. 钻机移位 2. 钻进 3. 浆液制作、运输、压浆 4. 搅拌成桩 5. 型钢插拔 6. 土方、废浆外运	1. 三轴水泥搅拌桩 2. 插、拔型钢 3. 土方外运 4. 泥浆外运
040302006	锚杆(索)	1. 地层情况 2. 锚杆(索)类型、部位 3. 钻孔直径、深度 4. 杆体材料品种、规格、数量 5. 是否预应力 6. 浆液种类、强度等级	1. m 2. 根	1. 以米计量，按设计图示尺寸以钻孔深度计算 2. 以根计量，按设计图示数量计算	1. 钻孔、浆液制作、运输、压浆 2. 锚杆(索)制作、安装 3. 张拉锚固 4. 锚杆(索)施工平台搭设拆除	
040302007	土钉	1. 地层情况 2. 钻孔直径、深度 3. 置入方法 4. 杆体材料品种、规格、数量 5. 浆液种类、强度等级	1. m 2. 根		1. 钻孔、浆液制作、运输、压浆 2. 土钉制作、安装 3. 土钉施工平台搭设拆除	
040302008	喷射混凝土	1. 部位 2. 厚度 3. 材料种类 4. 混凝土类别、强度等级	m^2	按设计图示尺寸以面积计算	1. 修整边坡 2. 混凝土制作、运输、喷射、养护 3. 钻排水孔、安装排水管 4. 喷射施工平台搭设、拆除	

(3) 现浇混凝土构件，见附表-10。

附表-10　现浇混凝土(编码：040303)

项目编号	项目名称	项目特征	计量单位	工程量计算规则	工程内容	可组合的主要内容	
040303001	混凝土垫层	混凝土强度等级	m^3	按设计图示尺寸以体积计算	1. 模板制作、安装、拆除 2. 混凝土拌和、运输、浇筑 3. 养护	混凝土垫层	
040303002	混凝土基础	1. 混凝土强度等级 2. 嵌料(毛石)比例	m^3		1. 模板制作、安装、拆除 2. 混凝土拌和、运输、浇筑 3. 养护	1. 毛石混凝土基础	
					1. 模板制作、安装、拆除 2. 混凝土拌和、运输、浇筑 3. 养护	2. 混凝土基础	
040303003	混凝土承台	混凝土强度等级	m^3		1. 模板制作、安装、拆除 2. 混凝土拌和、运输、浇筑 3. 养护	混凝土浇捣	
040303004	混凝土墩(台)帽	1. 部位 2. 混凝土强度等级	m^3		1. 模板制作、安装、拆除 2. 混凝土拌和、运输、浇筑 3. 养护	混凝土浇捣	墩帽
					1. 模板制作、安装、拆除 2. 混凝土拌和、运输、浇筑 3. 养护		台帽
040303005	混凝土墩(台)身	1. 部位 2. 混凝土强度等级	m^3		1. 模板制作、安装、拆除 2. 混凝土拌和、运输、浇筑 3. 养护	混凝土浇捣	轻型桥台 实体式桥台 拱桥墩身 拱桥台身 柱式墩台身
040303006	混凝土支撑梁及横梁	1. 部位 2. 混凝土强度等级	m^3		1. 模板制作、安装、拆除 2. 混凝土拌和、运输、浇筑 3. 养护	混凝土浇捣	支撑梁
					1. 模板制作、安装、拆除 2. 混凝土拌和、运输、浇筑 3. 养护		横梁
040303007	混凝土墩(台)盖梁	1. 部位 2. 混凝土强度等级	m^3		1. 模板制作、安装、拆除 2. 混凝土拌和、运输、浇筑 3. 养护	混凝土浇捣	墩盖梁
					1. 模板制作、安装、拆除 2. 混凝土拌和、运输、浇筑 3. 养护		台盖梁

续表

<table>
<tr><th>项目编号</th><th>项目名称</th><th>项目特征</th><th>计量单位</th><th>工程量计算规则</th><th>工程内容</th><th colspan="2">可组合的主要内容</th></tr>
<tr><td>040303008</td><td>混凝土拱桥拱座</td><td>混凝土强度等级</td><td>m^3</td><td rowspan="16">按设计图示尺寸以体积计算</td><td>1．模板制作、安装、拆除
2．混凝土拌和、运输、浇筑
3．养护</td><td colspan="2">混凝土浇捣</td></tr>
<tr><td>040303009</td><td>混凝土拱桥拱肋</td><td>混凝土强度等级</td><td>m^3</td><td>1．模板制作、安装、拆除
2．混凝土拌和、运输、浇筑
3．养护</td><td colspan="2">混凝土浇捣</td></tr>
<tr><td>040303010</td><td>混凝土拱上构件</td><td>1．部位
2．混凝土强度等级</td><td>m^3</td><td>1．模板制作、安装、拆除
2．混凝土拌和、运输、浇筑
3．养护</td><td colspan="2">混凝土浇捣</td></tr>
<tr><td rowspan="3">040303011</td><td rowspan="3">混凝土箱梁</td><td rowspan="3">1．部位
2．混凝土强度等级</td><td rowspan="3">m^3</td><td>1．模板制作、安装、拆除
2．混凝土拌和、运输、浇筑
3．养护</td><td rowspan="3">混凝土浇捣</td><td>0号块件</td></tr>
<tr><td>1．模板制作、安装、拆除
2．混凝土拌和、运输、浇筑
3．养护</td><td>悬浇箱梁</td></tr>
<tr><td>1．模板制作、安装、拆除
2．混凝土拌和、运输、浇筑
3．养护</td><td>支架上现浇箱梁</td></tr>
<tr><td rowspan="2">040303012</td><td rowspan="2">混凝土连续板</td><td rowspan="2">1．部位
2．结构形式
3．混凝土强度等级</td><td rowspan="2">m^3</td><td rowspan="2">1．模板制作、安装、拆除
2．混凝土拌和、运输、浇筑
3．养护</td><td rowspan="2">混凝土浇捣</td><td>矩形实体连续板</td></tr>
<tr><td>矩形空心连续板</td></tr>
<tr><td rowspan="2">040303013</td><td rowspan="2">混凝土板梁</td><td rowspan="2">1．部位
2．结构形式
3．混凝土强度等级</td><td rowspan="2">m^3</td><td rowspan="2">1．模板制作、安装、拆除
2．混凝土拌和、运输、浇筑
3．养护</td><td rowspan="2">混凝土浇捣</td><td>实心板梁</td></tr>
<tr><td>空心板梁</td></tr>
<tr><td>040303014</td><td>混凝土板拱</td><td>1．部位
2．混凝土强度等级</td><td>m^3</td><td>1．模板制作、安装、拆除
2．混凝土拌和、运输、浇筑
3．养护</td><td colspan="2">混凝土浇捣</td></tr>
<tr><td rowspan="5">040303015</td><td rowspan="5">混凝土挡墙墙身</td><td rowspan="5">1．混凝土强度等级
2．泄水孔材料品种、规格
3. 滤水层要求
4. 沉降缝要求</td><td rowspan="5">m^3</td><td rowspan="5">1．模板制作、安装、拆除
2．混凝土拌和、运输、浇筑
3．养护
4．抹灰
5．泄水孔制作、安装
6．滤水层铺筑
7．沉降缝</td><td colspan="2">1．混凝土浇捣</td></tr>
<tr><td colspan="2">2．抹灰</td></tr>
<tr><td colspan="2">3．泄水孔制作、安装</td></tr>
<tr><td colspan="2">4．滤水层铺筑</td></tr>
<tr><td colspan="2">5．沉降缝</td></tr>
</table>

续表

项目编号	项目名称	项目特征	计量单位	工程量计算规则	工程内容	可组合的主要内容
040303016	混凝土挡墙压顶	1. 混凝土强度等级 2. 沉降缝要求	m^3	按设计图示尺寸以体积计算	1. 模板制作、安装、拆除 2. 混凝土拌和、运输、浇筑 3. 养护 4. 抹灰 5. 泄水孔制作、安装 6. 滤水层铺筑 7. 沉降缝	1. 混凝土浇捣 2. 抹灰
040303017	混凝土楼梯	1. 结构形式 2. 底板厚度 3. 混凝土强度等级	1. m^2 2. m^3	1. 以平方米计量，按设计图示尺寸以水平投影面积计算 2. 以立方米计量，按设计图示尺寸以体积计算	1. 模板制作、安装、拆除 2. 混凝土拌和、运输、浇筑 3. 养护	
040303018	混凝土防撞护栏	1. 断面 2. 混凝土强度等级	m	按设计图示尺寸以长度计算	1. 模板制作、安装、拆除 2. 混凝土拌和、运输、浇筑 3. 养护	混凝土浇捣
040303019	桥面铺装	1. 混凝土强度等级 2. 沥青品种 3. 沥青混凝土种类 4. 厚度 5. 配合比	m^2	按设计图示尺寸以面积计算	1. 模板制作、安装、拆除 2. 混凝土拌和、运输、浇筑 3. 养护 4. 沥青混凝土铺装 5. 碾压	1. 混凝土桥面：水泥混凝土陆路面；伸缩缝嵌缝、锯缝；混凝土路面刻防滑槽；水泥混凝土路面养生 2. 沥青混凝土桥面
040303020	混凝土桥头搭板	混凝土强度等级	m^3		1. 模板制作、安装、拆除 2. 混凝土拌和、运输、浇筑 3. 养护	混凝土浇捣
040303021	混凝土搭板枕梁	混凝土强度等级	m^3	按设计图示尺寸以体积计算	1. 模板制作、安装、拆除 2. 混凝土拌和、运输、浇筑 3. 养护	
040303022	混凝土桥塔身	1. 形状 2. 混凝土强度等级	m^3		1. 模板制作、安装、拆除 2. 混凝土拌和、运输、浇筑 3. 养护	

续表

<table>
<tr><th>项目编号</th><th>项目名称</th><th>项目特征</th><th>计量单位</th><th>工程量计算规则</th><th>工程内容</th><th colspan="2">可组合的主要内容</th></tr>
<tr><td>040303023</td><td>混凝土连系梁</td><td>1. 形状
2. 混凝土强度等级</td><td>m^3</td><td rowspan="5">按设计图示尺寸以体积计算</td><td>1. 模板制作、安装、拆除
2. 混凝土拌和、运输、浇筑
3. 养护</td><td colspan="2">混凝土浇捣</td></tr>
<tr><td rowspan="4">040303024</td><td rowspan="4">混凝土其他构件</td><td rowspan="4">1. 名称、部位
2. 混凝土强度等级</td><td rowspan="4">m^3</td><td rowspan="4">1. 模板制作、安装、拆除
2. 混凝土拌和、运输、浇筑
3. 养护</td><td colspan="2">1. 混凝土灌缝</td></tr>
<tr><td rowspan="3">2. 小型构件</td><td>立柱、端柱、灯柱</td></tr>
<tr><td>地梁、侧石、平石</td></tr>
<tr><td>支座垫石</td></tr>
<tr><td>040303025</td><td>钢管拱混凝土</td><td>混凝土强度等级</td><td>m^3</td><td>按设计图示尺寸以体积计算</td><td>混凝土拌和、运输、压注</td><td colspan="2"></td></tr>
</table>

(4) 预制混凝土，见附表-11。

附表-11　预制混凝土(编码：040304)

<table>
<tr><th>项目编号</th><th>项目名称</th><th>项目特征</th><th>计量单位</th><th>工程量计算规则</th><th>工程内容</th><th>可组合的主要内容</th></tr>
<tr><td rowspan="5">040304001</td><td rowspan="5">预制混凝土梁</td><td rowspan="5">1. 部位
2. 图集、图纸名称
3. 构件代号、名称
4. 混凝土强度等级
5. 砂浆强度等级</td><td rowspan="5">m^3</td><td rowspan="9">按设计图示尺寸以体积计算</td><td rowspan="5">1. 模板制作、安装、拆除
2. 混凝土拌和、运输、浇筑
3. 养护
4. 构件安装
5. 接头灌缝
6. 砂浆制作
7. 运输</td><td>1. 混凝土浇捣、模板安拆</td></tr>
<tr><td>2. 构件出槽堆放</td></tr>
<tr><td>3. 场内构件运输</td></tr>
<tr><td>4. 安装</td></tr>
<tr><td>5. 构件连接</td></tr>
<tr><td rowspan="4">040304002</td><td rowspan="4">预制混凝土柱</td><td rowspan="4">1. 部位
2. 图集、图纸名称
3. 构件代号、名称
4. 混凝土强度等级
5. 砂浆强度等级</td><td rowspan="4">m^3</td><td rowspan="4">1. 模板制作、安装、拆除
2. 混凝土拌和、运输、浇筑
3. 养护
4. 构件安装
5. 接头灌缝
6. 砂浆制作
7. 运输</td><td>1. 混凝土浇捣、模板安拆</td></tr>
<tr><td>2. 场内构件运输</td></tr>
<tr><td>3. 安装</td></tr>
<tr><td>4. 构件连接</td></tr>
</table>

续表

<table>
<tr><th>项目编号</th><th>项目名称</th><th>项目特征</th><th>计量单位</th><th>工程量计算规则</th><th>工程内容</th><th colspan="2">可组合的主要内容</th></tr>
<tr><td rowspan="5">040304003</td><td rowspan="5">预制混凝土板</td><td rowspan="5">1. 部位
2. 图集、图纸名称
3. 构件代号、名称
4. 混凝土强度等级
5. 砂浆强度等级</td><td rowspan="5">m^3</td><td rowspan="19">按设计图示尺寸以体积计算</td><td rowspan="5">1. 模板制作、安装、拆除
2. 混凝土拌和、运输、浇筑
3. 养护
4. 构件安装
5. 接头灌缝
6. 砂浆制作
7. 运输</td><td colspan="2">1. 混凝土浇捣、模板安拆</td></tr>
<tr><td colspan="2">2. 构件出槽堆放</td></tr>
<tr><td colspan="2">3. 场内构件运输</td></tr>
<tr><td colspan="2">4. 安装</td></tr>
<tr><td colspan="2">5. 构件连接</td></tr>
<tr><td rowspan="5">040304004</td><td rowspan="5">预制混凝土挡墙墙身</td><td rowspan="5">1. 图集、图纸名称
2. 构件代号、名称
3. 结构形式
4. 混凝土强度等级
5. 泄水孔材料种类、规格
6. 滤水层要求
7. 砂浆强度等级</td><td rowspan="5">m^3</td><td rowspan="5">1. 模板制作、安装、拆除
2. 混凝土拌和、运输、浇筑
3. 养护
4. 构件安装
5. 接头灌缝
6. 泄水孔制作、安装
7. 滤水层铺设
8. 砂浆制作
9. 运输</td><td colspan="2">1. 砌筑</td></tr>
<tr><td colspan="2">2. 勾缝</td></tr>
<tr><td colspan="2">3. 泄水孔制作、安装</td></tr>
<tr><td colspan="2">4. 滤水层铺筑</td></tr>
<tr><td colspan="2">5. 沉降缝</td></tr>
<tr><td rowspan="9">040304005</td><td rowspan="9">预制混凝土其他构件</td><td rowspan="9">1. 部位
2. 图集、图纸名称
3. 构件代号、名称
4. 混凝土强度等级
5. 砂浆强度等级</td><td rowspan="9">m^3</td><td rowspan="9">1. 模板制作、安装、拆除
2. 混凝土拌和、运输、浇筑
3. 养护
4. 构件安装
5. 接头灌缝
6. 砂浆制作
7. 运输</td><td rowspan="2">1. 桩</td><td>混凝土浇捣、模板安拆</td></tr>
<tr><td>场内构件安拆</td></tr>
<tr><td rowspan="4">2. 拱构件</td><td>混凝土浇捣、模板安拆</td></tr>
<tr><td>场内构件安拆</td></tr>
<tr><td>安装</td></tr>
<tr><td>构件连接</td></tr>
<tr><td rowspan="3">3. 小型构件</td><td>混凝土浇捣、模板安拆</td></tr>
<tr><td>场内构件安拆</td></tr>
<tr><td>安装</td></tr>
</table>

(5) 砌筑，见附表-12。

附表-12 砌筑(编码：040305)

项目编号	项目名称	项目特征	计量单位	工程量计算规则	工程内容	可组合的主要内容
040305001	垫层	1. 材料品种、规格 2. 厚度	m^3		垫层铺筑	1. 碎石垫层 2. 砂垫层
040305002	干砌块料	1. 部位 2. 材料品种、规格 3. 泄水孔材料品种、规格 4. 滤水层要求 5. 沉降缝要求	m^3		1. 砌筑 2. 砌筑勾缝 3. 砌筑抹面 4. 泄水孔制作、安装 5. 滤层铺设 6. 沉降缝	1. 砌筑 2. 勾缝 3. 泄水孔制作、安装 4. 滤水层铺筑 5. 沉降缝
040305003	浆砌块料	1. 部位 2. 材料品种、规格 3. 砂浆强度等级 4. 泄水孔材料品种、规格 5. 滤水层要求 6. 沉降缝要求	m^3	按设计图示尺寸以体积计算	1. 砌筑 2. 砌体勾缝 3. 砌体抹面 4. 泄水孔制作、安装 5. 滤层铺设 6. 沉降缝	1. 砌筑 2. 勾缝 3. 泄水孔制作、安装 4. 滤水层铺筑 5. 沉降缝
040305004	砖砌体	1. 部位 2. 材料品种、规格 3. 砂浆强度等级 4. 泄水孔材料品种、规格 5. 滤水层要求 6. 沉降缝要求	m^3		1. 砌筑 2. 砌体勾缝 3. 砌体抹面 4. 泄水孔制作、安装 5. 滤层铺设 6. 沉降缝	1. 砌筑 2. 抹灰
040304004	护坡	1. 材料品种 2. 结构形式 3. 厚度 4. 砂浆强度等级	m^2	按设计图示尺寸以面积计算	1. 修整边坡 2. 砌筑 3. 砌体勾缝 4. 砌体抹面	1. 砌筑 2. 勾缝 3. 抹灰

(6) 装饰，见附表-13。

附表-13 装饰(编码：040308)

项目编号	项目名称	项目特征	计量单位	工程量计算规则	工程内容	可组合的主要内容
040308001	水泥砂浆抹面	1. 砂浆配合比 2. 部位 3. 厚度	m^2	按设计图示尺寸以面积计算	1. 基层清理 2. 砂浆抹面	水泥砂浆抹面

续表

项目编号	项目名称	项目特征	计量单位	工程量计算规则	工程内容	可组合的主要内容
040308002	剁斧石饰面	1. 材料 2. 部位 3. 形式 4. 厚度	m^2		1. 基层清理 2. 饰面	剁斧石饰面
040308003	镶贴面层	1. 材质 2. 规格 3. 厚度 4. 部位	m^2	按设计图示尺寸以面积计算	1. 基层清理 2. 镶贴面层 3. 勾缝	镶贴面层
040308004	涂料	1. 材料品种 2. 部位	m^2		1. 基层清理 2. 涂料涂刷	涂料
040308005	油漆	1. 材料品种 2. 部位 3. 工艺要求	m^2		1. 除锈 2. 刷油漆	油漆

(7) 其他，见附表-14。

附表-14 其他(编码：040309)

项目编号	项目名称	项目特征	计量单位	工程量计算规则	工程内容	可组合的主要内容
040309001	金属栏杆	1. 栏杆材质、规格 2. 油漆品种、工艺要求	1. t 2. m	1. 按设计图示尺寸以质量计算 2. 按设计图示尺寸以延长米计算	1. 制作、运输、安装 2. 除锈、刷油漆	1. 制作、安装 2. 油漆
040309002	石质栏杆	材料品种、规格	m		制作、运输、安装	
040309003	混凝土栏杆	1. 混凝土强度等级 2. 规格尺寸	m	按设计图示尺寸以长度计算	制作、运输、安装	
040309004	橡胶支座	1. 材质 2. 规格、型号 3. 形式			支座安装	支座安装
040309005	钢支座	1. 规格、型号 2. 形式	个	按设计图示数量计算	支座安装	支座安装
040309006	盆式支座	1. 材质 2. 承载力			支座安装	支座安装
040309007	桥梁伸缩装置	1. 材料品种 2. 规格、型号 3. 混凝土种类 4. 混凝土强度等级	m	以米计量，按设计图示尺寸以延长米计算	1. 制作、安装 2. 混凝土拌和、运输、浇筑	伸缩装置安装

续表

项目编号	项目名称	项目特征	计量单位	工程量计算规则	工程内容	可组合的主要内容
040309008	隔声屏障	1. 材料品种 2. 结构形式 3. 油漆品种、工艺要求	m^2	按设计图示尺寸以面积计算	1. 制作、安装 2. 除锈、刷油漆	
040309009	桥面泄水管	1. 材料品种 2. 管径	m	按设计图示尺寸以长度计算	进水口、泄水管制作、安装	1. 泄水管安装 2. 滤层铺设
040309010	防水层	1. 部位 2. 材料品种 3. 工艺要求	m^2	按设计图示尺寸以面积计算	防水层铺涂	防水层铺涂

4．市政管网工程

(1) 管道铺设，见附表-15。

附表-15　管道铺设(编码：040501)

项目编号	项目名称	项目特征	计量单位	工程量计算规则	工程内容	可组合的主要内容
040501001	混凝土管	1. 垫层、基础材质及厚度 2. 管座材质 3. 规格 4. 接口形式 5. 铺设深度 6. 混凝土强度等级 7. 管道检验及试验要求	m	按设计图示中心线长度以延长米计算，不扣除附属构筑物、管件及阀门等所占长度	1. 垫层、基础铺筑及养护 2. 模板制作、安装、拆除 3. 混凝土拌和、运输、浇筑、养护 4. 预制管枕安装 5. 管道铺设 6. 管道接口 7. 管道检验及试验	1. 垫层铺筑 2. 混凝土基础浇筑 3. 混凝土枕基预制安装 4. 混凝土管座浇筑 5. 给水管道铺设接口 6. 排水管道铺设 7. 排水管道接口 8. 闭水试验 9. 管道试压 10. 管道冲洗消毒
040501002	钢管	1. 垫层、基础材质及厚度 2. 材质及规格 3. 接口形式 4. 铺设深度 5. 管道检验及试验要求 6. 集中防腐运距	m	按设计图示中心线长度以延长米计算，不扣除附属构筑物(检查井)所占的长度	1. 垫层、基础铺筑及养护 2. 模板制作、安装、拆除 3. 混凝土拌和、运输、浇筑、养护 4. 管道铺设 5. 管道检验及试验 6. 集中防腐运距	1. 垫层铺筑 2. 混凝土基础铺筑 3. 混凝土枕基预制安装 4. 混凝土管座浇筑 5. 钢管安装 6. 管道防腐 7. 管道试压 8. 管道冲洗消毒

续表

项目编号	项目名称	项目特征	计量单位	工程量计算规则	工程内容	可组合的主要内容
040501004	塑料管	1．垫层、基础材质及厚度 2．材质及规格 3．接口形式 4．铺设深度 5．管道检验及试验要求	m	按设计图示中心线长度以延长米计算，不扣除附属构筑物(检查井)所占的长度	1．垫层、基础铺筑及养护 2．模板制作、安装、拆除 3．混凝土拌和、运输、浇筑、养护 4．管道铺设 5．管道检验及试验	1．垫层铺筑 2．混凝土基础浇筑 3．混凝土枕基预制安装 4．给水管道铺设接口 5．排水管道铺设 6．排水管道接口 7．燃气管道铺设接口 8．排水管道闭水试验 9．给水管道水压试验 10．管道冲洗消毒 11．燃气管道强度试验 12．燃气管道气密性试验 13．燃气管道吹扫
040501008	水平导向钻进	1．土壤类别 2．材质及规格 3．一次成孔长度 4．接口形式 5．泥浆要求 6．管道检验及试验要求 7．集中防腐运距	m	按设计图示中心线长度以延长米计算，扣除附属构筑物(检查井)所占的长度	1．设备安装、拆除 2．定位、成孔 3．管道接口 4．拉管 5．纠偏、监测 6．泥浆制作、注浆 7．管道检测及试验 8．集中防腐运距 9．泥浆、土方外运	1．塑料管管道接口 2．排水塑料管定向钻牵引管道 3．钢管等其他定向钻牵引管道 4．泥浆外运 5．管外注浆 6．排水管道闭水试验 7．给水管道水压试验 8．管道冲洗消毒 9．燃气管道强度试验 10．燃气管道气密性试验 11．燃气管道吹扫
040501010	顶管工作坑	1．土壤类别 2．工作坑平面尺寸及深度 3．支撑、围护方式 4．垫层、基础材质及厚度 5．混凝土强度等级 6．设备、工作台主要技术要求	座	按设计图示数量计算	1．支撑、围护 2．模板制作、安装、拆除 3．混凝土拌和、运输、浇筑、养护 4．工作坑内设备、工作台安装及拆除	1．竖拆卷扬机打拔桩架 2．打拔钢板桩 3．支撑安拆 4．垫层及基础浇筑 5．基础模板 6．工作坑挖土 7．工作坑回填 8．安拆顶进后座及平台 9．安拆敞开式顶管设备

续表

项目编号	项目名称	项目特征	计量单位	工程量计算规则	工程内容	可组合的主要内容
040501011	预制混凝土工作坑	1．土壤类别 2．工作坑平面尺寸及深度 3．垫层、基础材质及厚度 4．混凝土强度等级 5．设备、工作台主要技术要求 6．混凝土构件运距	座	按设计图示数量计算	1．混凝土工作坑制作 2．下沉、定位 3．模板制作、安装、拆除 4．混凝土拌和、运输、浇筑、养护 5．工作坑内设备、工作台安装及拆除 6．混凝土构件运输	1．混凝土工作坑预制 2．混凝土工作坑运输 3．工作坑垫层 4．底板浇筑 5．挖土下沉 6．安拆顶进后座及平台 7．安敞开式顶管设备
040501012	顶管	1．土壤类别 2．顶管工作方式 3．管道材质及规格 4．中继间规格 5．工具管材质及规格 6．触变泥浆要求 7．管道检验及试验要求 8．集中防腐运距	座	按设计图示长度以延长米计算。扣除附属构筑物(检查井)所占的长度	1．管道顶进 2．管道接口 3．中继间、工具管及附属设备安装拆除 4．管内挖、运土及土方提升 5．机械顶管设备调向 6．纠偏、监测 7．触变泥浆制作、注浆 8．洞口止水 9．管道检测及试验 10．集中防腐运输 11．泥浆、土方外运	1．顶进后座及坑内工作平台搭拆 2．顶进设备安装拆除 3．管道顶进 4．中继间安拆 5．触变泥浆减阻及封拆 6．洞口止水处理 7．泥浆外运 8．土方外运 9．防腐、保温 10．排水管道闭水试验 11．给水管道水压试验
040501013	土壤加固	1．土壤类别 2．加固填充材料 3．加固方式	1．m 2．m^3	1.按设计图示加固段长度以延长米计算 2.按设计图示加固段体积以立方米计算	打孔、调浆、灌注	1．分层注浆 2．压密注浆 3．高压旋喷桩 4．深层水泥搅拌桩 5．插拔型钢 6．碎石冲振桩
040501016	砌筑方沟	1．断面规格 2．垫层、基础材质及厚度 3．砌筑材料品种、规格、强度等级 4．混凝土强度等级 5．砂浆强度等级、配合比 6．勾缝、抹面要求 7．盖板材质及规格 8．伸缩缝(沉降缝)要求 9．防渗、防水要求 10．混凝土构件运距	m	按放水管线长度以延长米计算，不扣除管件、阀门所占长度	1．模板制作、安装、拆除 2.混凝土拌和、运输、浇筑、养护 3．砌筑 4．勾缝、抹面 5．盖板安装 6．防水、止水 7．混凝土构件运输	1．垫层铺筑 2．基础浇筑 3．砌筑 4．抹灰、勾缝 5．盖板预制安装 6．盖板运输 7．沉降缝 8．方沟渗水试验

续表

项目编号	项目名称	项目特征	计量单位	工程量计算规则	工程内容	可组合的主要内容
040501017	混凝土方沟	1. 断面规格 2. 垫层、基础材质及厚度 3. 混凝土强度等级 4. 伸缩缝(沉降缝)要求 5. 盖板材质、规格 6. 防渗、防水要求 7. 混凝土构件运距	m	按放水管线长度以延长米计算，不扣除管件、阀门所占长度	1. 模板制作、安装、拆除 2. 混凝土拌和、运输、浇筑、养护 3. 盖板安装 4. 防水、止水 5. 混凝土构件运输	1. 垫层铺筑 2. 现浇混凝土方沟 3. 抹灰 4. 盖板预制安装 5. 盖板运输 6. 沉降缝 7. 方沟渗水试验
040501018	砌筑渠道	1. 断面规格 2. 垫层、基础材质及厚度 3. 砌筑材料品种、规格、强度等级 4. 混凝土强度等级 5. 砂浆强度等级、配合比 6. 勾缝、抹面要求 7. 伸缩缝(沉降缝)要求 8. 防渗、防水要求	m	按放水管线长度以延长米计算，不扣除管件、阀门所占长度	1. 模板制作、安装、拆除 2. 混凝土拌和、运输、浇筑、养护 3. 渠道砌筑 4. 勾缝、抹面 5. 防水、止水	1. 垫层铺筑 2. 渠道基础浇筑 3. 墙身砌筑 4. 拱盖砌筑 5. 墙帽砌筑 6. 抹灰、勾缝 7. 盖板预制安装 8. 盖板运输 9. 沉降缝 10. 渠道渗水试验
040501019	混凝土渠道	1. 断面规格 2. 垫层、基础材质及厚度 3. 混凝土强度等级 4. 伸缩缝(沉降缝)要求 5. 防渗、防水要求 6. 混凝土构件运距	m	按放水管线长度以延长米计算，不扣除管件、阀门所占长度	1. 模板制作、安装、拆除 2. 混凝土拌和、运输、浇筑、养护 3. 防水、止水 4. 混凝土构件运输	1. 垫层铺筑 2. 现浇混凝土 3. 方沟模板 4. 抹灰、勾缝 5. 盖板预制安装 6. 盖板运输 7. 沉降缝 8. 渠道渗水试验

(2) 附属构筑物，见附表-16。

附表-16　管道附属构筑物(编码：040504)

项目编号	项目名称	项目特征	计量单位	工程量计算规则	工程内容	可组合的主要内容
040504001	砌筑井	1．垫层、基础材质及厚度 2．砌筑材料品种、规格、强度等级 3．勾缝、抹面要求 4．砂浆强度等级、配合比 5．混凝土强度等级 6．盖板材质、规格 7．井盖、井圈材质及规格 8．踏步材质、规格 9．防渗、防水要求	座	按设计图示数量计算	1．垫层铺筑 2．模板制作、安装、拆除 3．混凝土拌和、运输、浇筑、养护 4．砌筑、勾缝、抹面 5．井圈、井盖安装 6．盖板安装 7．踏步安装 8．防水、止水	1．垫层、基础铺筑 2．砌筑 3．流槽浇筑 4．过梁预制 5．过梁安装 6．勾缝、抹灰 7．混凝土盖井、圈制作 8．井盖井座安装 9．踏步安装
040504002	混凝土井	1．垫层、基础材质及厚度 2．混凝土强度等级 3．盖板材质、规格 4．井盖、井圈材质及规格 5．踏步材质、规格 6．防渗、防水要求	座	按设计图示数量计算	1．垫层铺筑 2．模板制作、安装、拆除 3．混凝土拌和、运输、浇筑、养护 4．井圈、井盖安装 5．盖板安装 6．踏步安装 7．防水、止水	1．垫层铺筑 2．混凝土底板浇筑 3．井壁浇筑 4．顶板浇筑 5．井壁模板 6．顶板模板 7．踏步安装 8．流槽浇筑 9．混凝土盖井、圈制作 10．井盖井座安装
040504003	塑料检查井	1．垫层、基础材质及厚度 2．检查井材质、规格 3．井筒、井盖、井圈材质及规格	座		1．垫层铺筑 2．模板制作、安装、拆除 3．混凝土拌和、运输、浇筑、养护 4．检查井安装 5．井筒、井圈、井盖安装	
040504004	砌筑井筒	1．井筒规格 2．砌筑材料品种、规格 3．砌筑、勾缝、抹面要求 4．砂浆强度等级、配合比 5．踏步材质、规格 6．防渗、防水要求	m	按设计图示尺寸以延长米计算	1．砌筑、勾缝、抹面 2．踏步安装	1．砌筑 2．踏步安装 3．抹灰、勾缝
040504005	预制混凝土井筒	1．井筒规格 2．踏步规格	m		1．运输 2．安装	

续表

项目编号	项目名称	项目特征	计量单位	工程量计算规则	工程内容	可组合的主要内容
040504006	砌体出水口	1．垫层、基础材质及厚度 2．砌筑材料品种、规格 3．砌筑、勾缝、抹面要求 4．砂浆强度等级及配合比	座	按设计图示数量计算	1．垫层铺筑 2．模板制作、安装、拆除 3．混凝土拌和、运输、浇筑、养护 4．砌筑、勾缝、抹面	定型出水口 非定型出水口： 1．垫层铺设 2．混凝土基础 3．砌筑 4．勾缝、抹灰
040504007	混凝土出水口	1．垫层、基础材质及厚度 2．混凝土强度等级	座	按设计图示数量计算	1．垫层铺筑 2．模板制作、安装、拆除 3．混凝土拌和、运输、浇筑、养护	1．垫层铺设 2．混凝土基础 3．混凝土浇筑
040504009	雨水口	1．雨水箅子及圈口材质、型号、规格 2．垫层、基础材质及厚度 3．混凝土强度等级 4．砌筑材料品种、规格 5．砂浆强度等级及配合比	座	按设计图示数量计算	1．垫层铺筑 2．模板制作、安装、拆除 3．混凝土拌和、运输、浇筑、养护 4．砌筑、勾缝、抹面 5．雨水箅子安装	1．垫层铺筑 2．混凝土基础浇筑 3．砌筑 4．过梁预制 5．过梁安装 6．勾缝、抹灰 7．混凝土盖井、圈制作 8．井箅安装

5．钢筋工程

钢筋工程，见附表-17。

附表-17 钢筋工程(编码：040901)

<table>
<tr><th>项目编号</th><th>项目名称</th><th>项目特征</th><th>计量单位</th><th>工程量计算规则</th><th>工程内容</th><th colspan="2">可组合的主要内容</th></tr>
<tr><td rowspan="5">040901001</td><td rowspan="5">现浇构件钢筋</td><td rowspan="9">1．钢筋种类
2．钢筋规格</td><td rowspan="9">t</td><td rowspan="9">按设计图示尺寸以质量计算</td><td rowspan="9">1．制作
2．运输
3．安装</td><td colspan="2">1．地下连续墙导墙钢筋</td></tr>
<tr><td>2．道路工程</td><td>现浇构件钢筋</td></tr>
<tr><td>3．桥涵工程</td><td>现浇构件钢筋</td></tr>
<tr><td>4．隧道工程</td><td>现浇构件钢筋</td></tr>
<tr><td>5．排水工程</td><td>现浇构件钢筋</td></tr>
<tr><td rowspan="2">040901002</td><td rowspan="2">预制构件钢筋</td><td>1．桥涵工程</td><td>预制构件钢筋</td></tr>
<tr><td>2．排水工程</td><td>预制构件钢筋</td></tr>
<tr><td rowspan="2">040901003</td><td rowspan="2">钢筋网片</td><td>1．道路工程</td><td>钢筋网片</td></tr>
<tr><td>2．隧道工程</td><td>钢筋网片</td></tr>
</table>

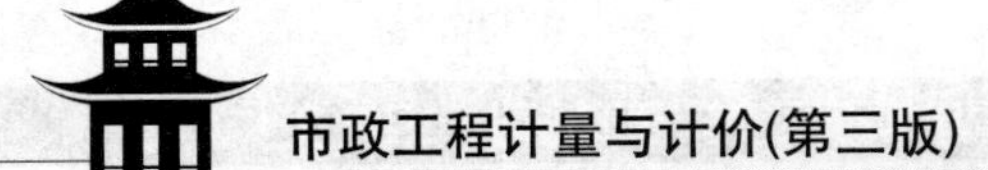

续表

项目编号	项目名称	项目特征	计量单位	工程量计算规则	工程内容	可组合的主要内容	
040901004	钢筋笼		t	按设计图示尺寸以质量计算	1. 制作 2. 运输 3. 安装	1. 地下连续墙	钢筋笼
						2. 桥涵工程	钢筋笼
040901005	先张法预应力钢筋(钢丝、钢绞线)	1. 部位 2. 预应力筋种类 3. 预应力筋规格				1. 桥涵工程	先张法预应力钢筋
						2. 排水工程	先张法预应力钢筋
040901006	后张法预应力钢筋(钢丝束、钢绞线)	1. 部位 2. 预应力筋种类 3. 预应力筋规格 4. 锚具种类、规格 5. 砂浆强度等级 6. 压浆管材质、规格				1. 桥涵工程	后张法预应力钢筋
						2. 排水工程	后张法预应力钢筋
040901007	型钢	1. 材料种类 2. 材料规格			1. 制作 2. 运输 3. 安装、定位	插拔型钢	
040901008	植筋	1. 材料种类 2. 材料规格 3. 植入深度 4. 植筋胶品种	根	按设计图示数量计算	1. 定位、钻孔、清孔 2. 钢筋加工成型 3. 注胶、植筋 4. 抗拔试验 5. 养护		
040901009	预埋铁件		t	按设计图示尺寸以质量计算	1. 制作 2. 运输 3. 安装	1. 桥涵工程	预埋铁件
						2. 排水工程	预埋铁件
040901010	高强螺栓	1. 材料种类 2. 材料规格	1. t 2. 套	1. 按设计图示尺寸以质量计算 2. 按设计图示数量计算			

6. 拆除工程

拆除工程，见附表-18。

附表-18 拆除工程(编码：041001)

项目编号	项目名称	项目特征	计量单位	工程量计算规则	工程内容	可组合的主要内容
041001001	拆除路面	1．材质 2．厚度	m^2	拆除部位以面积计算	1．拆除、清理 2．运输	1．拆除沥青柏油类路面层 2．拆除混凝土类路面层 3．运输
041001002	拆除人行道					1．拆除混凝土预制板 2．拆除混凝土面层 3．运输
041001003	拆除基层	1．材质 2．厚度 3．部位				1．人工拆除基层 2．机械拆除基础 3．运输
041001004	铣刨路面	1．材质 2．结构形式 3．厚度				铣刨沥青路面
041001005	拆除侧、平(缘)石	材质	m	按拆除部位以延长米计算		1．拆除侧、平石 2．运输
041001006	拆除管道	1．材质 2．管径				1．拆除管道 2．运输
041001007	拆除砖石结构	1．结构形式 2．强度等级	m^3	按拆除部位以体积计算		1．拆除砖石构筑物 2．运输
041001008	拆除混凝土结构					1．拆除混凝土构筑物 2．运输
041001009	拆除井	1．结构形式 2．规格尺寸 3．强度等级	座	按拆除部位以数量计算		1．拆除井 2．运输
041001010	拆除电杆	1．结构形式 2．规格尺寸	根			
041001010	拆除管片	1．材质 2．部位	处			

参 考 文 献

[1] 中华人民共和国国家标准. GB 50500—2013 建设工程工程量清单计价规范[S]. 北京：中国计划出版社，2013.

[2] 浙江省建设工程造价管理总站. 浙江省市政工程预算定额(2010 版)[S]. 北京：中国计划出版社，2010.

[3] 浙江省建设工程造价管理总站. 浙江省建设工程施工费用定额(2010 版)[S]. 北京：中国计划出版社，2010.

[4] 浙江省建设工程造价管理总站. 浙江省建设工程工程量清单计价指引(市政工程)[S]. 北京：中国计划出版社，2013.

[5] 中华人民共和国国家标准. GB 50857—2013 市政工程工程量计算规范[S]. 北京：中国计划出版社，2014.

[6] 肖明和. 建筑工程计量与计价[M]. 3 版. 北京：北京大学工业出版社，2015.

[7] 雷建平. 市政工程计量与计价[M]. 北京：中国电力出版社，2012.

[8] 王云江. 透过案例学市政工程计量与计价 [M]. 2 版. 北京：中国建材工业出版社，2015.

[9] 袁建新. 市政工程计量与计价[M]. 3 版. 北京：中国建筑工业出版社，2014.

北京大学出版社高职高专土建系列教材书目

序号	书名	书号	编著者	定价	出版时间	配套情况
"互联网+"创新规划教材						
1	建筑构造(第二版)	978-7-301-26480-5	肖　芳	42.00	2016.1	ppt/APP/二维码
2	建筑装饰构造(第二版)	978-7-301-26572-7	赵志文等	39.50	2016.1	ppt/二维码
3	建筑工程概论	978-7-301-25934-4	申淑荣等	40.00	2015.8	ppt/二维码
4	市政管道工程施工	978-7-301-26629-8	雷彩虹	46.00	2016.5	ppt/二维码
5	市政道路工程施工	978-7-301-26632-8	张雪丽	49.00	2016.5	ppt/二维码
6	建筑三维平法结构图集	978-7-301-27168-1	傅华夏	65.00	2016.8	APP
7	建筑三维平法结构识图教程	978-7-301-27177-3	傅华夏	65.00	2016.8	APP
8	建筑工程制图与识图(第2版)	978-7-301-24408-1	白丽红	34.00	2016.8	APP/二维码
9	建筑设备基础知识与识图(第2版)	978-7-301-24586-6	靳慧征等	47.00	2016.8	二维码
10	建筑结构基础与识图	978-7-301-27215-2	周　晖	58.00	2016.9	APP/二维码
11	建筑构造与识图	978-7-301-27838-3	孙　伟	40.00	2017.1	APP/二维码
12	建筑工程施工技术(第三版)	978-7-301-27675-4	钟汉华等	66.00	2016.11	APP/二维码
13	工程建设监理案例分析教程(第二版)	978-7-301-27864-2	刘志麟等	50.00	2017.1	ppt
14	建筑工程质量与安全管理(第二版)	978-7-301-27219-0	郑　伟	55.00	2016.8	ppt/二维码
15	建筑工程计量与计价——透过案例学造价(第2版)	978-7-301-23852-3	张　强	59.00	2014.4	ppt
16	城乡规划原理与设计(原城市规划原理与设计)	978-7-301-27771-3	谭婧婧等	43.00	2017.1	ppt/素材
17	建筑工程计量与计价	978-7-301-27866-6	吴育萍等	49.00	2017.1	ppt/二维码
18	建筑工程计量与计价(第3版)	978-7-301-25344-1	肖明和等	65.00	2017.1	APP/二维码
19	市政工程计量与计价(第三版)	978-7-301-27983-0	郭良娟等	59.00	2017.2	ppt/二维码
"十二五"职业教育国家规划教材						
1	★建筑工程应用文写作(第2版)	978-7-301-24480-7	赵立等	50.00	2014.8	ppt
2	★土木工程实用力学(第2版)	978-7-301-24681-8	马景善	47.00	2015.7	ppt
3	★建设工程监理(第2版)	978-7-301-24490-6	斯　庆	35.00	2015.1	ppt/答案
4	★建筑节能工程与施工	978-7-301-24274-2	吴明军等	35.00	2015.5	ppt
5	★建筑工程经济(第2版)	978-7-301-24492-0	胡六星等	41.00	2014.9	ppt/答案
6	★建设工程招投标与合同管理(第3版)	978-7-301-24483-8	宋春岩	40.00	2014.9	ppt/答案/试题/教案
7	★工程造价概论	978-7-301-24696-2	周艳冬	31.00	2015.1	ppt/答案
8	★建筑工程计量与计价(第3版)	978-7-301-25344-1	肖明和等	65.00	2017.1	APP/二维码
9	★建筑工程计量与计价实训(第3版)	978-7-301-25345-8	肖明和等	29.00	2015.7	
10	★建筑装饰施工技术(第2版)	978-7-301-24482-1	王　军	37.00	2014.7	ppt
11	★工程地质与土力学(第2版)	978-7-301-24479-1	杨仲元	41.00	2014.7	ppt
基础课程						
1	建设法规及相关知识	978-7-301-22748-0	唐茂华等	34.00	2013.9	ppt
2	建设工程法规(第2版)	978-7-301-24493-7	皇甫婧琪	40.00	2014.8	ppt/答案/素材
3	建筑工程法规实务	978-7-301-19321-1	杨陈慧等	43.00	2011.8	ppt
4	建筑法规	978-7-301-19371-6	董伟等	39.00	2011.9	ppt
5	建设工程法规	978-7-301-20912-7	王先恕	32.00	2012.7	ppt
6	AutoCAD 建筑制图教程(第2版)	978-7-301-21095-6	郭　慧	38.00	2013.3	ppt/素材
7	AutoCAD 建筑绘图教程(第2版)	978-7-301-24540-8	唐英敏等	44.00	2014.7	ppt
8	建筑 CAD 项目教程(2010 版)	978-7-301-20979-0	郭　慧	38.00	2012.9	素材
9	建筑工程专业英语(第二版)	978-7-301-26597-0	吴承霞	24.00	2016.2	ppt
10	建筑工程专业英语	978-7-301-20003-2	韩薇等	24.00	2012.2	ppt
11	建筑识图与构造(第2版)	978-7-301-23774-8	郑贵超	40.00	2014.2	ppt/答案
12	房屋建筑构造	978-7-301-19883-4	李少红	26.00	2012.1	ppt
13	建筑识图	978-7-301-21893-8	邓志勇等	35.00	2013.1	ppt
14	建筑识图与房屋构造	978-7-301-22860-9	贠禄等	54.00	2013.9	ppt/答案
15	建筑构造与设计	978-7-301-23506-5	陈玉萍	38.00	2014.1	ppt/答案
16	房屋建筑构造	978-7-301-23588-1	李元玲等	45.00	2014.1	ppt
17	房屋建筑构造习题集	978-7-301-26005-0	李元玲	26.00	2015.8	ppt/答案
18	建筑构造与施工图识读	978-7-301-24470-8	南学平	52.00	2014.8	ppt
19	建筑工程识图实训教程	978-7-301-26057-9	孙伟	32.00	2015.12	ppt
20	建筑工程制图与识图(第2版)	978-7-301-24408-1	白丽红	34.00	2016.8	APP/二维码
21	建筑制图习题集(第2版)	978-7-301-24571-2	白丽红	25.00	2014.8	
22	建筑制图(第2版)	978-7-301-21146-5	高丽荣	32.00	2013.3	ppt

序号	书名	书号	编著者	定价	出版时间	配套情况
23	建筑制图习题集(第 2 版)	978-7-301-21288-2	高丽荣	28.00	2013.2	
24	◎建筑工程制图(第 2 版)(附习题册)	978-7-301-21120-5	肖明和	48.00	2012.8	ppt
25	建筑制图与识图(第 2 版)	978-7-301-24386-2	曹雪梅	38.00	2015.8	ppt
26	建筑制图与识图习题册	978-7-301-18652-7	曹雪梅等	30.00	2011.4	
27	建筑制图与识图(第二版)	978-7-301-25834-7	李元玲	32.00	2016.9	ppt
28	建筑制图与识图习题集	978-7-301-20425-2	李元玲	24.00	2012.3	ppt
29	新编建筑工程制图	978-7-301-21140-3	方筱松	30.00	2012.8	ppt
30	新编建筑工程制图习题集	978-7-301-16834-9	方筱松	22.00	2012.8	
	建筑施工类					
1	建筑工程测量	978-7-301-16727-4	赵景利	30.00	2010.2	ppt/答案
2	建筑工程测量(第 2 版)	978-7-301-22002-3	张敬伟	37.00	2013.2	ppt/答案
3	建筑工程测量实验与实训指导(第 2 版)	978-7-301-23166-1	张敬伟	27.00	2013.9	答案
4	建筑工程测量	978-7-301-19992-3	潘益民	38.00	2012.2	ppt
5	建筑工程测量	978-7-301-13578-5	王金玲等	26.00	2008.5	
6	建筑工程测量实训(第 2 版)	978-7-301-24833-1	杨凤华	34.00	2015.3	答案
7	建筑工程测量(附实验指导手册)	978-7-301-19364-8	石　东等	43.00	2011.10	ppt/答案
8	建筑工程测量	978-7-301-22485-4	景　铎等	34.00	2013.6	ppt
9	建筑施工技术(第 2 版)	978-7-301-25788-7	陈雄辉	48.00	2015.7	ppt
10	建筑施工技术	978-7-301-12336-2	朱永祥等	38.00	2008.8	ppt
11	建筑施工技术	978-7-301-16726-7	叶　雯等	44.00	2010.8	ppt/素材
12	建筑施工技术	978-7-301-19499-7	董　伟等	42.00	2011.9	ppt
13	建筑施工技术	978-7-301-19997-8	苏小梅	38.00	2012.1	ppt
14	建筑施工机械	978-7-301-19365-5	吴志强	30.00	2011.10	ppt
15	基础工程施工	978-7-301-20917-2	董　伟等	35.00	2012.7	ppt
16	建筑施工技术实训(第 2 版)	978-7-301-24368-8	周晓龙	30.00	2014.7	
17	◎建筑力学(第 2 版)	978-7-301-21695-8	石立安	46.00	2013.1	ppt
18	土木工程力学	978-7-301-16864-6	吴明军	38.00	2010.4	ppt
19	PKPM 软件的应用(第 2 版)	978-7-301-22625-4	王　娜等	34.00	2013.6	
20	◎建筑结构(第 2 版)(上册)	978-7-301-21106-9	徐锡权	41.00	2013.4	ppt/答案
21	◎建筑结构(第 2 版)(下册)	978-7-301-22584-4	徐锡权	42.00	2013.6	ppt/答案
22	建筑结构学习指导与技能训练(上册)	978-7-301-25929-0	徐锡权	28.00	2015.8	ppt
23	建筑结构学习指导与技能训练(下册)	978-7-301-25933-7	徐锡权	28.00	2015.8	ppt
24	建筑结构	978-7-301-19171-2	唐春平等	41.00	2011.8	ppt
25	建筑结构基础	978-7-301-21125-0	王中发	36.00	2012.8	ppt
26	建筑结构原理及应用	978-7-301-18732-6	史美东	45.00	2012.8	ppt
27	建筑结构与识图	978-7-301-26935-0	相秉志	37.00	2016.2	
28	建筑力学与结构(第 2 版)	978-7-301-22148-8	吴承霞等	49.00	2013.4	ppt/答案
29	建筑力学与结构(少学时版)	978-7-301-21730-6	吴承霞	34.00	2013.2	ppt/答案
30	建筑力学与结构	978-7-301-20988-2	陈水广	32.00	2012.8	ppt
31	建筑力学与结构	978-7-301-23348-1	杨丽君等	44.00	2014.1	ppt
32	建筑结构与施工图	978-7-301-22188-4	朱希文等	35.00	2013.3	ppt
33	生态建筑材料	978-7-301-19588-2	陈剑峰等	38.00	2011.10	ppt
34	建筑材料(第 2 版)	978-7-301-24633-7	林祖宏	35.00	2014.8	ppt
35	建筑材料与检测(第 2 版)	978-7-301-25347-2	梅　杨等	33.00	2015.2	ppt/答案
36	建筑材料检测试验指导	978-7-301-16729-8	王美芬等	18.00	2010.10	
37	建筑材料与检测(第二版)	978-7-301-26550-5	王　辉	40.00	2016.1	ppt
38	建筑材料与检测试验指导	978-7-301-20045-2	王　辉	20.00	2012.2	
39	建筑材料选择与应用	978-7-301-21948-5	申淑荣等	39.00	2013.3	ppt
40	建筑材料检测实训	978-7-301-22317-8	申淑荣等	24.00	2013.4	
41	建筑材料	978-7-301-24208-7	任晓菲	40.00	2014.7	ppt/答案
42	建筑材料检测试验指导	978-7-301-24782-2	陈东佐等	20.00	2014.9	ppt
43	◎建设工程监理概论(第 2 版)	978-7-301-20854-0	徐锡权等	43.00	2012.8	ppt/答案
44	建设工程监理概论	978-7-301-15518-9	曾庆军等	24.00	2009.9	ppt
45	◎地基与基础(第 2 版)	978-7-301-23304-7	肖明和等	42.00	2013.11	ppt/答案
46	地基与基础	978-7-301-16130-2	孙平平等	26.00	2010.10	ppt
47	地基与基础实训	978-7-301-23174-6	肖明和等	25.00	2013.10	ppt
48	土力学与地基基础	978-7-301-23675-8	叶火炎等	35.00	2014.1	ppt
49	土力学与基础工程	978-7-301-23590-4	宁培淋等	32.00	2014.1	ppt
50	土力学与地基基础	978-7-301-25525-4	陈东佐	45.00	2015.2	ppt/答案
51	建筑工程质量事故分析(第 2 版)	978-7-301-22467-0	郑文新	32.00	2013.9	ppt
52	建筑工程施工组织设计	978-7-301-18512-4	李源清	26.00	2011.2	ppt
53	建筑工程施工组织实训	978-7-301-18961-0	李源清	40.00	2011.6	ppt

序号	书名	书号	编著者	定价	出版时间	配套情况
54	建筑施工组织与进度控制	978-7-301-21223-3	张廷瑞	36.00	2012.9	ppt
55	建筑施工组织项目式教程	978-7-301-19901-5	杨红玉	44.00	2012.1	ppt/答案
56	钢筋混凝土工程施工与组织	978-7-301-19587-1	高　雁	32.00	2012.5	ppt
57	钢筋混凝土工程施工与组织实训指导(学生工作页)	978-7-301-21208-0	高　雁	20.00	2012.9	ppt
58	建筑施工工艺	978-7-301-24687-0	李源清等	49.50	2015.1	ppt/答案
	工程管理类					
1	建筑工程经济(第2版)	978-7-301-22736-7	张宁宁等	30.00	2013.7	ppt/答案
2	建筑工程经济	978-7-301-24346-6	刘晓丽等	38.00	2014.7	ppt/答案
3	施工企业会计(第2版)	978-7-301-24434-0	辛艳红等	36.00	2014.7	ppt/答案
4	建筑工程项目管理(第2版)	978-7-301-26944-2	范红岩等	42.00	2016. 3	ppt
5	建设工程项目管理(第2版)	978-7-301-24683-2	王　辉	36.00	2014.9	ppt/答案
6	建设工程项目管理	978-7-301-19335-8	冯松山等	38.00	2011.9	ppt
7	建筑施工组织与管理(第2版)	978-7-301-22149-5	翟丽旻等	43.00	2013.4	ppt/答案
8	建设工程合同管理	978-7-301-22612-4	刘庭江	46.00	2013.6	ppt/答案
9	建筑工程资料管理	978-7-301-17456-2	孙　刚等	36.00	2012.9	ppt
10	建筑工程招投标与合同管理	978-7-301-16802-8	程超胜	30.00	2012.9	ppt
11	工程招投标与合同管理实务	978-7-301-19035-7	杨甲奇等	48.00	2011.8	ppt
12	工程招投标与合同管理实务	978-7-301-19290-0	郑文新等	43.00	2011.8	ppt
13	建设工程招投标与合同管理实务	978-7-301-20404-7	杨云会等	42.00	2012.4	ppt/答案/习题
14	工程招投标与合同管理	978-7-301-17455-5	文新平	37.00	2012.9	ppt
15	工程项目招投标与合同管理(第2版)	978-7-301-24554-5	李洪军等	42.00	2014.8	ppt/答案
16	工程项目招投标与合同管理(第2版)	978-7-301-22462-5	周艳冬	35.00	2013.7	ppt
17	建筑工程商务标编制实训	978-7-301-20804-5	钟振宇	35.00	2012.7	ppt
18	建筑工程安全管理(第2版)	978-7-301-25480-6	宋　健等	42.00	2015.8	ppt/答案
19	施工项目质量与安全管理	978-7-301-21275-2	钟汉华	45.00	2012.10	ppt/答案
20	工程造价控制(第2版)	978-7-301-24594-1	斯　庆	32.00	2014.8	ppt/答案
21	工程造价管理(第二版)	978-7-301-27050-9	徐锡权等	44.00	2016.5	ppt
22	工程造价控制与管理	978-7-301-19366-2	胡新萍等	30.00	2011.11	ppt
23	建筑工程造价管理	978-7-301-20360-6	柴　琦等	27.00	2012.3	ppt
24	建筑工程造价管理	978-7-301-15517-2	李茂英等	24.00	2009.9	
25	工程造价案例分析	978-7-301-22985-9	甄　凤	30.00	2013.8	ppt
26	建设工程造价控制与管理	978-7-301-24273-5	胡芳珍等	38.00	2014.6	ppt/答案
27	◎建筑工程造价	978-7-301-21892-1	孙咏梅	40.00	2013.2	ppt
28	建筑工程计量与计价	978-7-301-26570-3	杨建林	46.00	2016.1	ppt
29	建筑工程计量与计价综合实训	978-7-301-23568-3	龚小兰	28.00	2014.1	
30	建筑工程估价	978-7-301-22802-9	张　英	43.00	2013.8	ppt
31	安装工程计量与计价(第3版)	978-7-301-24539-2	冯　钢等	54.00	2014.8	ppt
32	安装工程计量与计价综合实训	978-7-301-23294-1	成春燕	49.00	2013.10	素材
33	建筑安装工程计量与计价	978-7-301-26004-3	景巧玲等	56.00	2016.1	ppt
34	建筑安装工程计量与计价实训(第2版)	978-7-301-25683-1	景巧玲等	36.00	2015.7	
35	建筑水电安装工程计量与计价(第二版)	978-7-301-26329-7	陈连姝	51.00	2016.1	ppt
36	建筑与装饰装修工程工程量清单(第2版)	978-7-301-25753-1	翟丽旻等	36.00	2015.5	ppt
37	建筑工程清单编制	978-7-301-19387-7	叶晓容	24.00	2011.8	ppt
38	建设项目评估	978-7-301-20068-1	高志云等	32.00	2012.2	ppt
39	钢筋工程清单编制	978-7-301-20114-5	贾莲英	36.00	2012.2	ppt
40	混凝土工程清单编制	978-7-301-20384-2	顾　娟	28.00	2012.5	ppt
41	建筑装饰工程预算(第2版)	978-7-301-25801-9	范菊雨	44.00	2015.7	ppt
42	建筑装饰工程计量与计价	978-7-301-20055-1	李茂英	42.00	2012.2	ppt
43	建设工程安全监理	978-7-301-20802-1	沈万岳	28.00	2012.7	ppt
44	建筑工程安全技术与管理实务	978-7-301-21187-8	沈万岳	48.00	2012.9	ppt
	建筑设计类					
1	中外建筑史(第2版)	978-7-301-23779-3	袁新华等	38.00	2014.2	ppt
2	◎建筑室内空间历程	978-7-301-19338-9	张伟孝	53.00	2011.8	
3	建筑装饰CAD项目教程	978-7-301-20950-9	郭　慧	35.00	2013.1	ppt/素材
4	建筑设计基础	978-7-301-25961-0	周圆圆	42.00	2015.7	
5	室内设计基础	978-7-301-15613-1	李书青	32.00	2009.8	ppt
6	建筑装饰材料(第2版)	978-7-301-22356-7	焦　涛等	34.00	2013.5	ppt
7	设计构成	978-7-301-15504-2	戴碧锋	30.00	2009.8	ppt
8	基础色彩	978-7-301-16072-5	张　军	42.00	2010.4	
9	设计色彩	978-7-301-21211-0	龙黎黎	46.00	2012.9	ppt
10	设计素描	978-7-301-22391-8	司马金桃	29.00	2013.4	ppt

序号	书名	书号	编著者	定价	出版时间	配套情况
11	建筑素描表现与创意	978-7-301-15541-7	于修国	25.00	2009.8	
12	3ds Max 效果图制作	978-7-301-22870-8	刘　晗等	45.00	2013.7	ppt
13	3ds max 室内设计表现方法	978-7-301-17762-4	徐海军	32.00	2010.9	
14	Photoshop 效果图后期制作	978-7-301-16073-2	脱忠伟等	52.00	2011.1	素材
15	3ds Max & V-Ray 建筑设计表现案例教程	978-7-301-25093-8	郑恩峰	40.00	2014.12	ppt
16	建筑表现技法	978-7-301-19216-0	张　峰	32.00	2011.8	ppt
17	建筑速写	978-7-301-20441-2	张　峰	30.00	2012.4	
18	建筑装饰设计	978-7-301-20022-3	杨丽君	36.00	2012.2	ppt/素材
19	装饰施工读图与识图	978-7-301-19991-6	杨丽君	33.00	2012.5	ppt
	规划园林类					
1	居住区景观设计	978-7-301-20587-7	张群成	47.00	2012.5	ppt
2	居住区规划设计	978-7-301-21031-4	张　燕	48.00	2012.8	ppt
3	园林植物识别与应用	978-7-301-17485-2	潘利等	34.00	2012.9	ppt
4	园林工程施工组织管理	978-7-301-22364-2	潘利等	35.00	2013.4	ppt
5	园林景观计算机辅助设计	978-7-301-24500-2	于化强等	48.00	2014.8	ppt
6	建筑·园林·装饰设计初步	978-7-301-24575-0	王金贵	38.00	2014.10	ppt
	房地产类					
1	房地产开发与经营(第2版)	978-7-301-23084-8	张建中等	33.00	2013.9	ppt/答案
2	房地产估价(第2版)	978-7-301-22945-3	张　勇等	35.00	2013.9	ppt/答案
3	房地产估价理论与实务	978-7-301-19327-3	褚菁晶	35.00	2011.8	ppt/答案
4	物业管理理论与实务	978-7-301-19354-9	裴艳慧	52.00	2011.9	ppt
5	房地产测绘	978-7-301-22747-3	唐春平	29.00	2013.7	ppt
6	房地产营销与策划	978-7-301-18731-9	应佐萍	42.00	2012.8	ppt
7	房地产投资分析与实务	978-7-301-24832-4	高志云	35.00	2014.9	ppt
8	物业管理实务	978-7-301-27163-6	胡大见	44.00	2016.6	
9	房地产投资分析	978-7-301-27529-0	刘永胜	47.00	2016.9	ppt
	市政与路桥					
1	市政工程施工图案例图集	978-7-301-24824-9	陈亿琳	43.00	2015.3	pdf
2	市政工程计价	978-7-301-22117-4	彭以舟等	39.00	2013.3	ppt
3	市政桥梁工程	978-7-301-16688-8	刘　江等	42.00	2010.8	ppt/素材
4	市政工程材料	978-7-301-22452-6	郑晓国	37.00	2013.5	ppt
5	道桥工程材料	978-7-301-21170-0	刘水林等	43.00	2012.9	ppt
6	路基路面工程	978-7-301-19299-3	偶昌宝等	34.00	2011.8	ppt/素材
7	道路工程技术	978-7-301-19363-1	刘　雨等	33.00	2011.12	ppt
8	城市道路设计与施工	978-7-301-21947-8	吴颖峰	39.00	2013.1	ppt
9	建筑给排水工程技术	978-7-301-25224-6	刘　芳等	46.00	2014.12	ppt
10	建筑给水排水工程	978-7-301-20047-6	叶巧云	38.00	2012.2	ppt
11	市政工程测量(含技能训练手册)	978-7-301-20474-0	刘宗波等	41.00	2012.5	ppt
12	公路工程任务承揽与合同管理	978-7-301-21133-5	邱　兰等	30.00	2012.9	ppt/答案
13	数字测图技术应用教程	978-7-301-20334-7	刘宗波	36.00	2012.8	ppt
14	数字测图技术	978-7-301-22656-8	赵　红	36.00	2013.6	ppt
15	数字测图技术实训指导	978-7-301-22679-7	赵　红	27.00	2013.6	ppt
16	水泵与水泵站技术	978-7-301-22510-3	刘振华	40.00	2013.5	ppt
17	道路工程测量(含技能训练手册)	978-7-301-21967-6	田树涛等	45.00	2013.2	ppt
18	道路工程识图与 AutoCAD	978-7-301-26210-8	王容玲等	35.00	2016.1	ppt
	交通运输类					
1	桥梁施工与维护	978-7-301-23834-9	梁　斌	50.00	2014.2	ppt
2	铁路轨道施工与维护	978-7-301-23524-9	梁　斌	36.00	2014.1	ppt
3	铁路轨道构造	978-7-301-23153-1	梁　斌	32.00	2013.10	ppt
	建筑设备类					
1	建筑设备识图与施工工艺(第2版)(新规范)	978-7-301-25254-3	周业梅	44.00	2015.12	ppt
2	建筑施工机械	978-7-301-19365-5	吴志强	30.00	2011.10	ppt
3	智能建筑环境设备自动化	978-7-301-21090-1	余志强	40.00	2012.8	ppt
4	流体力学及泵与风机	978-7-301-25279-6	王　宁等	35.00	2015.1	ppt/答案

注：★为“十二五”职业教育国家规划教材；◎为国家级、省级精品课程配套教材，省重点教材；✎为“互联网+”创新规划教材。